中国建筑卫生陶瓷年鉴

ALMANAC OF CHINA BUILDING CERAMICS & SANITARYWARE

（建筑陶瓷·卫生洁具2013）

中国建筑卫生陶瓷协会　华南理工大学　中国陶瓷产业信息中心　编

中国建筑工业出版社

图书在版编目（CIP）数据

中国建筑卫生陶瓷年鉴（建筑陶瓷 ·卫生洁具 2013）/ 中
国建筑卫生陶瓷协会，华南理工大学，中国陶瓷产业信息中
心编 .—北京：中国建筑工业出版社，2014.12
　　ISBN 978-7-112-17489-8

Ⅰ.①中… 　Ⅱ.①中… ②华… ③中… 　Ⅲ.①建筑陶瓷—
卫生陶瓷制品—中国—2013—年鉴 　Ⅳ.①TQ174.76-54

中国版本图书馆CIP数据核字（2014）第257425号

责任编辑：李东禧　焦 　斐
责任校对：李美娜　关 　健

中国建筑卫生陶瓷年鉴
ALMANAC OF CHINA BUILDING CERAMICS & SANITARYWARE
（建筑陶瓷 · 卫生洁具 2013）

中国建筑卫生陶瓷协会
华南理工大学　　　　　　　　编
中国陶瓷产业信息中心
　　＊
中国建筑工业出版社出版、发行（北京西郊百万庄）
各地新华书店、建筑书店经销
北京京点设计公司制版
北京画中画印刷有限公司印刷
　　＊
开本：880×1230 毫米　1/16　印张：17½　插页：41　字数：712 千字
2014 年 11 月第一版　2014 年 11 月第一次印刷
定价：**380.00** 元
ISBN 978-7-112-17489-8
　　　　（26704）

《中国建筑卫生陶瓷年鉴》（建筑陶瓷·卫生洁具 2013)

编委会

编委会名誉主任：丁卫东　中国建筑卫生陶瓷协会　名誉会长

编 委 会 主 任：叶向阳　中国建筑卫生陶瓷协会　会长

高 级 顾 问：陈丁荣

编委会常务副主任：缪　斌　中国建筑卫生陶瓷协会　副会长兼秘书长

编 委 会 副 主 任：尹　虹　中国建筑卫生陶瓷协会　副秘书长

　　　　　　　　　刘小明　华夏陶瓷网总编辑

编委会委员：

　　　　　王　巍　中国建筑卫生陶瓷协会　副秘书长

　　　　　宫　卫　中国建筑卫生陶瓷协会　副秘书长

　　　　　徐熙武　中国建筑卫生陶瓷协会　副秘书长

　　　　　夏高生　中国建筑卫生陶瓷协会　副秘书长

　　　　　何　峰　中国建筑卫生陶瓷协会　副秘书长

　　　　　邓贵智　中国建筑卫生陶瓷协会　淋浴房分会　秘书长

　　　　　徐　波　中国建筑卫生陶瓷协会　建筑琉璃制品分会　秘书长

　　　　　朱保花　中国建筑卫生陶瓷协会　卫浴配件分会　主任

　　　　　刘伟艺　中洁网　总裁

　　　　　吕　莉　《中国建筑卫生陶瓷》杂志　主编

　　　　　陈　环　广东省陶瓷协会　会长

　　　　　叶少芬　福建省陶瓷协会　秘书长

　　　　　李学如　夹江县陶瓷协会　会长

　　　　　杜金立　河北省陶瓷玻璃协会　副秘书长

　　　　　李利民　辽宁省法库县陶瓷协会　会长

　　　　　吴全发　湖北省陶瓷工业协会　会长

刘跃进　湖北省当阳市陶瓷产业协会　会长

崔　刚　山东陶瓷工业协会　副理事长兼秘书长

侯　勇　山东淄博市建材冶金行业协会　会长

管火金　中国建筑卫生陶瓷协会　窑炉暨大节能技术装备分会　秘书长

陈晓波　中国建筑卫生陶瓷协会　色釉料原辅材料分会　副秘书长

黄振豪　广东省潮州市陶瓷协会　秘书长

张建民　河南省长葛市科技局　副局长

张旗康　中国建筑卫生陶瓷协会　职业经理人俱乐部　秘书长

程晓勤　广东省建筑卫生陶瓷研究院　院长

王　博　全国建筑卫生陶瓷标准技术委员会　秘书长

吴建青　华南理工大学材料学院　教授

胡　飞　景德镇陶瓷学院　教授

区卓琨　国家陶瓷及水暖卫浴产品质量监督检验中心　副主任

鄢春根　景德镇陶瓷学院图书馆　副馆长

主　　　编：尹　虹　中国建筑卫生陶瓷协会　副秘书长

　　　　　　　　　中国陶瓷产业信息中心　主任

　　　　　　　　　全国建筑卫生陶瓷标准化技术委员会　副主任

　　　　　　　　　《中国陶瓷》编辑部　执行主编

　　　　　　　　　华南理工大学材料学院　副教授

常 务 副 主 编：刘小明　华夏陶瓷网　总编辑

副　主　编：缪　斌　中国建筑卫生陶瓷协会　副会长兼秘书长

主 编 单 位：中国建筑卫生陶瓷协会

　　　　　　　华南理工大学

　　　　　　　中国陶瓷产业信息中心

战略合作机构：佛山市华夏时代传媒有限公司

　　　　　　　华夏陶瓷网

主要参编单位：中国建筑卫生陶瓷协会

　　　　　　　中国陶瓷产业信息中心

华南理工大学材料学院

景德镇陶瓷学院材料学院

景德镇陶瓷学院图书馆

全国建筑卫生陶瓷标准化技术委员会

国家陶瓷及水暖卫浴产品质量监督检验中心

广东省陶瓷协会

福建省陶瓷协会

景德镇市建筑卫生陶瓷协会

华夏陶瓷网

中国陶瓷网

中洁网

《陶城报》报社

《陶瓷信息》报社

《创新陶业》报社

《中国陶瓷》杂志社

《陶瓷》杂志社

《佛山陶瓷》杂志社

主要参编成员：

尹 虹 刘小明 缪 斌 宫 卫 徐熙武 黄惠宁 胡 飞 区卓琨
胡 俊 黄 宾 吴春梅 鄢春根 陈冰雪 孙春云 张 杨

中国陶瓷名人堂落户佛山仪式

中国建筑陶瓷协会卫浴分会秘书长王巍
在中欧卫浴大会上作专题演讲

卫浴产业发展形势分析研讨会

二〇一三年十二月三日 三亚

中国建筑卫生陶瓷协会卫浴分会2013年
年会暨卫浴产业发展形势分析研讨会在海南召开

广东省委书记胡春华视察唯美公司

首届中国西部陶瓷卫浴展览会开幕

第三届中国陶瓷喷墨技术高峰论坛

能耗调查白皮书发布及
中国建筑卫生陶瓷协会窑炉分会年会

中国建筑卫生陶瓷协会陶瓷板分会成立

12月9日东鹏控股正式在香港主板挂牌上市
股票代号为03386

湖南旭日陶瓷厂投资10亿元项目在攸县动工

宏宇集团"一辊多色多图立体印花技术开发及应用"
项目荣获"中国建材联合会科技进步奖"二等奖

汇亚陶瓷"预置图案二次微粉布料技术及薄型微粉抛
光砖(星空系列)的研制"项目成功通过省级科技鉴定

威臣陶瓷企业与江西宜春陶瓷国检中心合作签约
并成立况学成博士（威臣）工作站

博德陶瓷阳西生产基地投产暨人造石项目启动仪式

恒洁卫浴节水中国行大型节水活动暨国家专利
节水科技成果巡回展品牌体验活动首站于西安起航

行业领导到访广东摩德娜科技有限公司

广东一鼎科技有限公司与西班牙大型陶瓷生产企业
KERABEN集团签约，产品三度入籍西班牙

品牌推广

广东东鹏陶瓷股份有限公司
GUANGDONG DONGPENG CERAMIC COMPANY LIMITED.
地址：广东省佛山市禅城区江湾三路8号
电话：0757-82269921（销售类）82272900（客户类）
传真：0757-82666833-102511
网址：www.dongpeng.net

诺贝尔磁砖
高端磁砖典范

馬可波羅磁磚
陶 瓷 中 的 世 界 名 作

蒙娜丽莎
MONALISA
瓷砖·薄瓷板·瓷艺

广东博德精工建材有限公司
GUANGDONG BODE FINE BUILDING MATERIAL CO.,LTD.
www.bodestone.com

LOUVRE
CERAMICS
罗浮宫陶瓷

佛山市罗浮宫尼凯陶瓷有限公司
FOSHAN LOUVRE NIKE CERAMICS CO.LTD.
地址(Add)：广东省佛山市禅城区雾岗路意美家卫浴陶瓷世界12栋
China Operational Headquarters: NO.12 Casa Ceramics & Sanitarywares Mall Wugang Road,
Chancheng District,Foshan,Guangdong,China.
电话(Tel)：0757-82261488 82782116 传真(Fax)：0757-82269299 邮编(P.C.):528000
Http：//www.louvre.net.cn

Diamond
钻石陶瓷
好品质在乎天长地久
佛山钻石瓷砖有限公司
Tel:0757-83981008
http://www.diamond.cm.cn

广东鹰牌陶瓷集团有限公司
GUANGDONG EAGLE BRAND GROUP CO.,LTD.
地址：广东省佛山市禅城区大江路
电话(Tel)：4008303628
www.eaglebrandgroup.com

OCEANO ｜ 欧神诺陶瓷
高端瓷砖领导者
佛山欧神诺陶瓷股份有限公司
FOSHAN OCEANO CERAMICS CO.,LTD.
地址：佛山季华四路33号佛山创意产业园1号楼
国内销售热线：400-830-0596 传真：757-88310988-026
International service hotline:0757-83612689
Fax:757-88310988-020
Add:2/F,No.1 Bldg,Creative Industry Garden,Jihua Fourth Road,
Chancheng District,Foshan
www.oceano.com.cn

Romantic
罗曼缔克
罗曼缔克瓷砖
ROMANTIC CERAMICS

佛山市金环球陶瓷有限公司
FOSHAN HUANQIU CERAMICS CO.,LTD

地址：广东省佛山市石湾跃进路148号
电话：0757-66635762
传真：0757-66635763
www.huanqiuceramics.com

宏宇陶瓷
HONGYU CERAMICS
中 国 驰 名 商 标
http://www.hy100.com.cn 电话:0086-757-82266333

KITO
金意陶·有思想的瓷砖

广东金意陶陶瓷有限公司
GUANGDONG KITO CERAMICS CO.,LTD.
广东省佛山市禅城区季华西路瓷海国际B1座KITO思想公园
Tel:0757-8253 3888 Fax:0757-8253 3800
www.kito.com.cn

白 兔 瓷 砖
WHITE RABBIT CERAMICS

品牌推广

品牌推广

品牌推广

JUMPER 中鹏热能科技
广东中鹏热能科技有限公司
Guangdong Jumper Thermal Technology co., LTD

电话：0757-66826677

MODENA | 摩德娜

广东摩德娜科技股份有限公司
地址：广东佛山南海区狮山镇小塘三环西工业区
电话：+86-757-86631888
传真：+86-757-86631777
邮编：528222
网址：www.modena.com.cn
Email：info@modena.com.cn

KEDA
广东科达洁能股份有限公司
KEDA CLEAN ENERGY CO.,LTD

让幸福更久远
——为节能减排提供装备与服务
Green solution, greener life

地址：广东省佛山市顺德区陈村镇广隆工业园
TEL: 0757-23832995 http://www.kedachina.com.cn

中窑 窑业
ZHONGYAO KILN

中窑 ● 打造中国第一窑

HLT 恒力泰
HENGLITAI
精品压机 压制精品

网址：www.hltpress.com
电话：0757-82272295 82666060

EDING 一鼎科技

广东一鼎科技有限公司
窑后整线工程新典范
网址：www.edinggroup.com8

FLORA 彩神
Digital Printing System
陶瓷喷墨机

RTZ 深圳市润天智数字设备股份有限公司
Shenzhen Runtianzhi Digital Equipment Co.,Ltd.

ECONES
义科节能

电话：0533-3585366
传真：0533-3589111
网址：www.econes.cn

---

efi | cretaprint
快达平

西班牙进口陶瓷喷墨打印机
电话:0757-52568511

精陶
KING TAU
创新决定价值

贺祥
Hexiang
中国驰名商标
国家高新技术企业

中国卫浴设备第一品牌

Monte · Bianco 奔朗
广东奔朗新材料股份有限公司
MONTE-BIANCO DIAMOND APPLICATIONS CO.,LTD.

地址：广东省佛山市顺德区陈村镇广隆工业园兴业八路7号
电话：0757-2616 6666 网址：www.monte-b1anco.com

博晖
BOFFIN

生产厂址：
广东博晖机电有限公司
GUANGDONG BOFFIN MECHANICAL & ELECTRICAL CO.,LTD
中国广东省肇庆市高新区工业大街6号
Add:No.6 of industrial street. High-tech Area, Zhaoqing City, Guangdong, China
Tel.:+86 758 6639926, Fax:+86 758 6639927
www.foshan-boffin.com E-mail:wintopforever@vip.163.com

FCRI 佛山金刚企业集团
FOSHAN JIN GANG GROUP (FCRI)

Http://www.fcri.com.cn
Tel:+86-757-82271190

广东科技报 聚焦创新热点 服务陶瓷行业

创新陶业
Ceramics Insight

广东科技报社出版 国内统一刊号：CN44-0113
新闻热线：0757-82783382
发行电话：0757-82713656
http: www.fscxty.com

联体座便器高压成型

机器人自动粘圈

唐山贺祥集团有限公司
TANGSHAN HEXIANG GROUP CO.,LTD.

我司专业设计、制作卫生陶瓷整线交钥匙工程

中国卫浴设备第一品牌

机

3.5L挑战节水极限

恒洁超旋风节水坐便器

国家专利 节水科技重大突破

白兔瓷砖
WHITE RABBIT CERAMICS
美化环境 ● 和谐人居

美化人居环境，提倡节能、环保、低碳、绿色的人居生活，是我们的主张。

绿色战略思想

ECOLOGY
IMPRESSION

绿色品牌 绿色白兔

由于生态环境遭到翻天覆地的变化，

从而，白兔品牌从中得到启迪，

整合生态，畅想绿色未来。

白兔品牌生态●印象馆正式启动，

我们将为你创造绿色的人居环境。

地址：中国广东省珠海市斗门区南门工业村　电话：0086-756-5780928　5797988　5780968　传真：0086-756-5796689
E-MAIL：BAITU@BAITU.CC　　HTTP://WWW.BAITU.CC

陶瓷薄板
非透明装饰面板领导者

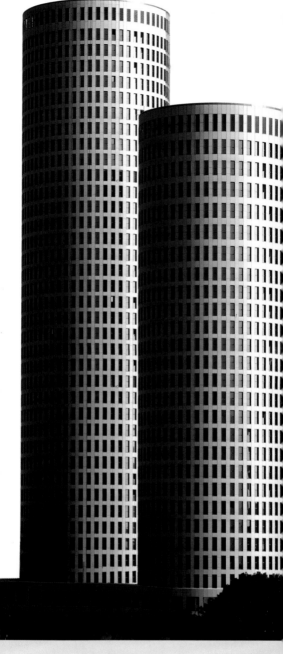

蒙娜丽莎薄瓷板
开创世界建筑幕墙第四次革命!

陶瓷是古代中国奉献给世界的礼物，蒙娜丽莎薄瓷板，赋予古老的中国陶瓷全新的科技内涵，继石材、玻璃幕墙、金属板材之后，引领建筑建筑幕墙的第四次革命。

2012年，中国第一幢采用大规格陶瓷薄板单元式幕墙（框架式）建筑——杭州生物科技大楼落成，楼高130米，由瑞士工程科学院院士、瑞士联邦理工大学教授Bruno Keller先生，北京凯乐建筑技术有限公司田原博士主导设计。幕墙使用的蒙娜丽莎陶瓷薄板，1800mm×900mm超大规格，厚度仅为5.5mm，经1250度高温烧成。它具备彩釉玻璃（非透明）的光亮明快，金属板材的轻质多彩，更具备天然石材的纹理。

杭州生物科技大楼矗立于钱塘江边外观呈圆柱型的三座超高层建筑，外墙为金属质感的灰色陶瓷板，窗框为紫铜，紫铜的金色光泽漫反射于陶瓷板，随着光线变化，从不同角度不同距离，建筑立面呈现不同的色彩变化，让人敬服建筑大师对材质、色彩及角度、距离的思考设计，让世界惊叹中国建筑建材的创新实力。

国家企业技术中心 │ 博士后科研工作站 │ 广东省企业技术中心 │ 广东省徐德龙院士工作站

陶瓷薄板绿色建筑实践案例 MONALISA GREEN BUILDING

佛山海八路金融隧道
应用范围：隧道内壁装饰
应用面积：23000㎡
建设地点：广东省佛山市

湖南长沙温德姆酒店
应用范围：建筑幕墙
应用面积：23000㎡
建设地点：湖南省长沙市

佛山金谷光电产业园
应用范围：建筑幕墙
应用面积：7000㎡
建设地点：广东省佛山市

广东蒙娜丽莎新型材料集团有限公司
GUANGDONG MONALISA NEW CONSTRUCTION MATERIAL GROUP CORPORATION LTD.

地址：广东省佛山市南海区西樵镇太平工业区
邮编：528211

电话：0757-86800179 400-8880988
传真：0757-86800173

网址：www.monalisa.com.cn
邮箱：monalisa@monalisa.com.cn

扫一扫，关注蒙娜丽莎

蒙娜丽莎集团
微信公众平台二维码
账号：monalisa668

蒙娜丽莎集团
新型无机联质板材
微信公众平台二维码
账号：monalisa_bc

始创1972

东鹏瓷砖
世界之美

中国建筑陶瓷行业标志性品牌

销量第一品牌

中国最有价值
品牌500强

数据来源:中国品牌研究院《品牌观察》

目　　录

新中源微晶石领导品牌

连续13年销量遥遥领先！

买微晶石认准"V"标识

新中源，13年专注，微晶石领导者，引领行业前行！

馬可波羅磁磚

陶 瓷 中 的 世 界 名 作

马可波罗瓷砖品牌创立于1996年，
作为国内最早品牌化、产品系列最全最大的建陶品牌，
是多家设计院战略合作品牌及奥运、亚运、世博会等大型工程建设的主要建材供应品牌。

2007年，
中国建筑陶瓷博物馆正式落户于马可波罗瓷砖企业总部，
各级领导先后考察企业总部，对马可波罗瓷砖的技术创新和文化创新给予了高度评价。

2011年开始，
成立马可波罗慈善爱心基金，
每年以500万投入专注贫困地区儿童成长环境的改善。
同时拥有两支职业球队CBA东莞马可波罗队、NBL湖北马可波罗队。

2014年品牌价值120.25亿，连续三年位列建陶行业第一位。

扫一扫，互动有礼！

馬可波羅磁磚
陶瓷中的世界名作

广东马可波罗陶瓷有限公司
Guang Dong Marco Polo Ceramics., LTD

地址(ADD): 广东·东莞·高埗　咨询电话(TEL): 86-769-88463218　传真(FAX): 86-769-88463238
网址(Http)://www.marcopolo.com.cn　服务热线(HOTLINE): 400-880-3650

不做"妖后"做"窑后"

瓷质砖抛光线工作流程图

瓷片釉面砖抛光线工作流程图

博德磁砖
世界建陶创新领航者

Innovation · Technology · Solution

金丝玉玛瓷砖
KINSYOMA CERAMICS

装修要豪华
就用金丝玉玛
Kinsyoma Ceramics, Choice of Luxury

地址:瓷海国际C4、C5座
电话:0757-82522382

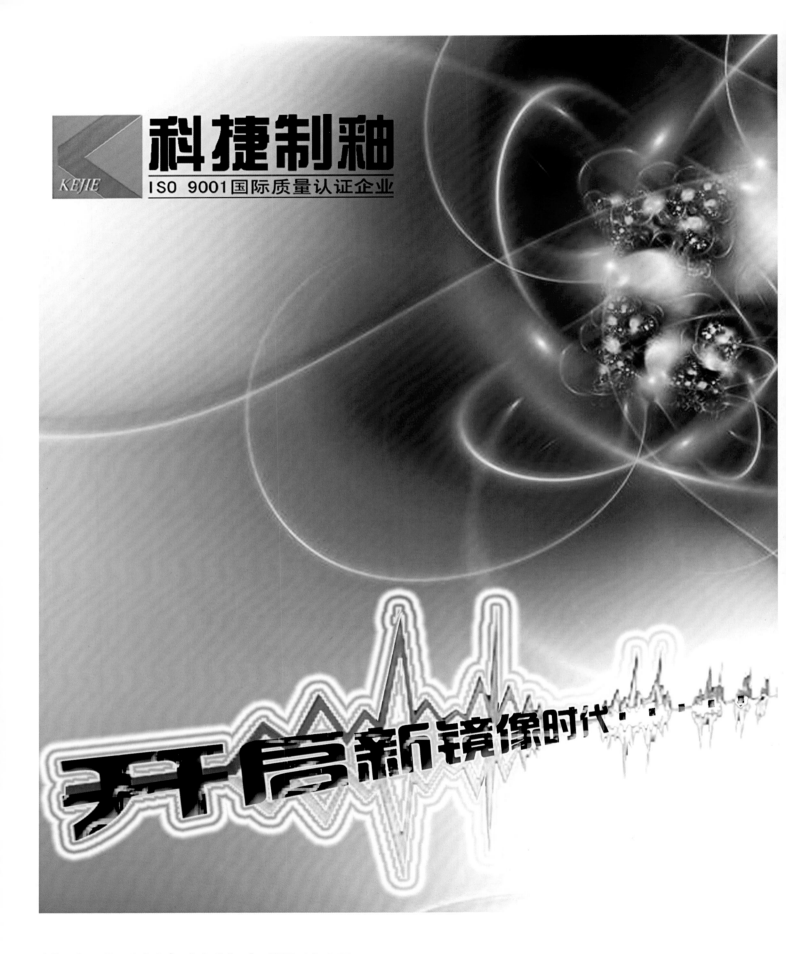

佛山市科捷制釉有限公司
FOASHAN KEJIE GLAZE CO.,LTD

地址：佛山中国陶瓷产业总部基地原辅材料配套中心C区401-408
网址：Http://www.kjzy.com.cn   电话/传真：0757-83838781

KEDA

KD3208W / KD3808W / KD7808W
08 系列宽体压机

√ 压制更高效　√ 运行更稳定　√ 致密度更均匀　√ 粉料适应性更强

广东科达洁能股份有限公司　TEL:0757-23832995　http://www.kedachina.com.cn

博晖
BOFFIN
MAGICAL GRINDING

进磨原料粒径：**≤60mm**

成品粒径标准：**≤10目**

进磨原料最佳水分：**5%～7%（要求≤8%）**

单位加工能力：**40-60T/H**

单位电耗节省：**20%～40%**

单位磨耗节省：**25%～45%**

球磨时间节省：**40%～60%**

广东博晖机电有限公司
GUANGDONG BOFFIN MECHANICAL & ELECTRICAL CO.,LTD
www.foshan-boffin.com
E-mail:wintopforever@vip.163.com,
Tel.:+86 758 6639926, Fax:+86 758 6639927

![ECONES 义科节能]

干法制粉的领跑者

新技术 新工艺

山东义科节能科技有限公司

SHANDONG ECON ENERGY SAVING TECHNOLGY CO.,LTD.

地址：淄博市科技工业园三赢路2号
电话：0533-3585366 传真：0533-3589111

www.econes.cn

Contents

诺贝尔磁砖，创造极致空间体验

-36.4℃超强抗冻性｜28道精准工艺｜8星钻石服务

连续10年销量领先，22年引领风格创新。
高端品质，领袖典范，只为创造极致空间而生。

高端磁砖典范

NIBEL 諾貝爾磁砖

高端磁砖典范
2003年起连续十一年全国销量领先
中国瓷砖市场品质信誉消费者最满意品牌

高 端 磁 砖 典 范

简一 大理石瓷砖
因为专注 所以更逼真

大理石瓷砖 | 🔍 搜索 Search

佛山市简一陶瓷有限公司
FOSHAN GANI CERAMICS CO.,LTD.

地址：广东省佛山市禅城区季华一路28号四座2-5层
电话：+86-757-8236 2988　　400-105-3288

传真：+86-757-8236 3900/8236 3910
网址：http://www.gani.com.cn

手机扫描二维码即可登陆
简一 大理石瓷砖官方网站

KITO
金 意 陶 · 有 思 想 的 瓷 砖

KITO梦　China梦

金意陶·瓷砖
意大利制造

行业第一家在国外生产的自主品牌

从Made for Italy 到 Made in Italy 金意陶无疑又完成了一次中国陶瓷走向世界的聚焦，再次引领行业的风向标。这是一个瞬间，但却蕴藏着10余年漫长的艰辛和汗水。10余年来，KITO用自己的方程式，解答着中国自主品牌走向世界的"谜底"！

宏宇集团
· HONGYU ENTERPRISE

国家标准制定企业
国家火炬计划 重点高新技术企业

大宇宙／大胸怀／大发展
GRAND UNIVERSE, GREAT MIND AND THE BIG DEVELOPMENT.

萬利(中國)有限公司
Manley (China) Co., Ltd.

企业简介 INTRODUCTION

万利（中国）有限公司位于历史悠久风格独特而闻名于世的南靖土楼之乡 —— 福建漳州高新技术产业园区，项目总投资28亿元人民币，注册资本5789万美元，占地1500亩。万利拥有全球最先进的德国与意大利的全自动生产线16条，计划五年内全部建成32条生产线，年总产值将达到 60亿元人民币 。公司主要生产仿古砖、陶板、黑瓷太阳能集热板、垫板窑外墙砖等低碳环保节能型建材，由于企业的品牌影响力和良好的行业发展前景，其母公司—— 万利国际控股有限公司于2011年6月13日在韩国证券交易所成功上市(900180.KQ)。

依据科学的工艺技术，推行完善的ISO9001-2000国际质量管理体系及产品质量双认证 ，及ISO14001-2004环境管理体系认证，及OHSAS18001-1999职业健康安全管理体系认证、及中国国家强制性产品(3C)认证等 ，且公司实行国标更高要求的企业内控标准,保证每一块磁砖的卓越品质。

TOP陶板以天然的纯净陶土为原材料，经过挤压成型、高温煅烧而成，质地淳朴、色泽温润、美观大方、经久耐用，能够有效抵抗紫外线的照射，没有光污染，经过1200度高温烧制，坚固耐用，抗震性好，抗风荷能力强，可以单片更换，安装简易方便，内部为中空结构，可以有效阻隔热传导，隔离外界噪声，时为经典之作。可广泛运用于城市写字楼、商贸大厦、公寓、政府办公楼，是最具国际水准的新型节能环保型建筑幕墙材料。

万利瓷砖品种包括5D喷墨仿古砖 、木纹砖、文化石、釉下彩柔光砖、全抛釉亮光砖、精品微晶石、5D喷墨内墙砖等高级瓷质砖系列。其设计新颖、款式多样、色彩丰富、高贵典雅奢华，并演绎出多种全新的设计理念 。高硬度、耐磨度、超低吸水率和超强防腐等多项卓越品质，成为了万科、绿地、中南设计等多家房地产开发商、设计院、知名建筑的指定用砖。

万利在加强研发力量建设的同时，还积极与世界顶级的工艺设备厂商、原材料供应厂商和知名的设计公司陶瓷研究院所等进行广泛合作，在国内乃至全球率先开发出了众多创新的磁砖产品，荣获国家多项外观专利。同时万利荣获" 省级企业技术中心""中国陶瓷行业名牌产品"、"福建省著名商标" 以及 "绿色建材产品"等荣誉称号。

我们坚持做好砖，追求全新的技术和标新立异的设计风格，缔造更耐磨、更平整、更防水、更防污、更晶亮、更健康、更特色的瓷砖，旨在成为"全球最优秀的瓷砖供应商"，全力打造"历练不凡，成就时尚经典"的万利品牌瓷砖，营造超时代风格的是瓷砖精品。满足人们对高品质生活的追求，为人类创造更美好的家居生活空间做出更大的贡献。

联系我们 Contact us | 客服热线:4000-828-999 | 地址：漳州市高新技术产业园区
传 真:0596-7699699 | 网址：www.manley.cn

汇聚世界的
品质典范

微晶石
Micro Crystal Stone
施華洛微晶石

罗曼缔克瓷砖

电话：(0757) 82261881

营销中心：广东省佛山市禅城区石湾东风路15号综合办公大楼　网址：www.romantic-ltd.com

钻石品质 缔造永恒

企业简介

■ 2014年瓷砖十大品牌　■ 2013年瓷片、抛光砖十大品牌

佛山钻石瓷砖有限公司是经广东佛陶集团钻石陶瓷有限公司，及佛山钻石陶瓷有限公司先后多次深化改革而成的专业生产经营建筑陶瓷产品的大型企业。公司拥有雄厚的资金实力和规范高效的公司法人治理结构，拥有原知名企业石湾建国陶瓷厂、石湾瓷厂等主要生产制造资源。公司具有四十多年的建筑陶瓷生产经营历史，地处南国陶都佛山市禅城区石湾，具有得天独厚的交通、信息、技术等产业群体优势。

公司的产品主要有釉面内墙砖、通体及瓷质仿古砖、瓷质耐磨砖、抛光砖、外墙砖、休闲卫浴产品等六大系列。公司具有雄厚的科研和新产品开发实力，是省科委定点的广东建筑陶瓷工程技术研究开发中心，佛山市三高陶瓷研究开发基地。公司产品制造技术和花色品种开发均处于领先地位，拥有"利用硼镁矿制造陶瓷熔块的工艺方法"、"变转速提高粉磨效率"等国家级发明专利、实用新型专利、外观专利等20多项，以及"高抗衰变-耐龟裂釉面砖"、"超大规格织金砖"等国家级重点新产品，"高置信度正态分布优质釉面砖"、"瓷质高耐磨彩釉玉石砖"等优秀新产品。公司以"好品质在乎天长地久"为品牌口号，以创新中国绿色环保陶瓷为己任，以提升制造科技含量为突破口，成功首创钻石生态陶瓷。

公司的主要品牌"钻石"、"白鹅"、"欧盟尼"和"Grandecor"产品均采用国际标准组织生产，并于1996年率先在中国建陶行业荣获ISO9002国内、国际质量体系认证，质量管理与国际标准接轨，产品质量超过同行业水平。公司"钻石牌"釉面砖多次荣获全国同行业质量评比第一名，多次被国家外经贸部、轻工业部、国家建材局评为"优质产品"，被国家科委与国家建设部列为小康住宅建设推荐使用产品，是国家权威检测达标产品。"钻石牌"陶瓷于1996年至今一直保持广东省名牌产品称号。是2003年首批荣获中国名牌产品、国家免检产品、3C认证产品的品牌。曾荣获中国建筑陶瓷知名品牌、全国用户满意产品等称号，2004年5月荣获广东省著名商标、2005年12月被评为中国陶瓷行业名牌产品，2007年6月荣获ISO14001环境管理体系证书，2013年荣获"瓷片十大品牌"、"抛光砖十大品牌"，2014年荣获"瓷砖十大品牌"，"钻石牌"商标已成为行业内知名品牌。

未来的日子里，公司将一如既往，坚持"制造优质产品，提高优良服务"的经营宗旨，与时俱进，开拓创新，以科技造钻石生态陶瓷，为用户拓展美好的"钻石生活空间"。

 佛山钻石瓷砖有限公司
FOSHAN DIAMOND CERAMICS CO.,LTD.
好 品 质 在 乎 天 长 地 久

地址：广东省佛山市石湾和平路12号　　ADD：12Heping Road Shiwan,Foshan City Guang Dong Province China
邮编：528031　电话（TCL）：+86-757-83981008　传真（FAX）：+86-757-82271828　Http://www.diamond.com.cn

第一章　2013 年全国建筑卫生陶瓷发展综述

第一节　我国建筑卫生陶瓷产量

2013 年全国 1400 多家建陶企业的主营业务收入为 3831 亿元，相比 2012 年增长 17.43%，利润同比增长 24.55%。2013 年全国陶瓷砖总产量 96.90 亿平方米（968979 万平方米），相对 2012 年 89.93 亿平方米的产量增长了 7.8%，相对 2012 年 3.5% 的增速明显提升。但增速自 2004 年以来，继 2012 年，再次告别两位数增长。2013 年全国陶瓷砖产量数据特征与 2012 年数据基本相似，最明显的变化是四川省陶瓷砖产量在全国的位置，由 2012 年开始从第四大产地下降到第五大产地，2013 年这种趋势继续，在被江西超过之后，又被辽宁超过，四川已经下降到全国第六大陶瓷砖产地，尽管 2013 年四川省保持了两位数的增长（10.9%）。

2013年全国主要省、自治区、直辖市陶瓷砖产量（单位：万平方米）　　　　　　　表1-1

排名	地方	产量	增长（%）	排名	地方	产量	增长(%)
	全国	968979	7.8	12	湖南	12854	5.6
1	广东	234049	5.1	13	重庆	11677	−5.1
2	福建	229196	5.6	14	浙江	11594	24.0
3	山东	83961	−9.9	15	贵州	7241	4.2
4	江西	76684	19.9	16	云南	4180	14.6
5	辽宁	69791	24.2	17	安徽	3078	−44.2
6	四川	64538	10.9	18	甘肃	3270	37.9
7	湖北	38176	5.8	19	新疆	2970	−8.0
8	河南	34464	27.8	20	宁夏	2778	12.5
9	广西	28356	30.5	21	山西	1066	−16.9
10	陕西	25594	21.7	22	上海	894	−22.3
11	河北	21101	9.0	23	内蒙古	848	−25.7

全国各省份的陶瓷砖产量中，广东省陶瓷砖产量在 2012 年下滑 15.4% 之后，2013 年增长 5.1%，继续保持陶瓷砖生产制造第一大省份的地位，但是与排在第二位的福建省产量几乎不相上下，相差仅 5000 万平方米。

2013 年全国陶瓷砖产量主要省份的排位顺序比往年有所变化，但没有动摇全国陶瓷产业的基本格局，最大的变化是：江西省、辽宁省、四川省陶瓷砖产量同时大幅增长，四川省陶瓷砖产量继 2011 年的第四大产区，2012 年下降到第五大，2013 年继续下降到第六大产区。2013 年全国 31 个省市自治区陶瓷砖产量中，有 10 个省份陶瓷砖产量出现负增长（2012 年陶瓷砖产量负增长有 11 个省份），其中有：含鄂尔多斯产区的内蒙古产量增长 -25.7%（2012 年：1.9%）；含有阳泉、阳城产区的山西产量增长 -16.9%

（2012 年：-53.2%）；含有淄博、临沂产区的山东省产量增长 -9.9%（2012 年：-4.1%）。2012 年全国 11 个省份陶瓷砖产量出现负增长，2011 年全国 11 个省份出现负增长，2010 年全国仅山东、重庆、湖南三省份出现负增长。发展明显放缓是整个行业的特征。

2013 年我国的表观年人均瓷砖消费量 [=（年产量 - 出口 + 进口）/ 人口总数] 达到 6.325 平方米（产量：96.8979 亿平方米；出口：11.4778 亿平方米；进口忽略；人口 13.5 亿），已经处于世界高位，明显超过绝大多数的世界瓷砖生产制造消费大国，如：巴西、印度、伊朗等国。这是我国表观年人均瓷砖消费量数据的历史新高。这已经表明我国的年人均陶瓷砖表观消费量明显处于高位，目前位于全球第一。历史上 2005 年西班牙年人均瓷砖消费量达 6.7 平方米 / 人。我国目前表观年人均瓷砖消费量是全球第一，越来越接近全球历史上第一。表明我国的瓷砖产量与消费已经接近饱和边缘。

我国的陶瓷砖产能与实际产量人均水平虽未突破世界历史极限，但应该已经处于相对过剩的边缘，过剩是市场经济的终极目标，无论是过剩前夕还是过剩到来，"十二五"期间行业的洗牌、调整都会明显加剧，关门倒闭、兼并重组间或会时有发生。

排名	地区	产量	增长（%）	排名	地区	产量	增长（%）
	全国	20621	3.3	7	四川	713	693.4
1	河南	6425	-0.6	8	广西	424	67.8
2	广东	6222	3.8	9	重庆	349	-38.2
3	河北	2502	-7.9	10	山东	330	275.0
4	湖北	1688	-4.8	11	北京	167	-6.0
5	湖南	975	34.5	12	上海	183	-46.1
6	福建	492	-19.2	13	江苏	53	-45.6

2013年全国主要省、自治区、直辖市卫生陶瓷产量（单位：万件）　　表1-2

2013 年全国卫生陶瓷总产量是 2.06 亿件（20621 万件），相对 2012 年产量 19971 万件，增长 3.3%。相对于 2012 年 4.05%、2011 年 7.71% 的增幅，再次下降。2013 年全国各省数据统计中，卫生陶瓷产量前六大省份排序与 2012 年一样，河南省产量在下降 0.6% 的条件下，继续维持全国卫生陶瓷第一大省的地位。

仍是河南（6425 万件）、广东（6222 万件）、河北（2502 万件）三省，与 2012 年全年河南（6466 万件）、广东（5996 万件）、河北（2717 万件）相比，顺序没有发生变化，河南仍是我国卫生陶瓷产量第一大省。

2013 年全国河南、广东、河北三省的卫生陶瓷总产量为 15149 万件，占全国总产量的 73.46%；2012 年这三省产量 15179 万件，占全国总产量的 76.0%；2011 年三省产量占全国总产量 76.58%，河南、广东与河北三省卫生陶瓷产量占全国比重继续小幅下滑。2010 年的这个相对比重是 81.04%，2009 年是82.04%，2008 年是 80.51%。

全国各个省市自治区的数据还表明，到目前为止，全国仍有山西、内蒙古、辽宁、吉林、黑龙江、浙江、安徽、江西、海南、贵州、云南、西藏、陕西、甘肃、青海、宁夏、新疆等十七个省级地区没有卫生陶瓷生产制造，较 2012 年增加了江西、新疆两省份。

第二节　我国建筑卫生陶瓷产品质量

关于我国建筑卫生陶瓷产品的质量，无论是产品的制造商、消费者，还是主管产品质量的官方或行业其他方面的专业或非专业的人士，都可以直接或间接地感觉到我国建筑卫生陶瓷产品的质量越来越好，随着我国建筑卫生陶瓷产业的不断扩大，产品质量也随之不断提升进步。但是我国一直缺乏整体建筑卫生陶瓷产品质量的全面定量描述与统计数据分析。每年例行的"国抽"（陶瓷砖、卫生陶瓷、陶瓷片密封水嘴产品质量国家监督抽查）从整体上对建筑卫生陶瓷产品质量有所反映。

2013年12月4日国家质检总局公布了2013年陶瓷砖产品质量"国抽报告"——《陶瓷砖产品质量国家监督抽查结果》。2013年陶瓷砖产品"国抽"共抽查了河北、山西、辽宁、上海、江苏、浙江、安徽、福建、江西、山东、河南、湖北、湖南、广东、广西、四川、陕西等17个省、自治区、直辖市的180家企业生产的180批次陶瓷砖产品。11批次产品不合格，产品合格率93.89%。对比前四年的"国抽报告"可以看到：2012年产品合格率为86.59%，2011年为86.1%；2010年为81.62%；2009年为73.35%。五年来抽检产品的合格率年年都在攀升，从侧面多少反映了一些我国陶瓷砖产品质量的状况，2013年出现一例放射性核素不合格。

国家质检总局2013年12月10日公布"陶瓷坐便器产品质量国家监督抽查结果"，这次"国抽"共抽查了北京、天津、河北、上海、江苏、福建、江西、山东、河南、湖北、广东、重庆等12个省、直辖市160家企业生产的160批次陶瓷坐便器产品，抽查发现有10种陶瓷坐便器产品不合格。主要不合格项目有吸水率、水封深度、便器用水量、洗净功能、固体排放功能、安全水位技术要求、水箱安全水位等。相对2012年"国抽"160批次产品12批次不合格，"国抽"产品合格率略有提高。

国家质检总局2013年12月10日公布"陶瓷片密封水嘴产品质量国家监督抽查结果"，这次共抽查了北京、河北、辽宁、上海、江苏、浙江、安徽、福建、江西、广东等10个省、直辖市160家企业生产的160批次陶瓷片密封水嘴产品，其中24批次产品不符合标准的规定。依据GB 18145—2003《陶瓷片密封水嘴》等标准规定的要求，对陶瓷片密封水嘴产品的管螺纹精度、冷热水标志、流量（带附件）、流量（不带附件）、阀体强度、密封性能、冷热疲劳试验、酸性盐雾试验等8个项目进行了检验。相对2012年"国抽"150批次产品32批次不合格，2013年"国抽"产品合格率明显提高。

"国抽"已经"规范"四年多了（《陶瓷砖产品质量监督抽查实施规范》及《卫生陶瓷产品质量监督抽查实施规范》已经实施四年多了），每年的"国抽"报告都会在央视的"每周质检报告"栏目曝光。但国家相关部门对"国抽"不合格产品的限制与惩罚远没有到位，完全不能与食品药品等产品相提并论，所以大部分陶企对此还不够重视，估计这种情况不会持续太久。相信建筑卫生陶瓷产品的质量问题将越来越为社会、舆论、消费者所重视（甚至可能为一些陶企的竞争对手所重视），生产企业对产品质量不引起足够的重视，导致严重影响企业自身的产品品牌形象与企业形象，最终将自食其果。

2013年建筑卫生陶瓷产品质量抽查方面一个新的变化是地方抽查的范围大幅增加，一方面说明社会对建筑卫生陶瓷产品的质量越来越重视，另一方面是建筑卫生陶瓷开始推向全国各地。

2013年7月8日上海市质量技术监督局发布对上海市生产和销售的水嘴产品质量专项监督抽查结果。本次共抽查水嘴产品68批次，覆盖上海市主要生产企业，经检验不合格21批次。其中，铅项目有6批次产品不合格，铬（六价铬）项目有1批次产品不合格，盐雾试验有18批次产品不合格，管螺纹精度检验有13批次产品不合格。

7月24日陕西省发布陶瓷坐便器产品质量2013年第二季度监督抽查结果，监督抽查结果显示，本次陶瓷坐便器样品主要在西安、宝鸡、商洛、延安、安康地区的经销企业中抽取，共抽检企业49家，抽取样品50个批次，陶瓷坐便器产品有4批次样品不符合标准规定，样品批次合格率为92%。不符合标准规定的样品涉及陶瓷坐便器产品的便器用水量、水箱安全水位、水封深度项目不达标。

2013年5月中旬，武汉市工商局对武汉各大超市卖场销售的水嘴进行了随机抽检，8月6日发布2013年武汉市水嘴产品质量监督抽查结果，共抽检37批次，合格6批次。主要不合格项目涉及酸性盐雾试验、水效、流量均匀、流量、管螺纹精度等。

8月12日上海市质量技术监督局发布对上海市生产和销售的坐便器产品质量进行专项监督抽查结果。本次共抽查产品36批次，经检验，不合格1批次。

8月28日西安市发布2013年西安市陶瓷坐便器产品质量监督抽查结果，西安市对14种产品质量进行监督抽查。其中，陶瓷坐便器共抽样30个批次，经检验合格23个批次，合格率76.7%。

9月24日河南省质量技术监督局通报2013年河南省卫生陶瓷产品质量监督检查结果，本次监督检查共抽取了焦作、洛阳、漯河、许昌、平顶山等5个省辖市31家企业生产的59批次产品，经抽样检验，共有3批次产品不符合标准要求，主要问题为安全水位、安装相对位置、进水阀防虹吸、溢流功能等。

10月29日广东省质量技术监督局公布2013年广东省卫浴产品质量专项监督抽查结果：本次共抽查了广州、佛山、中山、江门、顺德等5个地区58家企业生产的60批次卫浴产品。本次抽查发现7批次产品不合格，不合格产品发现率为11.7%。不合格项目主要为表面处理、巴氏硬度、标志、使用说明书。

10月29日广东省质量技术监督局公布2013年广东省卫生陶瓷产品质量专项监督抽查结果，不合格产品发现率为10%。本次共抽查了广州、珠海、佛山、东莞、江门、清远、潮州、顺德8个地市60家卫生陶瓷生产企业的60个批次产品，本次抽查发现6批次产品不合格，不合格项目主要为用水量、安全水位技术要求、安装相对位置。

11月21日贵州省工商行政管理局通报流通领域陶瓷砖商品质量监测结果，本次监测委托贵州省分析测试研究院负责，对陶瓷砖的吸水率、断裂模数、破坏强度、有釉砖表面耐磨性、放射性核素、尺寸（长度、宽度、厚度）、标识指标进行检测。共对贵阳市、遵义市、六盘水市、安顺市、铜仁市、毕节市、黔东南州、黔南州、黔西南州36户流通领域商品经营主体所经营的陶瓷砖进行了随机抽样，被监测人涉及的场所为综合市场、专业市场和其他经营场所，共随机抽取样品56个批次。

2013年全国部分地区瓷砖质量的"省抽"，广东、四川、陕西、上海、河南等省的合格率都超过了90%，仅贵州的"省抽"瓷砖合格率为75%。

2013年7月14日，上海电视台《七分之一》栏目通过对13个龙头样品进行32小时的实验，发现其中9个知名的国内外品牌龙头浸泡水铅含量超过了国家推荐标准（铅含量不得超过5微克/升）。

面对触目惊心的数据，人们非常震惊于隐藏在身边的"新任"重金属杀手，而比群众更加震惊的是检测出水龙头铅超标的各家知名卫浴企业。12月，央视二套播出的《是真的吗》栏目公布了14款产品的16种重金属析出量进行检测的结果，对此事再次作出了报道。

同时，国家权威检测部门将推出行业新标准，新标准将参考美国标准和欧洲标准，对铅等多项重金属的析出量做出强制性规定。由于中国加入WTO，按照规定程序申请标准需要至少半年审批时间，因此新标准预计有望于2014年出台。但是新标准的要求非常高，依照目前国内的生产现状，将会有相当多的中小企业达不到标准要求，因此质监部门在标准执行过程中要分阶段进行，防止一刀切的现象出现。这次新标准的出台，将对行业乱象有一定的规范作用。

第三节　建筑卫生陶瓷产品进出口

一、全国建筑卫生陶瓷产品出口数据

2013年全年陶瓷砖产品出口11.48亿平方米（114778万平方米），占全年总产量的11.85%，出口额78.93亿美元，较2012年全年出口10.86亿平方米增长5.71%，较2012年全年出口额63.52亿美元增长24.26%。2013年陶瓷砖出口平均单价6.88美元/平方米，较2012年陶瓷砖出口平均单价为5.85美元/平方米，大幅增加，增长17.61%。2013年我国陶瓷砖出口又是量增、价涨、平均单价升的一年。2013年陶瓷砖出口量增长幅度较前几年继续减缓，仅个位数增长，出口额与平均单价大幅增长与汇率的变化也有一定的关联。

2006～2013年中国陶瓷砖产品出口数据　　　　　　　　　　表1-3

年份	出口量 （万平方米）	增长	出口金额 （亿美元）	增长
2006	54373	29.2%	17.09	44.8%
2007	59007	8.62%	21.31	24.7%
2008	67090	13.7%	27.11	27.2%
2009	68547	2.15%	28.62	5.54%
2010	86720	20.96%	38.51	25.68%
2011	101528	17.07%	47.644	23.72%
2012	108621	6.99%	63.5237	33.33%
2013	114778	5.71%	78.9256	24.26%

　　数据显示2013年是中国陶瓷砖出口增长继续放缓的一年，其中沙特、美国、尼日利亚成为我国陶瓷砖出口的三大目的国。2013年尼日利亚（超过泰国）第一次成为我国陶瓷砖出口三大目的国之一。在全国陶瓷砖产品出口方面，广东省仍是最大的陶瓷砖出口省份，出口量占全国67.26%（2012年：68.64%），出口额占全国75.89%（2012年：71.76%）。

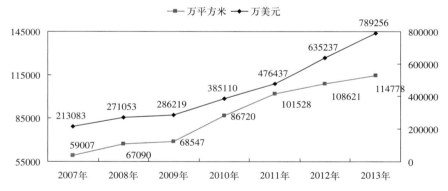

图 1-1　2007 年～ 2013 年全国建筑陶瓷出口量与出口额

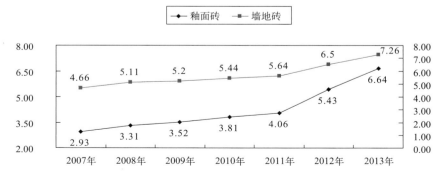

图 1-2　2007 年～ 2013 年建筑陶瓷砖出口平均价格（美元／平方米）

十多年以来，中国陶瓷砖产品在国际上几乎年年遭受反倾销，但是出口却是年年增长，而且是"三增"（量增、价增、平均单价增）并进，2013年也是如此。尽管中国陶瓷砖的出口总量已经超过了世界第二大陶瓷砖生产制造大国的产量，但中国的陶瓷砖产品出口仅占国内全年陶瓷砖总产量不足12%，而我国卫生陶瓷行业出口约占30%，卫生陶瓷出口依赖度更高。应该看到出口的增幅已经下降到个位数，随着出口基数的庞大，面对多国出口的反倾销，可以预计我国建筑卫生陶瓷的出口将进入平缓发展的年代。

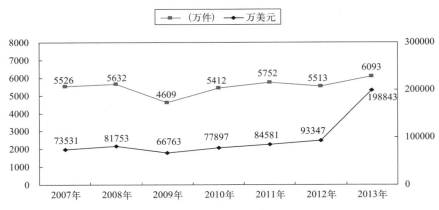

图1-3　2007年～2013年卫生陶瓷出口量与出口金额

2013年，全国出口卫生陶瓷6093万件，卫生陶瓷出口量约占全国总产量的29.55%，相对2012年出口5513万件，增长10.54%；出口金额19.88亿美元，相对2012年出口9.33亿美元，增长113.08%；出口产品平均单价32.63美元/件；相对2012年出口平均单价16.93美元/件增长92.73%。

二、2013年全国各省市出口比例

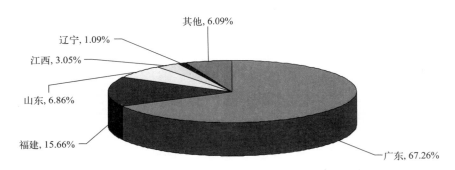

图1-4　2013年建筑陶瓷砖（出口量）各省市所占比例（%）

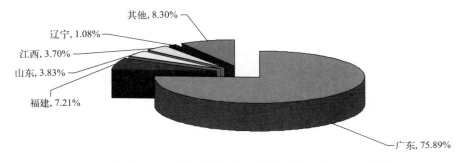

图1-5　2013年建筑陶瓷砖（出口额）各省市所占比例（%）

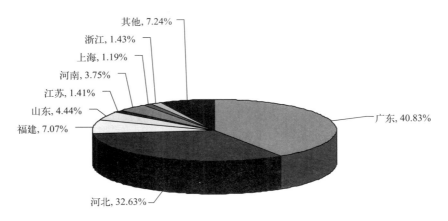

图 1-6 2013 年卫生陶瓷（出口量）各省市所占比例（%）

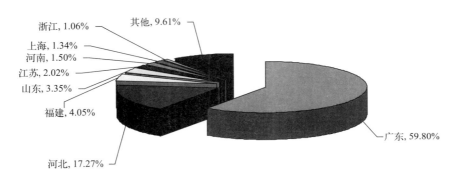

图 1-7 2013 年卫生陶瓷（出口额）各省市所占比例（%）

三、2013 年全国建筑卫生陶瓷出口目的国

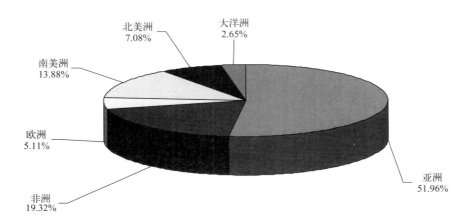

图 1-8 2013 年建筑陶瓷（出口量）流向各大洲所占比例（%）

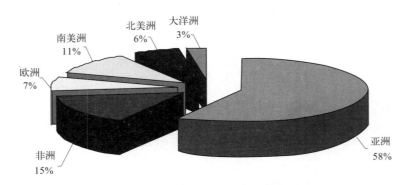

图 1-9　2013 年建筑陶瓷砖（出口额）流向各大洲所占比例（%）

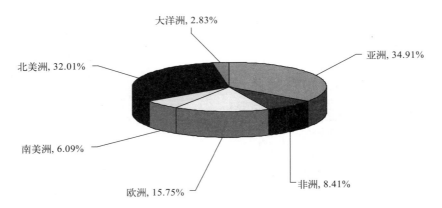

图 1-10　2013 年卫生陶瓷（出口量）流向各大洲所占比例（%）

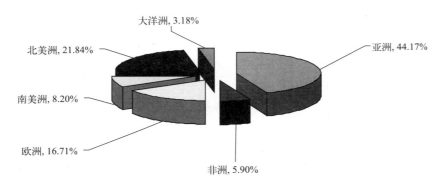

图 1-11　2013 年卫生陶瓷（出口额）流向各大洲所占比例（%）

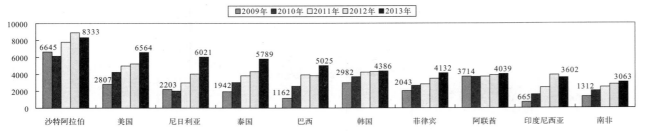

图 1-12　2009 ～ 2013 年建筑陶瓷砖出口主要流向（万平方米）

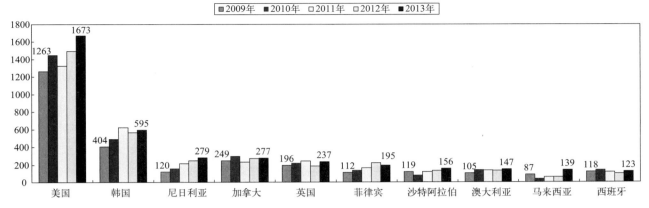

图 1-13　2009 年～ 2013 年卫生陶瓷出口量主要流向（万件）

四、建筑卫生陶瓷产品进出口比较

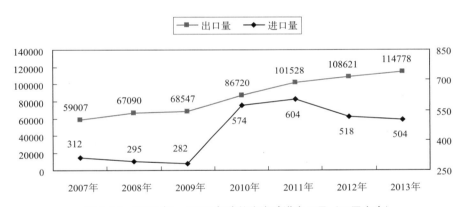

图 1-14　2007 年～ 2013 年建筑陶瓷砖进出口量（万平方米）

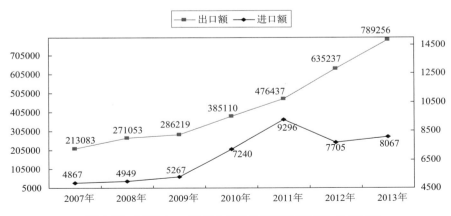

图 1-15　2007 年～ 2013 年建筑陶瓷砖进出口额（万美元）

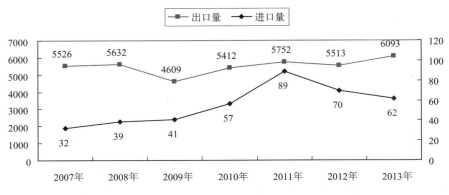

图 1-16　2007 年～ 2013 年卫生陶瓷进出口量（万件）

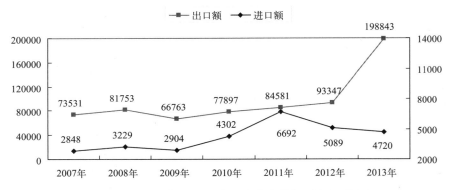

图 1-17　2007 年～ 2013 年卫生陶瓷进出口额（万美元）

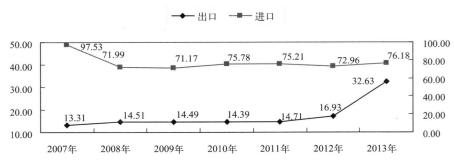

图 1-18　2007 年～ 2013 年卫生陶瓷进出口平均价格（美元/件）

五、建筑卫生陶瓷行业频发反倾销事件

2013 年 7 月 26 日，国家商务部官网进出口公平贸易局公布了巴西对中国瓷砖启动反倾销调查的消息，实际上早在 7 月 8 日，巴西发展、工业和外贸部已经发布公告决定对原产自中国的瓷砖进行反倾销调查，并拟以意大利为替代国来计算正常价值。

反倾销拟以意大利为替代国来计算正常价值，这是什么概念？意大利瓷砖是世界上最贵的，在国际市场上，意大利瓷砖的平均售价是中国瓷砖的三倍，若果真如此，可就不是 69.7% 的惩罚性关税可以解决的了。

且不谈企业应该如何应诉，让人担忧的是，近年来我国对巴西出口的平均单价是多少？ 2012 年 9

月 6 日巴西外贸委员会已经宣布将中国进口的瓷砖关税由 15% 提高至 35%，为期一年（实际上是 2011 年 5 月 16 日应巴西瓷砖制造厂商协会（ANFACER）呈书对国家工业、发展和外贸部的要求），在这样高的关税下，中国、巴西两国商人会不会将进口瓷砖的平均单价作假成"虚低"，严重偏离我国瓷砖出口的平均单价，而造成中国瓷砖的倾销幅度异常严重，估计在出口贸易中这种"虚低"的做法在发展中国家间几乎就是惯用的伎俩（或称：潜规则），待相关数据出来就会证明这种担忧是否多余。

另一个让人担忧的是，巴西对中国瓷砖反倾销成立将对我国瓷砖行业有多大影响？ 2013 年我国对巴西瓷砖出口为 5025 万平方米，巴西是我国 2013 年陶瓷砖出口第五大目的地国家，占我国 2013 年出口总量 11.48 亿平方米的 4.4%，占我国瓷砖总产量 90 亿平方米的比例更低，从单一事件上来说，对我国瓷砖产业的影响甚小。但是我们应该注意到的是，进口国对华瓷砖反倾销并非个案，近年来韩国、泰国、巴基斯坦、印度、巴西、阿根廷和欧盟从东、南、西三方对我国陶瓷出口已经形成全面压制。市场一个个失去，意味着我国陶瓷出口的大门正被慢慢关闭。

2013 年 4 月，欧亚经济委员会部长级理事会通过决议，对自中国进口的铁胎搪瓷浴缸征收 51.87% 的反倾销税，为期 5 年。此次反倾销事件主要是因近年来中国出口铁胎搪瓷浴缸大幅增长。调查结果显示，2011 年，中国产铁胎搪瓷浴缸出口到关税同盟的倾销幅度为 51.87%，2009 ~ 2011 年关税同盟自中国进口铁胎搪瓷浴缸增长 48.4%，占关税同盟该产品全部进口量的 82%；2009 ~ 2011 年间关税同盟该产品需求量不变，盟内生产商产量减少 16.8%，销量减少 26%，而商品库存增长为 1.5 倍，本地商品市场占比下跌 15.2%。

2013 年 6 月，鉴于中国卫浴企业在国际市场当中的份额越来越高，欧盟决定针对中国卫浴出口企业征收 36.1% 的反倾销税。

2013 年 7 月，继阿根廷反倾销事件之后，巴西也针对卫浴陶瓷产品做出了反倾销裁决，对我国陶瓷卫浴企业征收临时反倾销税至终裁前。

2013 年年末，德国唯宝等欧盟厂家于 11 月已向欧委会提交起诉书，申请对中国进口的卫浴洁具产品立案反倾销。按照程序规定欧委会在正式收到起诉书之日起 45 天内，将做出是否立案的决定。广东省共有 120 多家卫浴出口企业或被欧盟立案调查，立案企业必须在 45 天内提出应诉，如败诉，将被欧盟重罚关税。12 月 26 日，广东省外贸厅在佛山召开欧盟反倾销预警会，组织中国洁具出口企业联合抱团请法律专家应诉。

第四节　建筑卫生陶瓷产品国内市场与营销

一、概况

关于我国建筑卫生陶瓷产品国内市场的销售，可以说长期缺少完整的数据，且不说全年的份额、销值，就是全年的销量、每年产品的产销率都缺乏完整的统计数据或相对的权威数据。中国建筑卫生陶瓷协会的数据有：2013 年全国 1400 多家建陶企业的主营业务收入为 3831 亿元，相比 2012 年增长 17.43%，利润同比增长 24.55%。2013 年整体国内销售形势比 2012 年好，特别是上半年。尽管如此，产能过剩已经初见端倪，2013 年新增的 100 多条生产线，进一步增加了这方面的压力。

二、营销新动向

品牌集中度明显提高：2013 年瓷砖行业大部分知名品牌销售额大幅增加，普遍在 30% 左右。同时全国性的知名品牌逐步形成，行业的高端品牌开始成长，越来越凸显品牌的作用。

工程比例加大：销售终端工程比例加大。万科房地产坚持 100% 的精装房，全国不少大型房地产开发商大幅提高精装房的比率，同时不少大中型城市的中心范围禁建毛坯房。

"整体家居"全面推进：几年前就有陶瓷砖企业提出整体空间解决方案，现在集设计、配件等于一体的整体厨卫以及整体空间概念已经从样板房走入消费者。

渠道下沉：三、四线市场全面发展，经销商扁平化扩大，县、镇级的分销商纷纷独立扁平，新农村建设与城镇化进程进一步繁荣了三、四线市场的建筑卫生陶瓷产品销售。

促销活动充满终端营销：明星代言、总裁签售、泛家居联盟、团购等终端促销活动长年不断，几乎无活动不销售。

混合多极营销组合：主要是部分陶企调整一贯的区域代理体系而融入部分地区的分公司制。随着精装修房的比例不断提高，工程项目的销售不断增加，分公司融于区域经销代理制的营销模式体现了优点。不少大品牌企业纷纷在终端大区建立分公司，或是直接介入大区销售管理，或是直接代表公司直接入股终端。

建筑卫生陶瓷营销整体战略的调整与各种方法的尝试主要都是围绕着品牌、渠道、终端的建设。

三、建材大卖场大肆扩张

北京地区的红星美凯龙、居然之家、集美家居三大连锁建材卖场巨头都纷纷在全国各地扩张。至2013年红星美凯龙集团在全国开店已经超过100家，居然之家连锁店在全国有70家。另外，红星美凯龙收购吉盛伟邦。

具有坚实建筑卫生陶瓷背景的华美立家，也在全国三线城市开始建立10多家大型建材卖场。2013年底，由中国建筑卫生陶瓷协会及我国最大的瓷砖卫浴流通企业华耐家居集团共同发起、由20家瓷砖卫浴知名企业共同出资的中陶投资发展有限公司宣告成立，并建立行业发展基金，实现了业界主流企业的抱团发展，初步建立起了产业联盟，与社会上的各类家居卖场项目竞争，全面摆脱瓷砖卫浴企业在销售终端卖场被动受制的局面，同时加快专业家居广场项目的建设、培育、成熟，增强市场变化危机的承受能力。

中陶公司与行业发展基金主要针对目前家居卖场的乱象、垄断、过剩、单边条款，维护制造企业在整个产品链中的利益，逐步建立坚强的建筑卫生陶瓷行业后盾。发展基金与中陶公司的主要目标是实现强强联合，以资金为纽带，整合领军企业优势资源，进一步拓宽市场渠道，树立优质品牌形象，掌握市场话语权，以适应流通领域变革的新趋势。

类似的建材大卖场在全国各地到处都是，有局部连锁的，也有单打独斗的，建材家居卖场在全国快速扩张导致了同质化竞争严重，甚至推高了卖场的空置率，过度膨胀在不少地方还造成卖场脆弱、盈利能力下降、导致卖场租金不断上涨，供应商还要"被扩张"，经销商成本压力越来越大，卖场与销售商之间的利益、矛盾将决定建材大卖场的下一步发展。

四、电商

2012年，天猫与淘宝的参与商家已经超过了1万家，全天交易额达到191亿元，2013年，参与商家数量达到2万家以上，交易额突破350亿元。九牧、箭牌、中宇等国内品牌在天猫的旗舰店参加"双十一"促销活动，勇夺卫浴行业前三甲。中宇成为本年度"双十一"销量黑马，呈现爆发式增长。2012年"双十一"时独进3000多万的九牧卫浴，在2013年定下了破亿的销售目标。最后成绩虽然未破亿，但也依然雄踞建材卫浴品牌销量榜首位置，成交金额为7363万元，销量同比成功翻一番。加上九牧其他地区网店的成绩，九牧"双十一"当天在全国的实际销售额接近1.2亿元。2013年在天猫旗舰店参加"双十一"促销的箭牌，也成为本年度"双十一"销量热门品牌，其大件卫浴产品销售也让同行刮目相看，紧随九牧之后，销量达4437万元，同比前年淘宝店销量270万翻了十多倍，销量呈现爆发式增长。2013年中宇卫浴成交金额超过2208万元，位列整个家居建材类第七，同时位列卫浴类第三，成为本年度"双十一"电商大战中名副其实的黑马。此外，美标、科勒、摩恩、TOTO、惠达、东鹏等上榜品牌2013年亦有不错的成绩，都有不同程度的增长。

2013年"双十一"前夕，国内19家较大规模的家居卖场，对于天猫等电商平台的冲击，实施联合防御。家居卖场不愿意消费者线下比价体验，却在线上其他渠道购买。受厂家压力，天猫也紧急叫停了O2O的相关条款。传统家居卖场无法挡住电商发展的潮流，电商的发展也不能割裂客户体验，红星美凯龙、居然之家等也在构建自身的电商平台。该事件标志着电商与传统渠道逐步进入分水岭。

但是瓷砖方面的电子商务仍然处于起步阶段。

第五节　2013年陶瓷砖上游企业的发展

压机与窑炉：2013年，陶瓷压机全年在国内市场的出货量约为1100余台，其中，广东科达机电股份有限公司（含恒力泰）陶瓷压机2013年在国内市场的出货量约为1000余台，萨克米、捷成工、海源等其他几家陶瓷压机生产企业2013年在国内市场的出货量共计100余台。2013年陶瓷压机在国内市场的出货量与2010年的1200余台相比略有下降，但比2011年的1000余台增长了10%，同比2012年的600余台更是增长了83%以上，创造了近几年来的第二轮销售高峰。

估计大约80%的压机用于新生产线建设，如果按平均6机一线的配置，意味着2013年我国瓷砖行业大约新增150条生产线，新增窑炉约200条，新增产能超过8亿平方米。整个2013年相应配套（辊棒、传动等）的行业也基本是满负荷运作。

喷墨花机与墨水：2013年是我国喷墨打印设备投产运作增长最快的一年，比此前在线运作的陶瓷喷墨打印机增加了一倍多，到2013年年底，在线运行的陶瓷喷墨设备预计超过了2000台，其中，国产喷墨打印设备在国内的市场份额目前已达到80%左右，占据绝对主导地位。希望、彩神、泰威、美嘉、精陶、新景泰等都是国内喷墨打印设备生产企业中的佼佼者。2013年，是我国建陶行业喷墨打印设备增长最快的一年，也是喷墨打印设备迅速实现国产化的一年。

国内喷墨打印设备不断安装投产，陶瓷墨水的需求不断增长，2013年也是国产墨水发展最快的一年。国产墨水的品质与稳定性显著提高，使用量明显增长，2013年国产墨水已经占有30%的市场份额，而且这一份额还在不断地扩大，预计到2014年年底国产墨水将超过50%的份额。如果按每台喷墨花机平均每年使用墨水10吨计算，则2013年我国陶瓷墨水的市场是2万吨，国产墨水30%的份额，就是6000吨，每吨10万元人民币，2013年我国陶瓷墨水的市场份额大约6亿元人民币。保守估计2014年年底国内瓷砖行业喷墨印花机将达到3000台，也就是说国内陶瓷墨水的市场将达到3万吨，国产墨水如期达到50%份额，将达到1.5万吨，这部分市值将有12~15亿元人民币（考虑可能的单价下滑）。2013年，喷墨印花的各种新技术也在不断涌现，如：白墨水、下陷釉、金属釉、糖果釉、透明釉、渗透釉、喷粉等，预计将会成为行业今后发展的新热点、新方向。

干法制粉：2013年，山东义科节能科技有限公司从事干法制粉工艺的研究开发应用，取得了较大的突破，并通过了省级科技成果鉴定；佛山溶州陶瓷二厂对于干粉制粉工艺的开发应用也已经到达工业性试运转阶段，取得良好的运营效果；咸阳陶瓷研究设计院通过国家项目及蒙娜丽莎陶瓷通过院士工作站也都在从事这方面的应用开发。我国干法制粉工艺瓷砖生产产业化时代即将到来，2013年行业内已经有数条干法制粉瓷砖生产线进入安装阶段。相信在应用中将得到不断提升，推进我国陶瓷砖行业的节能减排。

第六节　陶瓷新产品与创新

陶瓷砖行业新产品制胜的案例比比皆是，甚至一个新产品拯救了一个陶企或助力一个陶企上一个新的台阶，这其中给人们印象颇深的有：水晶釉、金花米黄、木纹砖、普拉提、洞石等。2013年陶瓷砖行业的新产品开发主要仍是以花式创新为主，还有一些功能创新、品质创新与环保创新。给人们留下较深印象的产品有：

一、围绕喷墨印花应用的陶瓷砖产品

由于喷墨印花技术的普遍应用，使陶瓷砖行业的大部分企业都能够生产逼真的大理石瓷砖、木纹砖、布纹砖、皮纹砖等产品，直接推动了全抛釉、微晶石产品大行其道，遍地都是，特别是大理石瓷砖几乎成为瓷砖产品的一大门类，不仅拓宽了瓷砖产品的市场消费，而且高档仿石瓷砖产品已经将触角伸进了石材领域。喷墨印花技术与全抛釉微晶石的结合，使仿玉石瓷砖产品丰富多彩。2013年喷墨印花与渗透釉的结合应用，产生了喷墨花划抛光砖。

2013年，喷墨印花技术开始了喷釉技术方向的发展，使瓷砖产品出现了许多喷釉新产品，如：糖果釉、下陷釉、金属釉、贵金属釉等，甚至喷干釉产品。

二、陶瓷板材

陶板（或称：陶土板），是一种挤压成型的较大型板材。大型陶板干挂具有特别的装饰效果，早期我国的这类产品基本都是依赖进口，近几年随着瑞高、新嘉理、华泰等陶企陶板生产制造的成功，今年陶板开始大量应用，甚至用于高层建筑，2013年新嘉里陶板开始结合应用各种陶瓷釉，使陶板产品增加很多新品。

陶瓷薄板，蒙娜丽莎陶瓷薄板产品2013年在国内多处高层建筑成功应用，大大推广了陶瓷薄板的高端应用。传统压机制造陶瓷薄板，不仅直接降低了其生产成本，也为其拓宽应用打下了良好基础。陶瓷薄板与喷墨技术结合，为陶瓷薄板进入家装应用提供了丰富的品种素材。

利用抛光砖废渣做原料生产的发泡陶瓷板材，具有隔热保温、隔声降噪、防火等优异功能，欧神诺陶瓷、豪山陶瓷的发泡陶瓷板与发泡陶瓷砖产品相继投入市场，好评很多。这种具有多重环保性能的产品如果能得到政府政策上的更多支持，有可能得到更广泛的应用。

第七节　洗牌重组，资本运营

资本介入行业并购重组事件：2013年3月，中宇和高仪互换股份，高仪增持在德上市的中宇卫浴股权，蔡氏家族拥有高仪12.5%的股份，成为高仪第一大个人股东。

6月28日，日本著名建材公司骊住集团（Lixil Group）正式宣布，将以5.42亿美元价格收购美国著名卫浴和管道设施生产商美标公司（American Standard）。这是继骊住收购通世泰（TOSTEM）、伊奈（INAX）、庭思（TOEX）以后，又一次大手笔收购世界知名品牌。而这也预示着美国美标这个成立于1872年的百年卫浴品牌正式归于骊住旗下。

9月26日骊住再次出手，骊住集团同德国高仪集团达成基本协议，日本骊住株式会社（Lixil Group Corp）和日本政策投资银行（DBJ），同意从全球私募基金公司（TPG Capital）及瑞士信贷旗下的私募部门手中斥资4000亿日元（约合24.8亿英镑）收购高仪集团87.5%股权。从而成为了9月日本企业在欧洲市场规模第二大的收购交易。

同样的收购大戏国内也在继续。2013年，行业盛传联塑收购益高的事情，到11月终于被证实，联塑全资收购益高卫浴。这个中国最大的塑料管道及塑料挤出生产设备的制造企业之一，自2009年进军卫浴市场后，终于在卫浴行业开始了一次大手笔的并购。

12月，东鹏陶瓷香港上市，正式进入资本市场。

曾经中国卫浴行业的一匹"黑马"在一阵呼吁中轰然倒下，其女总裁苏丹晓创新推出的"唯一商业

模式"也引起行业的热烈讨论。在这种模式下，唯一卫浴并没有自己的工厂，产品都是委托其他工厂代工，但因其投资其他行业发生变故导致出现资金缺口，从而影响了唯一的正常运作，进而诱发"唯一欠款事件"。

2013年温州水暖基地，作为中国最大的水暖基地之一，虽然温州部分水暖企业2013年销量上升，但因融资和互保及企业决策失误等因素出现部分水暖企业家跑路，整个新工业区近2/3企业资金断裂，经营维艰，部分申请破产或正在申请破产。

同时一些行业外的企业也开始加快进入卫浴行业的布局步伐。2013年，不少卫浴相关行业的跨界巨头纷纷进军卫浴行业。荣事达太阳能2012年宣布携手卫浴经销商，强势介入卫浴行业；知名太阳能品牌四季沐歌也在同年宣布，借强势的销售网络和企业实力进入卫浴行业；此外，电器行业龙头企业华帝进入卫浴领域，厨具小家电品牌苏泊尔电器自推出苏泊尔卫浴品牌以来，2013年在行业内可谓风生水起，大打无铅水龙头牌，亚洲最大的金属软管生产企业菲时特在卫浴领域的建树也非常可观。

第八节　建筑卫生陶瓷行业的相关政策、法规

2013年12月2日，国家工信部公布了《建筑卫生陶瓷行业准入标准》，该标准将在2014年4月1日起施行，将从土地供应、环评审批、能源供给、质量和安全监管、信贷、融资以及相关企业在建筑卫生陶瓷项目投资施工建设与生产运营等方面对建陶产业的发展进行多渠道、多环节的指导和规范。

建陶行业施行准入制度，这是一个极其敏感的话题。早在9月13日，工业和信息化部就公布了《建筑卫生陶瓷行业准入标准（征求意见稿）》，公开征求社会各界意见。意见稿一出，行业哗然一片，尤其是其中两条关于区域产业规模的硬性规定，更是触动了行业企业的神经。这两条规定作为《标准（意见稿）》当中仅有的两条硬性指标，如按要求落实，将会对很大一部分产区和企业造成较大的影响。果然，随后出台的《标准》删除了这两条仅有的硬性规定。

另外一条值得注意的标准是，"环保设施完善可靠，粉尘、二氧化硫、氮氧化物等主要污染物排放达到《陶瓷工业污染物排放标准》（GB 25464）要求"，这是一个难以完整实现的准入条款。

2013年8月30日，第十二届全国人大常委会第四次会议表决通过了关于修改商标法的决定。新版商标法做出了一系列的新规定，特别对"驰名商标"做出了一些具体的规定，包括：生产、经营者不得将"驰名商标"字样用于商品、商品包装或者容器上，或者用于广告宣传、展览以及其他商业活动中。

其实，关于中国"驰名商标"的问题，老百姓在多年前就发现弊端重重，至少在三四年前行业内已经认为："中国驰名商标已经沦为企业广告宣传的筹码了，已经沦为政府品牌战略绩效考核的指标了"，"如果烂到连中国名牌都不如，会不会沦为'国家免检'的相似声誉，值得思索"。"历史与现实都在提醒我们，驰名商标是不是已经到了该清理门户的时候，否则，驰名商标的前景一定与国家免检差不多"。

围绕近几年"驰名商标"数量井喷，不少媒体都认为是社会对"驰名商标"误读。但我觉得我们的思考是否可以更深入一些，谁导致了社会对"驰名商标"的误读？难道仅仅"驰名"二字吗？谁导致了企业对"驰名商标"趋之若鹜？仅仅是因为对消费者有足够的忽悠功能吗？又是谁利用类似的"驰名商标"破坏了市场的公平竞争？

"驰名商标"的误读误导一个很重要的原因是："驰名商标"被纳入了所谓的"政府品牌战略绩效考核体系"，甚至成为了具体的考核指标，外加丰厚的金钱奖励，企业何乐而不为，趋之若鹜也就是理所当然的了。

从2014年5月开始限制一些"驰名商标"的使用，减弱它的广告效应。数以千计的"驰名商标"可谓是鱼龙混杂，将来会清理门户吗？谁来清理？什么标准？如果不清理，是否意味一刀切而逐渐淡出商业历史舞台？又如何与国际接轨？"驰名商标"不同于"国家免检"，不可能简单取消了之。如果"驰

名商标"的利益链还存在，特别是有关部门还在利益链之中，"驰名商标"会渐行渐远吗？

2013 年 7 月 12 日，国家环保部发布了《关于加强污染源环境监管信息公开工作的通知》，明确要求各级环保部门从 2013 年 9 月开始主动公开污染源环境监管信息，包括重点监控污染源基本情况、污染源监测、总量控制、污染防治、排污费征收、监察执法、行政处罚、环境应急等。《通知》同时指出，对于不依法公开、不及时更新或违反信息公开规定的，将被责令改正；情节严重的，将依法对负有直接责任的主管人员和其他责任人员给予行政处分。

就在《通知》发布前夕，为了推动陶瓷企业尽早甩掉"三高"帽子，辽宁法库、山东淄博、福建泉州、江西高安、广东清远和肇庆等六个陶瓷产区的政府部门均已相继要求当地建筑卫生陶瓷企业限期完成天然气置换工程。截至 9 月 30 日，晋江陶企全部完成"煤改气"工作。

众所周知的是，由于受天然气产量的硬性条件限制，国内天然气供应长期处于紧张状态，而"煤改气"则意味着天然气需求将继续加大，而国内天然气短期内供应量增幅有限，这个过程恐怕将不断出现"缺气"的现象。特别是在供暖用气剧增的冬季，天然气供应不足乃至出现"气荒"的概率将大幅提高。

事实上，强制所有陶企使用天然气还存在着很多问题：如果经过一段时间后，全国仍有不少产区可以使用煤制气，就意味着政府在正面制造行业的不公平竞争；如果大家都完成"煤改气"，天然气的供应是否能够保证（当年夹江产区就是无法保证天然气的供应，而有不少陶企转用煤制气），建陶产业是一个连续性生产的产业，如果因为断气（无法持续供应充足的天然气）而造成的损失由谁来承担负责；天然气是被垄断的，以后它的价格波动是依据什么机制，谁来监督。

第二章　2013年中国建筑卫生陶瓷大事记

第一节　2013年建筑陶瓷十大事件[1]

2013年,是我国建陶产业转型升级重要的一年。在这一年里,行业里涌现出了许多新的技术和产品,也发生了许多在我国建陶产业发展史上具有特殊意义的事件。建陶企业多年的品牌建设投入终于初步取得回报;围绕喷墨印花技术,涌现许多新的技术突破和产品趋势;在政府的不断引导下,转型升级逐渐成为行业关注的热点话题。

1. 清远环保局长被查处

2013年年底,清远市清城区人民政府官方网站发布信息称,经广东省公安司法鉴定中心专家鉴定和清城区纪委等相关部门的调查取证,民众实名举报清城区环保局局长陈柏和违纪录音内容属实,陈柏和确有谈论了与其身份不相符的言论。同时,陈柏和还涉嫌其他违纪问题。

回顾"陈柏和事件"的始末:

2013年12月9日,清远市民实名举报清城区环保局局长陈柏和违纪,并提供一份长达8分钟的电话录音,录音中包括"清远市清城区有8个街镇,就算我每个街镇拿100万,我们都可以有800万,大家分了,都有400万","分分钟可以搞垮一间厂","而且整间厂倒闭,在别人看来都是合理的"等言论。

13日,清远市清城区举行新闻通气会,向媒体介绍该事件进展情况;清城区纪委正式成立专案调查小组,对该事件展开调查。

16日,举报人将举报材料提交省纪委,省纪委受理相关举报。

31日,录音鉴定结果公布。清城区纪委常委郭桂星表示:"案件还在进一步调查之中,有任何进展将及时公布。"

纵观整个事件,陈柏和被查处,但是事件所透露出的信息却值得我们每一个人深思:在政府利用政策引导建陶产业转型升级的过程中,有多少"整间厂倒闭"企业是被"搞垮"的?

政府制定产业政策的初衷是引导产业转型升级,但是,政策落实到基层之后,作为督导政策执行者的某些人或相关单位却出于某种私利的考虑,将部分陶企置于政策及环保的对立面,产业政策彻底沦为其"合法"敲诈勒索陶企的令箭。

如此想来,近两年陶企"环保压力"过大的抱怨也就不难理解了。

2. 煤改气

2013年7月12日,国家环保部发布了《关于加强污染源环境监管信息公开工作的通知》,明确要求各级环保部门从2013年9月开始主动公开污染源环境监管信息,包括重点监控污染源基本情况、污染源监测、总量控制、污染防治、排污费征收、监察执法、行政处罚、环境应急等。《通知》同时指出,对于不依法公开、不及时更新或违反信息公开规定的,将被责令改正;情节严重的,将依法对负有直接责任的主管人员和其他责任人员给予行政处分。

---

[1]　尹虹版"2013年建筑陶瓷十大事件盘点",原载《陶城报》2014年1月3日.

就在《通知》发布前夕，为了推动陶瓷企业尽早甩掉"三高"帽子，辽宁法库、山东淄博、福建泉州、江西高安、广东清远和肇庆等六个陶瓷产区的政府部门均已相继要求当地建筑卫生陶瓷企业限期完成天然气置换工程。截至9月30日，晋江陶企全部完成"煤改气"工作。

众所周知的是，由于受天然气产量的硬性条件限制，国内天然气供应长期处于紧张状态，而"煤改气"则意味着天然气需求将继续加大，而国内天然气短期内供应量增幅有限，这个过程恐怕将不断出现"缺气"的现象。特别是在供暖用气剧增的冬季，天然气供应不足乃至出现"气荒"的概率将大幅提高。

事实上，强制所有陶企使用天然气还存在着很多问题：如果经过一段时间后，全国仍有不少产区可以使用煤制气，就意味着政府在正面制造行业的不公平竞争；如果大家都完成"煤改气"，天然气的供应是否能够保证（当年夹江产区就是无法保证天然气的供应，而有不少陶企转用煤制气），建陶产业是一个连续性生产的产业，如果因为断气（无法持续供应充足的天然气）而造成的损失由谁来承担负责；天然气是被垄断的，以后它的价格波动是依据什么机制，谁来监督。

3. 喷墨打印

据业内人士统计，2012年与2013年两年是我国喷墨打印设备投产运作增长最快的阶段。2012年年底我国在线运作的陶瓷喷墨打印机达712台，当年增长设备620台；而到了2013年年底，在线运行的陶瓷喷墨设备预计超过了2000台，超出了上半年业内专家的预估值。其中，最值得关注的一点是，国产喷墨打印设备在国内的市场份额目前已达到80%左右，占据绝对主导地位。希望、彩神、精陶、泰威、美嘉、新景泰等，都是国内喷墨打印设备生产企业中的佼佼者。可以这样说，2013年，是我国建陶行业喷墨打印设备增长最快的一年，也是喷墨打印设备迅速实现国产化的一年。

国内喷墨打印设备不断安装投产，建陶行业对于陶瓷墨水的需求也水涨船高。得益于此，2013年，也是国产墨水发展最快的一年。从2008年开始，经过5年的技术攻关、建厂、中试及大生产检验，我国陶瓷墨水产业由发展初期步入成长期。国产墨水的品质与稳定性显著提高，使用量明显增长。国产墨水品质与进口墨水相当，部分指标优于进口墨水。目前我国大约有16家以上的陶瓷墨水研发或生产企业（道氏、明朝、迈瑞思、汇龙等），年生产能力大约为1.1～1.2万吨，两年内预计将达到3～4万吨/年，产需正趋于平衡，国内陶瓷墨水的市场价值（容量）预计在90～180亿元，国产墨水的市场比例也将由目前的20%～30%迅速上升到40%以上。

同时，喷墨印花的各种技术也取得了长足发展，如白墨水、下陷釉、金属釉、喷釉、喷粉等，预计都将会成为行业今后发展的新热点、新方向。

4. 干法制粉

干法制粉与湿法球磨喷雾干燥制粉工艺相比，直接减少了湿法工艺的"加水→蒸发"过程（球磨料浆含水35%～40%而又将其喷雾干燥至含水7%～8%的粉料），直接节约用水70%以上，综合节能60%以上，而且干法制粉工艺过程可以做成全过程封闭自动化系统，只用电，不用任何燃料，做到零废气、零粉尘排放；同时，省去了湿法工艺中的大型设备球磨机与喷雾干燥塔及浆池等设备。相对来讲，干法制粉具有生产工艺简单连续，所需设备少、占地少、投资少、产量大、生产效率高、节能减排等优点。

诚然，干法制粉工艺也有一些短板，如：干法除铁、粉料性能、一次造粒合格率等。但干法制粉工艺越来越成熟，技术进步，粉料性能得到不断改进，已经向工业生产应用迈开了可喜的一步，至少可以先在外墙砖、内墙砖产品的生产制造中应用，相信在应用中将得到不断提升，为我国瓷砖行业的节能减排作一次革命性的进步。

截至目前，山东义科节能科技有限公司从事干法制粉工艺的研究开发应用，取得了较大的突破，并通过了省级科技成果鉴定。其实佛山溶州陶瓷二厂对于干法制粉工艺的开发应用也已经到达工业性试运转阶段，据了解取得良好的运营效果，一个较大的差别是原料粉碎采用雷蒙磨，造粒也是采用过湿造粒，流化床干燥。咸阳陶瓷研究设计院通过国家项目及蒙娜丽莎陶瓷通过院士工作站也都在从事这方面的应用开发。我国干法制粉工艺瓷砖生产产业化时代可能不远了。

5. 驰名商标

2013 年 8 月 30 日，第十二届全国人大常委会第四次会议表决通过了关于修改商标法的决定。新版商标法作出了一系列的新规定,特别对"驰名商标"作出了一些具体的规定,包括:生产、经营者不得将"驰名商标"字样用于商品、商品包装或者容器上，或者用于广告宣传、展览以及其他商业活动中。

其实，关于中国"驰名商标"的问题，普通百姓在多年前就已经发现弊端重重，至少在三四年前作者就已经这样写道"中国驰名商标已经沦为企业广告宣传的筹码了，已经沦为政府品牌战略绩效考核的指标了"，"如果烂到连中国名牌都不如，会不会沦为'国家免检'的相似声誉，值得思索。"历史与现实都在提醒我们，驰名商标是不是已经到了该清理门户的时候，否则，驰名商标的前景一定与国家免检差不多"。

围绕近几年"驰名商标"数量井喷，不少媒体都认为是社会对"驰名商标"误读。但我觉得我们的思考是否可以更深入一些，谁导致了社会对"驰名商标"的误读？难道仅仅"驰名"二字吗？谁导致了企业对"驰名商标"趋之若鹜？仅仅是因为对消费者有足够的忽悠功能吗？又是谁利用类似的"驰名商标"破坏了市场的公平竞争？

"驰名商标"的误读误导主要是由一些政府直接主导下的误读误导，他们首先将"驰名商标"纳入了所谓的"政府品牌战略绩效考核体系"，甚至成为了具体的考核指标，外加丰厚的金钱奖励，企业何乐而不为，趋之若鹜也就是理所当然的了。

从 2013 年 5 月开始限制一些"驰名商标"的使用，减弱它的广告效应。但现在数以千计的"驰名商标"可以说是鱼龙混杂，将来会清理门户吗？谁来清理？什么标准？如果不清理门户，是否意味一刀切而逐渐淡出商业历史舞台？又如何与国际接轨？"驰名商标"不同于"国家免检"，不可能简单取消了之。如果"驰名商标"的利益链还存在，特别是相关主管部门还在利益链之中，"驰名商标"会渐行渐远吗？

6. 大理石瓷砖风行

大理石瓷砖在瓷砖行业近几年发展异常迅速，开始主要限制在全抛釉产品，而现今已扩张到微晶石、瓷片、薄板，甚至抛光砖等产品；由开始以瓷质产品为主，到目前已经出现了炻瓷质、细炻质等多类品质；其应用也是上墙铺地、室内户外、背景装饰等方面全面开花。

大理石瓷砖目前还没有完整的定义，对于大部分专业人士来说，大理石瓷砖大多只是一个大概的、非精确的概念。这里笔者根据自己对大理石瓷砖产品内涵的理解，给出一个大理石瓷砖的初步定义：大理石瓷砖是指具有大理石表面特征的陶瓷墙地砖，且产品的主要性能优于或接近大理石产品性能。大理石瓷砖的这个初步定义，主要是从产品的外观装饰特性出发，对其主要使用性能有一个基本的要求，突出瓷砖产品在性能方面的优势。

大理石瓷砖是相对大理石而产生，天然大理石之所以被广泛应用与认可，主要在于其众多的优秀特征。无须讳言，随着建陶工艺技术的不断进步，特别是喷墨打印技术成功运用于建陶生产领域，大理石瓷砖产品的装饰效果逐渐趋近天然石材；加之天然石材本身存在产量受限、运输成本高、后期养护繁琐、易变色、放射性元素超标等问题，大理石瓷砖与天然大理石之间的差距正在逐步拉近。而且，二者之间还有一个最大的差别：前者取之不尽、用之不竭，而后者是不可再生资源，因此大理石瓷砖还具有相对物美价廉的特性。

大理石瓷砖的应用前景被普遍看好。涉及大理石瓷砖的产品领域一直在不断扩大，不断丰富着各种瓷砖的产品。大理石瓷砖的应用领域也在不断拓宽,在不少地方替代天然石材应用,增加了设计师的选择。大理石瓷砖生产技术将不断进步，在不久的将来，超耐磨的产品、艳丽的红色纹路产品都会出现，大理石瓷砖产品的应用与发展具有广泛空间。在业内外人士的共同努力之下，大理石瓷砖品类正在逐步系列化、体系化，它有可能成为陶瓷砖产品中最重要的产品类别之一。

7. 准入政策出台

2013年12月2日，国家工业和信息化部公布了《建筑卫生陶瓷行业准入标准》，该标准将在2014年4月1日起施行，将从土地供应、环评审批、能源供给、质量和安全监管、信贷、融资以及相关企业在建筑卫生陶瓷项目投资施工建设与生产运营等方面对建陶产业的发展进行多渠道、多环节的指导和规范。

建陶行业施行准入制度，这是一个极其敏感的话题。早在9月13日，工业和信息化部就公布了《建筑卫生陶瓷行业准入标准（征求意见稿）》，公开征求社会各界意见。意见稿一出，行业一片哗然，尤其是其中两条关于区域产业规模的硬性规定，更是触动了行业企业的神经。这两条规定作为《标准（意见稿）》中仅有的两条硬性指标，如按要求落实，将会对很大一部分产区和企业造成较大的影响。果然，随后出台的《标准》删除了这两条仅有的硬性规定。

另外一条值得注意的标准是，"环保设施完善可靠，粉尘、二氧化硫、氮氧化物等主要污染物排放达到《陶瓷工业污染物排放标准》（GB 25464）要求"，这是一个难以完整实现的准入条款。

产业政策事关产业发展，其制定为各产区政府机构推行产业转型升级提供法律依据，也跟建陶企业、依存于产业的个人息息相关，企业应该时刻保持对产业政策的关注，并依此规范企业的发展方向。但是，过度敏感，大可不必。

8. 中陶投资发展有限公司成立

2013年底，中国建筑卫生陶瓷行业大会召开期间，由中国建筑卫生陶瓷协会及我国最大的瓷砖卫浴流通企业华耐家居集团共同发起、由20家瓷砖卫浴知名企业共同出资的中陶投资发展有限公司宣告成立，这是2013年底行业最为亮丽的一幕，真正迈出了行业协会改革的第一步。

中陶公司成立，第一次实现了真正意义上的业界主流企业的抱团发展，初步建立起了产业联盟，便于共同出击，与社会上的各类家居卖场项目竞争，全面摆脱瓷砖卫浴企业在销售终端卖场被动受制的局面，同时加快专业家居广场项目的建设、培育、成熟，增强市场变化危机的承受能力。

同样重要的是，以中陶公司承诺每年不低于400万元的捐赠为基础，将开始筹备成立"中国建陶产业发展基金"。中陶公司与发展基金主要针对目前家居卖场的乱象、垄断、过剩、单边条款，维护制造企业在整个产品链中的利益，非股东企业可以有更多的选择，更强的行业后盾。发展基金与中陶公司的主要目标是实现强强联合，以资金为纽带，整合领军企业优势资源，进一步拓宽市场渠道，树立优质品牌形象，掌握市场话语权，以适应流通领域变革的新趋势。

至于协会角色转变的问题，笔者认为不论是发起组织发展基金还是中陶公司，其初衷都是为了建设产业联盟，增加行业凝聚力，这样的联盟也会不断扩大，为整个行业服务，在展会、卖场、终端等行业企业共同面对的问题面前，联合大家一致对外、共同进退、荣辱与共。行业协会是为行业所有的企业服务的，这是行业协会存在的基本要素，虽然中陶公司引入了20家陶瓷卫浴企业作为股东，但是如果对20个股东企业与其他企业有别，行业协会将不具备完整的行业代表性，也将制造了给别家挖墙脚的机会，也许就会出现行业的离散，这也完全违背了建立发展基金和成立中陶公司的初衷。

9. 东鹏陶瓷香港主板成功上市

2013年12月9日，东鹏控股股份有限公司（简称"东鹏控股"，股票代码：3386）正式在香港主板上市，成为内地首个在香港成功上市的陶瓷企业，也标志着东鹏正式迈入国际资本市场。

东鹏从2003年提出上市的展望到成功上市，整整经历了十年的努力。十年磨一剑，足见陶企上市难度之大。不过尽管时间跨度很大，但是仍然不能阻挡陶企上市的步伐。除东鹏外，在陶瓷行业中已有亚细亚、鹰牌、亚洲、斯米克、天欣、恒达、万利等十余家陶企上市或曾经上市。

上市究竟有何魅力，吸引如此多的陶企前赴后继？主要原因就在于，上市除了能为企业品牌带来巨大的提升外，也可以为企业提供融资渠道，融资速度快、数量大，而且可以免受国家收缩银根等金融政策的影响。同时，募集的资金还可以用于扩大生产、提升产能，增大企业规模，提升企业的抗风险能力和竞争力。

值得注意的是，尽管上市对于企业的发展有着诸多的好处，但是陶瓷企业的上市之路并不平坦。亚细亚等陶企退市、斯米克2011年和2012年连续两年亏损……陶企在上市中所遇到的挫折为行业蒙上了上市"魔咒"的阴影，让诸多跃跃欲试的陶企始终不敢跨出最后的一步。

实际上，对于陶瓷企业来讲，上市是一把双刃剑。上市后企业将会面临全面的竞争，借助"金融"的杠杆作用，可以促进企业从产品、运营、管理等方面进行战略调整，全面提升自身品牌的综合效应。但建陶产业素来被冠以"三高"的帽子，这会影响股民的信心，影响股市波动，而且陶瓷行业易受房地产的影响，具有一定的风险性。

因此，东鹏上市究竟能否推动企业的运营，这是今年值得我们关注的一点，特别是对部分准备上市的企业来讲，尤其重要。当然，东鹏上市后的发展状况，对于扭转陶瓷行业、对于陶企上市的看法，同样具有重要的意义，值得关注。

10. 巴西对华瓷砖反倾销

2013年7月26日，国家商务部官网进出口公平贸易局公布了巴西对中国瓷砖启动反倾销调查的消息，实际上早在7月8日，巴西发展、工业和外贸部已经发布公告决定对原产自中国的瓷砖进行反倾销调查，并拟以意大利为替代国来计算正常价值。

反倾销拟以意大利为替代国来计算正常价值，这是什么概念？意大利瓷砖是世界上最贵的，在国际市场上，意大利瓷砖的平均售价是中国瓷砖的三倍，若果真如此，可就不是69.7%的惩罚性关税可以解决的了（2011年9月15日欧盟对原产于中国的瓷砖作出的反倾销终裁普遍惩罚性关税为69.7%）。

且不谈企业应该如何应诉，让人担忧的是，近年来我国对巴西出口的平均单价是多少？2012年9月6日巴西外贸委员会已经宣布将中国进口的瓷砖关税由15%提高至35%，为期一年（实际上是2011年5月16日应巴西瓷砖制造厂商协会（ANFACER）呈书对国家工业、发展和外贸部的要求），在这样高的关税下，中国、巴西两国商人会不会将进口瓷砖的平均单价假成"虚低"，严重偏离我国瓷砖出口的平均单价，而造成中国瓷砖的倾销幅度异常严重，估计在出口贸易中这种"虚低"的做法在发展中国家间几乎就是惯用的伎俩（或称：潜规则），待相关数据出来就会证明这种担忧是否多余。

另一个让人担忧的是，巴西对中国瓷砖反倾销成立将对我国瓷砖行业有多大影响？2011年我国对巴西瓷砖出口为3927万平方米，是我国2012年出口总量10.86亿平方米的3.7%，占我国瓷砖总产量90亿平方米的比例更低，从单一事件上来说，对我国瓷砖产业的影响甚小，就是那句话，我国的瓷砖产业尚不是出口依赖。但是我们应该注意到的是，进口国对华瓷砖反倾销并非个案，近年来韩国、泰国、巴基斯坦、印度、巴西、阿根廷和欧盟的一些国家从东、南、西三方对我国陶瓷出口已经形成全面压制。市场一个个失去，意味着我国陶瓷出口的大门正被慢慢关闭。

第二节 2013年卫浴行业十大事件 [1]

2013年的中国卫浴水暖行业在一片期许中彷徨、纠结地度过。这一年，这个行业发生很多事件，一些事件在2013年引起整个卫浴行业的震动，甚至进入公众视野，成为舆论焦点；另一些事件，对行

---

[1] 林津版"2013年卫浴行业十大事件盘点"，原载《陶城报》，2014年1月3日.

业具有借鉴意义，影响着中国卫浴产业的发展进程，从中可以窥视未来卫浴发展格局和发展方向。

1. 铅事件

2013年7月14日，上海电视台《七分之一》栏目通过对13个龙头样品进行32小时的实验，发现其中9个知名的国内外品牌龙头浸泡水铅含量超过了国家推荐标准（铅含量不得超过5微克/升）。其中美标、申鹭达、朝阳卫浴少量超标，得而达卫浴超标数值在2到6倍，而高仪龙头的铅超标量达到了18倍，最严重的乐家品牌龙头，铅析出量173微克/升，超标34倍。随后央视新闻栏目进行了追踪报道，引发行业与公众的极大关注，范围扩张到整个卫浴行业。

面对触目惊心的数据，人们非常震惊于隐藏在身边的"新任"重金属杀手，而比群众更加震惊的是检测出水龙头铅超标的各家知名卫浴企业。九牧、恒洁等企业纷纷发表声明大喊冤枉，对上海电视台委托的检测单位和检测方法均提出质疑，双方开始隔空大战，时间长达1个多月。行业媒体、大众媒体连续报道，在业内引起强烈反响。12月，央视二套播出的《是真的吗》栏目公布了对14款产品的16种重金属析出量进行检测的结果，算是对此事做出了阶段性综合报道。

同时，国家权威检测部门将推出行业新标准，新标准将参考美国标准和欧洲标准，对铅等多项重金属的析出量作出强制性规定。由于中国加入WTO，按照规定程序申请标准需要至少半年审批时间，因此新标准预计有望于2014年出台。但是新标准的要求非常高，依照目前国内的生产现状，将会有相当多的中小企业达不到标准要求，因此质监部门在标准执行过程中要分阶段进行，防止一刀切的现象出现。这次新标准的出台，将对行业乱象有一定的规范作用。

2. 唯一事件

曾经中国卫浴行业的一匹"黑马"在一阵呼吁中轰然倒下，其女总裁苏丹晓创新推出的"唯一商业模式"也引起行业的热烈讨论。在这种模式下，唯一卫浴并没有自己的工厂，产品都是委托其他工厂代工，但因其投资其他行业发生变故导致出现资金缺口，从而影响了唯一的正常运作，进而诱发"唯一欠款事件"。

事件一出，行业褒贬不一。但从行业角度而言，作为一种新的商业模式，成败在所难免。作为第一个吃螃蟹的人，她的失败也应该引起行业的思考：新的商业模式的尝试应该想得更谨慎，周全一些。

3. 资本介入行业并购重组事件

2013年3月，中宇和高仪互换股份，高仪增持在德上市的中宇卫浴股权，蔡氏家族拥有高仪12.5%的股份，成为高仪第一大个人股东。

6月28日，日本著名建材公司骊住集团（Lixil Group）正式宣布，将以5.42亿美元价格收购美国著名卫浴和管道设施生产商美标公司（American Standard）。这是继骊住收购通世泰（TOSTEM）、伊奈（INAX）、庭思（TOEX）以后，又一次大手笔收购世界知名品牌。而这也预示着美国美标这个成立于1872年的百年卫浴品牌正式归于骊住旗下。

正当人们还在为美标被收购纷纷揣测之时，骊住再次出手，9月26日，骊住集团同德国高仪集团达成基本协议，日本骊住株式会社（Lixil Group Corp）和日本政策投资银行（DBJ），同意从全球私募基金公司（TPG Capital）及瑞士信贷旗下的私募部门手中斥资4000亿日元（约合24.8亿英镑）收购高仪集团87.5%股权。从而成为了9月日本企业在欧洲市场规模第二大的收购交易。

同样的收购大戏国内也在继续。2013年，行业盛传联塑收购益高的事情，到11月终于被证实，联塑全资收购益高卫浴。这个中国最大的塑料管道及塑料挤出生产设备的制造企业之一，自2009年进军卫浴市场后，终于在卫浴行业开始了一次大手笔的并购。

9月欧洲私募基金IK In-vestment Partners将卫浴生产商德国百年企业汉莎金属制品股份公司出售给

东欧品牌欧乐适，欧乐适控股汉莎。12月，东鹏香港上市，正式进入资本市场。这些事件无不显露资本金融巨鳄已全面介入卫浴行业，这是否意味着行业已面临洗牌阶段尚无法认证，但种种事件值得行业关注。

4. 温州事件

温州水暖基地，因融资和互保及企业决策失误等因素出现部分水暖企业家跑路，整个新工业区近2/3企业资金断裂，经营维艰，已有部分申请破产或正在申请破产。

在"楼市阴影"的影响下，2013年温州房产和水暖市场都在走下坡路，销量难以拉升，增长率连续下降，即使是"限购令松绑"，当地水暖企业和建材商家仍然不乐观。作为中国最大的水暖基地之一，虽然温州部分水暖企业2013年销量上升，利润增加，但对于大部分规模小的温州水暖企业来说，2013年是比2008年还要难过的一年。

2013年上半年，随着中央政府加强对影子银行的监管，商业银行纷纷开始收缩对民营中小企业的贷款，温州实体经济更加备受冲击。曾经联保互保被认为是具有很高价值的市场自发创新，这有助于帮助中小企业获得银行融资。然而一旦发生系统性冲击时，联保互保却沦为惩罚企业的恶性机制。这不由得不让人深思。据说，在2013年下半年，更多的温州企业在联保互保的阴影下相继倒下。希望温州的水暖卫浴实业家们能尽快走出资本运作的困境，归复到更为擅长的制造与品牌中来。

5. 中建陶股份效应事件

陶瓷卫浴行业强强联手，以渠道商华耐集团和中国建筑卫生陶瓷协会牵头联手众多卫浴、陶瓷企业共同出资，成立了中建陶股份公司。中建陶股份公司作为我国首家产业投资公司，股东包含了20家家居建材行业精英企业，覆盖行业内60多个主要品牌，年销售规模超过600亿元。期望通过强强联合，以资金为纽带，整合领军企业的优势资源，进一步拓宽市场渠道，树立优质品牌形象，掌握市场话语权。毫无疑问，它将是整个泛家居领域最具话语权的投资实体，同时又和整个行业有着千丝万缕的联系，它的诞生将会给整个产业以及消费者都带来巨大的影响。

此外，2013年卫浴行业共有两个地方的行业协会成立，分别是2013年10月28日成立的潮州市建筑卫生陶瓷行业协会、2013年12月19日成立的佛山卫浴洁具行业协会。两个地方协会的成立同时具有特殊的意义，它们将为规范行业发展和推动行业发展贡献力量。

6. 中国卫浴企业实现走出去战略

福建企业如中宇在英国等众多国家，申鹭达在菲律宾、印尼，九牧在越南、中东等以自主品牌进军国外市场。浙江温州和台州企业（如迦美企业）在中亚五国和东欧国家以自主品牌开拓市场。对国外市场前景看好，有些品牌又延伸成出现背书子品牌，甚至出现品牌归属权而产生的分家事件，如某某品牌获分家费五千万元。台州企业收购国外企业或与国外企业合资，借壳进入国外市场。如康意和MAG企业。种种迹象表明中国水暖企业已开始进行全球化地方化营销，并着眼于走出国门，进军海外的全球化布局。

7. 立足中国市场，引入国外品牌

在2013年的上海厨卫展上，据厦门某行业隐形冠军老板介绍，其在瑞士收购恩仕国际公司，同时代理或收购国外品牌，如CRISTI-NA、ZUCCHETTI、Jacuzzi等品牌，正式开始进入中国市场。与此同时，中宇卫浴旗下新成立的艾格斯顿品牌，也走在了对外交流的前沿，它集17个国际品牌的元素，把意大利falper、Arblu、Globo Az-zurra、波兰marmorin等欧美一线卫浴品牌引入中国市场。

对于国内的卫浴企业来说，国外产品在设计等方面都有独到之处，引入国外品牌，可以缓解同质化带来的竞争压力。而对于国外品牌来说，实际上，在欧美等相对很发达的市场里，品牌继续发展的空间

也有限，它们同样希望开拓新的市场。所以这几年，大量的国际品牌，如美国、意大利、英国和西班牙等卫浴品牌都将自己的眼光投向中国市场。

除了国外品牌进入外，国内市场对于出口型的中国卫浴企业来说，同样存在着巨大的吸引力，越来越多出口型企业已经试水国内市场，在未来这种迹象还会更明显。卫浴行业隐形冠军巨头如路达、建霖、松霖、梦牌等也纷纷试水国内市场。唐山梦牌是老牌卫生陶瓷出口企业，在唐山仅次于惠达，目前正在筹备新品牌，预计2014年将会正式向国内全面推广。

同时一些行业外的企业也开始加快进入卫浴行业的布局步伐。从2012年开始，不少卫浴相关行业的跨界巨头纷纷进军卫浴行业。荣事达太阳能2012年宣布携手卫浴经销商，强势介入卫浴行业；另一家知名太阳能品牌四季沐歌也在同年宣布，借强势的销售网络和企业实力进入卫浴行业；此外，电器行业龙头企业华帝进入卫浴领域，厨具小家电品牌苏泊尔电器自推出苏泊尔卫浴品牌以来，2013年在行业内可谓风生水起，大打无铅水龙头牌；亚洲最大的金属软管生产企业菲时特在卫浴领域的建树也非常可观。

8. 设计关注

国外设计机构开始重视中国市场，加强和中国企业或中国设计师的合作，国际顶级设计奖项——红点奖，2013年在厦门参加中国投资贸易洽谈会（简称：中国9.8洽谈会），同时于2013年10月份在厦门举行卫浴行业设计专题论坛，引起行业设计界一片看好。自2012年首次举办国际设计营商周以来，受到了社会各界的广泛关注，2013年由德国红点设计奖主导策划各项活动，是为了引进国际优秀设计理念，与国内制造业合作对接，从而帮助制造业转型升级，转变增长方式。

同时2013年6月，佛山市工业设计国际合作服务平台启动仪式暨2013年（佛山）国际工业趋势讲座在佛山新媒体产业园成功举行，该平台旨在加强中外设计师交流与合作，促进佛山设计创新与制造业的无缝对接，提升传统工业的现代化水平与设计能力。其中意大利著名设计大师斯蒂凡诺·乔凡诺尼（Stefano Gio-vannoni）陆续参观了东鹏、英皇、箭牌、浪鲸等卫浴企业，与上述企业领导和设计师就产品及展厅设计等进行了深入交流。这种国际著名设计师团队直接参与国内卫浴企业的交流与合作，也说明当前很多卫浴品牌开始注重原创设计，努力吸取中西方先进的设计理念。

9. 电商崛起并发力

2012年，"双十一"促销活动，天猫与淘宝的参与商家已经超过了1万家，全天交易额达到191亿元；2013年，参与商家数量达到2万家以上，交易额突破350亿元。九牧、箭牌、中宇等国内品牌在天猫的旗舰店参加"双十一"促销活动，勇夺卫浴行业前三甲！中宇成为本年度"双十一"销量黑马，呈现爆发式增长。

2012年"双十一"时独进3000多万的九牧卫浴，在2013年定下了破亿的销售目标。最后成绩虽然未破亿，但也依然雄踞建材卫浴品牌销量榜首位置，成交金额为7363万元，销量同比成功翻一番。不过加上九牧其他地区网店的成绩，九牧双十一当天在全国的实际销售额接近1.2亿元。

2013年在天猫旗舰店参加"双十一"促销的箭牌，也成为本年度"双十一"销量热门品牌，其大件卫浴产品销售也让同行刮目相看，紧随九牧之后，销量达4437万元，同比前年淘宝店销量270万翻了十多倍，销量呈现爆发式增长。

前年中宇卫浴参加"双十一"电商促销销售额甚至排不进卫浴前十位，2013年中宇卫浴成交金额超过2208万元，位列整个家居建材类第七，同时位列卫浴类第三，成为本年度"双十一"电商大战中名副其实的黑马。此外，美标、科勒、摩恩、TOTO、惠达、东鹏等上榜品牌2013年亦有不错的成绩，都有不同程度的增长。

相对于其他行业，电子商务对卫浴领域的大规模渗透要晚，并且因为与线下利益冲突和服务等问题备受争议，让一些企业持谨慎态度。不过这一局面正在被日益崛起的新一轮电子商务潮所打破。2013

年来势汹汹的"双十一"，甚至一度让红星美凯龙、居然之家和集美等19家实体家居卖场出台规定，严格禁止任何商户以任何形式在卖场内传播或推广天猫以及其他电商线上的"双十一"促销活动。但观察2013年卫浴企业电子商务的表现，几乎可以肯定，卫浴电子商务将是大势所趋！

10. 反倾销事件

2013年4月，欧亚经济委员会部长级理事会通过决议，对自中国进口的铁胎搪瓷浴缸征收51.87%的反倾销税，为期5年。此次反倾销事件主要是因近年来中国出口铁胎搪瓷浴缸大幅增长。调查结果显示，2011年，中国产铁胎搪瓷浴缸出口到关税同盟的倾销幅度为51.87%，2009～2011年关税同盟自中国进口铁胎搪瓷浴缸增长48.4%，占关税同盟该产品全部进口量的82%；2009～2011年间关税同盟该产品需求量不变，盟内生产商产量减少16.8%，销量减少26%，而商品库存增长为1.5倍，本地商品市场占比下跌15.2%。

2013年6月，鉴于中国卫浴企业在国际市场当中的份额越来越高，欧盟决定针对中国卫浴出口企业征收36.1%的反倾销税。

2013年7月，继阿根廷反倾销事件之后，巴西也针对卫浴陶瓷产品做出了反倾销裁决，对我国陶瓷卫浴企业征收临时反倾销税至终裁前。

2013年年末，德国唯宝等欧盟厂家于11月已向欧委会提交起诉书，申请对中国进口的卫浴洁具产品立案反倾销。按照程序规定欧委会在正式收到起诉书之日起45天内，将作出是否立案的决定。广东省共有120多家卫浴出口企业或被欧盟立案调查，立案企业必须在45天内提出应诉，如败诉，将被欧盟重罚关税。12月26日，广东省外贸厅在佛山召开欧盟反倾销预警会，组织中国洁具出口企业联合抱团请法律专家应诉。

6月26日，高安市陶瓷行业协会换届，江西太阳陶瓷有限公司董事长胡毅恒成功当选协会新一届会长。

11月，中国建筑材料联合会第五次会员代表大会暨全国建材行业先进集体、先进工作者和劳动模范表彰大会在北京召开，江西（高安）建陶基地管委会党委书记胡江峰获得"全国建材行业先进工作者"荣誉称号；江西新明珠建材集团总经理叶永楷获得"全国建材行业劳动模范"荣誉称号，并享受省部级先进工作者和劳动模范待遇，这也表明高安建筑陶瓷产业在行业中的影响力得到了进一步提升。

第三节　行业大事记

1月

1月，江西省萍乡陶瓷产业基地被认定为国家工业陶瓷高新技术产业化基地。

1月，山东硅苑新材料科技股份公司被国家发展和改革委员会批准为建设工程陶瓷制备技术国家地方联合工程研究中心。目前，山东硅苑已同时拥有国家工业陶瓷工程技术研究中心、国家日用及建筑陶瓷工程研究中心日用陶瓷分中心、工程陶瓷制备技术国家地方联合工程研究中心3家国家级研发中心。

1月，山东省淄博市工商局公布消息，应壹加壹陶瓷投诉，该局依法查处了一家违法仿冒壹加壹陶瓷品牌生产、销售瓷砖产品的行为，责令该企业限期改正侵权行为的同时并处以近10万元的罚款。

1月12日，佛山市陶瓷学会第十二届理事会第五次全体理事会扩大会议在佛山市陶瓷研究所三楼会议室隆重举行，广东省建筑材料行业协会会长吴一岳，佛山市科协主席黄文，佛山市科协副主席、佛山市陶瓷学会理事长冯斌，景德镇陶瓷学院设计艺术院院长阎飞，佛山科学技术学院院长袁毅华等领导和佛山市陶瓷学会会员约200余人出席该会议。

1月23日，佛山市禅城区石湾镇某"微晶石营销中心"铺位以及位于石南大桥下方南庄贝岗工业区某4个仓库内，查获了大量假冒"新中源"、"圣德保"等微晶石产品。特大瓷砖造假团伙被查封，案值500万。

1月27日，景德镇陶瓷学院新增博士学位授予单位立项建设工作通过国务院学科评议专家组验收。

1月28日，《佛山市陶瓷废浆渣处理处置规范（征求意见稿）》在市政府网站挂出征求公众意见，根据《意见稿》内容，佛山市陶瓷废浆渣将实行台账管理，全流程跟踪。

1月29日，佛山市质量强市工作领导小组办公室召开新闻发布会对外正式公布，《2012年佛山质量30强》获奖企业名单，五家陶企榜上有名，分别是新明珠陶瓷集团、东鹏控股、蒙娜丽莎新型材料集团、宏陶陶瓷有限公司、新中源陶瓷有限公司。

1月29日，阿根廷经济和公共财政部外贸国务秘书处照会我驻阿使馆经商处，通报阿方根据1月29日官方公告中公布的该部2013年第13号决议，结束对原产于中国的瓷砖（南共市税号：6907.90.00）的反倾销调查，并对抛光瓷砖征收12.20美元/平方米的反倾销税，对非抛光瓷砖征收8.77美元/平方米的反倾销税。上述决议于1月29日起生效，有效期5年。

1月31日，广东省第十二届人民代表大会上，广东唯美陶瓷有限公司董事长黄建平当选全国人大代表，成为广东陶瓷行业唯一全国人民代表。

2月

2月，清远《推进陶瓷企业"煤改气"工作实施方案》出台之后,清远为推广使用天然气列出时间表，并对提前使用天然气投入生产的企业进行激励性补贴，鼓励陶企先行先试。

2月，江西省十二届人大一次会议上，景德镇陶瓷学院教授何炳钦当选为第十二届全国人大代表。

2月15日，江西省科技厅发布，2012年景德镇市陶瓷工业大力发展创意陶瓷、高技术陶瓷、建筑卫生陶瓷。全市陶瓷工业总产值首次突破200亿元。

2月20日，萍乡市飞云陶瓷实业有限公司发生爆炸，事故发生的原因是操作工在未检测到空气排空的情况下点火，造成储存室意外爆炸，爆炸事故引发厂房窑炉倒塌及附近19户居民房屋玻璃被震碎。

2月26日，佛山市政府举行了纳税大户的表彰大会。市长刘悦伦出席了颁奖典礼，并为陶卫行业51家纳税大户企业颁发了奖牌。其中广东科达机电股份有限公司跻身纳税超亿元企业之列。

3月

3月，位于开平水口水暖卫浴产业基地的广东省质量监督水暖卫浴产品检验站（简称江门水暖卫浴检验省站）通过了省质监局专家组验收考核，将正式面向社会运营。

3月，尼日利亚标准局（SON）公布将实行新的SONCAP（合格评定）制度，并授权中国检验认证集团（CCIC）、SGS、INTERTEK、CONTECNA四家第三方独立检测机构在全球范围内实施SONCAP业务，出口的建筑卫生陶瓷也将实行新的合格评定制度。

3月12日，在由山东省工商局召开的山东省十大地理标志示范商标表彰大会上，"淄博陶瓷"地理标志证明商标被评为山东省十大地理标志示范商标，是继2009年国家工商总局商标局批准注册"淄博陶瓷"地理标志证明商标后获得的又一殊荣。

4月

4月，总部位于马来西亚的尼罗集团成功全资收购了西班牙西格尼奥公司（Zirconio SA），这是迄今为止首例亚洲陶瓷公司收购欧洲生产商。

4月21～23日，第三届全国建筑卫生陶瓷标准技术委员会第四次年会暨标准审议会在重庆大世界酒店召开，会上预审《建筑卫生陶瓷单位产品能源消耗限额》国家标准、审议《卫生陶瓷》国家标准以及审议《陶瓷抛光砖表面用纳米防污剂》行业标准。

4月26日,国家陶瓷检测重点实验室(广西玉林)以86.5分成功通过了国家质检总局专家组的验收。

5月

5月,"全国水暖卫浴知名品牌创建示范区"经国家质检总局同意获准南安筹建,并将在两年内建成。

5月,由泰国工业部工业建设厅负责、泰国工业标准协会(TISI)提出的泰国瓷砖工业标准草案(TIS2508-2555)获世界贸易组织评议通过,标准草案中,泰国工业标准协会提出撤销标准TIS37-2529(1986)地板砖、TIS613-2529(1986)内部墙壁釉面瓷砖、TIS614-2529(1986)外部墙壁瓷砖,以强制标准TIS2508-2555(2012)瓷砖代替以上标准。标准草案包括模压或挤压成型瓷砖,也适用于釉面和非釉面瓷砖及通常用于地板和墙壁覆盖的附件。

5月3～4日,国际陶瓷砖标准化组织(ISO/TC189)第四、第六、第七工作组工作会议在美国南卡罗来纳州克莱姆森市北美瓷砖协会总部召开。咸阳陶瓷研究设计院常务副院长、全国建筑卫生陶瓷标准化技术委员会主任委员李转,全国建筑卫生陶瓷标准化技术委员会副主任委员、蒙娜丽莎集团董事张旗康,中国建筑卫生陶瓷协会高级顾问陈丁荣作为中方代表出席了本次大会。

5月,广东省2012年第二批高新技术企业名单出炉,包括广东东鹏陶瓷和鹰牌陶瓷在内的302家企业通过了2012年第二批高新技术企业复审。该批高新技术企业有效期三年,享受高新技术企业所得税优惠政策期限为2012年1月1日至2014年12月31日。

5月7日,阿根廷经济和公共财政部外贸国务秘书处照会中国驻阿根廷经商参赞处,通告阿方已通过对原产于西班牙、巴西和中国的陶瓷、大理石及玻璃制瓷砖腰线进行反倾销调查的初裁报告,相关利益方可自通报之日起10个工作日内向阿方提交证明材料。

5月30日,四会市权盛陶瓷有限公司煤气发生站煤气储存罐破裂导致约30吨酚水泄漏进入龙江河造成环境污染事故。

6月

6月,欧盟鉴于中国卫浴企业在国际市场当中的份额越来越高,决定针对中国卫浴出口企业征收36.1%的反倾销税。

6月,国家审计署公布的"三款科目"资金审计情况显示,湖北省宜昌长江陶瓷有限责任公司窑炉改造及余热回收利用项目单位虚报能耗,骗取中央财政节能技术改造奖励资金310万元,宜都市财政局已收回上述资金。

6月21日,国家审计署公告:5044个能源节约利用、可再生能源和资源综合利用项目资金审计结果显示,云南省曲靖市石林锦达瓷业有限公司等14家陶瓷卫浴产业机构利用节能改造项目,共骗取了中央奖励资金高达7392.83万元,约占本报告总体涉案金额的4.6%。按照《中央预算内投资补助和贴息项目管理暂行办法》规定,发改委不仅有权责令整改,核减、收回或停止拨付资金,还将视情节轻重提请有关机关,按"诈骗罪"依法追究有关责任人的法律责任。

6月25日,位于夹江黄土陶瓷工业园内的某陶瓷企业遭到几十名供应商联合围堵。原因是该企业完成股份转让后,未能及时处理好转让前企业所欠债务,最终供应双方在协商无果的情况下引发这起事件。

6月26日,高安市陶瓷行业协会换届选举大会在新高安宾馆举行。江西太阳陶瓷有限公司董事长胡毅恒成功当选协会新一届会长,高安市政府副调研员罗斌当选协会秘书长。

6月28日,日本骊住集团(Lixil Group)宣布,出资5.42亿美元收购卫浴和管道设施生产商美标公司(American Standard)。

7月

7月,阿根廷经济和公共财政部外贸国务秘书处照会我驻阿根廷使馆经商参处,称阿方决定延长对原产于西班牙、巴西和中国的陶瓷、大理石及玻璃制瓷砖腰线的反倾销调查期限。

7月，淄博市工商部门公布，全市拥有注册商标20617件，其中，淄博华光陶瓷、山东福泰陶瓷等驰名商标68件，"淄博陶瓷"、"博山琉璃"等地理标志商标29件，"淄博陶瓷"被认定为山东省十大地理标志示范商标。

7月，巴西发展、工业和外贸部致函我驻巴使馆，称巴方已于7月8日发布公告，决定对原产自中国的瓷砖进行反倾销调查，相关产品南共市税号：6907.90.00。鉴于中国在反倾销程序中未被视作市场经济国家，巴方拟以意大利为替代国来计算正常价值。

7月，华耐家居集团的分支机构——华美立家在中国建筑卫生陶瓷协会第六届理事会第五次会长扩大会议宣布牵头筹备"中国建筑卫生陶瓷产业发展基金"。广东中盈盛达基金管理公司基金经理刘声志具体介绍了中国建筑卫生陶瓷产业发展基金运营模式。

7月4日，高安市委、市政府下发《关于科学发展建筑陶瓷产业的实施意见》其中规定，全市所有陶瓷企业生产的陶瓷产品，生产地址一律只标识"中国建筑陶瓷产业基地·江西高安"，并使用高安陶瓷的统一"logo"标志。并将在中央电视台、江西电视台等省级以上有关媒体及高安对外媒体全面宣传"高安陶瓷"区域品牌。

7月10日，高安市天然气公司首次发出通知天然气涨价，每立方增加1.05元。

7月14日，上海电视台《七分之一》栏目报道称对13个水龙头样品进行32小时的实验，其中9个知名的国内外品牌龙头浸泡水铅含量超过了国家推荐标准（铅含量不得超过5微克/升）。随后央视新闻栏目进行了追踪报道，上海电视台引爆的"铅超标"和"钢门"事件，引发行业与公众的极大关注。

7月18日，高安市陶瓷行业协会新一届理事会领导第一次会议在江西省陶瓷产业基地管委会召开，高安市陶瓷行业协会会长、江西太阳陶瓷集团董事长胡毅恒，高安市副调研员、高安市陶瓷行业协会秘书长罗斌等协会领导出席会议。新一届协会领导还为协会位于中国建筑陶瓷产业基地实训中心的新办公室揭牌。

8 月

8月，国务院学位委员会正式下发《关于下达2008～2015年立项建设博士、硕士学位授予单位及授权学科名单的通知》（学位[2013]15号），江西省人民政府学位委员会随后也下发《关于下达我省新增博士、硕士学位授予单位及其授权学科名单的通知》（赣学位[2013]28号文件），经国务院学位委员会第三十次会议审议批准，景德镇陶瓷学院被增列为博士学位授予单位。材料科学与工程、设计学两个学科获批为博士学位授权一级学科，实现陶瓷学院博士"零"的突破。

9 月

9月，温州市工商局在鹿城、龙湾、瑞安、洞头等地组织开展了流通领域水龙头质量专项检测。水龙头抽检20批次，全部不合格，其中包括亚伟特品牌、Merits品牌、申泉洁具、Novellini品牌、SongRui品牌、锦都、集福、力士卫浴、鸿狮、HAIFU品牌、莱卡、中森水暖。主要不合格项目为冷热水标志，管螺纹精度，涂、镀层耐腐蚀性能等。

9月23日，意大利博洛尼亚国际陶瓷卫浴展览会CERSAIE盛大举行。

9月26日，日本骊住集团斥资40.5亿美元收购德国高仪87.5%的股份，进而成为德国高仪的实际控股方，这是骊住集团继6月5.42亿美元收购美国美标集团之后的第二笔收购全球性卫浴品牌行为。

10 月

10月，夹江统计公布共有陶瓷技改项目共9个，完成13条陶瓷生产线的技改任务，已有12条陶瓷生产线投产,为夹江陶瓷产业新增产能3360万平方米。技改后单条陶瓷生产线能耗下降约30%,用工缩减近50%,陶瓷成品单位综合成本下降约27%。预计将新增年销售收入17.6亿元,新增利税2.65亿元。

10月,高安市国税局下发高安国税发【2013】80号文件,要求高安市陶瓷企业今后的税收"以电控税"替代原来"量窑计税",而依照"以电控税"办法计算,抛光砖、仿古砖、瓷片、西瓦等陶瓷生产企业每月增值税较去年将增长30%,有的甚至更高。业内人士分析认为,根据该办法,高安将成为全国各大产区税收最高的产区。

10月20日,陶瓷片密封水嘴新标准GB18145研讨会在厦门召开,研讨会形成了新的水龙头国标修改方案,其中铅析出量指标上与美国相同,即每升水铅析出量不超过5微克。

10月24日,"中国建筑陶瓷窑炉能耗调查活动"第二阶段总结会在广东摩德娜科技股份有限公司召开,同时启动了《中国建筑陶瓷窑炉能耗调查白皮书》的编撰工作,中国建筑卫生陶瓷协会窑炉暨节能技术装备分会秘书长管火金,窑炉分会副理事长乔富东,窑炉分会秘书处熊亮,窑炉检测高工谢炳豪以及相关编写人员出席了会议。

10月28日,潮州市建筑卫生陶瓷行业协会正式成立,广东梦佳实业有限公司董事长苏锡波当选首任会长。

11月

11月,美国最大瓷砖生产商达泰(Dal-Tile)正式对外公布,达泰已完成对马拉奇集团(Marazzi Group)美国区业务的兼并,此次兼并促使达泰、美国奥利安(American Olean)、马拉奇(Marazzi)及蜘蛛(Ragno)四大知名品牌归于达泰旗下,由达泰统一管理。

11月3日,联塑益高战略峰会上发布联塑集团全资收购益高卫浴,双方将在内部管理、外部市场等方面进行资源和信息共享。

11月25~28日,迪拜五大行业展(Big5)在迪拜世界贸易中心拉开帷幕。据不完全统计,国内参展的建筑卫生陶瓷企业约60多家,包括新明珠、强辉、天弼、升华等企业。

12月

12月,据统计天猫"双十一"活动当日,卫浴用品成交总金额达4.19亿元,卫浴五金配件增幅最大超29倍,共有15家企业成交额超过百万。九牧、科勒、美标、惠达、蓝藤、TOTO、箭牌、左城、帝朗、卡贝名列卫浴品牌成交金额排名前十。

12月,央视二套播出的《是真的吗》栏目重新公布了14款龙头产品的16种重金属析出量检测结果,对龙头含铅超标事件作出报道回应,国家权威检测部门拟于2014年推出行业新标准。

12月,德国唯宝等欧盟厂家于11月已向欧委会提交起诉书,申请对中国进口的卫浴洁具产品立案反倾销,中国洁具出口企业联合抱团将请法律专家应诉。

12月9日,东鹏控股股份有限公司正式在香港联交所主板上市,东鹏此次香港上市也成为首家香港上市的内地建陶企业。

12月13日,广东清远市清城区纪委举行新闻通报会,就日前市民举报该区环保局长陈柏和电话勒索事件成立调查组,正式进行立案调查。

12月24日,"中国建筑陶瓷窑炉能耗调查活动"小组成员在陶瓷研究所7楼会议室进行了深度探讨。华南理工大学材料科学与工程学院曾令可教授,中国科学院广州能源研究所李萍教授,广东摩德娜科技股份有限公司技术创新部经理熊亮,原广东省佛山市能源利用、节能技术服务中心能源工程师谢炳豪、技术工程师刘湖南以及《创新陶业》报社社长乔富东就《白皮书》窑炉与能耗相关基本数据进行讨论。

第四节 投资大事记

1 月

1 月，"佛山建材信用交易服务平台——佛山陶瓷商城上线新闻发布会"在佛山举行。首批迎来 10 家陶瓷企业进驻，产品包括抛光砖、瓷片、微晶砖、抛釉砖、仿古砖、艺术拼花砖和外墙砖等七大类建筑陶瓷产品共计 2600 多款。

1 月 12 日，陶瓷云导购 5.0 版在佛山新媒体产业园"云空间"举办新闻发布会。

1 月 15 日，广东博晖机电四会生产基地举行奠基仪式，肇庆市副市长、高新区委书记关鹏，博晖机电总经理梁海果，博晖机电股东代表严苏景、梁志江，以及南方电网副总经理陈永华出席了奠基仪式。据了解，博晖机电四会生产基地投入资金达一亿元，占地 70 亩（约 4.7 公顷）。

1 月 16 日，博德阳西生产基地举行"主厂房启动安装仪式"。该生产基地是广东博德精工建材有限公司的第二生产基地，总投资 60 亿元、总规划面积占地 5000 亩（约 333.3 公顷），全部建成投产后，年产值将超 100 亿元。

1 月 18 日，淄博"国瓷汇"陶瓷文化创意园隆重开业。淄博市政府副市长刘晓、市政府副秘书长王克海等相关领导、福建德化县副县长黄发建以及中国陶瓷艺术大师张明文等出席开幕仪式。

1 月 19 日，辉煌水暖集团三大工程同时奠基开工，举行了辉煌大厦奠基仪式、恒实家居开工剪彩仪式、恒实陶瓷隧道窑点火仪式。中国建筑卫生陶瓷协会会长叶向阳、中国五金制品协会理事长张东立等行业协会领导、媒体朋友、辉煌水暖集团全国经销商及全体员工见证了辉煌的盛会。

1 月 21 日，白塔新联兴陶瓷集团公司在新工业园区举行一期新建生产线投产点火仪式，威远县委常委、县政法委书记李玉文、县人大常委会副主任刘志华、副县长谭斌、县政协副主席甘建国、县级相关部门负责人以及企业各地经销商、金融部门代表参加了新线投产点火仪式。

1 月 30 日，首届中国（喀什）国际建筑装饰材料博览会新闻发布会暨广东建材工业园启动仪式在广州隆重举行。

2 月

2 月，截止到目前恩平沙湖新型建材工业城已引进 15 家大型陶瓷企业，计划总投资达 100 亿元，至今已投入 74 亿元，开发面积 6500 多亩（约 433.3 公顷），建成投产的陶瓷生产线 68 条，提供就业岗位 17000 多个，已初步形成规模化、集聚化的陶瓷生产格局。

2 月 26 日，佛山市禅城区发展规划和统计局产业发展科科长朱伟斌等一行四人来到佛山新媒体产业园，调研了陶瓷云项目的进展情况。陶瓷云项目组运营总监何剑明，陶瓷云导购事业部常务副总经理李燕婷接待了调研组一行人员。

3 月

3 月 1 日，由广州市政府、喀什地区行署、新疆维吾尔自治区商务厅联合主办，广东省建筑装饰材料行业协会承办的"五口通八国，特区新商机"2013 年首届中国（喀什）国际建筑装饰材料博览会在佛山市华夏新中源大酒店举行了推介会，广东省建筑装饰材料行业协会协会会长兰芳、常务副会长陈炳荣，疏附县委常委、秘书长刘耿等领导嘉宾与来自陶瓷卫浴行业等 100 多位嘉宾客商齐聚会场，对喀什地区的商机作了深入探讨。

3 月，夹江华宸陶瓷有限公司以 3400 万的价格收购了位于新场陶瓷工业园区内的奥斯堡陶瓷企业。收购奥斯堡后将在原厂地上新建一条日产能 35000 ～ 40000 平方米的内墙砖生产线。

3 月 6 日，落户于攸县网岭循环经济园的湖南旭日陶瓷有限公司举行隆重的奠基典礼，标志着投资达 10 亿元的旭日陶瓷项目正式动工。攸县县委书记胡湘之，县委副书记、县长龚红果，珠海市旭日陶瓷有限公司董事长黄英明等共同为旭日陶瓷奠基培土。

4 月

4 月 28 日，夹江县举行 2013 年"招商活动主题月"项目集中签约暨资金对接仪式，现场共签约 9 个项目，总投资 17.6 亿元。其中包括技改扩建一条年产 700 万平方米高档全抛釉砖、全抛釉仿古砖生产线项目。

5 月

5 月 8 日，云南三鑫陶瓷有限公司丘北陶瓷总厂年产 4000 万平方米建筑陶瓷项目正式开工建设，填补了丘北县乃至文山州建筑陶瓷开发的空白。该项目建设工期为一年，项目总占地 1426 亩（约 95 公顷），概算总投资 11.8 亿元。

5 月 10 日，总投资 8 亿元的湖北亚细亚陶瓷正式落户通城经济开发区，该项目采用多项新技术，实现废水、废渣零排放。

5 月 16 日，华夏银行在佛山分行总部举行陶瓷行业媒体客户见面会，推广其平台金融系列的"融信通"产品，欲与佛山陶瓷行业客户携手并进，借助"资金支付管理系统"，打造"平台金融"业务模式。

5 月 25 日，位于内黄县陶瓷产业园区的安阳贝利泰陶瓷项目举行开工奠基仪式。内黄县委书记、县长王永志，县委副书记王忠等领导，以及天津宏辉工贸有限公司董事长邓世杰、天津贝利泰陶瓷有限公司董事长杜根参加了奠基仪式。

5 月 25 日，河南华邦陶瓷公司投资 1 亿元建设的第二条生产线实现投产，主要生产高档的布拉提微粉地砖，最大日产量达到 3 万平方米。第二条生产线的窑炉宽度是 4.2 米，是目前国内最宽的陶瓷烧制窑炉。

5 月 29 日，陕西省彬县县委常委、统战部部长史志强带领彬县招商局、工业局、财政局等部门同志赴江西省上高县考察陶瓷生产企业。考察团一行人员在上高县县委常委、常务副县长李晓楚的陪同下，考察了江西省上高县黄金堆工业园，重点对江西国员陶瓷有限公司进行了实地考察和项目洽谈。

5 月 30 日，"2013 唐山•丰南投资洽谈会"在唐山国丰维景国际酒店举行，此次投洽会共有 42 个项目成功签约，计划总投资 388.45 亿元。其中，滨河新城项目总投资 140 亿元，广东唯美集团有限公司陶瓷生产基地项目总投资 20 亿元。

5 月 30 日，四川欧冠陶瓷有限公司第一条现代化生产线生产的产品正式下线出厂。该项目计划总投资 6.8 亿元，分三期工程建设 10 条建筑陶瓷生产线。总占地 600 亩（约 40 公顷），总建筑面积 35 万平方米，研发、展示和后勤服务区 1.8 万平方米。一期工程投资约 2 亿元，建成 2 条生产线，建成后日产高档内墙砖 25000 平方米、高档仿古砖 15000 平方米。

5 月 31 日，驻哈巴罗夫斯克总领事李文信出席了由齐齐哈尔广发集团与俄方共同投资建设的"哈巴陶瓷建材厂"开工典礼。

5 月 31 日，阳城县县长王晋峰带领阳城县招商、财政、建瓷园区等部门在广东佛山参观考察陶瓷产业发展情况。考察团分别参观了 2013 中国国际陶瓷工业技术与产品展览会、佛山三水新明珠建陶工业有限公司，并深入企业车间了解先进的陶瓷生产管理技术。

6 月

6 月，截至目前广西藤县 16 个陶瓷建设项目已完成投资 16.17 亿元，占全年计划投资任务 22.78 亿元的 71%，其中两个项目超额完成年度投资任务。14 家陶瓷企业 87 条生产线投产，广西藤县陶瓷产业上半年完成生产总值 43 亿元，同比增长 11.8%。

6月3日，安阳市东方敖龙建材家居有限公司申请备案的"安阳市东方敖龙建材家居物流园"项目，符合国家产业政策和市场准入条件，通过河南省企业投资项目备案。

6月20日，夹江县高端陶瓷产业园区招商推介会在佛山华夏新中源大酒店举行。乐山市市长张彤，夹江县委书记廖克全，夹江县委副书记、县长张建红，夹江陶瓷协会会长李学如等领导出席了此次推介会。项目介绍一期完成1500亩（100公顷）发展区开发建设，总投资30亿元，新建10～15条一流全自动高端建材生产线，实现年新增产值50亿元，利税8亿元。

6月26日，夹江县总投资39亿的12个项目集中开工仪式在乐山市夹江高端陶瓷产业园区举行。其中涉及陶瓷及配套产业的项目有夹江高端陶瓷产业园区首批的10条新型建陶生产线、盛世东方瓷业新建生产线、奥斯堡陶瓷技改、宏发陶瓷技改、瑞丰高档琉璃瓦、城东片区和物流园区道路及市政配套工程。

6月30日，位于内黄县陶瓷产业园区的安阳洁雅卫浴点火运行，这是内黄县陶瓷生产基地第一条建成投产的卫浴生产线。安阳洁雅卫浴总投资1.2亿元，计划建设3条陶瓷洁具生产线，主要生产陶瓷面盆、浴盆、抽水马桶等陶瓷卫生洁具。可年产中高档陶瓷洁具180万件，年产值3亿元，用工1000余人。

7月

7月，亚洲闽商（鹤壁）国际建材城项目及汇金广场商业中心项目在河南鹤壁淇滨区签约，总投资11亿元。

7月，佛山华夏中央广场项目启动建设，一期工程预计在2015年完成。该项目整体建筑面积超过40万平方米，涵盖了中国陶瓷城（华夏馆）、南庄200米超高地标——中国陶瓷大厦、超五星级国际酒店、国际创意设计中心、行政公馆酒店、白领精英住宅及社区商业等。

7月，河北省沙河市万隆陶瓷有限公司全抛釉生产线正式投产，成为河北省第一条建成投产的全抛釉生产线。

7月，2013年年初随着安阳新明珠二期工程建成运行，正式拉开了内黄陶瓷企业生产线扩建的序幕。新南亚陶瓷、日日升陶瓷、嘉德陶瓷、东成陶瓷、新喜润陶瓷等企业纷纷将新线建设计划提上了日程。截止到七月已投产6条生产线，14条生产线正在建中。

7月8日，上海斯米克控股股份有限公司发布2013年半年度业绩预告修正公告。斯米克公司在此次公告中对投资者进行了投资风险说明，说明中表示2011年、2012年因连续两个会计年度经审计净利润均为负值，斯米克公司股票交易自2013年2月8日起已被实行退市风险警示（*ST），若公司2013年度继续亏损，根据《深圳证券交易所股票上市规则》的有关规定，公司股票可能被暂停上市。

7月9日，广东博德精工建材有限公司第二生产基地——博德阳西生产基地第一条生产线成功点火投产。该生产线窑炉长度超过500米，车间长度超过1000米，每天24小时产量可达到3万平方米。

7月11日，湖北省通城县北港镇大界陶瓷原料产业园已引进3家生产陶瓷原料厂家，生产线达到10条以上。

7月20日，由淄博市人民政府主办，淄博市招商局、淄博市泉州商会承办的"闽商走进淄博招商大会暨项目签约仪式"在淄博齐盛国际宾馆召开。厦门巨鹏飞集团、中国财富陶瓷城董事长吴慈仁先生作为闽商高层代表出席签约仪式。

7月30日，夹江县2013年第三次项目集中签约仪式在峨眉山月花园饭店举行。市政府副秘书长、市投资促进局局长李知明等领导以及来自全国各地的数十位客商出席仪式，现场达成协议签约10个项目，总投资57.8亿元。

7月，由中泰瓷业投资建设的高档陶瓷微晶石墙地砖及陶瓷天然石材复合板陶瓷生产项目正式在内黄县陶瓷产业园区动工建设，此项目计划总投资9亿元，全部建成投产后，预计年产微晶墙地砖4800万平方米，年产值13亿元，提供就业2300人。

8 月

8 月，广东唯美集团三期扩建项目签约仪式在丰城市花园大酒店举行。丰城市委书记杨玉平，丰城市市长金三元及市领导熊晓群、江海滨、徐剑平、徐爱文，广东唯美陶瓷有限公司董事长黄建平，丰城和美陶瓷有限公司副总经理施少刚等出席了签约仪式。丰城和美陶瓷三期总投资约 25 亿元，预计年销售收入约 12 亿元。项目竣工投产后，将成为丰城第一个产值超 50 亿元的企业。

8 月，江西省高安市上高县冠溢陶瓷有限公司喷墨外墙砖正式投产，成为高安本土首条喷墨外墙砖生产线。

8 月 4 日，"亿联扬帆，财富启航"——助推南川商贸物流园建设暨亿联•南川建材家居五金城启幕盛典在重庆市南川区体育馆举行。

8 月 8 日，息县产业集聚区弘博陶瓷与央企中航集团合作新建的两条陶瓷生产线项目正式上线。

8 月 20 日，河北省高邑县召开中国建陶之都项目研究会，高邑县领导杨国芳、彭敬捷、徐将威、任秀力出席。据了解，中国建陶之都项目计划总投资 100 亿元，总占地面积 1400 亩（约 93.3 公顷）。

8 月 20 日，河南省南阳市唐河县南阳亿瑞陶瓷有限公司微粉抛光砖生产线顺利投产运行，该生产线于 2013 年 2 月正式动工建设，7 月 18 日窑炉点火成功，8 月 15 日试生产，8 月 20 正式投产，主要生产 800mm×800mm 的微粉抛光砖。预计年产量可达 1000 万平方米，堪称目前在线运行的全球第一大微粉抛光砖生产线。

8 月 28 日，第八届豫商大会在河南安阳市盛大开幕，广东长城集团股份有限公司董事长蔡廷祥等受邀出席。本次大会上内黄县再签约引进 3 个陶瓷及配套项目，总投资达 33 亿元。其中包括总投资 10 亿元的福建盛利达陶瓷有限公司陶瓷微晶砖、内墙砖生产项目。

8 月 30 日，科达机电公告称公司拟通过发行股份及支付现金的方式收购东大泰隆 100% 股权，以促使其清洁煤气化等业务全面走向工程总包发展模式。

9 月

9 月 9 日，博德集团阳西生产基地投产暨人造石项目启动仪式在广东阳江隆重举行。广东博德精工建材有限公司董事长、总经理叶荣恒，中国建筑卫生陶瓷协会常务副会长兼秘书长缪斌、中国陶瓷工业协会常务副理事长傅维杰、中国建材联合会副会长、广东省建材行业协会会长吴一岳、广东陶瓷协会会长陈环、阳江市副市长李日芳等领导及来自全球六百多位嘉宾出席庆典。

9 月 28 日，梧州陶瓷产业园藤县中和集中区成功引进盛汉皇朝、酷士得两家大型陶瓷生产企业落户，两家企业将投资 12.5 亿元，建设 12 条生产线，预计年生产总值可达 18 亿元。

9 月 30 日，河北省南皮县与鑫珠陶瓷公司 1000 万平方米釉面砖加工项目签约仪式在南皮县信和五楼会议室举行，该项目是南皮县第一家陶瓷釉面砖生产项目，填补了釉面生产的空白。

11 月

11 月 13 日，广东省阳江市委书记魏宏广等一行政府领导莅临博德阳西生产基地参观指导。广东博德精工建材有限公司董事长、总经理叶荣恒与魏宏广书记就博德公司的当前概况及未来发展进行了深入地沟通探讨。

11 月 27 日，江西和发陶瓷第三条生产线顺利点火，主要生产 800mm×800mm 规格的中高档仿古砖，设计日产量 17000 平方米。

12 月

12 月，广东博德精工建材有限公司阳西博德生产基地的"高科技环保陶瓷项目"被广东省发展和改革委员会列为"广东省重点建设项目"。

12月3日，国内首家陶瓷行业产业投资公司——中陶投资发展有限公司在2013年中国建筑卫生陶瓷行业大会期间于海南宣告成立。中陶由中国建筑卫生陶瓷协会和中国最大的瓷砖卫浴流通企业华耐家居集团共同发起，新明珠、唯美、乐华、东鹏、蒙娜丽莎、宏宇、万利、九牧等20家国内最具影响力的瓷砖卫浴家居企业联合出资成立，覆盖行业60余个主要品牌，年销售规模超过600亿元，华耐家居集团总裁贾锋当选为中陶首任董事长。

12月3日，闽清佳美陶瓷有限公司和福建闽清金城陶瓷有限公司分别签约入驻广西藤县陶瓷园区，总计签约投资额8.6亿元。

12月10日，夹江县在县委常委会议室举行"2013年第4季度"项目集中签约仪式。现场共签订投资协议12个，投资金额达90.46亿元，其中陶瓷项目5个，投资金额达33.66亿元。

12月21日，山东国瓷功能材料股份有限公司与佛山市康立泰无机化工有限公司共同签订了《投资意向书》，合资设立山东国瓷康立泰新材料科技有限公司，合资公司主要进行陶瓷色釉料、陶瓷墨水、3D打印材料的研发及产业化等业务。

第五节　会展大事记

1月

1月9日，首届佛山浴室柜联盟交流大会在佛山桃园一品酒店隆重举行。联盟新增20家浴室柜会员企业，并且现场投票新增选了3名副会长单位。

1月15日，由高安市人民政府、陶城报社主办的"中国制造·高安论坛"在江西省高安市中国陶瓷基地实训中心举办，中国建筑卫生陶瓷协会副秘书长尹虹，高安市副市长况学成，江西省建筑陶瓷产业基地管委会副主任廖叔生，福建海美斯凯拉捷特贸易有限公司总经理吴玉礼，陶城报社管委会主任、总编辑、总经理李新良等相关企业领导以及江西高安陶瓷企业的代表们共200余人参与活动。

1月16日，由华夏陶瓷网、中国建筑卫生陶瓷年鉴编辑部、佛山市民营经济发展研究会主办，中国民生银行佛山支行联合主办的第二届中国陶瓷50人论坛暨2012年度网络风云榜在南庄新中源大酒店成功举办。

1月26日，第四届潮州卫生陶瓷企业发展论坛暨中国建筑卫生陶瓷协会潮州地区迎春团拜会在潮州宝华酒店举行，中国建筑卫生陶瓷协会会长叶向阳、常务副会长兼秘书长缪斌、副秘书长夏高生、副秘书长宫卫、驻潮州办事处主任张锦华等领导及潮州企业代表参加了此次活动。

3月

3月8日，第十三届中国厦门国际石材展览会在厦门国际会展中心开幕。在此次参展的晋江企业中，除了涉足石材机械的相关企业外，晋江陶瓷企业——华泰集团也携TOB陶板产品亮相。

3月23日，2013中国新锐文化节之"中国制造 佛山论坛"在佛山新媒体产业园陶瓷云空间举行。

3月29日，14家佛山陶瓷卫浴企业及媒体单位组团赴安徽铜陵市调研市场发展，并深入环球家居集散中心考察，出席同期举办的"环球家居2013陶瓷卫浴新营销新模式高峰论坛"。

3月30日，北京市工商业联合会陶瓷商会在国家会议中心正式成立。闽龙陶瓷总部基地董事长陈进林任北京陶瓷商会会长。

3月30日，第四届中国（佛山）卫浴产业发展高峰论坛在佛山中国陶瓷城5楼会议室举办。广东省家居建材商会、佛山市陶瓷行业协会以及众多卫浴企业代表出席了该论坛。

4 月

4 月 13 日，第三届中国房地产与泛家居行业跨界峰会暨 2013 年度中国建筑卫生陶瓷十大品牌颁奖典礼在北京钓鱼台国宾馆举行。

4 月 13 日，由闽龙陶瓷总部基地主办的"闽龙第四节陶瓷文化节暨闽龙十佳诚信商户、最美导购员颁奖活动"在闽龙陶瓷总部基地举行。

4 月 15 日，由高安市人民政府与陶城报社主办的"高安市人民政府与景德镇陶瓷学院景德镇陶瓷学院产学研全面合作签约暨宜春陶瓷国检中心启动仪式"在江西省高安市新高安宾馆隆重举办。

4 月 19 日，中国建筑卫生陶瓷协会青年企业家俱乐部成立大会及高峰论坛在佛山陶瓷产业总部基地陶瓷剧场举行，中国建筑卫生陶瓷协会名誉会长丁卫东先生、中国陶瓷总部基地执行董事，华夏中央广场总经理周军先生及行业知名企业的新一代青年企业家出席。

4 月 20 日，由中国建筑卫生陶瓷协会、陶瓷信息报社及第二十一届佛山陶博会组委会联合主办的"2013 陶瓷砖减薄发展及应用论坛"在佛山中国陶瓷产业总部基地的陶瓷剧场拉开帷幕。本次论坛以"薄型化、市场化、产业化"为主题。

4 月 20 日，意美家卫浴陶瓷世界在其北门广场举行了佛山市"正版正货"承诺活动授牌仪式及意美家正货乐购促销活动。蒙娜丽莎陶瓷、罗浮宫陶瓷、楼兰陶瓷、惠达卫浴、德宝卫浴、卡罗雅卫浴、富丽斯卫浴、天妮斯卫浴、益高卫浴、富良卫浴等十家品牌获得了首批由"三局"联颁的"正版正货"牌匾资格。

4 月 21 日，"第七届中国艺术瓷砖节"在佛山瓷海国际陶瓷交易中心落下帷幕。本次艺术瓷砖节共接待来宾 1.36 万人次。在展位方面，固定展区共 1182 户，展位面积达 30 万平方米；户外展区参展企业共 50 余家，参展面积达 2000 平方米。

4 月 27 ～ 28 日，佛山陶城报社派出两个特别报道团分别报道美国亚特兰大国际石材及瓷砖博览会（COVER-ING）和泰国国际建材展（ARCHI-TECT'13）两大展会，为中国陶瓷行业带来第一手的市场资讯，同时以中英文杂志《中国•瓷尚》为平台，向全球陶瓷人传播中国陶瓷行业的正能量。

4 月 28 日，中国硅酸盐学会陶瓷分会六届五次常务理事会会议于江苏宜兴胜利召开，理事长周建儿、秘书长吴大选主持会议汇报工作，近 40 位专业研究人员参会。

5 月

5 月，"透明陶瓷激光介质绿色生产工艺关键技术与装备"学术交流会在佛山市陶瓷研究所召开，会议邀请了俄罗斯科学院无线电工程和电子研究所的 V.B.Kravechenko 教授做主题演讲，佛山市陶瓷研究所、广州光电机技术研究院、广东工业大学、华南师范大学等十余名代表参加了此次会议。

5 月 28 ～ 31 日，第 18 届中国(上海)国际厨房、卫浴设施展览会在上海新国际会展中心博览中心举办。

5 月 29 日，由中国陶瓷工业协会主办、广东新之联展览服务有限公司承办的"2013 中国国际陶瓷工业技术与产品展览会"在广交会琶洲展馆正式拉开帷幕。

5 月 29 日，西斯特姆 -Dimatix 喷头陶瓷数码印刷技术论坛在广州市琶洲国际会展中心举行。

5 月 29 日，由意大利对外贸易委员会、意大利陶瓷机械及设备制造商协会及陶城报主办的意大利设计与技术之夜暨首届"中国意大利陶瓷设计大奖"在新媒体产业园盛大举办，本届大赛中强赛特参赛产品"青花瓷"斩获头魁，东鹏等企业获得银奖，新明珠、欧神诺、鹰牌、金意陶、博德精工等企业获得优秀奖。

5 月 30 日，由四川省室内装饰协会成都市房地产开发企业协会主办的"第三届中国成都建筑陶瓷及卫浴设施展览会"在成都世纪城新国际会展中心隆重举行。

7 月

7 月 10 日，由中国建筑卫生陶瓷协会、中国建陶协会装饰艺术陶瓷专业委员会、中国陶瓷产业总部基地共同组织的"第三届金陶杯建筑装饰、艺术陶瓷大奖赛"及"中国瓷砖文化"座谈会于中国陶瓷剧场举行。

7月11日，辽宁法库县政府召开实施煤改气陶瓷企业家座谈会。法库县长陈佳标出席会议，并作重要讲话。

7月11日，淄博市国家陶瓷与耐火材料产品质量监督检中心组织召开2013年度陶瓷坐便器产品和镁碳砖抽查工作业务培训会，执行国家监督抽查任务抽样人员及国家陶瓷与耐火材料产品质量监督检中心全体人员参加了培训会议。

7月12日，由中国财富陶瓷城主办的"陶瓷产业营销总部基地价值峰会"在淄博张店世纪大酒店召开。中国建筑卫生陶瓷协会副秘书长尹虹，全国房地产商会副秘书长及联合会主席、资深商业地产投资专家蔡聚受邀出席了会议并做专题报告。

7月23日，"情牵五载，筑梦瓷海"佛山瓷海国际五周年大型庆典晚会于佛山琼花大剧院上演。活动主办方邀请了各级领导、各界行业精英人士、场内商家以及新闻媒体共1300余人出席晚会。

7月24日，五洲城・瓷海国际在佛山岭南天地马哥孛罗酒店天地礼堂举行了题为"重塑东北陶瓷商业模式——探寻陶企转型之路"的专题研讨会。

7月25日，佛山市禅城区发展规划和统计局召开"打造世界陶瓷中心"调研座谈会，新中源、新明珠、蒙娜丽莎、金意陶和鹰牌等品牌企业代表出席。

7月26日，由中国建筑卫生陶瓷协会、高安市人民政府、陶瓷信息报社联合主办的"2013中国建陶产业巡回论坛暨高安陶瓷产业发展论坛"在江西高安建陶会展中心顺利落下帷幕，该论坛以"政企合力，推动可持续发展"为主题，为高安建陶产业转型升级、突破当下发展瓶颈、更好实现可持续发展献策献力。

7月26日，南安市质量技术监督协会第二次全体成员大会在辉煌水暖集团会议中心召开，辉煌水暖集团董事长王建业当选新一届南安市质量技术监督协会会长。

7月26日，河南省科技文化遗产研究与保护协会陶瓷分会成立仪式暨中原陶瓷学理论建设研讨会在河南许昌禹州举行。

9 月

9月2日，中国建筑卫生陶瓷协会陶瓷板分会成立大会在江苏宜兴竹海国际会议中心召开。此次大会由中国建筑卫生陶瓷协会陶瓷板分会主办，新嘉理（江苏）陶瓷有限公司承办，江苏拜富集团协办。

9月4日，中国淋浴房行业协会理事成员就职盛典在中山永安新城皇冠假日酒店隆重举行。向伟昌当选为新一届会长。

9月7日，由中国建筑卫生陶瓷协会主办，淄博市人民政府、中国财富陶瓷城、淄博泉州商会和陶城报社共同承办的首届"淄博品牌陶瓷出口及设计创新论坛"在淄博齐盛国际宾馆举办。

9月7日～9日，2013第九届中国（淄博）陶瓷代理、经销商峰会在中国财富陶瓷城盛大召开。

9月11～13日，首个泛东盟地区陶瓷技术与材料展览会——2013东盟陶瓷展览会将在泰国曼谷国际贸易展览中心（BITEC）举行。

9月17日，由中国建筑卫生陶瓷协会、淄博市人民政府、陶瓷信息报社联合主办的"首届淄博陶瓷产业发展高峰论坛"在淄博市蓝海国际大饭店隆重举行。

9月29日，由中国建筑装饰协会和中国妇女发展基金会联合主办，中国建筑装饰协会材料委员会、北京希凯世纪建材有限公司承办的2013绿色装饰材料"美丽中国"行公益活动"希凯杯"装饰镶贴技能大赛在北京农展馆举办。

10 月

10月18日，第二十二届中国（佛山）国际陶瓷及卫浴博览交易会开幕，本届展会五天参会观众总人数为 69900 人，同比 20 届陶博会总客流上升 22%，同比 21 届陶博会上升 6%。

10 月 18 ～ 21 日，由瓷海国际佛山陶瓷交易中心举办的第 8 届中国艺术瓷砖节盛大开幕。

10 月 19 ～ 22 日，由中国五金制品协会、中国建筑卫生陶瓷协会、中国五矿化工进出口商会和开平市水口水暖卫浴行业商会共同主办的第九届中国(水口)水暖卫浴设备展销洽谈会在中国卫浴城隆重召开。

10 月 24 日，全国建筑卫生陶瓷行业质量品牌评价表彰大会在中国西部国际陶瓷卫浴展览会上召开，大会设立了"质量突出贡献奖"、"创新产品奖"、"绿色陶瓷砖奖"和"绿色卫生陶瓷奖"。

10 月 25 ～ 27 日，首届"中国西部国际陶瓷卫浴展览会"在西安绿地笔克国际会展中心举行。展会由工业和信息化部原材料司、陕西省工业和信息化厅和中国建筑材料集团有限公司共同主办，中国建材咸阳陶瓷研究设计院、中陶传媒有限公司、国家建筑卫生陶瓷质量监督检验中心和全国建筑卫生陶瓷标准化技术委员会共同承办。

10 月 29 ～ 11 月 2 日，中国瓷都·潮州国际陶瓷交易会在潮州国际陶瓷交易中心举办。

10 月 31 日，由中国硅酸盐学会陶瓷分会主办的 2013 中国陶瓷科技发展大会暨中国硅酸盐学会陶瓷分会学术年会在潮州市委党校礼堂隆重召开。

11 月

11 月 2 日，由中国陶瓷工业协会、中国建材咸阳陶瓷研究设计院联合陶城报社一同主办的首届中国陶业西部论坛在成都市举行。

11 月 2 日，由成都家具产业园管委会主办，成都星俞置业有限公司承办的大煌宫国际陶瓷产品展贸中心启动仪式暨"天籁之声唱响大煌宫"群星演唱会在成都龙桥家居博览城举行。

11 月 3 日，由广东省建筑装饰材料行业协会主办，广东省设计师俱乐部、广东省建筑装饰材料行业协会设计专业委员会共同承办，广东新明珠陶瓷集团独家冠名的"冠珠杯"首届广东省建材家居行业高尔夫球精英友谊对抗赛在银海高尔夫球场隆重开杆。

11 月 25 ～ 28 日，中东地区最具影响力的迪拜五大行业展（BIG5）在阿联酋迪拜世贸中心举办。高安产区十二家陶瓷企业抱团参加此次展会。

11 月 28 日，沈阳五洲城·瓷海国际陶瓷展贸中心举办的"商聚五洲城，智创大瓷海"温泉峰会暨第二届重塑东北陶瓷商业模式研讨会，在辽宁营口忆江南温泉谷度假酒店国际会议中心举行。

11 月 29 日，西部瓷都夹江陶瓷协会举行换届大会，推选出新一届理事会成员。夹江县人大常委会副主任吕德平当选为新任会长，夹江县委副书记袁月，县委常委、常务副县长朱璋，原会长李学如被聘为顾问。

11 月 29 日，2013 中国建陶产区大型巡回论坛暨夹江陶瓷产业发展高峰论坛在夹江县举行，围绕"创新突破、转型升级"主题，深入探讨夹江陶瓷产业发展之路。

12 月

12 月 2 ～ 4 日，中国建筑卫生陶瓷协会 2013 年会暨第六届中国建筑卫生陶瓷工业发展高层论坛在海南三亚喜来登酒店隆重举行，来自国内外各地的建陶行业代表和协会领导、专家共同出席了本次论坛。

12 月 4 日，中国建筑卫生陶瓷产业发展基金理事会召开了第一次理事会。中国建筑卫生陶瓷产业发展基金于 2013 年 6 月 28 日在中国建筑卫生陶瓷协会第六届理事会第六次会长扩大会议上发起成立。该基金理事会成员主要是中陶投资的 20 位股东。

12 月 6 ～ 8 日，以"设计创造价值"为主题的 2013 广州国际设计周于广州保利世贸博览馆拉开帷幕。大唐合盛瓷砖、芒果瓷砖、罗浮宫陶瓷、ICC 瓷砖、华鹏陶瓷、米洛西石砖、孔雀瓷砖、德立淋浴房等陶瓷卫浴品牌到场参展。

12 月 10 日，由全国工商联家具装饰业商会卫浴专委会主办的 2013 年卫浴行业年会在厦门市佰翔酒店召开。全国工商联家具装饰业商会执行会长兼秘书长张传喜、全国工商联家具装饰业商会卫浴专委会会长谢岳荣、卫浴专委会秘书长谢鑫、辉煌集团董事长王建业、中宇建材集团总裁蔡吉林、帝王洁具总经理吴志雄等领导及企业家代表出席。

12月10日，由晋江市人民政府、福建省陶瓷行业协会主办，晋江市经济贸易局、晋江市环境保护局等共同承办的"海西建陶绿色发展高峰论坛"在晋江宝龙酒店举行。

12月18日，由新之联展览公司主办，印度 GPE 公司协办的 2013（第二届）亚洲国际陶瓷工业展览会（CERAMICS ASIA 2013）在印度艾哈迈达巴德市的古吉拉特邦大学展览馆隆重开幕。科达、恒力泰、摩德娜、奥克罗拉、一鼎、奔朗、东承汇、博晖、彩神、永达、中窑、丰力、美嘉、博深、英国 XAAR、意大利 Air Power、意大利 Mectiles、美国 Ceramicure 等。

12月19日，佛山市卫浴洁具行业协会成立大会在中国陶瓷产业总部基地陶瓷剧场举行。

12月20日，由广东陶瓷协会主办，广东科达机电股份有限公司、广东摩德娜科技股份有限公司、广东中窑窑业股份有限公司、佛山市溶洲建筑陶瓷二厂有限公司联合协办的 2013 年广东陶瓷协会会员代表大会暨广东省陶瓷行业年会在广州颐和大酒店国际会议厅隆重召开。

12月28日，由中国建筑卫生陶瓷行业协会、《陶瓷信息》报主办的第三届陶瓷人大会在中国陶瓷产业总部基地三楼会议室召开，中国建筑卫生陶瓷行业协会常务副会长、秘书长缪斌致辞。

第六节　营销卖场大事记

1月

1月，在江西湖口华美立家国际生活广场举行的招商会上，马可波罗、箭牌、法恩莎卫浴、全友家私、圣象地板、飞利浦照明、欧派橱柜等 100 多个一线品牌现场签约入驻。湖口华美立家计划于 1月底正式开盘，计划 10 月开业。

1月，东方家园家居旗下的 5 家东方家园家居建材卖场——西三旗店、来广营店、丽泽店、玉泉营店和管庄店，纷纷宣布暂停营业。

1月2~4日，欧美陶瓷 2013 经销年会暨欧美·博琅尼品牌品鉴会在高明碧桂园酒店凤凰厅盛大召开。中国建筑卫生陶瓷协会流通分会秘书长刘勇、欧雅陶瓷企业董事长霍炳祥、营销中心总经理罗成、欧美品牌营销总经理陈心茂、营销副总经理张召玉、欧美·博琅尼品牌总经理郝传厚、欧雅市场部经理李和权、高级培训师王小靓以及来自全国各地经销商共 600 多人出席了本次会议。

1月12日，国内首家一站式家居体验店海尔美乐乐家居广场在青岛正式开业，该广场为消费者提供集家装设计、家居体验、配送安装于一体的全新一站式家居购物体验，满足互联网时代消费者的个性化需求。

1月15日，广东博德精工建材有限公司在广东江门隆重召开 2013 年"'睿图·共赢·天下宽'全国经销商年会"。博德公司隆重推出博德移动生活体验馆。该体验馆首创应用主动营销概念，采用绿色环保简易安装设计，并配以 iPad App 功能应用终端的强大集成系统，将展厅搬到消费者家门口，开启了科技创新的营销模式。

1月27日，东鹏洁具 2013 年经销商年会在佛山财神酒店隆重召开。佛山东鹏洁具股份有限公司董事长何新明，总经理杨立鑫，副董事长兼副总经理冯储，副总经理陈俊峰、林赤峰，广东东鹏控股股份有限公司高层领导以及东鹏洁具各职能部门和全国经销商共计 500 多人出席了活动。

3月

3月，新中源陶瓷"世界小姐全国巡回签售会"在海口、淮安、盐城、苏州、临沂、西安、温州、天津、北京、徐州和合肥等城市举办。

3月1日，佛山市发展和改革局副局长张远航率调研组一行人员莅临华夏中央广场进行调研。南庄镇副镇长何永庆、中国陶瓷城和陶瓷产业总部基地执行董事、华夏中央广场总经理周军陪同参观中国陶瓷中央商务区整体规划模型。据悉，华夏中央广场有望纳入省级重点项目。

3月5日，广东省对外贸易经济合作厅、佛山市对外贸易经济合作局、佛山市禅城区经济促进局等一行十人组成的调研团到瓷海国际·佛山陶瓷贸易中心为外贸转型升级现场会进行考察。瓷海国际总经理麦湛与副总经理林莹陪伴参观了瓷海商贸中心多功能会议厅、马赛克博览中心与金丝玉玛展厅。

4月

4月，箭牌卫浴携手齐家网，拉开O2O电商大促，联动杭州、无锡、北京、重庆、武汉、长沙、深圳七大城市，举办以"惠选'心生活'、5折封顶、引爆亲民价"为主题的大型团购促销活动。

4月2日，中国财富陶瓷城五期展区工地现场锣鼓喧天，在众多客户及经销商见证下，五期高端精品建陶展示区盛大开工。

4月20日，惠达瓷砖郑州运营中心携手惠达卫浴郑州旗舰店在郑州升龙金泰城举行开业仪式。惠达集团总裁王彦庆、惠达卫浴国内销售部总经理杜国锋、惠达瓷砖营销中心总经理严世杰及公司区域总监、运营中心经理等出席了开业典礼。

5月

5月7～8日，山西介休市委书记王继堂等党政领导对佛山陶瓷产业进行了参观考察。王继堂书记一行先后参观了中国陶瓷城、瓷海国际、中国陶瓷产业总部基地及华夏陶瓷城，其中到访东鹏陶瓷总部、金意陶陶瓷总部、浪鲸卫浴总部、嘉俊陶瓷总部、新明珠集团总部等。

5月14日，中共中央政治局委员，广东省委书记胡春华在佛山市委书记李贻伟、佛山市市长刘悦伦、佛山市委常委、禅城区委书记区邦敏等领导的陪同下莅临中国陶瓷产业总部基地考察佛山陶瓷产业发展情况。中国陶瓷城、中国陶瓷产业总部基地、华夏中央广场等项目相关领导陪同接待。

5月18日，2013中国·长沙夏季采集会活动在长沙市红星美凯龙广场上举行。创林、生活家地板、盛景门窗和艺宝瓷砖等品牌纷纷祝贺2013中国·长沙夏季建材集采会活动取得圆满成功。

5月19日，华美太古广场奠基盛典在哈尔滨市松北区松浦大道隆重举行，该项目总占地面积约3000亩（200公顷），预计总建设面积达200万平方米。

5月25日，位于佛山市禅城区魁奇路和雾岗路交界的华艺装饰材料物流城（新华艺）正式开业。新华艺是配合禅城区政府"强三优二"产业发展策略的产业升级项目，一期项目分为南、西两区，建筑面积约10万平方米，经营档口超过400个。

5月29日，中国财富陶瓷城五期项目之一的4号楼举行封顶仪式，标志着财富城五期项目主体工程顺利接近尾声，项目建设由此进入新阶段。

6月

6月，成都大煌宫陶瓷展览中心全球招商起航。50万平方米体量超大规模，将产品展示、交易、会展、设计、信息交流、商务办公、金融服务七大配套功能融为一体的陶瓷主题项目，弥补了全球家居CBD细分市场群没有大型专业陶瓷市场的空白，也是成都地区鲜有的陶瓷专业交易市场。

6月，金牌卫浴"金牌星跳跃，田亮中国行"全国大型明星落地活动正式拉开帷幕。

6月4日，广州市市长陈建华率广州市党政领导考察团在佛山市市长刘悦伦、禅城区区委书记区邦敏、禅城区区长刘东豪等佛山市领导的陪同下，莅临中国陶瓷产业总部基地考察调研佛山陶瓷产业优化升级情况，陶瓷总部基地副总经理汤洁明全程陪同接待。

6月5日，佛山检验检疫局技术中心邀请美国国际规范委员会 - 评估认证服务（ICC-ES）、澳大利亚 SAI GLOBAL，并联合行业媒体——《陶城报》在佛山市禅城区新媒体产业园举办水暖卫浴产品出口北美澳洲认证要求专题研讨会。

6月8日，以"美丽中国，绿色陶业"为主题的2013第四届陶瓷上游供应企业研讨会暨优秀供应商表彰大会在佛山瓷海国际五楼会议室举行，广东省陶瓷协会会长陈环、佛山市陶瓷行业协会秘书长于枫等行业领导出席了本次会议。以中窑窑业、远泰制釉为代表的11家企业被评为最具实力供应商，此外，8家企业被评为节能先锋，10家企业获得绿色产品金奖。

6月18日，由佛山瓷海国际主办，禅城区经济和科技促进局协办的瓷海国际中小企业对外政策宣传活动暨佛山市"正版正货"承诺活动授牌仪式在瓷海国际商务中心举行。

6月21日，佛山市卫浴洁具行业协会第一次秘书处会议在佛山意美家陶瓷卫浴世界召开。协会会长朱云锋、名誉会长严邦平、秘书长刘文贵以及八位行业媒体人、副秘书长参加了会议。

6月22日，由江西省丰和营造集团有限公司承建的华美立家国际生活广场主体工程正式完成结构封顶，现场业主、商户、监理单位、施工方及项目部领导共同见证了这一时刻。

6月28日，神州陶瓷超5000平方米星级营销中心隆重开业。神州陶瓷成为高安产区首家采用"营销中心与厂区分离"模式的企业。

7月

7月，新中源陶瓷举行超微晶新品鉴赏暨财富分享会，发布V7 II超微晶新品，全国经销商云集订购。同期，公司推出吉石玉全抛釉拼花新品。

7月9日，成都市商务局副巡视员石平、成都海关现场业务处处长候文波、青白江区区委副书记蓝唯率领大港建材城、青龙国际建材装饰城等区内大型建材商贸市场组成60余人的考察团赴佛山中国陶瓷城发展有限公司参观考察。

7月10日，航标卫浴代言人范玮琪在航标董事局主席肖智勇的引导下，参观了万佳二厂展厅并受邀接受福建东南卫视《娱乐乐翻天》节目独家专访。同期"范玮琪相约Bolina漳州歌迷见面会"在漳州碧湖万达广场举行。

7月17日，环球家居第二场闽粤招商座谈会在南安永昌大酒店举行。申鹭达集团、辉煌水暖、九牧厨卫、中宇卫浴等多家南安知名卫浴企业出席了本次招商座谈会。

8月

8月，英皇卫浴成立电商部，自建电商平台，正式进军电子商务销售渠道。

8月1日，佛山市人民政府副市长刘炜在佛山市科技局局长胡学骏、禅城区委常委徐航等领导陪同下对佛山新媒体科技有限公司自主开发的APP手机导购系统调研，陶城报社管委会主任、新媒体科技有限公司董事长李新良陪同。

8月11日起，东鹏瓷砖锁定央视黄金资源，在央视CCTV-3《黄金100秒》栏目投放最新品牌形象片，并成为《黄金100秒》二维码互动独家合作伙伴。

8月14日，国家工商行政管理总局公布，"华耐家居投资集团有限公司"顺利通过国家工商总局无行政区划企业名称核准，注册号为（国）名称变核内字[2013]第1322号。

8月14日，由闽龙陶瓷总部基地与北京陶瓷商会主办的"2013'闽龙杯'首届国际浴模大赛"在北京举行。

8月17日~10月19日，Bolina航标卫浴再次携手品牌代言人范玮琪参与2013年度北京卫视《最美和声》，航标卫浴品牌形象广告于每周末的节目黄金时段播出，取得了强烈的终端反响。

8月20日，佛山市湖北商会陶瓷行业协会正式在佛山市民政局注册备案，目前成员企业80多家，总产值超100亿元，其中金意陶、中窑、新鹏陶机、金网网版等一批品牌企业已成为中国陶瓷行业的领军企业。

8月26日，佛山市"云制造"新模式体验式培训暨"陶瓷企业分销协同管理升级高管培训班"启动仪式在中国陶瓷城隆重召开。

8月28日，由高安陶瓷行业协会举行的泛高安产区陶瓷行业长城润滑油技术交流会在瓷都国际新闻发布中心举行。江西新景象陶瓷董事长、高安陶瓷行业协会常务副会长喻国光、江西建陶产业基地管委会副主任廖树生、中石化润滑油江西销售代表处经理邱武运以及高安陶瓷企业生产负责人出席交流会。

9月

9月12日，常德国际陶瓷交易中心开工奠基盛典在湖南常德市常德大道隆重举办。中国建筑卫生陶瓷协会常务副会长兼秘书长缪斌出席本次奠基盛典。

9月23日，广东博德精工建材有限公司在云南省昆明市成功举办"全城迎接丁俊晖"明星签售活动，借势造势，实现品牌突围。

9月28～29日，吉安华美立家家居建材广场隆重举行30家旗舰店组团开业暨第三届建材团购节活动。吉州区人大常委会副主任、城南专业市场指挥部主任涂德斌，华耐家居集团副总裁张志良、赵君，华美立家运营部总经理杨占海，华美立家吉安项目部执行总经理周龙飞等嘉宾出席了开业典礼。

9月28～29日，主题为"全民庆生，唱响大港"的大港建材城一周年庆典在成都青白江大港建材城隆重举行。

9月30日，河南省濮阳亿丰建材家居国际博览城盛大开业。此项目占地面积1000亩（约67公顷），总建筑面积达140万平方米，其中一期建材家居博览城建筑面积15万平方米。

10月

10月，新中源品牌荣获"2013年度陶瓷十大畅销品牌"殊荣，"约惠世姐 价给幸福"全国巡回签售会被评为"2013年度中国陶瓷十大营销事件"。

10月，新中源陶瓷参加在西安举行的首届中国国家西部陶瓷卫浴展览会。

10月，河南省平顶山市陆顺建材城隆重开业，陆顺建材城是平顶山市首家"一站式"建材购物商城。

10月12日，以"品质生活，品质音乐"为主题的"威臣陶瓷企业携手宝丽金世界巡回演唱会"在佛山世纪莲体育馆隆重举行。

10月13日，冠珠卫浴微电影《心谣》举行首映礼，之后的14日，在优酷、土豆、腾讯等近十家视频网站，几乎都能看到《心谣》最终的正片，网友好评如潮。

11月

11月21日，广东昊晟企业（1号大理石瓷砖）进驻华夏中央广场的签约仪式隆重举行。

11月25日，中国淄博陶瓷产业总部基地全球发布会在淄博隆重举办。中国建筑卫生陶瓷协会会长叶向阳宣读了中国建筑卫生陶瓷协会关于将该项目命名为"中国（淄博）产业总部基地"的文件，淄博市副市长刘东军与佛山中国陶瓷城集团副董事长叶仙斌，共同为项目进行了揭牌仪式。

12月

12月，北京市工商局再次曝光家居装饰行业的6大"霸王条款"，包括"如存在环境污染，装修公司有权拒绝检测，对消费者自行检测的结果，不承担任何责任"、"消费者需要开发票，另加工程总款6%的税款"等违规不合法条款。

12月，金意陶蝉联2013年建陶十大风云企业，2013"幸福家快·乐购"全国明星巡回签售盛典被评为行业优秀品牌营销策划案例。金意陶"幸福家快·乐购"第一季大决战——"我是明星，我为自己代言"在全国各地同时举行。

12月，金意陶荣获第四届品牌佛山市民最喜爱的品牌，成为最具成长性的中小企业。

12月2日，汇亚品牌成功登陆CCTV-3，锁定四大名牌栏目《开门大吉》、《综艺喜乐会》、《向幸福出发》、《综艺盛典》全天候多频次播放汇亚品牌宣传片。

12月3日，居然之家与昆明某商业地产商正式签约并举行新闻发布会，标志居然之家正式进驻昆明呈贡新区。

12月27日，汇亚荣获"中国最具影响力品牌TOP10"、中国品牌年度"营销大奖"。

第七节　企业大事记

1月

1月，金意陶胜利召开第十五届英雄会，成功举办岭南盛典金意陶之夜，获业界好评。

1月，广东博德精工建材有限公司隆重推出"精工原石·流星雨系列"、"博德木纹砖·大木系列"、"博德精工内墙砖·柯拉尼系列"等数十款新产品。

1月，由英皇卫浴承担完成的"镶嵌式触摸感应蒸汽淋浴房制备技术的研究"和"高效自动清理卫浴滞留水技术的研究与应用"两项科技成果分别获得佛山市高明区科技进步奖二等奖和三等奖。

1月，由佛山市恒力泰有限公司自主研发的"陶瓷薄砖自动液压机"新产品鉴定会在恒力泰三水工厂举行，会议由广东省经济和信息化委员会主持召开。经过认真的咨询和充分讨论，专家委员一致认定项目产品具有自主知识产权，属国内首创，完全达到国际同类产品的先进水平。鉴定委员会一致同意通过新产品鉴定，建议扩大生产规模，以便满足市场需求。

1月，科达液压国内首创的"通轴大排量3串增压泵"成功应用于港珠澳跨海大桥最大施工桩机，在30公里施工现场中成功将直径2.5米、高60米、重120吨钢桩在50分钟内打入6米海水下50多米深海床中。

1月1日，新中源陶瓷登陆"中国之声"，奏响"瓷砖行业领导品牌"强音。

1月1日，国家工商行政管理总局商标局公布了共492件"2012年度中国驰名商标认证"，航标卫浴Bolina Italiana名列其中。

1月2日，广东一鼎科技有限公司荣获"佛山市禅城区先进集体"称号。

1月9日，广东省省长朱小丹一行莅临科达洁能实地调研，对科达的清洁煤气化、大规格陶瓷薄板、人造石材等节能减排项目的产品高度认可。

1月10日，"前行的力量——2013中国家居产业创新峰会"在海南三亚盛大举办，东鹏瓷砖荣获"2012年度中国家居产业最具影响力品牌"称号。

1月11日，"InDesign·设计荟——ciid佛山专委2013年春茗"活动在icc瓷砖展厅举行，来自ciid北京总部、ciid佛山专委会、icc瓷砖等领导及佛山地区的室内设计师们约一百多人将应邀出席此次活动。

1月17日，新中源陶瓷在"影响终端的力量"2013家居新视角论坛中荣获"年度终端影响力品牌"称号。

1月17日，广东博德精工建材有限公司的"BODE博德"商标顺利通过复审，连续第三次被广东省工商行政管理局认定为"广东省著名商标"。

1月18日，以"绿色建材·薄领未来"为主题的新中源EP薄板研讨会在杭州隆重开幕。

1月30日，2012年度南海区年度纳税大户公布名单。超千万元以上的纳税大户共287户，陶瓷卫浴行业、建陶配套行业共13户，其中2012年纳税超5000万企业有广东蒙娜丽莎新型材料集团有限公司、广东新润成陶瓷有限公司。

1月31日，2012顺德政府质量奖颁奖大会在顺德区政府会议中心举行，科达洁能从全区29家申报企业中以总分第一的成绩荣获2012顺德政府质量奖。

2月

2月1日，诺贝尔瓷砖顺利搬迁启用总部新大楼。国家技术中心大楼坐落于杭州市余杭区余杭经济开发区临平大道1133号，建筑面积约23000平方米，共12层。

2月，金意陶陶瓷跨入新十年，喜迎公司2012年度总结表彰大会暨十周年启动大会。

2月，广东博德精工建材有限公司获佛山市人民政府授予"2012年度佛山市纳税超5000万元企业"称号。

2月17日，广东博德精工建材有限公司向北京市高级人民法院提出的商标异议复审行政诉讼案获得胜诉，成功阻止佛山南海博德建材装饰材料有限公司在19类木塑板商品上注册"BOODEE博德及图"商标。

3月

3月，广东中鹏热能科技有限公司新五层办公楼在其生产基地落成。

3月，万利公司首家采用3D喷墨技术，改变陶板单一的表面，使得陶板产品色彩和图案更丰富。

3月，佛山奥特玛陶瓷公司参加由佛山市三水区西南街道总工会举办的"西南好声音 水都新活力"青年职工歌手大赛并取得优异的成绩。

3月，新中源陶瓷携手世界小姐在酉阳、夹江、南阳、镇平、内乡、西峡等地火热开展"温暖上学路"公益活动。

3月，新中源陶瓷荣获中国航天基金会颁发的"中国航天事业贡献奖"。

3月，佛山懋隆陶瓷总部展厅荣获相关行业协会颁发的"年度优秀展厅"称号。

3月，安阳市日日升陶瓷有限公司入选安阳市2013年度五十强企业。

3月1日，广东一鼎科技参与制订的国家标准GB/T 28890-2012《建筑陶瓷 机械术语》正式实施。

3月7日，"大爱航标"爱心募捐活动在万佳一厂、万佳二厂和万晖厂区分别举行。本次募捐主要为正在与肝癌病魔抗争的航标家人李育良筹集手术资金。

3月13日，杭州市经济和信息化委员会许虎忠副主任带领建冶处等领导走访了诺贝尔集团，参观了搬迁至临平经济开发区的总部新大楼。集团公司副总裁摇先华、诺贝尔陶瓷有限公司副总经理丁水泉接待陪同。

3月22日，宏宇集团自主研发的"高温大红釉制备技术及其在釉面砖产品装饰中的应用"项目，通过省级科学技术成果鉴定和新产品鉴定，达"国际先进"水平。

3月23日，汇亚"星空·跨界石"和"汇亚跨界生活馆"分别荣膺第九届中国陶瓷行业新锐榜"年度最佳产品"和"年度优秀展厅"称号。

3月23日，在"第九届中国陶瓷行业新锐榜"上，广东博德精工建材有限公司的"精工玉石·晖"系列荣获"年度优秀产品"荣誉称号。

3月28日，"皇马合璧·王者归来"演绎世界之美——东鹏材料科学重大突破新闻发布会在佛山隆重举行，中国建筑卫生陶瓷协会副秘书长尹虹，广州大学建筑设计研究院院长王河，中国建筑学会室内设计佛山委员会会长温少安，广东东鹏控股股份有限公司董事长何新明、总裁蔡初阳、副总裁梁慧才、副总裁施宇峰，以及数十家媒体出席了此次活动。

4月

4月，佛山乐华陶瓷洁具有限公司箭牌卫浴在2013年度（第三届）中国建筑卫生陶瓷十大品牌榜中荣获"卫浴十大品牌"称号。

4月，佛山钻石瓷砖获得"2013年度（第三届）中国建筑卫生陶瓷十大品牌榜"瓷片十大品牌、抛光砖十大品牌称号。

4月，"恒洁卫浴——节水中国行"大型国家专利节水科技成果巡回展品牌体验活动首站于西安完美起航。恒洁节水大使濮存昕、国家建筑协会领导及恒洁谢旭藩总经理出席此次活动。

4月，新中源陶瓷推出"钰锦"系列3D喷墨微晶石拼花。

4月2日，"科达机电公司现代学徒制度项目"签约仪式在科达新厂办公大楼会议中心举行。

4月3日，佛山市禅城区召开绿色环境促进会成立大会。环促会、佛山市溶洲建筑陶瓷二厂有限公司、佛山市汇控热能制冷科技有限公司三方还就陶瓷厂余热利用示范项目合作签署了合作协议书，并且将在溶洲建筑陶瓷二厂创建示范基地。

4月3日，广东博德精工建材有限公司的"博德精工玉石•晖"系列四款产品获得国家外观专利授权。

4月11日，efi—Cretaprint快达平中国公司开业志庆暨2013陶瓷喷墨技术春季沙龙在佛山陶瓷总部基地营销中心举行。行业相关领导以及陶瓷企业家代表出席此活动。

4月13日，汇亚荣获2013年度中国建筑卫生陶瓷十大品牌榜"瓷砖十大品牌"和"抛光砖十大品牌"称号。

4月17日，英皇卫浴"一种浴缸用生产富含气泡的水的装置"（牛奶浴）获得国家实用新型专利。

4月17日，广东博德精工建材有限公司的"陶瓷混色颗粒的湿法造粒设备"等6项知识产权成果获得国家实用新型专利授权。

4月19日，由南方全媒体集群、南方都市报主办，中海地产联合承办的"2013建陶行业研讨会暨首届'金陶奖'颁奖典礼"活动在佛山举行。箭牌卫浴荣获"2012年度卫浴品牌金陶"奖。

4月20日，首届（2013）大理石瓷砖论坛在佛山瓷海国际隆重举行。东鹏2013年度新品——亚马逊石荣获"大理石瓷砖产品金奖"的称号。

4月22日，广东宏宇陶瓷有限公司通过红十字会向雅安灾区捐赠200万元现金，帮助灾区人民度过最艰难的时期。

4月，"4•20雅安芦山"地震过后，在夹江县委、县政府的积极号召下，新万兴、米兰诺瓷业、建辉、广乐等当地19家陶瓷企业积极响应，向雅安受灾人民捐赠价值100万瓷砖及建材产品，助力灾区人民重建家园。

4月22日，杭州诺贝尔集团公司办公大楼暨国家技术中心大楼落成揭幕启用仪式在浙江杭州临平新办公大楼前举行，仪式由集团公司副总裁姚先华主持。集团公司董事长骆水根和总裁杨伟东为大楼正式启用揭幕。

4月28日，由科达洁能主办的KD3808、宽体窑新产品推介会在江西高安瑞雪宾馆举行，来自江西高安、宜丰、萍乡、丰城等产区企业负责人及全国各地同行近300人参加推介会。

5月

5月，中国建筑卫生陶瓷协会相关文件显示，诺贝尔单一品牌销售额连续10年（2003年至2012年）名列全国同行第一；上缴国家税收连续8年（2005年至2012年）名列全国同行第一。

5月，佛山市博晖机电有限公司首套"神工快磨系统"正式启用，并于同期推出"金冠-亚马逊布料系统"。

5月，江西强顺新型墙体材料有限公司成为高安首家环保新型墙体材料企业，利用抛光泥等陶瓷废料为原料生产加气砖、标砖以及盲孔砖。

5月，"恒洁节水中国馆"亮相第十八届上海国际厨卫展。与社会倡导节水公益和环保理念相符合，恒洁节水核芯科技再次精彩亮相。

5月，广东博德精工建材有限公司的"幻彩抽象艺术风格结晶的微晶玻璃陶瓷复合板"项目被佛山市三水区人民政府评定为"佛山市三水区科学技术三等奖"。

5月，泉州市工商联、市人力资源和社会保障局等五部门联合表彰67家"2012年泉州市劳动合同制度示范企业"，成艺陶瓷有限公司、龙峰陶瓷有限公司、协发光洋陶器有限公司三家陶瓷企业获此殊荣。

5月，新中源陶瓷在南京、兰州等地举办"国际大师对话中国"大型高端设计师论坛。

5月8日，广东博德精工建材有限公司的"陶瓷皮带式印花机自动布料装置"知识产权成果获得国家实用新型专利授权。

5月9日，余杭区政协一行近20人参观视察诺贝尔集团。集团公司副总裁摇先华、总裁助理、临平生产公司副总经理丁水泉接待陪同。

5月9日，峨眉山金陶瓷业发展有限公司新品推介会在峨眉民生酒店隆重举行。推介会上，金陶瓷业重点推出了喷墨薄板、木纹砖、仿古砖以及抛光砖等多个系列近百款花色供各区域经销代表品鉴。

5月13日，福建省经济贸易委员会主任周联清一行亲临辉煌水暖集团参观指导。泉州市市委常委、常务副市长林伯前，南安市市长王春金，仓苍镇党委书记戴少平随行陪同，辉煌水暖集团董事长王建业带领集团部分管理层陪同参观。

5月15日，在余杭区经济开发区王强陪同下，杭州市质监局余杭分局局长洪利红、副局长沈小莉一行三人来诺贝尔集团调研工作。在集团公司副总裁摇先华的陪同下，参观了诺贝尔新办公室大楼暨国家技术中心大楼。

5月19日，广东省经济和信息化委员会组织、委托广东省建筑材料行业协会在科达洁能总部办公大楼一楼会议中心主持召开了由科达自主研发的"KD3808全自动液压压砖机"和"KDG4800金属组合成型炊具自动液压机"新产品鉴定会。鉴定专家组一致认为，项目产品具有自主知识产权属国内首创，综合技术指标达到国际先进水平，同意通过新产品鉴定，建议扩大生产，满足市场需求。

5月20日，广东一鼎科技有限公司与西班牙大型陶瓷生产企业KERABEN集团签约，产品"陶瓷砖干式磨边生产线"实现三度入籍西班牙。

5月21日，由中国节能协会主办的2013第四届节能中国推介活动发布仪式在北京市京西宾馆隆重举行。佛山市瑞陶达陶瓷机械设备有限公司的陶瓷辊道窑热风增压助燃技术，喜获"节能中国优秀技术"奖。

5月23日，汇亚原创"星空·跨界石"成功通过广东省科技成果鉴定，技术鉴定委员会各专家一致鉴定该项目技术达到国际先进水平。

5月23日，"众星聚汇·映山红"开业庆典在佛山新媒体产业园举行，香港巨星周海媚，中国建筑卫生陶瓷协会副秘书长尹虹、金意陶董事长何乾、新媒体产业园总经理李新良等在开业庆典上致辞。

5月26日，华耐集团"同行二十载，启航新未来——20周年司庆"盛典活动在北京昌平石油阳光会议中心隆重举行。集团总裁贾锋及全体股东出席庆典会场，此外2003～2013年的75名十年员工及总部240名员工参加了本次活动。

5月28日，第十八届上海国际厨房卫浴展在上海新国际博览中心拉开序幕。航标控股旗下品牌"航标卫浴"以全新的系列产品及高端品牌形象精彩亮相。

5月28日，广东博德精工建材有限公司的精工玉石、博德精工砖、博德内墙砖及博德仿古砖等产品通过"中国环境标志产品"认证。

5月28日，两院院士，十届、十一届全国人大常委会副委员长路甬祥一行在佛山市委常委顺德区委书记梁维东等领导陪同下莅临科达洁能考察调研。

5月29～6月1日，科达洁能以全场最大展位面积近3000平方米的7.1号独立展馆亮相2013广州国际陶瓷工业展。

5月29日，由意大利对外贸易委员会、意大利陶瓷机械及设备制造商协会及陶城报主办的意大利设计与技术之夜暨首届"中国意大利陶瓷设计大奖"颁奖典礼在新媒体产业园举行。金意陶陶瓷荣获首届中国意大利陶瓷设计大奖。

5月29日，广东博德精工建材有限公司"精工玉石·晖"系列产品荣获"第一届中国意大利陶瓷设计大奖优秀奖"。

5月29日，汇亚原创"星空·跨界石"荣获"首届中国意大利陶瓷设计优秀奖"。

5月30日，广东博德精工建材有限公司全面通过能源管理体系认证，随后顺利通过佛山市经济和信息化局验收，被认定为"佛山市第一批能源管理体系建设试点企业"。

5月30日，"精陶机电陶瓷数字化应用方案发布会"在2013中国国际陶瓷工业技术与产品展现场举行。中国建筑卫生陶瓷协会副秘书长尹虹博士、广州精陶机电设备有限公司总经理汤振华、中国陶瓷工业协会秘书长浦永祥、金意陶副总经理兼研发设计中心总经理黄惠宁等出席。

5月31日，"空气净化 造福人类"东鹏健康宝空气净化砖全球上市新闻发布会在佛山市东鹏大厦召开，健康宝产品历经4年研发获得突破，成功获得国家专利，实现空气净化、湿度调节、消除异味、装饰家居四大功能。公司总裁蔡初阳，副总裁施宇峰，著名营销专家、东鹏健康宝项目负责人臧龙松出席了本次发布会。

6 月

6月，中国建筑卫生陶瓷协会常务副会长兼秘书长缪斌、副秘书长宫卫一行莅临夹江调研当地陶瓷产业发展情况。缪斌秘书长一行先后深入新万兴、建辉等多家陶瓷企业实地调研。

6月，佛山钻石瓷砖获得广东省工商局颁发的"连续二年重合同守信用企业"称号。

6月，金意陶连续4年荣获中国500最具价值品牌，品牌价值一年提升22亿达57.85亿元。6月，在由世界品牌实验室举办的（第十届）《中国500最具价值品牌》中，新中源品牌以价值75.92亿元，再度入围中国品牌价值500强。

6月，由《浙商》杂志推出的"2013浙商全国500强"排行榜隆重发布。诺贝尔集团排名第127名。集团公司已连续5年荣膺了此项殊荣。

6月，北京航空航天大学领导一行对箭牌卫浴总部生产基地考察，并与公司领导就技术支持及战略合作等议题进行广泛讨论。

6月，新中源陶瓷推出定制直供喷墨微晶石新品"中源1号"，并在6月10日神舟十号发射当天举办"中源1号助力航天梦"推广发布会。

6月，在"2013中国家居产业百强企业研究成果发布会暨第五届中国家居产业百强企业家峰会"上，新中源陶瓷荣获"2013中国家居产业百强企业"称号。

6月4日，"保护知识产权，防范打击假冒行为"专题培训会在佛山市中国陶瓷城五楼会议室举办。佛山禅城区公安局刑侦大队副队长余锦结合自己的实际工作，以及2013年破获的"1·23"佛山南庄假冒品牌瓷砖特大造假案，为陶瓷企业相关人士带来了有关"陶瓷行业防假维权知识产权"的主题培训。

6月6日，"宏宇·石湾陶瓷文化基金会"第一次会议在佛山宏陶公司展厅3楼举行。由宏宇陶瓷集团斥资组建的民间组织"石湾陶瓷文化基金会"宣告筹备成立。

6月22日，东鹏瓷砖·洁具音乐之旅五月天"诺亚方舟明日重生"演唱会在陕西省体育馆上演。

6月22日，澳大利亚世界知名华人，著名书法家、画家、学术家、澳中文化经济促进会会长、澳大利亚澳洲"皇家出版社"社长、"世界华商联合总会"澳大利亚理事长金伟国先生一行莅临威臣陶瓷企业，并与威臣企业深度合作，建立威臣书画室《聚贤斋》，开创书画艺术与陶瓷砖技术创新的结合。

6月22～23日，由中国企业联合会、中国企业家协会主办的"提升企业软实力，推动企业新发展"全国企业年会（2013），在北京友谊宾馆召开。东鹏控股荣获"全国企业文化建设优秀成果"奖，是建陶行业唯一一家获奖企业。

6月25日，匈牙利布达佩斯亚洲中心，匈牙利（福建）品牌商品博览会暨福建品牌产品贸易营销中心开幕式隆重举行。航标卫浴作为内地首家香港上市卫浴企业获得漳州市政府力邀作为品牌代表之一参加本次展会。

6月25日，被誉为"瓷砖空间奢华之巅"的博德瓷砖（同安）旗舰店盛大开业。博德瓷砖全球品牌大使、世界斯诺克名将丁俊晖先生，广东博德精工建材有限公司董事长、总经理叶荣恒先生，以及经销商、设计师、斯诺克球迷等500多位嘉宾出席盛典。

6月26日，世界著名设计大师、意大利国宝级设计师斯蒂凡诺·乔凡诺尼（Stefano Giovannoni）、佛山市经济和科技促进局杨劲莲局长、佛山工业设计学会高展辉会长一行到英皇卫浴营销总部进行参观指导。

6月26日，广东博德精工建材有限公司荣登由世界品牌实验室发布的"2013年（第十届）《中国500强最具价值品牌》排行榜"，品牌价值75.85亿元，稳居建陶企业前五位。

6月26日，汇亚以30.84亿元的品牌价值再次荣登《中国500最具价值品牌》榜单，品牌价值比去年同期增值9.69亿元，排名上升55位。

6月26日，2013年第十届"中国最具价值品牌500强"榜单在北京新鲜出炉。马可波罗、冠珠、冠军、九牧、惠达、新中源、博德、鹰牌、申鹭达、金意陶、恒达、L&D、蒙娜丽莎、特地陶瓷、萨米特、亚细亚、汇亚、格莱斯、金牌亚洲、尚豪美嘉等22个陶瓷卫浴类品牌上榜。

6月27日，在2013年中国家居产业百强企业研究成果发布会暨第五届中国家居产业百强企业家峰会上，冠珠陶瓷荣获"2013年中国家居产业百强企业"称号。一同上榜的还有马可波罗、诺贝尔、东鹏、冠军等知名陶瓷企业。

6月28日，广东金意陶陶瓷有限公司常务副总经理张念超、广东蒙娜丽莎新型材料集团有限公司营销总经理黄辉、广东唯美陶瓷有限公司副总经理李清远以"优秀职业经理人"的身份，荣登2012年度广东省十大杰出经理人榜单。

6月28日，意大利设计师斯蒂凡诺·乔凡诺尼对箭牌卫浴总部基地进行实地参观交流，箭牌瓷砖事业部总经理王伟、箭牌卫浴研发中心经理鲁作为、箭牌瓷砖应用部经理徐美萍等领导陪同参观。

7月

7月，意大利设计师斯蒂凡诺·乔凡诺尼（Stefano Giovannoni）在禅城区经济和科技促进局副局长杨劲莲、佛山市工业设计学会会长高展辉等陪同下到佛山浪鲸卫浴、英皇卫浴、东鹏卫浴等卫浴企业进行参观。

7月，佛山市乐华陶瓷洁具有限公司箭牌卫浴在首届中国卫浴文化节荣获"诚信企业"和"中国卫浴行业二十年成就表彰企业"称号。

7月，金意陶在思想公园召开以主题为"营销新格局，彰显大未来"的新闻发布会，启动全国43场"幸福家快·乐购"明星签售。

7月，恒洁卫浴荣膺"全国保障性住房建设用材优秀供应商"称号，积极响应国家保障性住房建设政策，致力改善中国城市居住环境。

7月2日，广东中鹏热能科技有限公司被评为"广东省高新技术企业"。

7月25日，广东一鼎科技有限公司获得"广东省信息化和工业化融合4个100示范工程项目"立项。

8月

8月，江西建筑陶瓷产业基地陶瓷企业环境污染集中整治现场推进会召开。江西省建筑陶瓷产业基地管委会对基地开展的卫生整治情况进行了通报，江西鑫鼎陶瓷和江西佳宇陶瓷两家企业被红牌警告，江西金刚石陶瓷、江西长城陶瓷、江西赣虹陶瓷、江西伟鹏陶瓷等六家企业被黄牌警告。在7月份的环境卫生评比中，江西长城陶瓷、江西瑞福祥陶瓷和高安市新澳陶瓷三家企业位列倒数三名，列为限期整改企业。

8月，佛山市陶瓷学会举办了主题为"陶瓷力量·墨彩天下"的佛山市陶瓷学会"第五届（2013）佛山陶瓷高层人才培训班"，新明珠、博德精工、宏陶陶瓷、金意陶瓷砖、鹰牌陶瓷、欧陶科技、大鸿制釉、远泰陶瓷化工、万兴无机颜料等数十家企业的高层人才近200人参加了本次培训。

8月，佛山市禅城区人民政府发出"关于表彰第九届禅城区十佳科技人物的决定"的通知，广东鹰牌陶瓷集团有限公司副总裁陈贤伟和佛山市玻尔陶瓷科技有限公司总经理、高级工程师蔡飞虎成功入选。

8月7日，潮州市陶瓷行业协会2013年会员大会暨《瓷都风采录》首发仪式在潮州市党政机关会堂举行。协会理事会换届会议同期举行，广东松发陶瓷有限公司董事长林道藩当选为第五届理事会会长。

8月7日，全国建材行业百家优秀企业表彰会在北京召开，中国建筑材料联合会会长乔龙德、中国建筑卫生陶瓷协会会长叶向阳等领导及全国建材行业企业代表、各大媒体记者共200多人出席了本次会议。广东新明珠陶瓷集团、广东蒙娜丽莎新型材料集团、佛山市和美陶瓷公司、高邑县力马建陶公司、沈阳王者陶瓷公司、沈阳星光技术陶瓷公司、淄博金狮王科技陶瓷公司、重庆市欧华陶瓷公司、新疆华建陶瓷公司、嘉泰陶瓷（广州）公司等十多家陶瓷企业，以及广东科达机电股份等多家陶机设备企业，获得了本次会议授予的"全国建材行业'调结构、练内功、增效益'优秀企业"荣誉称号。

8月2日，广东一鼎科技有限公司被认定为"佛山市市级企业技术中心"。

8月13日，英皇卫浴与佛山科学技术学院在英皇卫浴总部进行了"共建产学研基地"签约，双方将在科研项目、科研成果转化、实验室建设、技术培训、毕业生毕业设计等方面进行广泛合作。

8月21日，佛山陶瓷学会一行20余人，华东考察来到了"诺贝尔集团"一站。集团领导余爱民、钟树铭、摇先华、曾成勇等接待考察团一行。

8月27日，顺德区依法治区领导小组办公室、区普及法律常识办公室、区工商联（总商会）在佛山顺德华桂园联合举办"顺德区'民营企业家与中国梦'法律宣传周活动暨知识产权讲座"。会上，科达洁能等8家顺德企业获评"广东省诚信守法示范企业"荣誉称号。

8月28日，由浙江省企业联合会、浙江省企业家协会、浙江省工业经济联合会联合举办的"2013浙江省百强企业发布会暨浙江省企业家领袖峰会"在浙江省人民大会堂隆重召开，诺贝尔集团以78.5329亿元的营业收入再度荣登"制造业百强"榜单，位列第82位。

8月29日，"2013中国民营企业500强发布会"在北京召开。杭州诺贝尔集团有限公司再一次荣列榜单，是中国建筑陶瓷行业中唯一入选的企业。至此，诺贝尔集团从2002年起，已经连续11年入围"全国民营企业500强"。

8月29日，威臣陶瓷企业产学研与江西宜春陶瓷国检中心合作签约，并成立况学成博士（威臣）工作站，进一步强化与景德镇陶瓷学院、华南理工材料学院等高校及科研单位的深度合作，强化企业技术创新。

8月30日，广东博德精工建材有限公司连续四年荣获中国建筑材料企业管理协会颁发的"中国建材企业500强"荣誉称号，并入选"2013年度中国建材最具成长性企业100强"。

9 月

9月，蒙娜丽莎集团公司于2010年3月申报的两项发明专利：《一种陶瓷板画的制作方法》和《半透明陶瓷材料、仿玉质陶瓷薄板及其制备方法》经过国家知识产权局3年严格的审察及公示之后，获得专利证书。

9月，箭牌卫浴采购佛山新鹏制造的首个国产喷釉机器人正式上岗，为箭牌卫浴提供了洁净、安全、卫生的工作环境。

9月，凭借"1350阳光服务体系"，恒洁卫浴被授予"全国售后服务先进单位"称号。

9月，辉煌水暖集团国家级检测中心顺利通过CNAS实验室监督评审及扩项认可。至此，辉煌水暖集团检测中心共通过认可高达 16 大类 164 项，位居同行业获准认可项目首位。

9 月 4 日，位于高安市上高县黄金堆工业园的瑞州陶瓷厂房内产出了高安本土陶瓷企业的第一片喷墨外墙砖。

9 月 9 日，第八届亚洲品牌盛典在中国香港举行，威臣陶瓷企业荣获"亚洲品牌 500 强"殊荣。威臣企业董事总经理罗志健先生荣获"中国（行业）品牌十大创新人物"称号。

9 月 11 日，广东博德精工建材有限公司的"高逼真度仿玉微晶玻璃陶瓷复合板制备方法"知识产权成果获得国家发明专利授权。

9 月 23 日，宏宇集团自主研发的"微粉多彩布料技术与云多拉石抛光砖"项目，通过省级新产品新技术验收和新产品鉴定，达"国际先进"水平。

9 月 23 ～ 27 日，意大利博洛尼亚国际陶瓷卫浴展览会 CERSAIE 举行，东鹏瓷砖首次亮相展会，吸引了众多观众驻足流连，同时也获得了多位国际设计师的一致好评。

9 月 26 日，广东一鼎科技有限公司"国家级科技型中小企业技术创新基金项目——全自动陶瓷砖包装机"通过验收。

9 月 28 日，在福建南安召开的福建省水暖卫浴阀门行业协会成立八周年会议上，航标控股董事局主席肖智勇先生被提名为常务副会长、航标控股有限公司荣获卫浴品牌"先锋企业"称号。

9 月 28 日，中国绿色建材质量年启动仪式暨第四届中国泛家居十大品牌风尚榜颁奖大会，在广东佛山南国桃园枫丹白露酒店盛大举行。金意陶公司荣获"中国绿色建材企业质量管理金奖"，常务副总经理张念超被评为"中国家具行业十大营销人物"。

9 月 28 日，英皇卫浴在第四届中国泛家居十大品牌风尚中荣获"绿色建材产品"和"十大最具创新产品"。

9 月，新中源陶瓷获国家建筑材料测试中心颁发的《绿色建筑选用产品证明商标准用证》和经中国建材检验认证集团股份有限公司授予的《绿色建筑选用产品导向目录入选证书》。

10 月

10 月，在"2013 年第五届中国卫生洁具颁奖典礼"中，新中源卫浴荣获"2013 年度十大卫浴品牌"。

10 月，广东摩德娜科技股份有限公司被认定为"国家火炬计划重点高新技术企业"。

10 月 4 日，汇亚"普利亚·跨界石"自主创新专利技术"喷粉布料技术与普利亚微粉抛光砖产品研发技术"获佛山科技进步二等奖。

10 月 14 日，东鹏瓷砖董事长何新明走进中国第一学府清华大学，在建筑设计研究院报告厅为莘莘学子带来了一场引发行业风暴的演讲——"让中国制造赢得世界尊重"。

10 月 16 日，航标控股有限公司与西安建筑科技大学签约合作，西安建筑科技大学产学研合作基地、研究生试验研究基地的签约仪式与揭牌典礼在航标控股旗下漳州万晖洁具有限公司隆重举行。

10 月 17 日，全国第三家，福建省第二家 APEC 商务协会在福建漳州市成立并举行成立大会，大会全票推举航标控股（01190.HK）有限公司董事局主席肖智勇出任漳州市 APEC 商务协会首任会长，协会设立于航标控股万佳二厂工业园。福建省外事办公室主任宋克宁、漳州市副市长洪仕建等各级领导及全市涉外商界企业家出席了成立大会。

10 月 18 日，懋隆木纹艺术陶瓷首次提出"中国再定义世界"概念，隆重推出"花开富贵"系列木纹砖及其配套产品，重新"再定义"木纹砖奢华、大气、高端的内涵。

10 月 19 日，由中国建筑卫生陶瓷协会、北京国际科技文化交流协会、中国硅酸盐学会陶瓷分会联手举办的"第三届 COCA 世纪'金陶杯'建筑装饰陶瓷、艺术陶瓷创新设计大奖赛颁奖盛典暨世界陶瓷文化创新论坛"在广东佛山中国陶瓷产业总部基地盛大举行，东鹏凭借专利产品世界洞石一举夺得建筑装饰陶瓷"产品设计银奖"。

10月19日，新鹏陶机在新中源大酒店举行新闻发布会，推出了"瓷砖高效低碳成型系统"，该项技术取得了瓷砖成型技术的革命性突破。

10月25日，广东一鼎科技有限公司坐落在佛山国家高新技术产业开发区的狮山项目隆重奠基。

10月31日，以乔龙德会长为首的中国建材联合会、中国建筑卫生陶瓷协会、中国贸促会建材分会、中国建材报、广东省建筑材料行业协会、广东省陶瓷协会等领导一行到访广东摩德娜科技股份有限公司调研。

11月

11月，佛山市恒力泰有限公司通过了广东省科技厅等六部门的考核，被认定为第六批广东省创新型企业，是全省56家创新型企业之一。

11月，诺贝尔瓷砖荣获"中国设计师首选推荐陶瓷十大品牌"、"中国设计师首选推荐最具设计价值陶瓷产品"称号。

11月，恒洁"节水中国·马拉松"与广州国际马拉松一同起跑。恒洁公司12位马拉松运动健儿与来自世界各地的马拉松爱好者共同传递马拉松精神。

11月，佛山乐华陶瓷洁具有限公司箭牌卫浴"雅·云"系列产品获"cda红棉奖设计奖提名奖"。

11月13日，科达洁能清洁燃煤气化系统荣获中国环境保护产品认证。

11月16日，由安徽科达机电、芜湖科达新铭丰承办的"2013年科达新铭丰墙材技术国际论坛"暨"中国加气混凝土协会第33次年会"两大盛会在马鞍山市海外海皇冠假日酒店举行。

11月18日，"宏宇·石湾陶瓷文化基金会"的《石湾陶瓷史》（当代部分）编委会第一次工作会议在佛山宏陶陶瓷营销中心会议室召开，标志着《石湾陶瓷史》（当代部分）编委会正式成立，编撰工作进入实质性的阶段。

11月27日，"2013年第二届中国建筑装饰行业科技大会暨中国住宅装饰装修发展论坛"在北京举行。东鹏获瓷砖类"2013年最受网友欢迎品牌"称号。

11月28日，汇亚荣获"2014中国设计师首选推荐陶瓷十大品牌"、"星空·跨界石"荣获"2014中国最具设计价值产品"奖。

11月29日，受江西省工业和信息化委员会委托，景德镇市工信委针对景德镇市鹏飞建陶有限责任公司研发推出的"铂金木纹砖"召开了省级新产品鉴定会并通过省级鉴定。

11月30日，广东一鼎科技有限公司获得"佛山市禅城区'两新'党建工作示范点"称号。

12月

12月，诺贝尔瓷砖荣获由中国建筑业联合会、中国建筑装饰行业协会共同颁布的"2013年度陶瓷行业中国最具影响力品牌"称号。

12月，广东摩德娜科技股份有限公司的"挤出干挂空心陶瓷板节能高效辊道窑的开发及应用"和"干挂空心陶瓷板节能高效五层辊道式干燥器的开发及应用"分别获得了中国建材机械工业协会"科技一等奖"和"科技二等奖"。

12月，佛山市乐华陶瓷洁具有限公司箭牌卫浴获CDA设计奖年度大奖至尊奖。

12月，广东博德精工建材有限公司被佛山市陶瓷学会评定为"2012～2013年科技创新优秀企业"。

12月，广东中鹏热能科技有限公司董事长万鹏被南海区评为佛山高新技术产业开发区的十佳"智造之星"，并评为"南海区高层次人才"。

12月，奥特玛陶瓷公司在2013第十二届中国（佛山）民营陶瓷卫浴企业家年会上荣获"2013年度优秀建陶品牌企业"称号。

12月12日，宏宇集团"超耐磨高硬度全抛釉制备技术及产品开发"项目荣获"全国建材行业技术革新奖"一等奖。

12月13日，宏宇集团"一辊多色多图立体印花技术开发及应用"项目荣获"中国建材联合会科技进步奖"二等奖。

12月13日，内蒙古满洲里副书记、市长李才、副市长刘桂清、满洲里国际物流园区王喜贵等一行在新明珠集团副总李重光、国际贸易部二部总经理王玉莲的陪同下参观了新明珠展厅。

12月18日，广东博德精工建材有限公司被佛山市科学技术局认定为"2013年佛山市知识产权示范企业"。

12月21日，汇亚"星空·跨界石策划与推广"荣获"年度优秀建陶卫浴品牌策划"，"星空·跨界石"荣获"年度优秀建陶卫浴产品"。

12月23日，广东金意陶陶瓷石湾工厂正式停产。金意陶董事长表示将100%解决员工的工作安置问题，而其总部仍留在佛山，并将新建深加工基地。

12月31日，佛山懋隆瓷砖荣获广东省工商联家居建筑装饰材料商会、广东省家居建筑装饰材料商会颁发的"2013年度最值得信赖品牌"称号。

12月31日，广东省经济和信息化委员会委托省建筑材料行业协会组织了由专家、学者、检测和用户代表共11人组成的鉴定委员会，对科达液压"KD-A4VLO250/355重载高转速轴向柱塞泵"进行新产品鉴定。鉴定委员会一致认为，"KD-A4VLO250/355重载高转速轴向柱塞泵"采用全通轴驱动、斜盘式轴向柱塞和内置增压叶轮的底座结构、配置叠加式功能阀和单侧布置变量机构；运用了负载敏感控制、陶瓷耐磨环旋转密封、双金属烧结和球面配流等先进技术；创新内置增压吸油叶轮、一体式变量装置、壳体与摇摆座整体设计等；具有高转速、高压力、大流量、长寿命等特点，创新性强，具有自主知识产权，综合技术指标达到国际先进水平，填补了国内空白。

第八节　协会工作大事记

1月

2013年，分会组织窑炉能耗调查小组到广东之外（广东14条窑的调查时间各路在2012年）的主要产瓷区调查和检测窑炉能耗（收集原始数据），如福建、四川、山东、辽宁、江西，以及河南、湖南等增长势头迅猛的新兴陶瓷产区，共计50条代表性的窑炉（包括2012年在内，总数为64条）。

1月18日，创二代精英俱乐部于在福建南安元谷新落成的办公大楼召开。会议由俱乐部秘书长林津主持，他首先向与会代表提出俱乐部更名的建议，中国建陶协会夏高生副秘书长根据大家的建议宣布了"中国陶瓷厨卫行业创二代精英俱乐部"正式更名为"中国陶瓷厨卫行业青年企业家俱乐部"，并申报协会批复。"中国陶瓷厨卫行业青年企业家俱乐部"涵盖的内容更广阔，承担的责任更重大，是企业的未来，更是行业的希望，是建立大中华陶瓷卫浴文明的新启航。

1月19日，中国建筑卫生陶瓷协会会长叶向阳、秘书长缪斌、卫浴分会秘书长王巍等协会领导参加福建南安出席辉煌水暖集团"三大工程"奠基仪式并发表重要讲话。辉煌水暖集团三大工程同时奠基开工，即辉煌大厦奠基仪式、恒实家居（橱柜、衣柜、浴室柜）开工剪彩仪式、恒实陶瓷隧道窑点火仪式恢宏启动。叶会长在致辞中首先对辉煌三大工程的奠基表示祝贺，对辉煌集团在新年伊始做出的重大战略决定给予了充分的肯定，并希望辉煌水暖集团在今后的发展中继续在企业转型升级、科技创新等方面取得更大的成就。

2月

2月，协会与全美住宅建立协会战略合作关系后，由联络部组织执行的中国企业赴美国拉斯维加斯展有了新进展。20 家企业参加了美国最有影响的 IBS 展和同期举办的 KBIS 展，为帮助中国企业拓展美国市场发挥了积极的作用。

3 月

3 月 5 日，中国建筑卫生陶瓷协会卫浴分会秘书处、国家五金质检中心、中国房地产报社三方共同就今后的合作进行了洽谈。三方一致同意今后利用各自资源为房地产商和部品商搭建一流沟通平台。会议决定利用中国房地产报的平台对卫浴分会及广大卫浴企业进行深入报道和宣传；利用住交会的平台为会员企业和广大房地产开发商服务；通过走进卫浴名企活动加强房地产商与卫浴企业的交流；同时通过协会年会及论坛活动将更多的房地产商介绍给会员企业。

3 月 9 日，中国建筑卫生陶瓷协会卫浴分会及淋浴房分会秘书处启动了第六批企业社会信用等级评价申报以及第三批信用企业复评工作。

3 月 12 日，协会联络部组织相关卫浴 10 多家企业赴法兰克福世界最大的卫浴展会参观学习，并安排参观了世界顶级的企业劳芬工厂，到德国唯宝的古堡、工厂和公厕进行考察。与德国汉莎企业进行交流，这次深度学习考察，深切体验到卫浴文化的力量和价值，让企业家们收获良多。

3 月 15 日，由中国建筑卫生陶瓷协会卫浴分会组织召开的《卫生洁具安装维修工》国家标准专家审定会在北京海特饭店顺利召开。来自路达（厦门）工业有限公司的廖荣华、和成（中国）有限公司的绍则亮、优达（中国）有限公司的黄茂初、广东朝阳卫浴有限公司的李双全、佛山市理想卫浴有限公司的孙远俊、广东地中海卫浴科技有限公司的董文新、宁波埃美柯铜阀门有限公司郑雪珍、中山德立洁具有限公司崔伟健、浙江永德信铜业有限公司王礼喻九位行业专家出席了此次会议。会议由中国建筑卫生陶瓷协会秘书处顾问李薇主持，中国建筑卫生陶瓷协会卫浴分会秘书长王巍出席会议并做了重要讲话。会议议程有两点，一是审定《卫生洁具安装维修工》国家职业标准；二是根据《卫生洁具安装维修工》职业标准整理出培训教材目录，并就教材编写进行了分工。经会议研究讨论，专家们一致同意《卫生洁具安装维修工》职业标准定稿。会议同时整理出了《卫生洁具安装维修工》培训教材目录，并针对相关章节的编写工作进行了分工。

3 月 18 日，亚洲厨卫商城奠基开工典礼在广东省鹤山市址山镇隆重举行。中国建筑卫生陶瓷协会名誉会长丁卫东、卫浴分会秘书长王巍出席会议并发表重要讲话。

4 月

4 月 2 日，由中国建筑卫生陶瓷协会陶瓷板分会主办，上海博华展览公司承办的"陶瓷板、陶土板国际论坛"在上海召开。本次陶板大会邀请到了住建部科技发展促进中心新型墙体材料与结构办公室主任曲宏乐教授、咸阳陶瓷研究设计院闫开放院长、国家卫生陶瓷质检中心苑克兴主任、中国建筑标准设计研究院顾泰昌教授等行业专家，以及美国全国住宅建筑商协会主席 Barry Berman Rutenberg 先生。聚集了蒙娜丽莎、亨特、瑞高、新嘉理、伊奈、金久、万利、阿格通、富陶科等国内外一线陶板生产企业，邀请国际知名建筑大师和国内一线重点项目工程商分析经典陶板、陶瓷板建筑应用案例，共同探讨新型幕墙材料施工技术与应用经验，为建筑师、施工单位与陶板幕墙材料企业之间搭建一个近距离接触的平台，拉近工程方和材料商之间的关系，为未来的合作打下牢固的基础。通过技术和理念的革新，突破行业原有的发展模式，打破千百年来普通混凝土墙体、砖墙、瓷砖的老面孔，掀起建筑行业的一场陶板革命。此次会议由中国建筑卫生陶瓷协会高级顾问陈丁荣主持，中国建筑卫生陶瓷协会常务会长、秘书长缪斌到会作了重要讲话。

4 月 8 ～ 10 日，由中国建筑卫生陶瓷协会卫浴分会、中国建筑卫生陶瓷协会外商企业家联谊会、德国卫浴协会、法兰克福展览有限公司、法兰克福展览（上海）有限公司联合主办的中欧卫浴大会在北京盛大召开。中国建筑卫生陶瓷协会秘书长缪斌、中国建筑卫生陶瓷协会卫浴分会秘书长王巍、德国卫浴协会会长 Jens J. Wischmann、中国建筑卫生陶瓷协会高级顾问陈丁荣、北京市城市节约用水管理中心原副主任何建平、法兰克福展览有限公司 ISH 品牌展会总监 Stefan Seitz、德国高仪集团亚洲区总裁 Bijoy Mohan、FAR_Consulting 公司 Frank Reinhardt、清华大学工业设计系副教授刘新、Code2Design 设计公司设计师 Michael Schmidt 等领导嘉宾参加了此次大会。作为中国目前最高端的卫浴行业大型会议，此次中欧卫浴大会首次邀请到欧洲专家与中国同行共同探讨交流当今中欧卫浴最前沿的行业、技术与设计趋势。会上，双方就"中国与欧洲卫浴行业解析及未来设计趋势探讨"主题进行了深入的交流。王巍秘书长针对"卫浴产品标准的发展做了专题演讲"，此外其他到会嘉宾分别就"欧洲卫浴行业发展状况及市场分析——产业结构、现状与展望"、"设计——引领用户体验"、"落实最严格水资源管理制度，推进节水型社会建设"、"德国卫浴，设计前行"、"未来十年欧洲卫浴产品的设计发展趋势"等话题做了主题式演讲，引起了强烈地反响。同时，双方在"未来中国卫浴的国内外品牌发展之道"方面进行了活跃、热烈的讨论，积极探索促进未来互动交流的创新思路，为今后中欧卫浴行业的交流合作也奠定了坚实的基础。

4月18日，协会装饰艺术陶瓷委员会会同中华陶瓷大师联盟组织20多个中国陶瓷设计大师集聚佛山，十八位中国陶瓷设计艺术大师的名人手印将永远留存中国陶瓷剧场。考夫曼先生作关于陶瓷设计创新的演讲，不同产瓷设计艺术工作者聚集一堂，品味来自全国"六大窑系"、"五大名窑"及各类陶瓷设计艺术家的真品，相互探讨艺术中不同的技艺和思想以及创作思路，以待为今后的创作取长补短，衍生更高意境和内涵的艺术品。

4月19日，中国建筑卫生陶瓷协会青年企业家联谊会正式成立。中国建筑卫生陶瓷协会秘书长缪斌宣读批文，中国建筑卫生陶瓷协会关于成立中国建筑卫生陶瓷协会青年企业家联谊会的决定。中洁网总经理刘伟艺受大会委托，向大家报告《中国建筑卫生陶瓷协会青年企业家俱乐部》章程讨论稿，提交大会审议。中国建筑卫生陶瓷协会副秘书长夏高生先生宣读，中国建筑卫生陶瓷协会青年企业家联谊会的组织架构建议名单。青年企业家联谊会创始人陈丁荣为大会作了《精彩中国陶瓷行业可持续传承》演讲。联谊会主席蔡吉林发表了感言，并提出了联谊会未来的发展目标。

5月

5月12日，建材行业标准《节水型生活用水器具》（征求意见稿）、《非接触式给水器具》（征求意见稿）讨论会在福建南安召开，卫浴分会组织来自福建产区、浙江产区、广东产区的三十多家会员企业专家代表参加了会议。

6月

6月29日，中国建筑卫生陶瓷协会在北京石化中心召开内部会议，对下半年工作进行了部署，重点对培训工作进行了梳理。同时卫浴分会向大会汇报了目前卫生洁具安装维修工教材进展情况、存在问题以及解决方法。同时对鉴定站的工作以及培训基地的建立进行了细致分工。

7月

7月31日，中国建筑卫生陶瓷协会卫浴分会、淋浴房分会理事长会议在开平水口潭江半岛酒店拉开帷幕，中国建筑卫生陶瓷协会秘书长缪斌、副秘书长夏高生、尹虹，中国建筑卫浴陶瓷协会卫浴分会秘书长王巍，中国建筑卫生陶瓷协会淋浴房分会秘书长邓贵智，开平市人民政府市长文彦，广东华艺卫浴实业有限公司董事长兼开平市水暖卫浴行业商会会长冯松展，路达集团总经理许传凯，中宇集团总裁蔡吉林、辉煌水暖集团董事长王建业以及协会会员单位的代表和企业代表共一百余人出席了本次会议。本次大会由中国建筑卫生陶瓷协会秘书长缪斌主持，会议议程主要分三大内容：其一，审议2013年上半年卫浴分会、淋浴房分会的工作总结；其二，围绕卫浴行业节能减排、产业转型升级、技术创新、营销策略转变等企业重要问题进行讨论；其三，参观开平市代表性企业。会议结束后，协会领导、会员及来自全国卫浴行业企业代表还参观了广东华艺卫浴实业有限公司、开平市水口水暖卫浴技术创新中心、广东伟强铜业科技有限公司、开平市亿展阀芯有限公司。

8 月

8月20日，新修订的《陶瓷片密封水嘴》国家标准专家审查会在北京召开，来自中国建筑卫生陶瓷协会、中国五金制品协会、标委会、企业代表等参会人员33人，组成18人的专家组，大会选举由缪斌任专家组组长。

9 月

9月2日，中国建筑卫生陶瓷协会陶瓷板分会成立大会在江苏省宜兴市竹海国际会议中心召开。中国建筑卫生陶瓷协会常务会长、秘书长缪斌当选为陶瓷板分会理事长，闫开放当选为名誉理事长，中国建筑卫生陶瓷协会副秘书长尹虹被聘为高级顾问；国家建筑卫生陶瓷质量监督检验中心常务副主任苑克兴、佛山市金海达瓷业有限公司董事长金红英、新嘉里董事长王维成当选为执行理事长；瑞高（浙江）建筑系统有限公司董事长张千里等11人当选为副理事长；中国建筑卫生陶瓷协会建筑琉璃制品分会秘书长徐波当选为秘书长，国家建筑卫生陶瓷质量监督检验中心业务部部长刘继武当选为执行秘书长，高级工程师刘小云当选为副秘书长。陶瓷薄板、干挂陶板、陶瓷保温材料作为一系列新型环保材料，在建筑隔热、保温、防火等方面有着良好的效果，不过其市场开拓上还没有得到突破性进展。在当天的会议上，由尹虹主持的高峰对话环节中，陶瓷板的市场开拓和空间运用等问题引人关注。嘉宾们就陶瓷板通过空间运用的变化，通过加强内墙、地面等应用的推广，如何来推动陶瓷板在市场的开拓中取得更好的成绩进行了进行了深入的探讨。

9月14～16日，全国建材行业培训工作会议在北戴河胜利召开，同期举办了"建材职业教育与产业发展对话活动"，会议主要内容为：教育部有关领导介绍行业开展职业教育的相关政策；中国建材联合会关于建材行业发展与人力资源培养工作报告；筹备成立全国建材职业教育集团；召开全国建材职业教育教学指导委员会工作会议，研究建材行业职业院校教育教学工作；召开2013年建材行业协会职业技能鉴定工作会议；开展建材职业教育与产业发展对话活动。中国建筑材料联合会副会长、中国建筑卫生陶瓷协会会长叶向阳出席会议并做重要讲话。

9月23～27日，五天的博洛尼亚CERSAIE展览，除数量众多的意大利本土企业以外，世界各新兴国家企业的亮相尤为显眼。中国瓷砖军团在原有参展的鹰牌，斯米克和冠军三家基础之上增加了东鹏瓷砖，总数达到四家。另外，中国建筑卫生陶瓷协会主办的CTS杂志作为中国陶瓷行业唯一参展媒体并编辑出版了《中国瓷砖卫浴国际特刊》，收录了近200家中国品牌企业资料，向展会采购商发放。独立展台为来自世界各地的观众带来最新中国行业资讯，中国四家参展企业再次向世界展示中国瓷砖卫浴行业的新产品。

10 月

10月中旬，卫浴分会及淋浴房分会在全行业内开展了一次质量调查活动，在新修订的陶瓷片密封水嘴标准正式实施前，对行业内各品牌的水嘴进行一次摸底工作。根据此次质量调查结果，协会将在各产区召开一次标准宣贯。

10月19日，第三届COCA世纪金陶杯移师佛山举办，COCA世纪金陶杯由中国建筑卫生陶瓷协会、北京国际科技文化交流协会、中华文化促进会艺术陶瓷文化中心、中国硅酸盐学会陶瓷分会联合举办，在中国陶瓷剧场举行了第三届COCA世纪金陶奖装饰陶瓷、艺术陶瓷评选和颁奖典。装饰陶瓷类共评出金奖1名、银奖2名、铜奖4名；艺术类陶瓷评出金奖2名、银奖4名、铜奖6名。

10月19日，第九届中国（水口）水暖卫浴设备展销洽谈会在广东省开平市水口镇中国卫浴城隆重召开。大会主题是"为广大客商创造商机，促进经济技术交流合作，推进开平水暖卫浴产业加快发展"。中国建筑卫生陶瓷协会秘书长、中国建筑卫生陶瓷协会卫浴分会秘书长王巍、淋浴房分会秘书长邓贵智等协会领导出席了此次大会。缪斌秘书长作为协会代表向大会致辞。会后所有参会代表共同参观了中国厨卫城。中国卫浴城进驻的企业大部分为当地生产基地的知名企业，如华艺、希恩、迪丽奇、伟强、雄业、彩洲、达威尔、胜发、潮湾、瑞霖等。主要产品包括：整体浴室、浴室柜、花洒系列、水龙头、冲洗阀、坐便器、蹲便器、小便斗、淋浴房、浴缸、地漏、角阀、浴室挂件等。

10月20日，陶瓷片密封水嘴新标准GB18145研讨会在厦门佰翔酒店举行，专家权威解读，协会领导、企业主管、行业精英们热烈讨论，研讨会取得圆满成功。研讨会由中国建筑卫生陶瓷协会青年企业家联谊会主办，国家建筑材料工业建筑五金水暖产品质量监督检验测试中心为指导单位，福建水暖阀门行业协会、厦门卫厨行业协会协办，亚洲厨卫城、汉特科技、瑜鼎机械特邀支持，中洁网为执行媒体。中国建筑卫生陶瓷协会卫浴分会秘书长王巍、国家建筑材料工业建筑五金水暖产品质量监督测试中心副主任史红卫、全国工商联家具装饰业商会卫浴专业委员会秘书长谢鑫、中国建筑装饰协会厨卫工程委员会秘书长胡亚男、辉煌水暖集团董事长王建业、路达工业总经理许传凯、中宇建材集团总裁蔡吉林、申鹭达创始人洪光明、涌润厨卫设计总经理林津、材料专家陈永禄等嘉宾受邀出席。新标准核心起草人、中国建筑卫生陶瓷协会卫浴分会副秘书长史红卫作标准修订情况介绍。简要介绍了陶瓷片密封水嘴新标准GB18145修订背景说明并详细介绍了标准报批稿的修订内容。本次标准修订最大的、也是最受关注的一个变化是增加水嘴重金属污染物析出的限量要求，且作为强制性条款。新标准报批稿将水龙头金属含量的检测类别提升到17种，金属污染物的限量与欧美标准接轨。新标准报批稿对于水嘴材料的要求也是一大变化，修订后标准规定水嘴与水接触的部件不应使用锌合金等易腐蚀性材料。此外，新标准报批稿对产品的温度适用范围、配套装置、密封性能等多处进行修订。

10月22～24日，全国建筑卫生陶瓷标准化技术委员会《建筑琉璃制品》、《陶瓷马赛克》、《坐便器移位器》和《陶瓷雕刻砖》四项行业标准审议会及《卫生洁具智能坐便器》第一次工作会议在西安绿地笔克国际会展中心召开。行业专家、质检机构、认证机构、科研院所、企业代表、消费者代表及标准起草单位人员180余人参加了会议。

12 月

12月2～4日，中国建筑卫生陶瓷协会卫浴分会2013年年会暨卫浴产业发展形势分析研讨会在海南三亚隆重召开。大会共有广东、福建、浙江等各大产区代表100多人参加。中国建筑卫生陶瓷协会卫浴分会秘书长王巍主持会议，副秘书长邓贵智向大会汇报了2013年协会的工作并对2014年协会工作计划进行了部署。关于备受行业关注的"铅"事件，协会根据2013年7月份召开的理事长会议精神，委托国家五金质检中心对市场上销售的不同材质的水龙头进行了科学全面的重金属析出测试，国家五金质检中心副主任史红卫就测试结果向大会进行了汇报。作为一年一度的行业盛会，各会员企业代表各抒己见，相互交流，共同对行业的发展现状及发展形势进行了深入、广泛地探讨。

12月28日，由中国砖瓦工业协会、中国建陶瓷卫生协会陶瓷板分会主办、江苏省陶瓷协会和新嘉理（江苏）陶瓷有限公司承办的"中国（宜兴）陶板创新与应用高层论坛"2013年12月28日在风景秀丽的宜兴成功举办。来自全国各地陶板产品的企业厂家和各地设计院代表共150余名出席论坛，共同探讨这种正在兴起的新型建筑幕墙材料"创新与应用"的发展之道。

第三章 政策与法规

第一节 工信部：建筑卫生陶瓷行业准入标准

1. 中华人民共和国工业和信息化部公告（2013 年 第 56 号）

为防止低水平重复建设，遏制产能过快增长，促进转型升级，加快转变发展方式，提高建筑卫生陶瓷工业发展质量和效益，根据有关法律法规和规划政策，我部制定了《建筑卫生陶瓷行业准入标准》，现予以公告。

请有关部门在土地供应、环评审批、能源供给、质量和安全监管、信贷、融资以及相关企业在建筑卫生陶瓷项目投资施工建设与生产运营等工作中参照执行。

工业和信息化部 2013 年 11 月 18 日

2. 标准

建筑卫生陶瓷行业准入标准

为防止低水平重复建设，遏制产能过快增长，促进转型升级，加快转变发展方式，提高建筑卫生陶瓷工业发展质量和效益，依据《中华人民共和国节约能源法》、《中华人民共和国清洁生产促进法》和《工业转型升级规划（2011—2015 年）》等法律法规和规划政策，制定本准入标准。

一、建设布局

（一）新建项目应符合国家主体功能区规划、土地利用总体规划、国家产业规划和产业政策、土地供应政策等规划政策，布局合理、发展适度。

（二）东南沿海地区控制产能增长，重点发展高品质、高附加值产品，加快发展生产性服务业，向中西部地区进行产业转移。中部和西部地区高起点、高水平、高质量因地制宜地承接产业转移，重点发展轻量化、节水型产品。

（三）严禁在非工业规划建设区和城市建成区等区域内新建和扩建项目。已在上述区域内投产运营的建筑卫生陶瓷项目，未达到本准入标准的，应通过整改在 2016 年年底前达到；整改仍未达到的，应依法迁出或关停。

二、规模、工艺和装备

（一）新建和改扩建项目应符合《产业结构调整指导目录》等政策要求，严禁采用《部分工业行业淘汰落后生产工艺装备和产品指导目录》中的工艺和装备。

（二）新建项目应符合《工业项目建设用地控制指标》的规定，节约集约利用土地，厂区划分功能区域，按《建筑卫生陶瓷工厂设计规范》（GB 50560）建设。

（三）新建和改扩建项目选用《建材行业节能减排先进适用技术目录》中的技术，配套建设除尘设施和烟气脱硝、脱硫装置，采用能效等级高、本质安全的工艺和装备，提高生产线自动化水平。

（四）新建和改扩建项目采用清洁能源或煤洁净气化技术，严禁使用本质安全性差、热工效率低、污染物排放高的简易煤气发生炉。窑炉采用高效耐火保温材料和温场自控系统。

（五）严禁生产、使用有毒有害色釉料和原料，杜绝重金属污染和放射性超标。

三、质量管理

（一）建筑陶瓷产品质量符合《陶瓷砖》（GB/T 4100）、《陶瓷板》（GB/T 23266）等国家标准。瓷质砖产品通过国家强制性认证。

（二）卫生陶瓷产品质量符合《卫生陶瓷》（GB 6952）、《卫生洁具 便器用重力式冲水装置及洁具机架》（GB 26730）等国家标准。五金配件质量稳定、耐用。严禁生产排污管内面没有施釉的卫生洁具产品。

（三）产品放射性符合《建筑材料放射性核素限量》（GB 6566）。

（四）合法使用商标，标注生产地，严禁生产假冒伪劣产品和侵犯知识产权的产品。

（五）健全质量管理制度，建立质量管理体系。

四、节能降耗

（一）建筑卫生陶瓷产品能源消耗限额应符合《建筑卫生陶瓷单位产品能源消耗限额》（GB 21252）要求。

（二）新建项目应符合《建筑卫生陶瓷工厂节能设计规范》（GB 50543）要求，配套建设余热综合利用装置。

（三）年耗标准煤 5000 吨及以上的建筑卫生陶瓷生产企业，应每年向当地管理节能工作的部门提交包括能源消费情况、能源利用效率、节能目标完成情况和节能效益分析、节能措施等内容的能源利用状况报告。

五、清洁生产

（一）采用清洁生产技术，固体废弃物资源化再利用，建筑陶瓷工艺废水全部回用，卫生陶瓷工艺废水回用率不低于 90%，污废水应处理达标后方可排放。

（二）环保设施完善可靠，粉尘、二氧化硫、氮氧化物等主要污染物排放达到《陶瓷工业污染物排放标准》（GB 25464）要求。

（三）防治粉尘无组织排放，原料、成品和固体废弃物运输应遮盖、防止遗撒，堆场应加围墙和顶盖。

（四）防治粉体制备、压坯成型、抛光修边等重点工段噪声，厂界噪声符合《工业企业厂界噪声排放标准》（GB 12348）。

（五）建设环境风险防范设施，编制突发环境事件应急预案，建设环境管理体系。

六、安全生产和社会责任

（一）新建和改扩建项目安全生产、职业卫生防护必须"三同时"，建立符合规定的安全生产和职业病防治制度。

（二）按照《建筑卫生陶瓷企业安全生产标准化评定标准》开展安全生产标准化创建工作，强化安全生产基础建设。建设职业健康安全管理体系。

（三）建立安全事故预警机制，健全重大危险源检测、评估、监控措施和突发事件应急预案。

（四）依法足额缴纳养老保险、医疗保险、工伤保险、失业保险、生育保险费。

七、监督管理

（一）项目投产前和正常生产期间，地方工业主管部门负责监督检查本地区建筑卫生陶瓷企业和生产线执行本准入标准情况。

（二）工业和信息化部依企业申请公告符合本准入标准的建筑卫生陶瓷生产线和企业名单，接受社会监督并实行动态管理。

公告管理办法另行制定。

八、附则

（一）本准入标准适用于中华人民共和国境内（台湾、香港、澳门地区除外）所有的建筑卫生陶瓷生产线和企业。

（二）本准入标准引用的法律法规、标准规范和相关规划政策，按其最新版本执行。

（三）本准入标准自 2014 年 4 月 1 日起实施，由工业和信息化部负责解释。

第二节　环保部：关于加强污染源环境监管信息公开工作的通知

环发 [2013]74 号

各省、自治区、直辖市环境保护厅（局），新疆生产建设兵团环境保护局，辽河保护区管理局：

为规范和推进污染源环境监管信息公开，保障公民、法人和其他组织依法获取污染源环境信息的权益，引导公众参与环境保护，促进和谐社会建设，现就加强污染源环境监管信息公开工作通知如下：

一、充分认识污染源环境监管信息公开工作的重要意义

近年来，各地污染源环境信息公开工作有了明显进步，但仍不同程度存在信息公开不及时、不规范等问题。污染源环境监管信息是污染源环境信息的重要组成部分，推进污染源环境监管信息全面、客观、及时公开，有助于保障公民的知情权、参与权和监督权，将排污企业置于公众监督之下，引导公众更加积极地参与环境保护。各级环保部门要充分认识深入推进污染源环境信息公开的重要意义，增强责任感和紧迫感，按照依法规范、公平公正、及时全面、客观真实、便于查询的原则，认真做好污染源环境监管信息公开工作。

二、着力抓好污染源环境监管信息公开各项工作

各级环保部门应总结现有污染源环境监管信息公开工作经验，根据《中华人民共和国政府信息公开条例》（国务院令第 492 号）和《环境信息公开办法（试行）》（原国家环保总局令第 35 号）等相关法律法规和规范性文件的规定，从信息的公开主体、内容、时限、方式、平台等多方面进一步规范污染源环境监管信息公开工作。

（一）明确信息公开主体

各级环保部门是污染源环境监管信息公开的主管单位，应按照"谁获取谁公开、谁制作谁公开"的原则，公开其直接制作的和从公民、法人或者其他组织获取的污染源环境监管信息。上级环保部门制作的污染源环境监管信息，除按要求公开外，还应在信息产生后 10 个工作日内通报污染源所在地环保部门。各级环保部门内设的总量控制、环境监测、污染防治、环境监察、环境应急等污染源环境监管机构应根据各自职责，提供其制作和获取的污染源环境监管信息，由环保部门负责政府环境信息公开工作的组织机构审核后公开，并依法组织协调、监督考核本部门污染源环境监管信息公开工作。

（二）细化信息公开内容

为更加科学合理地公开污染源环境监管信息，方便群众查询和使用，我部将按照统筹规划、分步实施、

从易到难的原则，分批制定并公布《污染源环境监管信息公开目录》。各级环保部门应根据《污染源环境监管信息公开目录》要求，主动公开在污染源环境监管过程中制作和获取的，以一定形式记录、保存的，不涉及国家秘密、商业秘密、个人隐私的污染源环境监管信息。主要包括重点监控污染源基本情况、污染源监测、总量控制、污染防治、排污费征收、监察执法、行政处罚、环境应急等环境监管信息。开展企业环境行为等级评价的地区应公布企业环境行为等级评价信息。

（三）严格信息公开时限

各级环保部门应从 2013 年 9 月开始主动公开污染源环境监管信息。一般情况下，各级环保部门自该污染源环境监管信息形成或者变更之日起 20 个工作日内予以公开，汇总类信息在年度或季度终了后 20 个工作日内予以公开，污染源自动监控等能即时发布的信息 1 个工作日内予以公开。法律、法规对政府环境信息公开的期限另有规定的，从其规定。

（四）规范信息公开方式

各级环保部门应以网络公开作为污染源环境监管信息公开的主要方式，同时，根据不同污染源环境监管信息的特点，采取在政府公报、报刊上刊登，在广播、电视上播放等各种利于公众知悉的方式，多渠道多途径发布污染源环境监管信息。对公众特别关注的、重大的、统计性的、综合性的污染源环境监管信息，应采取发布新闻通稿、召开新闻发布会和新闻通气会等方式公开。

（五）统一信息公开平台

各级环保部门应加大政府网站的建设力度，以政府网站作为污染源环境监管信息发布的重要平台，以信息全面、界面友好、利于查询为目标，设置专门的污染源环境监管信息公开栏目，主动公开污染源环境监管信息。少数县级环保部门建设网站确有困难的，其辖区内的污染源环境监管信息应由上一级环保部门负责发布，也可由同级地方人民政府网站发布。

企业是污染治理的责任主体，公开其环境信息是企业应履行的社会义务之一。各级环保部门应积极鼓励引导企业进一步增强社会责任感，主动自愿公开环境信息。同时，应按照《中华人民共和国清洁生产促进法》，严格督促污染物排放超过国家或地方规定的排放标准，或重点污染物排放超过总量控制指标的污染严重的企业，以及使用有毒有害原料进行生产或在生产中排放有毒有害物质的企业主动公开相关信息，对不依法主动公布或不按规定要求公布的要依法严肃查处。

三、切实加强对污染源环境监管信息公开工作的监督检查

各级环保部门要高度重视污染源环境监管信息公开工作，明确内部分工，细化工作职责，加强责任考核，将污染源环境监管信息公开工作作为本部门政府环境信息公开工作年度报告的重要组成部分，每年定期公布。上级环保部门要进一步加强对下级环保部门污染源环境监管信息公开工作的监督指导，围绕公开内容是否全面、公开形式是否方便、公开时间是否及时、公开程序是否规范等方面，加强监督检查，定期通报检查情况，确保污染源环境监管信息公开各项工作落到实处。

各省、自治区、直辖市环境保护厅（局）应当在每年 3 月 31 日前向我部报送辖区内污染源环境监管信息公开工作报告。我部将对各地污染源环境监管信息公开情况进行检查评价，评价情况作为对各地环保部门环境监管工作考核的重要内容。

附件：污染源环境监管信息公开目录（第一批）

环境保护部

2013 年 7 月 12 日

附件

污染源环境监管信息公开目录（第一批）

序号	公开项目	公开内容	时限要求	发布单位
1	重点污染源基本信息	1.重点污染源基本信息 1.1 企业名称 1.2 企业地址 1.3 主要排放污染物名称	信息形成或者变更之日起20个工作日内	地方各级环保部门
2	污染源监测	1.国家重点监控企业污染源监督性监测结果 1.1 污染源名称 1.2 所在地 1.3 监测点位名称 1.4 监测日期 1.5 监测项目名称 1.6 监测项目浓度 1.7 排放标准限值 1.8 按监测项目评价结论 2.国家重点监控企业未开展污染源监督性监测的原因	监督性监测结果获取后20个工作日内	市级、省级环保部门
3	总量控制	1.国家重点监控企业名单 2.省级重点监控企业名单	信息形成或者变更之日起20个工作日内	地方各级环保部门
		3.排污许可证发放情况 3.1 企业名称 3.2 排污许可证号 3.3 有效期限 3.4 排污口名称、主要排放污染物名称、排放浓度限值	许可证发放或信息变更后20个工作日内	已开展排污许可证发放工作的市县级环保部门
4	污染防治	1.强制性清洁生产审核企业名单	季度终了后20个工作日内	省级环保部门
		2.清洁生产审核情况 2.1 企业名称 2.2 要求完成期限 2.3 咨询机构 2.4 组织评估、验收的部门 2.5 通过评估日期和评估意见 2.6 通过验收日期和验收意见		地方各级环保部门
		3.大、中城市年度固体废物污染防治公报	每年6月5日前发布上一年度信息	大、中城市环保部门
		4.固体废物行政审批结果 4.1 危险废物经营许可证审批结果 4.2 危险废物越境转移审批结果 4.3 可作为原料的固体废物进口审批结果 4.4 废弃电器电子产品处理企业审批结果	信息形成或者变更之日起20个工作日内	地方各级环保部门
		5.危险废物规范化管理督查考核不达标的企业名单、违法违规行为或不合格的指标		
		6.废弃电器电子产品处理企业的处理情况 6.1 废弃电器电子产品处理企业相关情况，包括法人名称、地址、处理类别、处理能力等 6.2 各企业拆解处理废弃电器电子产品的审核情况及接受基金补贴情况		省级环保部门

续表

序号	公开项目	公开内容	时限要求	发布单位
4	污染防治	7.上市企业、申请上市及再融资核查企业环保情况 7.1 上市环保核查规章制度，包括核查程序、办事流程、时间要求、申报方式、联系方式等 7.2 上市环保核查工作信息，包括受理时间、进展情况等 7.3 上市环保核查意见	信息形成或者变更之日起20个工作日内	省级环保部门
		8.重金属污染防控重点企业名单		地方各级环保部门
5	排污费征收	1.排污费征收的项目、依据、标准和程序	信息形成或者变更之日起20个工作日内	地方各级环保部门
		2.季度排污费征收情况 2.1 被征收者名称 2.2 征收时段 2.3 应缴数额 2.4 实缴数额 2.5 征收机关	季度终了后45日内	
		3.排污费征收减、免缓情况		
6	监察执法	1.直接办理、承办经调查核实的公众对环境问题或者对企业污染环境的信访、投诉案件及其处理结果（信访、举报人信息不得公开）	调处结束后20个工作日内	地方各级环保部门
		2.挂牌督办 2.1 督办事项 2.2 整治要求 2.3 完成时限 2.4 督办部门 2.5 完成情况	信息形成或者变更之日起20个工作日内	地方各级环保部门
		3.国家重点监控企业废水自动监控情况 3.1 企业名称 3.2 监控点名称 3.3 监测日期 3.4 流量 3.5 监测因子 3.6 自动监控数据（日均值） 3.7 排放标准限值 3.8 最近一次有效性审核日期及合格情况	数据生成后1个工作日内	地方各级环保部门
		4.国家重点监控企业废气自动监控情况 4.1 企业名称 4.2 监控点名称 4.3 监测日期 4.4 流量 4.5 流速 4.6 监测项目名称 4.7 折算浓度（日均值） 4.8 标准限值 4.9 最近一次有效性审核日期及合格情况		地方各级环保部门
		5.污染源自动监控数据传输有效率		省市级环保部门
		6.企业环境信用评价结果 6.1 企业名称 6.2 评价年度 6.3 评价等级 6.4 公布时间	相关内容生成或更新后20个工作日内	已开展企业信用评级工作的市县级环保部门

续表

序号	公开项目	公开内容	时限要求	发布单位
7	行政处罚	1.直接做出的处罚决定 1.1 被处罚者名称 1.2 违法事实 1.3 处罚依据 1.4 处罚内容 1.5 执行情况	相关内容生成或更新后20个工作日内	地方各级环保部门
		2.直接做出的环境违法行为限期改正决定 2.1 当事人名称 2.2 违法事实 2.3 行政命令作出的依据 2.4 改正违法行为的期限 2.5 改正违法行为的具体形式 2.6 行政命令下达日期 2.7 命令作出机关 2.8 执行情况	相关内容生成或更新后20个工作日内	地方各级环保部门
		3.拒不执行处罚决定企业名单	季度终了后20个工作日内	
8	环境应急	1.环保部门突发环境事件应急预案（简本）	预案批准后20个工作日内	地方各级环保部门
		2.发生重大、特大突发环境事件的企业名单		
		3.年度突发环境事件应对情况	年度终了后20个工作日内	
		4.辖区企业突发环境事件风险等级划分情况		
		5.辖区企业突发环境应急预案备案情况		

备注：

1.重点污染源，由各级环保部门根据实际情况确定，但应至少包含国家和省级重点监控企业在内。

2.自动监控情况原则上由省级环保部门公布国家重点监控污染源信息，市县按属地监管原则公布辖区内企业污染源信息，但县级环保部门没有获取数据能力的，由获取数据的上一级环保部门公布。自动监控数据传输有效率按照部相关文件规定的时间开始公布。公布自动监控数据时，应标注说明出现异常或超标情况将进行调查取证处理，并适时公布处理结果。

第三节　清远市：清远市陶瓷行业综合整治工作方案

1. 通知

关于印发清远市陶瓷行业综合整治工作方案的通知【清府办〔2013〕34 号】

清城区、清新区、英德市、佛冈县、阳山县人民政府，市政府有关部门，各有关单位：

《清远市陶瓷行业综合整治工作方案》已经市人民政府同意，现印发给你们，请遵照实施。实施过程中遇到的问题，请逐向市环境保护局反映。

清远市人民政府办公室 2013 年 3 月 27 日

2. 整治工作方案

清远市陶瓷行业综合整治工作方案

清远市建筑陶瓷生产企业主要分布在清城区和清新区，少量分布在阳山县、佛冈县和英德市，陶瓷生产企业已成为我市的主要污染源之一，解决陶瓷行业的污染问题已刻不容缓。为解决陶瓷行业的污染问题，消除环境安全隐患，维护群众环境权益，促进陶瓷行业转型升级，特制定本工作方案。

一、工作目标

排查陶瓷生产企业在用地、规划、建设、卫生、消防、安全生产、污染物排放等方面不符合规范的行为，督促企业完善污染治理设施，使陶瓷生产企业排放的废水、废气、粉尘达到《陶瓷工业污染物排放标准》（GB25464-2010），酚水、焦油泄漏的风险得到消除。对逾期不能完成整改任务、不能达标排放污染、能源消耗达不到国家清洁生产水平的企业，符合关闭条件的，依法实施关闭。

二、时间安排

整治行动计划从 2013 年 2 月开始，第一阶段为排查阶段，以企业自查为主，排查工作在 2013 年 3 月 31 日前结束，第二阶段为整治阶段，陶瓷企业针对存在的问题进行整改，整改工作要求在 2013 年 6 月 30 日前完成。

三、整治内容

（一）我市陶瓷行业现状。

目前，我市陶瓷生产企业喷雾塔普遍使用水煤浆为燃料，辊道窑使用煤制气为燃料，排放的二氧化硫、氮氧化物、粉尘对环境造成较严重的污染，产生的酚水、焦油存在泄漏的风险。虽然陶瓷企业治理污染的投入不断增加，但污染问题始终未能得到解决。

（二）整治要求。

已投产的企业，凡不符合国家用地政策、不符合有关建设规范、不具备安全生产条件、达不到职业卫生要求、不能达标排放污染物、能源消耗达不到清洁生产水平的，按照有关规定和规范进行综合整治。

在建项目，对是否符合用地政策和有关规划，卫生、消防、安全生产、节能方面采取的措施是否适当，污染治理设施的设计、建设是否符合有关规范要求进行排查。

四、职责分工

（一）市环境保护局：检查陶瓷企业的建设内容是否与环境影响评价文件相符，喷雾塔废气、窑炉废气是否全部经处理后排放，污染物是否达标排放，是否有烟气旁道，含酚废水、焦油等危险废物是否按规范处置，环境风险防范措施是否落实，废气排放口是否已安装在线监测装置，在线监测装置是否已联网和验收。

（二）市经济和信息化局：对陶瓷企业能源消耗水平进行审核，对有节能潜力的企业提出节能要求。

（三）市国土资源局：对陶瓷企业用地合法性进行检查。

（四）市城乡规划局：对陶瓷企业的建设与总体规划的相符性进行检查。

（五）市住房城乡建设局：对陶瓷企业的建设与有关建设规范的相符性进行检查。

（六）市公安消防局：对陶瓷企业建筑物及消防设施与有关消防规范的相符性进行检查。

（七）市安全生产监督管理局：对陶瓷企业是否具备安全生产条件、生产作业场所卫生条件是否符合规范要求进行检查。

（八）市质量技术监督局：对陶瓷企业使用的设备、装置是否满足安全生产条件情况进行检查。

（九）云龙工业园管理委员会、源潭镇政府：检查陶瓷企业厂区是否做到雨污分流，污水经处理后回用于生产，生产废水有无用于绿化、用于冲洗厕所，原料是否露天堆放，易产生扬尘的原料堆场是否有洒水降尘设施，检查易产生粉尘的工序是否配套收尘设备，厂区路面、车间通道是否经常清扫或者清洗，检查运送粉状原料和污泥的车辆是否有防止洒漏的措施；检查车辆出厂区前是否经过冲洗。云龙工业园、源潭陶瓷城外陶瓷企业的检查工作由企业所在地环保部门负责。

五、整治工作验收

整治工作分阶段进行验收。2013 年 3 月 31 日前完成用地、规划、建设、消防、生产设备安全性等事项的验收，验收工作由各职能部门负责，验收结果报综合整治工作领导小组；2013 年 6 月 30 日前完成职业卫生、节能和污染物排放验收，验收工作由整治工作验收小组负责。2013 年底进行整治效果综合评价。

六、保障措施

（一）成立以市政府领导为组长的清远市陶瓷行业综合整治工作领导小组，负责组织指挥综合整治工作，小组成员包括市环保、经信、卫生、安监、国土、质监、建设、规划、科技、财政、税务、工商、供电、监察、公安部门负责人，清城区、清新区人民政府，云龙工业园管理委员会、源潭镇人民政府负责人。综合整治工作领导小组办公室设在市环境保护局，负责日常工作。

（二）成立综合整治技术指导小组，为有需要的企业在节能和污染治理方面提供技术支持。技术指导小组由陶瓷行业专家、环保专家、市环境保护局和市经济和信息化局有关人员组成。

（三）成立整治工作验收小组，负责对职业卫生、节能和污染物排放进行验收。验收组成员包括：主要由陶瓷行业专家、环保专家，市环境保护局、市经济和信息化局有关人员。

七、对未通过验收的企业予以关闭，环保部门依法吊销排污许可证，工商部门吊销企业营业执照，供电部门停止供电。在实施关闭过程中，公安部门提供安全保障。

八、对不认真履行职责、在工作中弄虚作假的政府工作人员，由监察部门追究责任。

第四节　佛山市：关于规范陶瓷废浆渣处理处置标准的意见

1. 关于规范陶瓷废浆渣处理处置标准意见的通知

各区人民政府，市政府各部门、直属各机构：市环境保护局《关于规范陶瓷废浆渣处理处置标准的意见》业经市人民政府同意，现转发给你们，请遵照执行。

佛山市人民政府办公室佛府办【〔2013〕31 号】2013 年 4 月 11 日

2. 关于规范陶瓷废浆渣处理处置标准的意见

关于规范陶瓷废浆渣处理处置标准的意见

市环境保护局

为贯彻《中华人民共和国固体废物污染环境防治法》、《广东省固体废物污染环境防治条例》以及《一般工业固体废物贮存、处置场污染控制标准》（GB18599-2001）的有关要求，进一步加强我市陶瓷废浆渣的污染防治工作，防止陶瓷废浆渣的二次污染，提出如下意见：

一、陶瓷废浆渣外运处置前处理标准

陶瓷企业应加大技术改造力度，降低陶瓷废浆渣含水率，从源头上减少陶瓷废浆渣等固体废物的产生量。产生的陶瓷废浆渣必须交由具备固体废物处理处置资质的单位集中处理处置，或由企业自行压滤脱水减量后（含水率低于 60%）交具有填埋资质的填埋场处置，禁止未达脱水处理标准的陶瓷废浆渣直接外运填埋、倾倒。

二、陶瓷废浆渣实行台账管理要求

陶瓷企业和陶瓷废浆渣处理处置单位应建立完善的陶瓷废浆渣管理台账（样式见附件1），详细记录陶瓷废浆渣的产生量、含水率、运出车次、重量、去向，并于每季度第一个月 10 日前将上季度的管理台账（复印件）上报所在区的环境保护行政主管部门备案。

三、陶瓷废浆渣实行转移联单管理要求

陶瓷企业向陶瓷废浆渣处理处置单位转移陶瓷废浆渣时，应在转移时填写转移联单，并由陶瓷废浆渣处理处置单位的运送人员和陶瓷企业的陶瓷废浆渣管理人员交接时共同核对填写以及盖章。

陶瓷废浆渣转移联单样式由市环境保护局统一制定，印发供各区使用（样式见附件2）。联单共分三联，颜色分别为：第一联，白色；第二联，黄色；第三联，绿色。

四、陶瓷废浆渣运送的环境保护要求

（一）运送陶瓷废浆渣应当使用防渗漏、防遗撒、无锐利边角、易于装卸和清洁的运送工具，运送车辆应使用带遮盖及防撒漏设施。

（二）运送陶瓷废浆渣的专用车辆使用后，应当在陶瓷废浆渣处理处置场所内及时进行清洁，对清洁产生的污染物妥善处理，防止二次污染。

五、陶瓷废浆渣贮存、处置场所的环境保护要求

（一）相关建设项目环境影响评价中应设置贮存、处置场所专题评价。

（二）贮存、处置场的建设类型，必须与将要堆放的固体废物的类别相一致。即陶瓷废浆渣须独立存放，严禁与生活垃圾、危险废物等混合堆放、处置。

（三）贮存、处置场应采取防止粉尘污染的措施，必须符合相关规定和要求，做好防风、防雨、防渗漏等措施。

（四）为防止雨水径流进入贮存、处置场内，避免渗滤液量增加和滑坡，贮存、处置场周边应设置导流渠。

（五）应设计渗滤液集排水设施。

（六）为防止陶瓷废浆渣和渗滤液的流失，应构筑堤、坝、挡土墙等设施。

（七）为保障脱水、处理处置等设施、设备正常运营，必要时应采取措施防止地基下沉，尤其是防止不均匀或局部下沉。

（八）为加强监督管理，应按 GB15562.2 设置环境保护图形标志。

六、陶瓷废浆渣贮存、处置场所的运行管理环境保护要求

（一）贮存、处置场所的竣工，必须经原审批环境影响报告书（表）的环境保护行政主管部门验收合格后，方可投入生产或使用。

（二）贮存、处置场所的渗滤液达到 GB8978 标准后方可排放，大气污染物排放应满足 GB16297 无组织排放要求。

（三）贮存、处置场所的使用单位，应建立检查维护制度。定期检查维护堤、坝、挡土墙、导流渠等设施，发现有损坏可能或异常，应及时采取必要措施，以保障正常运行。

（四）处置场所的使用单位，应建立档案制度。应将入场的陶瓷废浆渣的数量以及下列资料，详细记录在案，长期保存，供随时查阅。

1. 各种设施和设备的检查维护资料。

2. 地基下沉、坍塌、滑坡等的观测和处置资料。

3. 渗滤液及其处理后的水污染物排放和大气污染物排放等的监测资料。

七、陶瓷废浆渣处置场所场址选择的环境保护要求

（一）所选场址应符合城乡规划要求，且需在完善用地预审和报批手续后方能实施建设。

（二）应选在工业区和居民集中区主导风向下风侧。

（三）应选在满足承载力要求的地基上，以避免地基下沉的影响，特别是不均匀或局部下沉的影响。

（四）应避开断层、断层破碎带、溶洞区，以及天然滑坡或泥石流影响区。

（五）禁止选在江河、湖泊、水库最高水位线以下的滩地和洪泛区。

（六）禁止选在自然保护区、风景名胜区和其他需要特别保护的区域。

（七）应避开地下水主要补给区和饮用水源含水层。

（八）应选在防渗性能好的地基上。天然基础层地表距地下水位的距离不得小于1.5m。

八、陶瓷废浆渣处置场所关闭与封场的环境保护要求。

（一）当贮存、处置场服务期满或因故不再承担新的贮存、处置任务时，应分别予以关闭或封场。关闭或封场前，必须编制关闭或封场计划，报请所在地区级以上环境保护行政主管部门核准，并采取污染防止措施。

（二）关闭或封场时，表面坡度一般不超过33%。标高每升高3m～5m，须建造一个台阶。台阶应有不小于1m的宽度、2%～3%的坡度和能经受暴雨冲刷的强度。

（三）关闭或封场后，仍需继续维护管理，直到稳定为止。以防止覆土层下沉、开裂，致使渗滤液量增加，防止陶瓷废浆渣堆体失稳而造成滑坡等事故。

（四）关闭或封场后，应设置标志物，注明关闭或封场时间，以及使用该土地时应注意的事项。

（五）为防止陶瓷废浆渣直接暴露和雨水渗入堆体内，封场时表面应覆土二层，第一层为阻隔层，覆20～45cm厚的黏土，并压实，防止雨水渗入陶瓷废浆渣堆体内；第二层为覆盖层，覆天然土壤，以利植物生长，其厚度视栽种植物种类而定。

（六）封场后，渗滤液及其处理后的排放水的监测系统应继续维持正常运转，直至水质稳定为止。地下水监测系统应继续维持正常运转。

九、其他监管要求

依法禁止陶瓷废浆渣产生、运输、利用、处置单位或个人向饮用水源、河道及其坡岸、交通干线、基本农田保护区、风景名胜区等区域倾倒或堆放陶瓷废浆渣。依法禁止运输单位在运输过程中沿途丢弃、遗撒陶瓷废浆渣。

附件：1.佛山市陶瓷废浆渣管理台账（略）

2.佛山市陶瓷废浆渣转移联单（略）

第五节　高安市：关于科学发展建筑陶瓷产业的实施意见

为认真贯彻落实宜春市"四大战役"精神以及市委、市政府《关于实施工业产业结构优化突破攻坚战实施方案》和《关于建筑陶瓷产业优化升级的实施意见》要求，进一步促进我市建筑陶瓷产业优化升级，实现健康可持续发展，特制定如下实施意见：

一、指导思想

以党的十八大精神和科学发展观为指导，按照"做产业、成系统、可持续"的理念以及"环保优先、品牌引领、转型升级、科学发展"的思路，围绕"五大提升"：管理效率提升、环保效力提升、品牌效应提升、配套效能提升、综合效益提升，把高安建筑陶瓷产区建设成为节能减排和可持续发展的综合实验区、全国品牌建设示范区和国家新型工业化产业示范区。

二、发展目标

1. 管理效率提升。加强行业管理，构建长效管理机制，推动企业提高职业化、标准化、信息化管理水平，提升经营质量。同时，按照"一园多区"的发展思路，将建陶基地作为城市新区进行规划管理、改造升级。

2. 环保效力提升。鼓励陶瓷企业加快技术改造、淘汰落后产能，引进先进节能减排科技和工艺，全面实行陶瓷废料循环利用和窑炉尾气收集及脱硫处理，大力推广使用天然气，实现工业污染"零排放"和节能环保"双达标"。

3. 品牌效应提升。引导和鼓励陶瓷企业引进核心技术，加强自主研发，从生产较低端的建筑陶瓷向生产多元化、高端化、精品化的建筑陶瓷、工艺陶瓷、洁具陶瓷转变，每年新增建筑陶瓷中国驰名商标或中国名牌产品 2 件，所有高安产区生产的陶瓷产品产地全部标识"中国建筑陶瓷产业基地•江西高安"，真正打响"高安陶瓷"品牌。

4. 配套效能提升。加快产品营销、现代物流、机械制造、原料加工、产品研发等相关配套链条的发展，努力构建集产学研、产供销于一体，设施完善、功能齐备的陶瓷产业聚集区。

5. 综合效益提升。到 2015 年，全市建筑陶瓷产业实现主营业务收入 300 亿元，实现利税 33 亿元，努力提高产业税收贡献水平，使之达到全市经济发展速度要求。同时，拉动相关产业实现产值 300 亿元，带动就业 20 万人。

三、工作举措

（一）优化产业布局，主攻基地建设

1. 编制产业发展规划。综合考虑高安的区位、交通、资源优势，结合产业基础、环境压力和产业转型升级的要求，对全市范围内的陶瓷产业进行重新定位和规划布局，制定《高安市建筑陶瓷产业发展规划》。将八景、独城、新街、太阳工业项目区与建陶基地作为城市新区要求进行规划管理、改造升级。严禁在城市规划区和工业园区新上陶瓷项目或新增陶瓷生产线，出台专门政策鼓励城市规划区和工业园区的陶瓷企业转型或向建陶基地转移。（责任单位：招商办、工信委、八景镇、独城镇、新街镇、太阳镇、建陶基地管委会、工业园区管委会）

2. 完善配套功能建设。2013 年全面完成口岸作业区建设，充分发挥铁路专用线、口岸作业区等平台作用，最大限度帮助企业降低运输成本。尽快开通城区至基地公交车，在基地设立医院、学校及邮政、金融网点等机构，为企业职工生产生活提供便利。（责任单位：交通局、卫生局、教育局、邮政局、口岸办、瑞景铁路公司、建陶基地管委会）

3. 强化园区服务管理。加快基地办事大厅建设，人力资源和社会保障、国土、财政、工商、环保、社保、国税、地税等部门要在办事大厅设立服务窗口，推行"一站式"服务。开展陶瓷企业周边环境专项整治活动，严格规范涉企收费，收费必须严格执行收费"明白卡"，严厉打击扰乱企业生产经营秩序的不法行为。（责任单位：行政服务中心、人力资源和社会保障局、财政局、国税局、地税局、国土局、环保局、工商局、社保局、建陶基地管委会）

4. 加强基地用地管理。严厉打击基地范围内村民非法占地、乱搭乱建等行为。倡导企业集约节约用地，提高土地利用率，开征基地企业土地使用税，设立陶瓷产业发展基金，全面保障建陶基地后续建设和管理。（责任单位：财政局、地税局、国税局、建陶基地管委会）

5. 提升园区对外形象。启动基地道路绿化景观整治，2013 年完成高胡路基地段景观整治，2015 年完成基地所有道路景观整治。在基地红线周边 200 米范围内设立环保缓冲区，采取租用或征用的形式栽种防护林，每年种植适宜树木不少于 10 万株。安排专门的人员、专门的经费对基地范围内的路、灯、广告栏等基础设施进行建设与维修，对临街、临路的建筑进行全面美化、亮化。将新街、八景、独城三

地在基地范围内的村组逐步列为新农村建设点，结合新农村建设对村组进行优化建设和环境整治。（责任单位：建陶基地管委会、林业局、新街镇、八景镇、独城镇）

（二）坚持环保优先，实现协调发展

1. 加大环保投入力度。建立陶瓷产业环保设施建设资金长效投入机制，积极争取上级有关环保的政策和资金。加快基地环保设施建设，在2013年建成建陶基地污水处理厂并正式投入运营。（责任单位：财政局、环保局、建陶基地管委会）

2. 实行废料循环利用。积极引进陶瓷固体废料加工企业，利用陶瓷固体废料加工工艺砖、马赛克以及其他新型墙体材料，实现废弃物的回收和再利用。（责任单位：招商办、建陶基地管委会）

3. 推行节能环保技术。对于新引进的陶瓷企业要求一律按照环保部门的要求，使用先进的节能环保技术，确保实现废水、废气、废渣"零排放"。对于现有企业积极鼓励引进先进节能减排科技和工艺，要求在2013年全市范围内所有链排炉全部淘汰，到2014年8月全市范围内所有陶瓷生产线全部实行窑炉尾气收集并进行脱硫处理，使环境污染物排放和节能指标实现"双达标"。（责任单位：环保局）

4. 加大环保监管力度。对污水处理、循环回水动力等电动环保节能设备一律要求安装独立电表，通过电表核查设备运行情况；对湿式喷淋设施安装水表，通过用水核查设备运行情况；建立企业污水处理站运行登记表，包括用药、用碱量情况和煤气站含酚废水、煤焦油处理台账；提高监管频率，及时对节能环保设施使用的电表、水表等进行登记，掌握企业节能环保设施运行情况，对企业节能环保违法行为进行建档归案，实行信誉管理，并在媒体进行公示。（责任单位：宣传部、环保局、供电公司、水务公司）

5. 严格环保奖惩措施。对环保设施不正常运行的，坚决做到发现一起，按相关法规条例最高限额处罚一起；对不能按时完成链排炉淘汰和窑炉尾气收集并脱硫处理的，一律停产整顿；对新上企业或新上生产线未能按照相关要求配建环保设施的，一律不供电、供水；对偷排含酚废水、私设暗管的，一律按相关法规条例最高限额进行处罚并责令停产整顿；对节能环保设施不到位且屡查不改的，一律关停；对出现重大环保问题企业的所属乡镇（街道、景区）或部门、单位，实行环保监管工作"一票否决"。对达到节能环保要求的，在按规定缴纳土地使用税后，按每条生产线所缴税收50%的标准从基地发展基金中列支进行奖励（按生产线产能大小，每条线最高不超过80亩）。（责任单位：环保局、财政局、国税局、地税局、供电公司、水务公司）

6. 大力推广使用天然气。全市范围内新上陶瓷项目要求一律全面使用天然气，为支持新上企业使用天然气，对按规定缴清土地出让金的企业，自企业正式生产之日起，前三年按每用1立方米天然气奖励0.05元的标准，从市企业发展基金中给予补贴；对全市范围内只拥有1条生产线的陶瓷企业，在确保现有生产线严格达到节能环保的条件下，在不新增建设用地指标的情况下，允许新上1条水煤气生产线；对全市范围拥有2条及以上生产线的陶瓷企业新上生产线要求一律使用天然气，但原有水煤气生产线可以实行"退一补一"，即新上生产线要求使用水煤气必须拆除（退出）同量使用水煤气的老生产线，并严格按照节能环保要求进行建设生产。同时，对使用天然气的陶瓷企业在用气、用电、用水等方面保障上实行"先用气先优惠，先用气先保障"的原则予以支持。在按规定标准缴纳土地使用税后，按每条生产线所缴税额的100%从基地发展基金中列支进行奖励，资金总额不超过企业所缴土地使用税总和。（按生产线产能大小，每条线最高不超过80亩）。（责任单位：环保局、财政局、国税局、地税局、建陶基地管委会、供电公司、水务公司、天然气公司）

（三）注重科技支撑，加快品牌建设

1. 发挥科研机构作用。进一步加深与景德镇陶瓷学院等高等院校的合作交流，在2013年内完成国家级建筑卫生陶瓷检验检测中心建设，引进中国建材产品质量认证中心在高安设工作站，确立"高安陶瓷"在全国的质量地位。（责任单位：质监局、科技局）

2. 鼓励企业自主研发。对新认定为国家级、省级工程技术中心的陶瓷企业,分别一次性给予 50 万元、30 万元奖励;对新获得省认定办认定高新技术企业的陶瓷企业,给予 10 万元奖励。(责任单位:财政局、科技局、工信委)

3. 注重科技人才引进。充分发挥人才带动和传承作用,让人才发挥才干,让人才持续发展,让人才主动创新,让人才得到合理回报。对陶瓷企业引进博士生及以上学历或高级及以上专业技术职称的高层次人才,在高安连续工作 5 年以上并继续在高安就业的,一次性补贴安家费 5 万元,免费提供公租房一套,并协调解决其子女入学问题,对其缴纳的个人所得税高安实得部分等额实施奖励;对从事陶瓷产品科技研发工作的高层科研人员(具有国家级、省级相关资质)一次性补助科研启动经费 2 万元。(责任单位:财政局、科技局、人力资源和社会保障局)

4. 打响高安陶瓷品牌。全市所有陶瓷企业生产的陶瓷产品,生产地址一律只标识"中国建筑陶瓷产业基地•江西高安",并统一使用高安陶瓷的"LOGO"标志;在国家、省级有关媒体及高安对外媒体全面宣传"高安陶瓷"。加大企业品牌创建扶持和奖励力度,对获得中国驰名商标、中国名牌产品、国家质量奖的,一次性每件商标奖励 25 万元给相关企业。(责任单位:宣传部、财政局、工商局、质监局、建陶基地管委会)

5. 创建品牌示范园区。积极推进品牌创建工作,力争在 2013 年底前将建陶基地申报为国家新型工业化产业示范基地和全国品牌建设示范区。(责任单位:工信委、质监局、建陶基地管委会)

(四)强化行业自律,保障发展要素

1. 发挥陶瓷协会作用。加强陶瓷协会建设,督促陶瓷协会及时换届,扩大协会规模,逐步打造一支懂经营、善管理、具有战略眼光的陶瓷企业家队伍。充分发挥陶瓷协会协调服务和自律管理的作用,切实提高陶瓷行业管理水平。极力推荐高安陶瓷企业家在国家级行业协会任职,参与行业标准制定。(责任单位:工信委、工商联、建陶基地管委会)

2. 增强企业自律意识。定期组织全市陶瓷企业家进行座谈和通报情况,加强政企互动,增强陶瓷企业家的社会责任感和环境保护意识,促使企业自觉依法纳税、自觉严格落实环保要求。对于偷税漏税、偷排乱排的企业,鼓励企业相互监督,及时向有关部门举报。相关职能部门要充分履职,坚决做到发现一起、整改一起、严罚一起,对情况严重的坚决予以关停。(责任单位:工信委、工商联、环保局、国税局、地税局、建陶基地管委会)

3. 保障陶瓷产业用地。充分利用省发改委重大项目调度、省工信委战略性新兴产业、省商务厅开放型经济和省重点办重大项目调度四大平台,争取用地指标 600 亩以上。(责任单位:国土局、发改委、工信委、商务局、招商办、建陶基地管委会)

4. 支持陶瓷企业融资。鼓励金融机构在建陶基地设立机构网点,做大陶瓷产业信用总量,合理满足企业的信贷需求。对财税型(亩均税收贡献在 5 万元以上)、科技型(凭国家、省科技部门认定的高新技术企业或创新型企业)、环保型(凭省环保部门认定书)的规模以上陶瓷企业新增流动资金贷款,出台专门政策进行支持。(责任单位:金融办、人民银行、银监办)

5. 帮助企业扩大销售。所有财政性资金及国有资金投入项目,优先采购本地建筑陶瓷产品;对质量达标的陶瓷产品,列入政府采购目录,并帮助列入上级政府采购目录。鼓励陶瓷企业自营出口,参照全市出口奖励的统一标准,制定更加优惠奖励政策,并积极帮助企业申报省、宜春市奖励。加快中国(高安)陶瓷产业总部经济城、基地陶瓷展览中心和商贸展示区建设,为企业产品营销提供平台。(责任单位:财政局、政府采购办、招商办、建陶基地管委会)

(五)延生产业链条,提高综合效益

1. 大力发展现代物流。积极引进或扶持 2 ~ 3 家知名物流企业入驻建陶基地;鼓励和整合部分汽运公司到陶瓷基地集中办公，便捷物流服务；依托铁路专用线，规划建设 1000 亩现代仓储物流区，发展仓储物流；加大与南昌白水湖巷、丰城、樟树赣江巷的对接力度，形成水运、铁路和公路"三位一体"物流优势。（责任单位：商务局、招商办、货运汽车产业基地、口岸办、建陶基地管委会）

2. 鼓励发展机械制造。利用基地大量需求陶瓷机械设备的市场优势，引进发展 2 ~ 3 家陶瓷机械设备制造高端企业，为陶瓷企业生产提供便捷的设备供应和维修服务。（责任单位：招商办、工信委、建陶基地管委会）

3. 规范瓷土资源管理。对全市瓷土资源进行统一规划、有序开发利用，在国土资源行政主管部门的指导下，成立 1 ~ 2 家规模大、实力强的瓷土开发企业，对全市瓷土资源进行科学有序开发。同时加大执法力度，严厉打击无证开采、乱挖滥采等违法行为，防止资源浪费。（责任单位：公安局、国土局、林业局）

4. 发挥陶瓷文化优势。在新建的博物馆内规划一定区域，在全面展示"国宝"元青花釉里红瓷器的同时，对高安建筑陶瓷不同阶段的陶瓷产品进行展示。充分挖掘高安陶瓷文化，将资源优势变成经济优势。（责任单位：新闻出版局）

5. 完善税收征管体系。加强对建筑陶瓷企业财务情况的监督检查，加大对陶瓷企业上游原料、煤炭供应等税收征管力度，完善陶瓷产业税收一体化征收体系，到 2015 年全市建筑陶瓷产业实现税收 5 亿元。（责任单位：财政局、国税局、地税局、建陶基地管委会）

6. 发挥产业带动作用。在建陶基地、周边乡镇及城区大力发展宾招、购物、悠闲娱乐等第三产业，鼓励农村剩余劳动力积极到陶瓷企业及其相关领域就业，增收农民可支配收入。（责任单位：商务局、人力资源和社会保障局）

四、保障措施

1. 健全组织机构。成立科学发展陶瓷产业领导小组，由政府主要领导任组长，分管领导任副组长，相关部门、单位主要负责同志为成员，全面负责陶瓷产业科学发展的统筹、指导、部署和协调工作。

2. 落实帮扶政策。对规模以上陶瓷企业落实一名县级领导挂点，落实一个责任单位帮扶，要求挂点领导必须每月深入企业调研，解决实际困难；各责任单位要切实为企业制定"一企一策"帮扶方案，力促企业达产达标。

3. 加强运行调度。坚持每月至少召开一次陶瓷产业发展运行调度会，对相关指标进行分析调度，及时发现产业发展存在的困难和问题，研究解决办法，为领导决策提供参考。

4. 严格督查考核。建立陶瓷产业项目推进和考核机制，细化目标任务，落实工作责任，严格督查考核，实行"每月一调度、每季一通报、年终总兑现"机制。

第四章　建筑卫生陶瓷生产制造

第一节　建筑卫生陶瓷产品质量

一、陶瓷砖产品质量国家监督抽查结果（2013 年 12 月 4 日发布）

国家质检总局公布对陶瓷砖产品质量国家监督抽查结果，贝郎、豪山、金梦庄园、丰德瑞、地王、金曼迪、金巴利、圣利达 Senlita、博亚、圣凯丽等品牌产品被列入不合格名单。

据悉，2013 年第四季度，抽查了河北、山西、辽宁、上海、江苏、浙江、安徽、福建、江西、山东、河南、湖北、湖南、广东、广西、四川、陕西等 17 个省、自治区、直辖市 180 家企业生产的 180 批次陶瓷砖产品。本次抽查依据 GB/T4100-2006《陶瓷砖》、GB6566-2010《建筑材料放射性核素限量》等标准规定的要求，对陶瓷砖产品的尺寸、吸水率、破坏强度、断裂模数、无釉砖耐磨性、耐污染性、耐化学腐蚀性、抗釉裂性、放射性核素等 9 个项目进行了检验。抽查发现 11 批次产品不符合标准的规定，涉及放射性核素、破坏强度、断裂模数、吸水率、尺寸项目。

陶瓷砖产品质量国家监督抽查产品及其企业名单　　　　　　　　　表4-1

企业名称	所在地	产品名称	商标	规格型号	产品等级	生产日期/批号	抽查结果	主要不合格项目	承检机构
制造商：佛山市卢布尔陶瓷有限公司生产厂：石家庄恒力陶瓷有限公司	河北省	陶质砖	卢布尔	300mm×450mm×9.6mm	优等品	2013-07-15	合格		国家建筑节能产品质量监督检验中心
制造商：佛山市圣亚诺陶瓷有限公司生产厂：高邑县福隆陶瓷有限责任公司	河北省	瓷质砖	盛亚诺	800mm×800mm×9.8mm	优等品	2013-06-23	合格		国家建筑节能产品质量监督检验中心
制造商：广东佛山柏莱斯特陶瓷有限公司生产厂：河北恒德陶瓷有限公司	河北省	陶质砖	柏罗帝亚	300mm×450mm×10mm	优等品	2013-07-11	合格		国家建筑节能产品质量监督检验中心
制造商：广东佛山唐寅陶瓷有限公司生产厂：高邑县恒泰建筑陶瓷有限公司	河北省	内墙砖	唐寅	300mm×450mm×10mm	优等品	2013-06-10C	合格		国家建筑节能产品质量监督检验中心
制造商：广东佛山美诺雅陶瓷有限公司生产厂：高邑新恒盛建陶有限公司	河北省	瓷质砖	美诺雅	600mm×600mm×9mm	优等品	2013-06-27	合格		国家建筑节能产品质量监督检验中心
阳城县大自然陶瓷有限责任公司	山西省	陶瓷砖	三晋瓷砖	330mm×250mm×8.0mm；2545A	合格品	2013-07-13	合格		国家陶瓷及水暖卫浴产品质量监督检验中心
阳城县时代陶瓷有限责任公司	山西省	陶瓷砖（内墙砖）	/	300mm×300mm；3304	合格品	2013-07-14	合格		国家陶瓷及水暖卫浴产品质量监督检验中心

续表

企业名称	所在地	产品名称	商标	规格型号	产品等级	生产日期/批号	抽查结果	主要不合格项目	承检机构
制造商：佛山市龙元帅陶瓷有限公司 生产厂：阳城县龙飞陶瓷有限公司	山西省	陶瓷砖（高级内墙砖）	龙元帅陶瓷	300mm×450mm；LB5E150	合格品	0714A3	合格		国家陶瓷及水暖卫浴产品质量监督检验中心
制造商：佛山市景福陶瓷有限公司 生产厂：阳城福龙陶瓷有限公司	山西省	陶瓷砖（内墙砖）	柏立斯	300mm×450mm；37111	合格品	2013-07-14	合格		国家陶瓷及水暖卫浴产品质量监督检验中心
制造商：佛山市泰昌祥陶瓷有限公司 生产厂：沈阳隆盛陶瓷有限公司	辽宁省	陶瓷砖	鑫涛	600mm×600mm×9.0mm	/	2013-07-14	合格		国家建材产品质量监督检验中心（南京）
制造商：佛山雅美韵陶瓷有限公司 生产厂：沈阳飞奥美陶瓷有限公司	辽宁省	高级内墙砖（陶瓷砖）	罗妮莎	300mm×450mm×9.6mm	/	2013-07-17	合格		国家建材产品质量监督检验中心（南京）
沈阳大君瓷业有限公司	辽宁省	陶瓷砖	大君	600mm×600mm×8.5mm	/	2013-07-10	合格		国家建材产品质量监督检验中心（南京）
制造商：佛山市清韵陶瓷有限公司 生产厂：沈阳天强陶瓷有限公司	辽宁省	陶瓷砖	雅美特	300mm×450mm×10mm	/	2013-07-17	合格		国家建材产品质量监督检验中心（南京）
沈阳金美达陶瓷有限公司	辽宁省	陶瓷砖	金美达	130mm×260mm×7.0mm	/	2013-06-25	合格		国家建材产品质量监督检验中心（南京）
制造商：佛山市喜来福陶瓷有限公司 生产厂：沈阳强盛陶瓷有限公司	辽宁省	陶瓷砖	强盛	300mm×450mm×9.7mm	/	2013-07-10	合格		国家建材产品质量监督检验中心（南京）
制造商：佛山市丰银陶瓷有限公司 生产厂：沈阳日日顺陶瓷有限公司	辽宁省	陶瓷砖	胜陶	300mm×450mm×9.8mm	/	2013-07-06	合格		国家建材产品质量监督检验中心（南京）
制造商：佛山市丰银陶瓷有限公司 生产厂：沈阳日日升陶瓷有限公司	辽宁省	陶瓷砖	胜陶	600mm×600mm×9.5mm	/	2013-05-01	合格		国家建材产品质量监督检验中心（南京）
制造商：佛山市德利宝陶瓷有限公司 生产厂：沈阳王者陶瓷有限公司	辽宁省	陶瓷砖	创点居	300mm×450mm×10mm	/	2013-07-06	合格		国家建材产品质量监督检验中心（南京）
制造商：佛山市马可贝尔陶瓷有限公司 生产厂：沈阳兴发陶瓷有限公司	辽宁省	陶瓷砖	豪佳客	300mm×300mm×10mm	/	2013-07-02	合格		国家建材产品质量监督检验中心（南京）
制造商：佛山市伊诺特陶瓷有限公司 生产厂：沈阳大唐陶瓷有限公司	辽宁省	瓷质砖	伊诺特	600mm×600mm×9mm	/	2013-05-15	合格		国家建材产品质量监督检验中心（南京）

续表

企业名称	所在地	产品名称	商标	规格型号	产品等级	生产日期/批号	抽查结果	主要不合格项目	承检机构
沈阳万顺达陶瓷有限公司	辽宁省	陶瓷砖	奥尔美	300mm×450mm×9.1mm	/	2013-05-09	合格		国家建材产品质量监督检验中心（南京）
制造商：佛山市澳博顺陶瓷有限公司生产厂：沈阳新东方陶瓷有限公司	辽宁省	陶瓷砖	斯曼尔	300mm×450mm×10mm	/	2012-06-25	合格		国家建材产品质量监督检验中心（南京）
制造商：佛山市舒耐尔陶瓷有限公司生产厂：沈阳新大地陶瓷有限公司	辽宁省	陶瓷砖	皇嘉一陶	300mm×450mm×10mm	/	2013-07-05	合格		国家建材产品质量监督检验中心（南京）
制造商：佛山市路易顺陶瓷有限公司生产厂：沈阳佳得宝陶瓷有限公司	辽宁省	陶瓷砖	福美特	300mm×300mm×10mm	/	2013-07-01	合格		国家建材产品质量监督检验中心（南京）
沈阳市强力陶瓷有限公司	辽宁省	陶瓷砖	格雷诺	250mm×330mm×7.0mm	/	2013-07-19	合格		国家建材产品质量监督检验中心（南京）
制造商：佛山市拓奥普陶瓷有限公司 生产厂：沈阳金名佳陶瓷有限公司	辽宁省	瓷质砖	诺米莱	600mm×600mm×9.0mm	/	2013-06-24	合格		国家建材产品质量监督检验中心（南京）
制造商：佛山百利丰建材有限公司 生产厂：辽宁金地阳陶瓷有限公司	辽宁省	全抛釉（瓷质砖）	朗宝	800mm×800mm×10.5mm	一级品	2013-04-16	合格		国家建材产品质量监督检验中心（南京）
制造商：佛山市新浩松陶瓷科技有限公司生产厂：沈阳浩松陶瓷有限公司	辽宁省	陶瓷砖	伊波尔	600mm×600mm×9.6mm	/	2013-07-02	合格		国家建材产品质量监督检验中心（南京）
制造商：佛山市泰昌祥陶瓷有限公司 生产厂：沈阳泰一陶瓷有限公司	辽宁省	陶瓷砖	泰昌祥	800mm×800mm×9.7mm	/	2013-07-16	合格		国家建材产品质量监督检验中心（南京）
上海斯米克控股股份有限公司	上海市	斯米克水晶石	CIMIC	300mm×450mm×10.7mm；VWK583H	优等品	14/05/12；R450Y125	合格		国家建筑五金材料产品质量监督检验中心
上海亚细亚陶瓷有限公司	上海市	亚细亚瓷砖	亚细亚	300mm×600mm×10mm；63067	优等品	2012-12-22	合格		国家建筑五金材料产品质量监督检验中心
信益陶瓷（中国）有限公司	江苏省	陶质砖	冠军	300mm×450mm×8.7mm	/	2013-04-18/0062163	合格		国家建材产品质量监督检验中心（南京）
骊住建材（苏州）有限公司	江苏省	瓷质外墙砖	/	45mm×145mm×6.7mm	/	2013-06-10/201306101	合格		国家建材产品质量监督检验中心（南京）
杭州诺贝尔集团有限公司	浙江省	陶质砖	诺贝尔	300mm×450mm×10mm；W45136.D56A	优等品	13072100	合格		国家建筑五金材料产品质量监督检验中心

续表

企业名称	所在地	产品名称	商标	规格型号	产品等级	生产日期/批号	抽查结果	主要不合格项目	承检机构
温州市龙湾宏丰陶瓷有限公司	浙江省	宏璟陶瓷	HJ宏璟	200mm×300mm	优等品	2013-07-15	合格		国家建筑五金材料产品质量监督检验中心
温州市龙湾东方红陶瓷有限公司	浙江省	曼尔登陶瓷	曼尔登MANG-ERDEN	250mm×330mm	优等品	0716	合格		国家建筑五金材料产品质量监督检验中心
温州市龙湾新中联陶瓷有限公司	浙江省	居仕雅陶瓷砖	居仕雅	200mm×300mm×7.2mm；5200	优等品	0714	合格		国家建筑五金材料产品质量监督检验中心
温州市龙湾美尔达陶瓷有限公司	浙江省	美尔达陶瓷	美尔达	300mm×450mm；BM35009	优等品	130614	合格		国家建筑五金材料产品质量监督检验中心
制造商：佛山市龙帝陶瓷有限公司 生产厂：温州亚泰陶瓷有限公司	浙江省	龙帝陶瓷	龙帝	300mm×600mm×9.3mm	优等品	130705/L46705	合格		国家建筑五金材料产品质量监督检验中心
淮北伯爵陶瓷有限公司	安徽省	内墙砖（陶质砖）	/	300mm×450mm×8.9mm	/	2013-07-02	合格		国家建材产品质量监督检验中心（南京）
制造商：佛山市陶锦天瓷业有限公司 生产厂：安徽省陶锦天瓷业有限公司	安徽省	玻化砖（瓷质砖）	/	800mm×800mm×10mm	/	2013-07-02	合格		国家建材产品质量监督检验中心（南京）
安徽卡利隆陶瓷有限公司	安徽省	内墙砖（陶质砖）	邦伲	300mm×450mm×9.1mm	/	2013-05-20	合格		国家建材产品质量监督检验中心（南京）
制造商：佛山市福致陶瓷有限公司 生产厂：安徽省利华陶瓷制造有限公司	安徽省	内墙砖（陶质砖）	/	300mm×450mm×9.0mm	/	2013-07-02/130702	合格		国家建材产品质量监督检验中心（南京）
制造商：广东佛山龙津陶瓷有限公司 生产厂：宿州市龙津陶瓷有限公司	安徽省	瓷质砖	恒德	800mm×800mm×11mm	/	2013-06-04	合格		国家建材产品质量监督检验中心（南京）
淮北三鑫陶瓷有限公司	安徽省	炻质砖	/	600mm×600mm×10.3mm	/	2013-06-22/130622	合格		国家建材产品质量监督检验中心（南京）
淮北市惠尔普建筑陶瓷有限公司	安徽省	炻质砖	惠尔普陶瓷	600mm×600mm×9.3mm	/	2013-06-10	合格		国家建材产品质量监督检验中心（南京）
福建省闽清富兴陶瓷有限公司	福建省	釉面内墙砖	富兴	300mm×450mm×8.8mm	优等品	88021	合格		国家建筑节能产品质量监督检验中心
福建省闽清金城陶瓷有限公司	福建省	金城陶瓷	优派	250mm×400mm×7.4mm	优等品	W46201	合格		国家建筑节能产品质量监督检验中心

续表

企业名称	所在地	产品名称	商标	规格型号	产品等级	生产日期/批号	抽查结果	主要不合格项目	承检机构
制造商：佛山市华尔顿陶瓷有限公司 生产厂：福建省闽清三得利陶瓷有限公司	福建省	地砖	华尔顿	300mm×300mm×9.2mm	优等品	2013-07-22/N23112	合格		国家建筑节能产品质量监督检验中心
晋江市昆鹏陶瓷建材有限公司	福建省	通体砖	昆鹏	45mm×95mm×6mm	优等品	A4906	合格		国家建筑节能产品质量监督检验中心
福建省晋江晋成陶瓷有限公司	福建省	外墙砖	晋成	100mm×200mm×7.0mm	优等品	17V2150	合格		国家建筑节能产品质量监督检验中心
福建省晋江市小虎陶瓷有限公司	福建省	炻瓷砖	小虎	60mm×240mm×7.0mm	优等品	3D6802	合格		国家建筑节能产品质量监督检验中心
晋江广达陶瓷有限公司	福建省	通体砖	广达龙	60mm×200mm×6.3mm	优等品	2013-07-10	合格		国家建筑节能产品质量监督检验中心
晋江市树林陶瓷实业有限公司	福建省	通体砖	创豪	60mm×240mm×7.2mm	优等品	6496	合格		国家建筑节能产品质量监督检验中心
福建省闽清豪业陶瓷有限公司	福建省	陶瓷砖	精艺瓷	163mm×163mm×8.7mm	优等品	130717	合格		国家建筑节能产品质量监督检验中心
福建省闽清大世界陶瓷实业有限公司	福建省	干压陶瓷炻质砖	Dashi-jie	100mm×200mm×7.4mm	合格品	A004	合格		国家建筑节能产品质量监督检验中心
福建省闽清双兴陶瓷有限公司	福建省	法拉顿陶瓷	法拉顿	300mm×450mm×9.2mm	合格品	73183	合格		国家建筑节能产品质量监督检验中心
制造商：佛山市乐牌陶瓷有限公司 生产厂：福建联兴陶瓷有限公司	福建省	瓷质砖	美诺瓷陶瓷	600mm×600mm×9.7mm	优等品	2013-07-12	合格		国家建筑节能产品质量监督检验中心
福建省南安市鹰山陶瓷有限公司	福建省	通体砖	鹰山	45mm×95mm×6.1mm	优等品	TA4900	合格		国家建筑节能产品质量监督检验中心
晋江鸿基建材有限公司	福建省	通体砖	鹏程	45mm×145mm×6.1mm	优等品	2013-07-12/143461	合格		国家建筑节能产品质量监督检验中心
福建省南安市九洲瓷业有限公司	福建省	通体砖	九洲龙	45mm×145mm×6.3mm	优等品	22743	合格		国家建筑节能产品质量监督检验中心
福建省晋江市碧圣建材有限公司	福建省	通体砖	碧圣	60mm×200mm×6.5mm	优等品	2012-11-09	合格		国家建筑节能产品质量监督检验中心
福建省闽清金陶瓷业有限公司	福建省	地砖	凯佳丽	300mm×300mm×9.5mm	优等品	3011B	合格		国家建筑节能产品质量监督检验中心

续表

企业名称	所在地	产品名称	商标	规格型号	产品等级	生产日期/批号	抽查结果	主要不合格项目	承检机构
制造商：佛山市鹰标陶瓷有限公司 生产厂：福州中陶实业有限公司	福建省	陶瓷砖	尊陶	300mm×450mm×9.2mm	优等品	0951-724	合格		国家建筑节能产品质量监督检验中心
福建省闽清新东方陶瓷有限公司	福建省	依俪斯陶瓷	YiLiSi	300mm×450mm×9.3mm	优等品	S79903-57	合格		国家建筑节能产品质量监督检验中心
江西精诚陶瓷有限公司	江西省	瓷质仿古砖	欧迪雅	600mm×600mm×9.5mm；ZHPY69055	优等品	2013-07-08	合格		国家建筑五金材料产品质量监督检验中心
高安市宏信陶瓷有限公司	江西省	内墙釉面砖	粤洁	300mm×600mm×9.8mm；YMA69145	优等品	2013-06-22	合格		国家建筑五金材料产品质量监督检验中心
江西罗纳尔陶瓷集团有限公司	江西省	完全玻化石	罗纳尔	600mm×600mm×9.3mm；LS1623	优等品	2013-07-15	合格		国家建筑五金材料产品质量监督检验中心
江西美尔康陶瓷有限公司	江西省	陶瓷砖	赛宝威	300mm×600mm×9.7mm；96031	优等品	2013-07-16	合格		国家建筑五金材料产品质量监督检验中心
江西太阳陶瓷有限公司	江西省	高质瓷釉仿古砖	太阳	600mm×600mm×10mm；TA6211	优等品	2013-07-10	合格		国家建筑五金材料产品质量监督检验中心
江西新瑞景陶瓷有限公司	江西省	陶瓷砖	瑞景	600mm×600mm×8.7mm；C6630	优等品	2013-07-17	合格		国家建筑五金材料产品质量监督检验中心
江西欧雅陶瓷有限公司	江西省	陶瓷砖	卡尔丹顿	300mm×300mm×9.5mm；CAD1063	优等品	2013-07-13	合格		国家建筑五金材料产品质量监督检验中心
江西普京陶瓷有限公司	江西省	内墙砖	伟特	300mm×450mm×9.3mm；329449	优等品	2013-06-22	合格		国家建筑五金材料产品质量监督检验中心
江西富利高陶瓷有限公司	江西省	内墙砖	圣卡	300mm×450mm×9.0mm；1SC45063	优等品	2013-04-18	合格		国家建筑五金材料产品质量监督检验中心
江西鑫鼎陶瓷有限公司	江西省	陶瓷砖	昇鼎	113mm×256mm；2500	优等品	2013-06-21	合格		国家建筑五金材料产品质量监督检验中心
江西恒辉陶瓷有限公司	江西省	陶瓷砖	恒辉	600mm×600mm；HH9603	优等品	2013-07-16	合格		国家建筑五金材料产品质量监督检验中心
制造商：佛山市禅城区惠家顺陶瓷有限公司 生产厂：江西新明珠建材有限公司	江西省	釉面地砖	百顺	300mm×300mm；ED-MYAF53110	优等品	2013-07-14	合格		国家建筑五金材料产品质量监督检验中心
江西省高安市仁牌陶瓷有限公司	江西省	陶瓷砖	仁牌	300mm×600mm；6D9061	优等品	2013-07-17	合格		国家建筑五金材料产品质量监督检验中心

续表

企业名称	所在地	产品名称	商标	规格型号	产品等级	生产日期/批号	抽查结果	主要不合格项目	承检机构
江西长城陶瓷有限公司	江西省	陶瓷砖	一顺百顺	300mm×450mm；58038	优等品	2013-07-16	合格		国家建筑五金材料产品质量监督检验中心
上高瑞州陶瓷有限公司	江西省	文化石	瑞州瓷砖	200mm×100mm；A1011	优等品	2013-06-09	合格		国家建筑五金材料产品质量监督检验中心
江西冠溢陶瓷有限公司	江西省	瓷质通体外墙砖	冠佳	80mm×240mm；8036	优等品	2013-07-02	合格		国家建筑五金材料产品质量监督检验中心
江西瑞福祥陶瓷有限公司	江西省	陶瓷砖	品诺	300mm×450mm×9.0mm；K45089	优等品	2013-07-16	合格		国家建筑五金材料产品质量监督检验中心
江西金环陶瓷有限公司	江西省	瓷质抛光砖	五环	600mm×600mm×9.3mm；603	优等品	2013-07-18	合格		国家建筑五金材料产品质量监督检验中心
江西瑞源陶瓷有限公司	江西省	瓷质抛光砖	瑞源	600mm×600mm×10mm；RJ26201	优等品	2013-07-11	合格		国家建筑五金材料产品质量监督检验中心
新中英陶瓷集团有限公司	江西省	聚晶抛光砖	普罗提亚	600mm×600mm×9.0mm；BJ6921	优等品	2013-07-09	合格		国家建筑五金材料产品质量监督检验中心
江西威臣陶瓷有限公司	江西省	高级釉面砖	柏戈斯	300mm×300mm×9.5mm；5BMY61052	优等品	2013-07-17	合格		国家建筑五金材料产品质量监督检验中心
江西东方王子陶瓷有限公司	江西省	高级完全不透水内墙砖	圣利莱堡	300mm×450mm×9.2mm；X9513	优等品	2013-07-08	合格		国家建筑五金材料产品质量监督检验中心
临沂双福建陶有限公司	山东省	陶瓷砖（高档内墙砖）	双福	600mm×300mm	优等品	2013-07-06/63003	合格		国家陶瓷及水暖卫浴产品质量监督检验中心
制造商：佛山市锐艺陶瓷有限公司生产厂：淄博新博陶瓷有限公司	山东省	陶瓷砖（抛光砖）	博艺	800mm×800mm	合格品	2013-07-05/LB817L	合格		国家陶瓷及水暖卫浴产品质量监督检验中心
山东统一陶瓷科技有限公司	山东省	陶瓷砖（全抛釉砖）	瓦伦蒂诺	800mm×800mm×12.0mm	优等品	302313	合格		国家陶瓷及水暖卫浴产品质量监督检验中心
制造商：佛山市南海区齐都陶瓷有限公司生产厂：山东齐都陶瓷有限公司	山东省	陶瓷砖（抛光砖）	/	800mm×800mm	优等品	2013-07-21	合格		国家陶瓷及水暖卫浴产品质量监督检验中心
制造商：佛山市玉玺陶瓷有限公司生产厂：山东玉玺陶瓷有限公司	山东省	陶瓷砖（全瓷抛釉仿古系列）	/	600mm×600mm	优等品	2013-07-05	合格		国家陶瓷及水暖卫浴产品质量监督检验中心
制造商：佛山市南海区耿瓷陶瓷有限公司生产厂：山东耿瓷集团有限公司	山东省	陶瓷砖（全瓷抛釉仿古系列）	/	600mm×600mm	优等品	2013-06-20	合格		国家陶瓷及水暖卫浴产品质量监督检验中心

续表

企业名称	所在地	产品名称	商标	规格型号	产品等级	生产日期/批号	抽查结果	主要不合格项目	承检机构
制造商：佛山市雅格布陶瓷有限公司 生产厂：山东中北陶瓷有限公司	山东省	陶瓷砖（内墙砖）	雅格布	450mm×300mm×9.6mm	优等品	2013-07-16/AP4512	合格		国家陶瓷及水暖卫浴产品质量监督检验中心
制造商：佛山市福惠陶瓷有限公司 生产厂：淄博城东建陶有限公司	山东省	陶瓷砖（抛光砖）	福惠	800mm×800mm×11.3mm	优等品	2013-07-16/WW8863	合格		国家陶瓷及水暖卫浴产品质量监督检验中心
临沂市连顺建陶有限公司	山东省	陶瓷砖（内墙砖）	连顺	600mm×300mm	优等品	2013-06-06	合格		国家陶瓷及水暖卫浴产品质量监督检验中心
制造商：佛山市粤中源陶瓷有限公司 生产厂：山东佳宝陶瓷有限公司	山东省	陶瓷砖（内墙砖）	粤中源	300mm×600mm	优等品	2013-07-14/63011	合格		国家陶瓷及水暖卫浴产品质量监督检验中心
临沂佳贝特建陶有限公司	山东省	陶瓷砖（高清喷墨釉面砖）	佳贝特	800mm×400mm	优等品	2013-07-09/PT8032	合格		国家陶瓷及水暖卫浴产品质量监督检验中心
制造商：佛山市南海区西樵雅娜陶瓷有限公司 生产厂：淄博华旗建陶有限公司	山东省	陶瓷砖（喷墨炫彩瓷砖）	迪那	300mm×300mm；K3017B	合格品	2013-04-07	合格		国家陶瓷及水暖卫浴产品质量监督检验中心
制造商：国鹏陶瓷科技有限公司 生产厂：淄博国鹏陶瓷科技有限公司	山东省	陶瓷砖（大理石）	阿克米	800mm×800mm×10mm；D8805P	合格品	2013-06-02	合格		国家陶瓷及水暖卫浴产品质量监督检验中心
制造商：佛山市开拓者陶瓷有限公司 生产厂：淄博顺昌陶瓷有限公司	山东省	陶瓷砖（大理石）	圣斯克	600mm×600mm；S67005	合格品	2012-05-19	合格		国家陶瓷及水暖卫浴产品质量监督检验中心
制造商：广东佛山欧克莱特陶瓷有限公司 生产厂：淄博立沣建筑陶瓷有限公司	山东省	陶瓷砖	齐王	600mm×600mm；PC6611	合格品	2013-07-20	合格		国家陶瓷及水暖卫浴产品质量监督检验中心
制造商：上海福祥陶瓷有限公司 生产厂：山东亚细亚陶瓷有限公司	山东省	陶瓷砖（亚细亚瓷砖）	亚细亚	600mm×600mm×9.5mm；LT60001A	合格品	2013-05-14	合格		国家陶瓷及水暖卫浴产品质量监督检验中心
制造商：佛山市誉中陶瓷有限公司 生产厂：淄博国誉陶瓷有限公司	山东省	陶瓷砖（完全玻化石）	誉中	600mm×600mm；6612	合格品	2013-7-22	合格		国家陶瓷及水暖卫浴产品质量监督检验中心
制造商：广东东鹏控股股份有限公司 生产厂：淄博卡普尔陶瓷有限公司	山东省	陶瓷砖（釉面砖）	东鹏	300mm×450mm×9mm；LN45255	合格品	2013-04-24	合格		国家陶瓷及水暖卫浴产品质量监督检验中心

续表

企业名称	所在地	产品名称	商标	规格型号	产品等级	生产日期/批号	抽查结果	主要不合格项目	承检机构
制造商：佛山市吉信陶瓷有限公司 生产厂：安阳新明珠陶瓷有限公司	河南省	超洁亮地砖	元爵	800mm×800mm×(10±0.5)mm	优等品	2013-07-16	合格		国家建筑节能产品质量监督检验中心
罗山县粤特陶瓷有限责任公司	河南省	釉面砖	粤特	250mm×330mm×7.6mm	优等品	2013-07-19	合格		国家建筑节能产品质量监督检验中心
制造商：福建省晋江市远方陶瓷有限公司 生产厂：河南远方陶瓷有限公司	河南省	通体瓷砖	吉家	60mm×240mm×6.7mm	优等品	2013-05-15	合格		国家建筑节能产品质量监督检验中心
制造商：佛山市君信达陶瓷有限公司 生产厂：安阳市新南亚陶瓷有限公司	河南省	莱德宝瓷砖	莱德宝	300mm×600mm×9.8mm	优等品	2013-04-22	合格		国家建筑节能产品质量监督检验中心
制造商：佛山陶喜居陶瓷有限公司 生产厂：河南安阳日日升陶瓷有限公司	河南省	抛光砖	陶喜居	600mm×600mm×9.5mm	优等品	2013-07-12	合格		国家建筑节能产品质量监督检验中心
湖北宝加利陶瓷有限公司	湖北省	超石韵瓷砖（陶瓷砖）	宝加利陶瓷	450mm×300mm×9mm	合格品	2013-06-14	合格		国家建筑装修材料质量监督检验中心
制造商：佛山市盛世华沣陶瓷有限公司 生产厂：湖北楚瓷建材有限公司	湖北省	完全玻化砖	粤喜	600mm×600mm×9.2mm	合格品	2013-07-02	合格		国家建筑装修材料质量监督检验中心
制造商：佛山市帝豪陶瓷有限公司 生产厂：湖北帝豪陶瓷有限公司	湖北省	内墙砖	耀辉	450mm×300mm×9.1mm	合格品	2013-07-28	合格		国家建筑装修材料质量监督检验中心
制造商：佛山市鑫来利陶瓷贸易有限公司 生产厂：湖北鑫来利陶瓷发展有限公司	湖北省	陶瓷砖（仿古砖）	鑫来利陶瓷	600mm×600mm×9.8mm	合格品	2013-07-19	合格		国家建筑装修材料质量监督检验中心
湖北大地陶瓷有限公司	湖北省	内墙砖	/	450mm×300mm×9.0mm	合格品	2013-07-09	合格		国家建筑装修材料质量监督检验中心
制造商：佛山一臣陶瓷有限公司 生产厂：湖南华雄陶瓷有限公司	湖南省	陶夫人陶瓷（陶瓷砖）	陶夫人	600mm×600mm×10mm；TA66S509	/	2013-07-02	合格		福建省产品质量检验研究院
湖南金城陶瓷有限公司	湖南省	御景陶瓷（陶瓷砖）	/	300mm×450mm×8.9mm	/	2013-05-19	合格		福建省产品质量检验研究院
湖南衡利丰陶瓷有限公司	湖南省	抛光砖（陶瓷砖）	衡利丰陶瓷	600mm×600mm×9.5mm	优等品	2013-04-05	合格		福建省产品质量检验研究院

企业名称	所在地	产品名称	商标	规格型号	产品等级	生产日期/批号	抽查结果	主要不合格项目	承检机构
制造商：佛山市兆邦陶瓷有限公司 生产厂：湖南兆邦陶瓷有限公司	湖南省	完全不透水釉面内墙砖（陶瓷砖）	（图形商标）	300mm×450mm×9.0mm	优等品	2013-07-15	合格		福建省产品质量检验研究院
制造商：佛山市天欣王陶瓷有限公司 生产厂：湖南天欣科技股份有限公司	湖南省	同喜瓷砖（陶瓷砖）	（图形商标）	600mm×600mm×10mm；Ty602-02	/	2013-06-02	合格		福建省产品质量检验研究院
广东利家居陶瓷有限公司	广东省	巴比伦（陶瓷砖）	利家居陶瓷	600mm×600mm×10mm；6PB001B	优等品	2012-10-31	合格		福建省产品质量检验研究院
高要市将军陶瓷有限公司	广东省	釉面内墙砖（陶瓷砖）	长安	300mm×600mm×10.5mm；66810	/	2013-07-20	合格		福建省产品质量检验研究院
广东陶一郎陶瓷有限公司	广东省	陶一郎瓷砖（陶瓷砖）	陶一郎	300mm×300mm×9.5mm；TD36145K	/	2013-07-10	合格		福建省产品质量检验研究院
肇庆市瑞朗陶瓷有限公司	广东省	瑞朗陶瓷（陶瓷砖）	/	600mm×600mm×9.5mm；RK601	优等品	2013-05-07	合格		福建省产品质量检验研究院
肇庆市中恒陶瓷有限公司	广东省	高级釉面砖（陶瓷砖）	艺丰	300mm×300mm×9.5mm；BYM36809	/	2013-07-23	合格		福建省产品质量检验研究院
高要市新时代陶瓷有限公司	广东省	高级内墙砖（陶瓷砖）	优加	300mm×300mm×9.6mm	/	2013-06-30	合格		福建省产品质量检验研究院
广东强辉陶瓷有限公司	广东省	秀岩玉精工砖（陶瓷砖）	强辉	600mm×600mm×10mm；RA69902B	优等品	2012-10-31	合格		福建省产品质量检验研究院
广东兴辉陶瓷集团有限公司	广东省	兴辉陶瓷（陶瓷砖）	兴辉陶瓷	300mm×300mm×10.2mm	优等品	2013-06-23	合格		福建省产品质量检验研究院
佛山市三水威特精工建材有限公司	广东省	威俊精工砖（陶瓷砖）	威俊	600mm×600mm×9.3mm；LEA6105	/	2012-12-08	合格		福建省产品质量检验研究院
佛山市和美陶瓷有限公司	广东省	陶城瓷砖（陶瓷砖）	陶城	300mm×300mm×8.5mm	/	2013-07-26	合格		福建省产品质量检验研究院
广东欧雅陶瓷有限公司	广东省	抛光砖（陶瓷砖）	珈玛	600mm×600mm×10.0mm；MPKZ60607	优等品	2013-07-09	合格		福建省产品质量检验研究院
广东欧文莱陶瓷有限公司	广东省	欧文莱陶瓷（陶瓷砖）	OVER-LAND	600mm×600mm×9.5mm；NB6097M	/	2013-06-26/0054362	合格		福建省产品质量检验研究院
广东金科陶瓷有限公司	广东省	龙影石（陶瓷砖）	金科	600mm×600mm×10mm	优等品	2013-05-09	合格		福建省产品质量检验研究院

彩神C8系列陶瓷数字喷墨喷釉一体机
FLORA C8 Series Ceramic Ink/Glaze Digital Printer

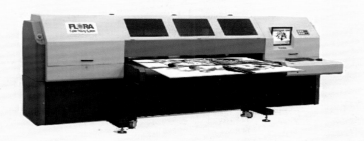

彩神Cjet200高速陶瓷数码喷墨印刷机
FLORA Cjet200 High Speed Ceramic Digital Printer

深圳市润天智数字设备股份有限公司
佛山服务中心: 佛山中国陶瓷总部基地–陶瓷机械原材料配套中心A108-A109
公司地址: 中国深圳市宝安区环观南路观澜高新技术产业园区
电话: +86-755-27521666   传真: +86-755-27521866
e-mail:sales@floradigital.com.cn   www.floradigital.com.cn

续表

企业名称	所在地	产品名称	商标	规格型号	产品等级	生产日期/批号	抽查结果	主要不合格项目	承检机构
制造商：广东来德利陶瓷有限公司 生产厂：肇庆市来德利陶瓷有限公司	广东省	来德利陶瓷（陶瓷砖）	来德利陶瓷	300mm×300mm×10mm；LDB345005	优等品	2013-06-24	合格		福建省产品质量检验研究院
佛山市金舵陶瓷有限公司	广东省	高级釉面砖（陶瓷砖）	金舵	300mm×300mm×10mm；JG369018	优等品	2013-06-17	合格		福建省产品质量检验研究院
广东唯美陶瓷有限公司	广东省	马可波罗瓷砖（陶瓷砖）	马可波罗	600mm×600mm×10mm；CZ6368AS	/	2013-07/1307S7B	合格		福建省产品质量检验研究院
肇庆乐华陶瓷洁具有限公司	广东省	瓷质饰釉砖（陶瓷砖）	AR-ROW	600mm×600mm×10mm；ACS522060P	优等品	2013-05-25	合格		福建省产品质量检验研究院
佛山石湾鹰牌陶瓷有限公司	广东省	瓷质有釉砖（陶瓷砖）	鹰牌	800mm×800mm×11.5mm	优等品	2013-07	合格		福建省产品质量检验研究院
广东新明珠陶瓷集团有限公司	广东省	瓷质外墙砖（陶瓷砖）	冠珠	95mm×45mm×6.5mm	优等品	2013-07-04	合格		福建省产品质量检验研究院
清远南方建材卫浴有限公司	广东省	陶瓷砖（超洁亮抛光砖）	新南悦	600mm×600mm×9.5mm	优等品	2013-07-08/CON6001	合格		国家建筑装修材料质量监督检验中心
广东天弼陶瓷有限公司	广东省	陶瓷砖（天脉石）	天弼	800mm×800mm×10.9mm	优等品	2012-06-12/TG8002L	合格		国家建筑装修材料质量监督检验中心
广东博华陶瓷有限公司	广东省	陶瓷砖（精工石）	博华BOHUA	600mm×600mm×9.8mm	优等品	2013-06-05/RAJ618	合格		国家建筑装修材料质量监督检验中心
广东清远蒙娜丽莎建陶有限公司	广东省	陶瓷砖（蓝田玉石）	蒙娜丽莎MONALISA	800mm×800mm×10.7mm	优等品	2013-08-04/8WLP0005CM	合格		国家建筑装修材料质量监督检验中心
清远市简一陶瓷有限公司	广东省	陶瓷砖	简一陶瓷GANI	600mm×900mm×12.0mm	合格品	2013-08-01/D692200BH	合格		国家建筑装修材料质量监督检验中心
清远纳福娜陶瓷有限公司	广东省	陶瓷砖（皇家玉）	东鹏DonGPEnG	800mm×800mm×11.0mm	优等品	2013-06-22/OBO1131010	合格		国家建筑装修材料质量监督检验中心
广东家美陶瓷有限公司	广东省	陶瓷砖（瓷质抛光砖-析晶玉）	L&D	600mm×600mm×10.0mm	优等品	2013-07-24/LF6013C	合格		国家建筑装修材料质量监督检验中心
广东昊晟陶瓷有限公司	广东省	陶瓷砖（聚晶微粉）	新濠	800mm×800mm×10.3mm	优等品	2013-07-31/XB8001L	合格		国家建筑装修材料质量监督检验中心
广东新一派建材有限公司	广东省	陶瓷砖（瓷质抛光砖）	乐家居LJJ	800mm×800mm×10.8mm	优等品	2013-04-05/LJ8T01	合格		国家建筑装修材料质量监督检验中心

续表

企业名称	所在地	产品名称	商标	规格型号	产品等级	生产日期/批号	抽查结果	主要不合格项目	承检机构
广东英超陶瓷有限公司	广东省	陶瓷砖（瓷质仿古）（有釉）	英超 YING CHAO	800mm×800mm×11.2mm	优等品	2013-08-05/CJB8304	合格		国家建筑装修材料质量监督检验中心
广东汇翔陶瓷有限公司	广东省	陶瓷砖（瓷质仿古砖）	汇亚 HUI-YA	800mm×800mm×14.0mm	优等品	2013-08-05/HVP80T0192	合格		国家建筑装修材料质量监督检验中心
制造商：佛山市建球瓷业有限公司 生产厂：岑溪市新建球陶瓷有限公司	广西壮族自治区	干压彩胎砖（陶瓷砖）	建球	300mm×300mm×8mm	/	2013-07-20	合格		福建省产品质量检验研究院
广西新舵陶瓷有限公司	广西壮族自治区	高级内墙砖（陶瓷砖）	/	300mm×300mm×10mm	优等品	2013-07-08	合格		福建省产品质量检验研究院
制造商：佛山市新中陶陶瓷有限公司 生产厂：广西新中陶陶瓷有限公司	广西壮族自治区	御品流金（陶瓷砖）	/	600mm×600mm×10mm	/	2013-07-18	合格		福建省产品质量检验研究院
制造商：佛山市金亚欧陶瓷有限公司 生产厂：广西亚欧瓷业有限公司	广西壮族自治区	奥帅陶瓷（陶瓷砖）	奥帅	600mm×600mm×8.6mm	/	2013-04-28	合格		福建省产品质量检验研究院
夹江县鑫鹏瓷业有限公司	四川省	瓷质砖（干压陶瓷砖）	福伦多	600mm×600mm×9.5mm	优等品	2013-07-06	合格		国家建筑装修材料质量监督检验中心
四川建辉陶瓷有限公司	四川省	干压陶瓷砖-陶质砖（釉面内墙砖）	建辉	300mm×450mm×9.5mm	优等品	2013-06-29	合格		国家建筑装修材料质量监督检验中心
四川省米兰诺陶瓷有限公司	四川省	干压陶瓷砖-陶质砖	米兰诺	300mm×300mm×9.0mm	优等品	2013-03-17	合格		国家建筑装修材料质量监督检验中心
四川新乐雅陶瓷有限公司	四川省	欧曼尼瓷质抛光砖	欧曼尼	600mm×600mm×9mm	合格品	2013-05-28	合格		国家建筑装修材料质量监督检验中心
四川省新万兴瓷业有限公司	四川省	陶瓷砖	万茂	300mm×600mm×9.8mm	合格品	2013-04-09	合格		国家建筑装修材料质量监督检验中心
夹江县凯风陶瓷有限公司	四川省	瓷质抛光砖（陶瓷砖）	香莱尔	800mm×800mm×10.3mm	合格品	2013-07-24	合格		国家建筑装修材料质量监督检验中心
四川省明珠陶瓷有限公司	四川省	陶瓷砖	伊伦	600mm×600mm×9.5mm	合格品	2013-07-03	合格		国家建筑装修材料质量监督检验中心
四川威尼陶瓷有限公司	四川省	炻质砖（陶瓷砖）	威尼	600mm×600mm×10.2mm	合格品	2013-05-08	合格		国家建筑装修材料质量监督检验中心

续表

企业名称	所在地	产品名称	商标	规格型号	产品等级	生产日期/批号	抽查结果	主要不合格项目	承检机构
四川省华鹏陶瓷有限公司	四川省	炻质砖（陶瓷砖）	圣羽	600mm×600mm×10.5mm	合格品	2013-05-09	合格		国家建筑装修材料质量监督检验中心
夹江县富园陶瓷有限公司	四川省	陶质砖（陶瓷砖）	维美达	300mm×600mm×10.0mm	合格品	2013-06-20	合格		国家建筑装修材料质量监督检验中心
峨眉山金陶瓷业发展有限公司	四川省	陶质釉面砖（陶瓷砖）	名石	300mm×300mm×10.0mm	合格品	2013-05-16	合格		国家建筑装修材料质量监督检验中心
陕西千禾陶瓷有限公司	陕西省	陶瓷砖（高级抛晶砖）	/	300mm×300mm×9mm；3319	合格品	2013-06-25	合格		国家陶瓷及水暖卫浴产品质量监督检验中心
宝鸡市申博陶瓷有限公司	陕西省	陶瓷砖（工程专用地脚线）	鸿福	600mm×115mm；601	合格品	2013-06-17	合格		国家陶瓷及水暖卫浴产品质量监督检验中心
陕西锦泰陶瓷股份有限公司	陕西省	陶瓷砖（高级抛晶砖）	/	300mm×300mm；9109	合格品	2013-07-15	合格		国家陶瓷及水暖卫浴产品质量监督检验中心
宝鸡市景铃陶瓷有限责任公司	陕西省	陶瓷砖	景铃	300mm×600mm；3604	合格品	2012-11-20	合格		国家陶瓷及水暖卫浴产品质量监督检验中心
淮北嘉美陶瓷有限公司	安徽省	内墙砖（陶质砖）	贝郎	200mm×300mm×6.6mm	/	2013-07-14	不合格	破坏强度、断裂模数	国家建材产品质量监督检验中心（南京）
福建省晋江豪山建材有限公司	福建省	3D立体喷墨砖	豪山	400mm×200mm×10mm	/	3DSH007	不合格	尺寸、破坏强度	国家建筑节能产品质量监督检验中心
制造商：佛山市罗利亚陶瓷有限公司 生产厂：临沂宏达瓷业有限公司	山东省	陶瓷砖（内墙砖）	金梦庄园	450mm×300mm	优等品	2013-07-16/35000	不合格	断裂模数	国家陶瓷及水暖卫浴产品质量监督检验中心
制造商：佛山市丰德瑞陶瓷有限公司 生产厂：临沂市奥达建陶有限公司	山东省	陶瓷砖（全瓷抛釉砖）	丰德瑞	600mm×600mm	优等品	2013-07-18	不合格	吸水率	国家陶瓷及水暖卫浴产品质量监督检验中心
制造商：佛山市地王陶瓷有限公司 生产厂：临沂沂州建陶有限公司	山东省	陶瓷砖（精工砖）	地王	800mm×800mm	优等品	2013-04-29/DSC8002	不合格	断裂模数	国家陶瓷及水暖卫浴产品质量监督检验中心
制造商：佛山市金曼迪陶瓷有限公司 生产厂：临沂永吉陶瓷有限公司	山东省	陶瓷砖（内墙砖）	金曼迪	600mm×300mm×11mm	优等品	2013-07-05	不合格	尺寸	国家陶瓷及水暖卫浴产品质量监督检验中心
制造商：佛山市凯帝雅陶瓷有限公司 生产厂：湖南凯美陶瓷有限公司	湖南省	工程方块砖（陶瓷砖）	（图形商标）	100mm×100mm×6.7mm	/	2013-05-03	不合格	尺寸	福建省产品质量检验研究院

续表

企业名称	所在地	产品名称	商标	规格型号	产品等级	生产日期/批号	抽查结果	主要不合格项目	承检机构
佛山市金巴利陶瓷有限公司	广东省	金巴利陶瓷（陶瓷砖）	金巴利	600mm×600mm×9mm；JEA6001	优等品	2013-06-20	不合格	尺寸	福建省产品质量检验研究院
清远圣利达陶瓷有限公司	广东省	陶瓷砖（全抛釉系列）	圣利达 Senlita	800mm×800mm×11.5mm	优等品	2013-06-30/QPY8119	不合格	放射性核素	国家建筑装修材料质量监督检验中心
四川省丹棱县恒发陶瓷厂	四川省	陶质砖	博亚	250mm×330mm×7.2mm	合格品	2013-07-24	不合格	破坏强度、断裂模数	国家建筑装修材料质量监督检验中心
四川夹江宏发瓷业有限公司	四川省	陶质砖（陶瓷砖）	圣凯丽	300mm×300mm×9.3mm	合格品	2013-07-10	不合格	吸水率	国家建筑装修材料质量监督检验中心

二、陶瓷坐便器产品质量国家监督抽查结果（2013年12月10日发布）

国家质检总局、水利部、全国节约用水办公室联合公布2013年4种节水产品质量国家监督抽查结果。其中，抽查了160批次陶瓷坐便器产品，有10批次产品不符合标准的规定。

根据通报，2013年第四季度，抽查了北京、天津、河北、上海、江苏、福建、江西、山东、河南、湖北、广东、重庆等12个省、直辖市160家企业生产的160批次陶瓷坐便器产品。依据GB6952-2005《卫生陶瓷》、GB26730-2011《卫生洁具 便器用重力式冲水装置及洁具机架》等标准规定的要求，对陶瓷坐便器产品的水封深度、水封表面面积、吸水率、便器用水量、洗净功能、固体排放功能、污水置换功能、坐便器水封回复、便器配套要求、管道输送特性、安全水位技术要求、驱动方式、进水阀CL标记、防虹吸功能、水箱安全水位、进水阀密封性、排水阀自闭密封性、进水阀耐压性等18个项目进行了检验。

抽查发现10批次产品不符合标准的规定，涉及Orans、利雅德、鑫宜Xinyi、润格、Dynasty、NOBYA纳比亚、美迪海纳MEIDIHAINA、KARNS、卡西尼、欧名卫浴等品牌。主要不合格项目为吸水率、水封深度、便器用水量、洗净功能、固体排放功能、安全水位技术要求、水箱安全水位等。

陶瓷坐便器产品质量国家监督抽查产品及其企业名单 表4-2

企业名称	所在地	产品名称	商标	规格型号	生产日期/批号	抽查结果	主要不合格项目	承检机构
东陶机器(北京)有限公司	北京市	连体坐便器	TOTO	CW886B (6L)	2013-07-13	合格		国家排灌及节水设备产品质量监督检验中心
美标(天津)陶瓷有限公司	天津市	安可6升连体坐厕底座305mm	American Standard	CP-2004.702.04 (6L)	2013-07-18	合格		国家排灌及节水设备产品质量监督检验中心
惠达卫浴股份有限公司	河北省	连体坐便器	HUIDA	HDC6115 (6L)	20130725	合格		国家排灌及节水设备产品质量监督检验中心
唐山新鹰卫浴有限公司	河北省	69智洁釉连体坐便器	YING	CD=6930J (6L)	2013-07-02	合格		国家排灌及节水设备产品质量监督检验中心

企业名称	所在地	产品名称	商标	规格型号	生产日期/批号	抽查结果	主要不合格项目	承检机构
唐山华丽陶瓷有限公司	河北省	分体坐便器	/	95#分体坐便器(6L)	2013-07-15	合格		国家排灌及节水设备产品质量监督检验中心
唐山中陶洁具制造有限公司	河北省	连体坐便器	IMEX意中陶·卫浴	CA1031-30(6L)	2013-07-25	合格		国家排灌及节水设备产品质量监督检验中心
东陶华东有限公司	上海市	连体坐便器	TOTO	CW854RB(节水型)	2013-07-17	合格		国家陶瓷产品质量监督检验中心(江西)
上海美标陶瓷有限公司	上海市	陶瓷坐便器	American standard	CP-2073(节水型4.8L)	2013-07-08	合格		国家陶瓷产品质量监督检验中心(江西)
上海劳达斯洁具有限公司	上海市	陶瓷坐便器	ROD-DEX	CT121-3(普通型)	2013-06-22	合格		国家陶瓷产品质量监督检验中心(江西)
骊住建材(苏州)有限公司	江苏省	陶瓷坐便器	INAX	GNC-300S-2C(节水型)	2013-07-22	合格		国家陶瓷产品质量监督检验中心(江西)
无锡汇欧陶瓷有限公司	江苏省	陶瓷坐便器	/	C-640S30FS(节水型)	2013-07-23	合格		国家陶瓷产品质量监督检验中心(江西)
和成(中国)有限公司	江苏省	陶瓷坐便器	HCG	C4520NT(节水型6L)	2012-12-27/12271201	合格		国家陶瓷产品质量监督检验中心(江西)
福建省南安市华盛建材有限公司	福建省	陶瓷坐便器	HHHS	H-TZ1219(6L)	2013-08-06	合格		国家排灌及节水设备产品质量监督检验中心
福建南安市欧尔陶卫浴有限公司	福建省	陶瓷坐便器	OLTO	OL-1221(6L)	2013-08-06	合格		国家排灌及节水设备产品质量监督检验中心
泉州中宇陶瓷有限公司	福建省	陶瓷坐便器	JOYOU	JY60109(节水型4.8L)	2013-08	合格		国家排灌及节水设备产品质量监督检验中心
申鹭达股份有限公司	福建省	陶瓷坐便器	SUN-LOT	LD-77210-(4/6L)	2013-07-24	合格		国家排灌及节水设备产品质量监督检验中心
辉煌水暖集团有限公司	福建省	陶瓷坐便器	HHSN	HS1007-S(节水型)	2013-07-30	合格		国家排灌及节水设备产品质量监督检验中心
九牧厨卫股份有限公司	福建省	陶瓷坐便器	JOMOO	1188-2(3.8/6L)	2012-11-17	合格		国家排灌及节水设备产品质量监督检验中心
漳州万佳陶瓷工业有限公司	福建省	陶瓷坐便器	Bolina	W1262(6L)	2013-08-05	合格		国家排灌及节水设备产品质量监督检验中心

企业名称	所在地	产品名称	商标	规格型号	生产日期/批号	抽查结果	主要不合格项目	承检机构
景德镇乐华陶瓷洁具有限公司	江西省	陶瓷坐便器	ARROW	AB1122(5.0L)	2013-06-07	合格		国家陶瓷产品质量监督检验中心（江西）
山东美林卫浴有限公司	山东省	连体坐便器	Milim	MC168A(节水型)	2013-04-05	合格		国家排灌及节水设备产品质量监督检验中心
淄博科勒有限公司	山东省	罗莎加长型连体坐便器	KOHLER	17659T-0(6L)	2013-02-28	合格		国家排灌及节水设备产品质量监督检验中心
郑州欧普陶瓷有限公司	河南省	陶瓷坐便器	莱科	8332(普通型)	2013-05	合格		国家排灌及节水设备产品质量监督检验中心
新郑市恒益陶瓷厂	河南省	陶瓷坐便器	欧瑞	6810(普通型)	2013-07	合格		国家排灌及节水设备产品质量监督检验中心
河南省新郑市华裕陶瓷公司	河南省	陶瓷坐便器	欧丽	2059(普通型)	2013-07	合格		国家排灌及节水设备产品质量监督检验中心
禹州市中陶卫浴有限公司	河南省	陶瓷坐便器	mahadn	MLT-9907(节水型)	2013-07	合格		国家排灌及节水设备产品质量监督检验中心
禹州市高点陶瓷厂	河南省	陶瓷坐便器	美尼佳	9608(普通型)	2013-06	合格		国家排灌及节水设备产品质量监督检验中心
禹州富田瓷业有限公司	河南省	陶瓷坐便器	FTAn	328D(节水型6L)	2013-06	合格		国家排灌及节水设备产品质量监督检验中心
禹州市明珠陶瓷有限公司	河南省	陶瓷坐便器	SAIDAN	26#(普通型)	2013-07	合格		国家排灌及节水设备产品质量监督检验中心
禹州市欧亚陶瓷有限公司	河南省	陶瓷坐便器	欧兰奇	601(普通型)	2013-06-18	合格		国家排灌及节水设备产品质量监督检验中心
禹州市华夏卫生陶瓷有限责任公司	河南省	分体坐便器	唐州	1#(9L)	2013-07-18	合格		国家排灌及节水设备产品质量监督检验中心
洛阳美迪雅瓷业有限公司	河南省	陶瓷坐便器	Medyag	0910(节水型)	2013-06	合格		国家排灌及节水设备产品质量监督检验中心
洛阳市闻洲瓷业有限公司	河南省	陶瓷坐便器	闻洲	WC-026 (节水型)	201307	合格		国家排灌及节水设备产品质量监督检验中心
长葛市远东陶瓷有限公司	河南省	陶瓷坐便器	好亿家	2031 (普通型)	2013-06	合格		国家排灌及节水设备产品质量监督检验中心

企业名称	所在地	产品名称	商标	规格型号	生产日期/批号	抽查结果	主要不合格项目	承检机构
长葛市飞达瓷业有限公司	河南省	陶瓷坐便器	FEIDA	A-06（普通型）	2013-07	合格		国家排灌及节水设备产品质量监督检验中心
河南美霖卫浴有限公司	河南省	陶瓷坐便器	GAODI	GD-107(普通型)	2013-07	合格		国家排灌及节水设备产品质量监督检验中心
长葛市蓝鲸卫浴有限公司	河南省	陶瓷坐便器	蓝鲸	LJ-232(普通型)	2013-06	合格		国家排灌及节水设备产品质量监督检验中心
长葛市新石梁瓷业有限公司	河南省	陶瓷坐便器	新石梁	1013(普通型)	2013-05-06	合格		国家排灌及节水设备产品质量监督检验中心
河南浪迪瓷业有限公司	河南省	陶瓷坐便器	LODO	LZ09038（普通型）	2013-07	合格		国家排灌及节水设备产品质量监督检验中心
长葛市贝浪瓷业有限公司	河南省	陶瓷坐便器	贝意浪	9005(普通型)	2013-07	合格		国家排灌及节水设备产品质量监督检验中心
河南明泰陶瓷制品有限公司	河南省	陶瓷坐便器	圣好	SH310(普通型)	2013-07	合格		国家排灌及节水设备产品质量监督检验中心
长葛市恒尔瓷业有限公司	河南省	陶瓷坐便器	Hner恒尔	6918(普通型)	2013-07	合格		国家排灌及节水设备产品质量监督检验中心
河南蓝健陶瓷有限公司	河南省	陶瓷坐便器	蓝健	LJM-15(普通型)	2013-07-19	合格		国家排灌及节水设备产品质量监督检验中心
长葛市吉祥瓷业有限公司	河南省	陶瓷坐便器	雅格yage	11(普通型)	2013-07-21	合格		国家排灌及节水设备产品质量监督检验中心
长葛市春风瓷业有限公司	河南省	陶瓷坐便器	英伦	YL-8 (普通型)	2013-07-11	合格		国家排灌及节水设备产品质量监督检验中心
长葛市加美陶瓷有限公司	河南省	陶瓷坐便器	JIEDA	76(普通型)	2013-07	合格		国家排灌及节水设备产品质量监督检验中心
宜都市惠宜陶瓷有限公司	湖北省	连体坐便器	惠陶	HB5250（节水型6L）	2013-06-28	合格		国家建筑装修材料质量监督检验中心
佛山市南海益高卫浴有限公司	广东省	连体坐便器	益高	TB351(节水型6L)	2013-04-18/03	合格		国家陶瓷与耐火材料产品质量监督检验中心
佛山市美加华陶瓷有限公司	广东省	连体坐便器	MICA-WA	MB-1821(节水型6L)	2013-07-09/201307	合格		国家陶瓷与耐火材料产品质量监督检验中心

续表

企业名称	所在地	产品名称	商标	规格型号	生产日期/批号	抽查结果	主要不合格项目	承检机构
佛山市高明安华陶瓷洁具有限公司	广东省	连体坐便器	annwa	aB1350M(节水型6L)	2013-07-05/B408	合格		国家陶瓷与耐火材料产品质量监督检验中心
佛山市法恩洁具有限公司	广东省	连体坐便器	法恩莎	FB1676(节水型6L)	2013-06-13/1306090069A	合格		国家陶瓷与耐火材料产品质量监督检验中心
佛山市家家卫浴有限公司	广东省	连体坐便器	浪鲸	C0-1018(节水型6L)	2013-06-10	合格		国家陶瓷与耐火材料产品质量监督检验中心
佛山伯朗滋洁具有限公司	广东省	陶瓷坐便器	OXO	CW8009(普通型8L)	2013-07-15	合格		国家陶瓷与耐火材料产品质量监督检验中心
佛山科勒有限公司	广东省	瑞琦地排水坐便器缸体、瑞琦水箱	科勒	3836T-0、3835T-0(节水型4.2L)	2013-07-08	合格		国家陶瓷与耐火材料产品质量监督检验中心
佛山市恒洁卫浴有限公司	广东省	连体坐便器	HEGII	H0125(节水型6L)	2013-07-16/001	合格		国家陶瓷与耐火材料产品质量监督检验中心
清远市尚高洁具有限公司	广东省	连体坐便器	SUN-COO	SOL866(节水型6L)	2013-07-17/B102	合格		国家陶瓷与耐火材料产品质量监督检验中心
华美洁具有限公司	广东省	迈阿密节水型加长连体坐厕	American Standard	CT-2089(节水型6L)	2013-05-20	合格		国家陶瓷与耐火材料产品质量监督检验中心
乐家(中国)有限公司	广东省	乔治亚之连体	Roca	3-4945E(节水型6L)	2013-05-30	合格		国家陶瓷与耐火材料产品质量监督检验中心
佛山市顺德区乐华陶瓷洁具有限公司	广东省	连体坐便器	箭牌	AB1262(节水型5L)	2013-07-12	合格		国家陶瓷与耐火材料产品质量监督检验中心
佛山市爱立华卫浴洁具有限公司	广东省	连体坐便器	Gemy	G6236(节水型6L)	2013-06-28	合格		国家陶瓷与耐火材料产品质量监督检验中心
佛山市高明英皇卫浴有限公司	广东省	陶瓷坐便器	CRW	HTC3636(节水型6L)	2013-07-17	合格		国家陶瓷与耐火材料产品质量监督检验中心
佛山市禅城区中冠浴室设备厂	广东省	陶瓷坐便器	/	M6649(节水型6L)	2013-05-04	合格		国家陶瓷与耐火材料产品质量监督检验中心
新乐卫浴(佛山)有限公司	广东省	连体坐便器	YING	CDH66NC(节水型6L)	2013-07-17	合格		国家陶瓷与耐火材料产品质量监督检验中心
佛山市冠珠卫浴有限公司	广东省	坐便器	冠珠	CT082M(节水型6L)	2013-07-14	合格		国家陶瓷与耐火材料产品质量监督检验中心

企业名称	所在地	产品名称	商标	规格型号	生产日期/批号	抽查结果	主要不合格项目	承检机构
佛山市萨米特卫浴有限公司	广东省	坐便器	萨米特	S050M(节水型6L)	2013-07-14	合格		国家陶瓷与耐火材料产品质量监督检验中心
佛山东鹏洁具股份有限公司	广东省	连体坐便器	东鹏	W1151(节水型5L)	2013-07-07	合格		国家陶瓷与耐火材料产品质量监督检验中心
佛山钻石洁具陶瓷有限公司	广东省	连体坐便器	Dia-moND	A-VA05(节水型6L)	2013-07-18	合格		国家陶瓷与耐火材料产品质量监督检验中心
佛山市南海区泰和洁具制品有限公司	广东省	陶瓷坐便器	NTH	MY8065(节水型6L)	2013-07-11	合格		国家陶瓷与耐火材料产品质量监督检验中心
佛山市日丰企业有限公司	广东省	连体坐便器	日丰	B-1010M(节水型6L)	2013-04-07	合格		国家陶瓷与耐火材料产品质量监督检验中心
开平金牌洁具有限公司	广东省	连体坐便器	GOLD	RF2082(节水型6L)	2013-07-19	合格		国家陶瓷与耐火材料产品质量监督检验中心
开平市澳斯曼洁具有限公司	广东省	一体节水坐便器	AOS-MAN	AS1273(节水型6L)	2013-05-24	合格		国家陶瓷与耐火材料产品质量监督检验中心
乔登卫浴(江门)有限公司	广东省	连体坐便器	JODEN	TC10053W-3(节水型6L)	2013-04	合格		国家陶瓷与耐火材料产品质量监督检验中心
鹤山市安蒙卫浴科技有限公司	广东省	连体坐便器	ABM	994057(节水型6L)	2013-05-13	合格		国家陶瓷与耐火材料产品质量监督检验中心
江门吉事多卫浴有限公司	广东省	乐活节水连体坐厕	吉事多	WL100064003001(节水型4.5L)	2013-07-12	合格		国家陶瓷与耐火材料产品质量监督检验中心
珠海铂鸥卫浴用品有限公司	广东省	椭圆连体坐厕	BRA-VAT	C2194W-3(节水型6L)	2013-03-23	合格		国家陶瓷与耐火材料产品质量监督检验中心
广州市欧派卫浴有限公司	广东省	坐便器	OPPEIN	OP-W780(节水型6L)	2013-06-03	合格		国家陶瓷与耐火材料产品质量监督检验中心
阿波罗(中国)有限公司	广东省	喷射虹吸式连体坐便器	AP-POLLO	ZB3416M(节水型6L)	2013-04-16	合格		国家陶瓷与耐火材料产品质量监督检验中心
佛山市卫欧卫浴有限公司	广东省	卫生陶瓷坐便器	VIRGO	9888(普通型9L)	2013-06-19	合格		国家陶瓷与耐火材料产品质量监督检验中心
佛山市高明加美勒洁具有限公司	广东省	连体坐厕	BRA-VAT	C2181W-P(节水型6L)	2013-07-26	合格		国家陶瓷与耐火材料产品质量监督检验中心

续表

企业名称	所在地	产品名称	商标	规格型号	生产日期/批号	抽查结果	主要不合格项目	承检机构
广州贝朗卫浴用品有限公司	广东省	连体坐便器	BRA-VAT	C2181UW-3(节水型6L)	2013-06-11	合格		国家陶瓷与耐火材料产品质量监督检验中心
东莞市龙邦卫浴有限公司	广东省	连体坐便器	卡蒙	KAM-91051(节水型6L)	2013-04-06	合格		国家陶瓷与耐火材料产品质量监督检验中心
广东地中海卫浴科技有限公司	广东省	连体坐便器	地中海卫浴	M-CE1077(节水型6L)	2012-09-18	合格		国家陶瓷与耐火材料产品质量监督检验中心
佛山市赛维亚贸易有限公司	广东省	连体坐便器	SAVOIA	SC21005(节水型6L)	2013-06-21	合格		国家陶瓷与耐火材料产品质量监督检验中心
佛山市禅城区欧陆卫浴厂	广东省	连体坐便器	OULU	OL-A878(节水型6L)	2013-07-18	合格		国家陶瓷与耐火材料产品质量监督检验中心
潮安县欧贝尔陶瓷有限公司	广东省	陶瓷坐便器	欧贝尔卫浴	8088(节水型6L)	2013-06	合格		国家陶瓷产品质量监督检验中心（江西）
潮安县赛虎瓷业有限公司	广东省	陶瓷坐便器	富琳	FULIN8825(普通型9L)	2013-06-06	合格		国家陶瓷产品质量监督检验中心（江西）
潮安县中德陶瓷有限公司	广东省	连体坐便器	中德标致	ZD-817(普通型)	2013-07	合格		国家陶瓷产品质量监督检验中心（江西）
潮安县鹏王陶瓷实业有限公司	广东省	坐便器	法比亚卫浴	A021（节水型）	2013-07	合格		国家陶瓷产品质量监督检验中心（江西）
潮安县欧诺陶瓷实业有限公司	广东省	卫生陶瓷（坐便器）	赛格卫浴	A-133(普通型)	2013-07-17	合格		国家陶瓷产品质量监督检验中心（江西）
潮安县特美思瓷业有限公司	广东省	陶瓷坐便器	特美思	2016(普通型9L)	2013-06-28	合格		国家陶瓷产品质量监督检验中心（江西）
潮安县欧莱美陶瓷有限公司	广东省	陶瓷坐便器	欧莱美	8063(普通型)	2013-07-10	合格		国家陶瓷产品质量监督检验中心（江西）
潮安县泽英陶瓷有限公司	广东省	卫生陶瓷（坐便器）	创佳卫浴	307(普通型9L)	2013-07	合格		国家陶瓷产品质量监督检验中心（江西）
潮安县帝牌陶瓷卫浴有限公司	广东省	卫生陶瓷（坐便器）	帝牌	R005(普通型9L)	2013-07-01	合格		国家陶瓷产品质量监督检验中心（江西）
潮安县唯雅妮陶瓷有限公司	广东省	连体坐便器	vieany	OK-2341(普通型)	2013-07-02	合格		国家陶瓷产品质量监督检验中心（江西）

续表

企业名称	所在地	产品名称	商标	规格型号	生产日期/批号	抽查结果	主要不合格项目	承检机构
潮安县古巷镇汉高陶瓷厂	广东省	陶瓷坐便器	东姿卫浴	6622(节水型)	2013-06-20	合格		国家陶瓷产品质量监督检验中心(江西)
潮安县海博陶瓷有限公司	广东省	卫生陶瓷(坐便器)	鹰陶卫浴	98160(普通型)	2013-07-11	合格		国家陶瓷产品质量监督检验中心(江西)
广东梦佳陶瓷实业有限公司	广东省	陶瓷坐便器	广东梦佳	241(节水型)	2013-07-15	合格		国家陶瓷产品质量监督检验中心(江西)
潮安县柏嘉陶瓷有限公司	广东省	卫生陶瓷(坐便器)	monls-bath	柏嘉302(普通型9L)	2013-07-16	合格		国家陶瓷产品质量监督检验中心(江西)
广东荣信卫浴实业有限公司	广东省	陶瓷坐便器	穗陶	SF0822(普通型)	2013-06-17	合格		国家陶瓷产品质量监督检验中心(江西)
潮州市牧野陶瓷制造有限公司	广东省	陶瓷坐便器	牧野卫浴	MY-2133(节水型6L)	2013-06-16	合格		国家陶瓷产品质量监督检验中心(江西)
潮州市培兴陶瓷制作有限公司	广东省	卫生陶瓷(坐便器)	YOYO	PR-8013(普通型)	2013-07-15	合格		国家陶瓷产品质量监督检验中心(江西)
广东安彼科技有限公司	广东省	卫生陶瓷(坐便器)	安彼	AB-3683(节水型6L)	2013-06-30	合格		国家陶瓷产品质量监督检验中心(江西)
潮安县耐斯陶瓷有限公司	广东省	卫生陶瓷(坐便器)	NICE	N-A2083(普通型9L)	2013-06-19	合格		国家陶瓷产品质量监督检验中心(江西)
广东欧美尔工贸实业有限公司	广东省	(卫生陶瓷)坐便器	欧美尔卫浴	Z-1181(普通型)	2013-06-22	合格		国家陶瓷产品质量监督检验中心(江西)
潮安县蒙娜丽莎陶瓷实业有限公司	广东省	陶瓷坐便器	monnal	A-0996(普通型)	2013-07	合格		国家陶瓷产品质量监督检验中心(江西)
潮州市美隆陶瓷实业有限公司	广东省	陶瓷坐便器	美隆	2072(普通型)	2013-07	合格		国家陶瓷产品质量监督检验中心(江西)
广东马岛卫浴有限公司	广东省	陶瓷坐便器	马岛卫浴	8125(普通型)	2013-06-28	合格		国家陶瓷产品质量监督检验中心(江西)
潮安县恒生陶瓷有限公司	广东省	坐便器	恒生卫浴	HS-897(普通型)	2013-07-09	合格		国家陶瓷产品质量监督检验中心(江西)
潮安县四海陶瓷有限公司	广东省	卫生陶瓷(坐便器)	欧美莱	102(节水型)	2013-07-18	合格		国家陶瓷产品质量监督检验中心(江西)

续表

企业名称	所在地	产品名称	商标	规格型号	生产日期/批号	抽查结果	主要不合格项目	承检机构
广东非凡实业有限公司	广东省	陶瓷坐便器	尚磁卫浴	UD-1247(节水型6/4.2L)	2013-07	合格		国家陶瓷产品质量监督检验中心（江西）
潮安县古巷镇伯朗陶瓷厂	广东省	陶瓷坐便器	露意莎卫浴	HK-8168(普通型)	2013-05	合格		国家陶瓷产品质量监督检验中心（江西）
潮安县金禅瓷业有限公司	广东省	卫生陶瓷（坐便器）	路迪斯牌	8830(普通型9L)	2013-07-02	合格		国家陶瓷产品质量监督检验中心（江西）
潮安县雅伦陶瓷实业有限公司	广东省	坐便器	雅格尔卫浴	8876(普通型)	2013-06	合格		国家陶瓷产品质量监督检验中心（江西）
潮安县古巷镇鑫隆陶瓷厂	广东省	卫生陶瓷（坐便器）	诺佳卫浴	1635(普通型)	2013-07	合格		国家陶瓷产品质量监督检验中心（江西）
广东恒洁卫浴有限公司	广东省	陶瓷坐便器	HeGII 恒洁	H-0115（普通型）	2013-06-15/001	合格		国家建筑装修材料质量监督检验中心
潮州市亚陶瓷业有限公司	广东省	卫生陶瓷（坐便器）	yato 亚陶	YA-915（节水型6L）	2013-07-26	合格		国家建筑装修材料质量监督检验中心
潮安县米奇瓷业有限公司	广东省	坐便器	MICKY 米奇	2014（普通型）	2013-06-30	合格		国家建筑装修材料质量监督检验中心
潮安县洁厦瓷业有限公司	广东省	陶瓷坐便器	Jasee	JX-5576（普通型）	2013-06-26	合格		国家建筑装修材料质量监督检验中心
潮州市赛欧陶瓷实业有限公司	广东省	卫生陶瓷（坐便器）	saio 赛欧	SO-3311（普通型）	2013-07-21	合格		国家建筑装修材料质量监督检验中心
潮州市鹏佳陶瓷实业有限公司	广东省	坐便器	SLOM 斯洛美	SA-1120（节水型）	2013-07-24	合格		国家建筑装修材料质量监督检验中心
潮州市名流陶瓷实业有限公司	广东省	坐便器	MING-LIU	385（普通型）	2013-07-02	合格		国家建筑装修材料质量监督检验中心
潮州市美丹瓷业有限公司	广东省	卫生陶瓷（坐便器）	KAN-NOR 卡恩诺	K-10（普通型）	2013-07-27	合格		国家建筑装修材料质量监督检验中心
潮州市中韩陶瓷实业有限公司	广东省	连体坐便器	华盛 HuaSheng	ZH-2888（普通型）	2013-07-25	合格		国家建筑装修材料质量监督检验中心
潮州市枫溪区美龙格洁具厂	广东省	卫生陶瓷（坐便器）	美龙格 MEI-LONG-GE	334（普通型）	2013-06-25	合格		国家建筑装修材料质量监督检验中心

续表

企业名称	所在地	产品名称	商标	规格型号	生产日期/批号	抽查结果	主要不合格项目	承检机构
潮州市美建瓷业有限公司	广东省	卫生陶瓷（坐便器）	南陶 NAN-TAO	012（普通型）	2013-06-15	合格		国家建筑装修材料质量监督检验中心
潮州市枫溪区意佳陶瓷厂	广东省	坐便器	澳东 oodd	050（普通型）	2013-06-20	合格		国家建筑装修材料质量监督检验中心
潮安县凤塘镇尊龙洁具厂	广东省	陶瓷坐便器	Zun Long	ZL-2184（普通型）	2013-07-28	合格		国家建筑装修材料质量监督检验中心
广东澳丽泰陶瓷实业有限公司	广东省	坐便器	泰陶 TAITAO	TA-8158（节水型）	2013-04-26	合格		国家建筑装修材料质量监督检验中心
潮州市枫溪区韩佳陶瓷洁具制作厂	广东省	卫生陶瓷（坐便器）	韩佳 HANJIA	H086（普通型）	2013-07-23/H086	合格		国家建筑装修材料质量监督检验中心
潮州市枫溪锦辉陶瓷厂	广东省	050坐便器	LMD 利明登	050 恐龙蛋（普通型）	2013-07-30	合格		国家建筑装修材料质量监督检验中心
潮州市枫溪美光陶瓷三厂	广东省	卫生陶瓷（坐便器）	韩美 HAN-MEI	3028（普通型）	2013-06-02	合格		国家建筑装修材料质量监督检验中心
潮州市格林陶瓷实业有限公司	广东省	陶瓷坐便器	Maha	2130（普通型）	2013-06-20	合格		国家建筑装修材料质量监督检验中心
潮安县民洁卫浴有限公司	广东省	卫生陶瓷（坐便器）	MIJIC	72（普通型）	2013-07-25	合格		国家建筑装修材料质量监督检验中心
潮安县凤塘镇狮牌洁具厂	广东省	坐便器	狮牌 LION	0118（普通型）	2013-07-31	合格		国家建筑装修材料质量监督检验中心
潮安县凤塘凡尔赛洁具厂	广东省	卫生陶瓷（坐便器）	佳乐斯 caRcc	1185（普通型）	2013-07-01	合格		国家建筑装修材料质量监督检验中心
潮安县辉煌陶瓷洁具厂	广东省	连体坐便器	HHSN	6T-192（普通型）	2013-06-20	合格		国家建筑装修材料质量监督检验中心
潮州市佩尔森陶瓷实业有限公司	广东省	卫生陶瓷（坐便器）	persn	A1852（普通型）	2013-04-15	合格		国家建筑装修材料质量监督检验中心
潮安县凤塘镇鸿美洁具厂	广东省	卫生陶瓷（坐便器）	卫达斯 Weidasi	2367（普通型）	2013-06-30	合格		国家建筑装修材料质量监督检验中心
潮安县明珠陶瓷洁具有限公司	广东省	卫生陶瓷（坐便器）	香柏	6571（普通型）	2013-07-15	合格		国家建筑装修材料质量监督检验中心

续表

企业名称	所在地	产品名称	商标	规格型号	生产日期/批号	抽查结果	主要不合格项目	承检机构
潮州市新群陶瓷实业有限公司	广东省	卫生陶瓷（坐便器）	Woston 华斯顿	907（普通型）	2013-04-16	合格		国家建筑装修材料质量监督检验中心
潮安县登塘相约陶瓷洁具厂	广东省	卫生陶瓷（坐便器）	凯瑟 KAISE	普通型	2013-06-20	合格		国家建筑装修材料质量监督检验中心
潮安县凤塘镇永泰陶瓷制作厂	广东省	卫生陶瓷（坐便器）	绿美家 Romeica	R083（普通型）	2013-07-29	合格		国家建筑装修材料质量监督检验中心
潮安县凤塘镇泰美斯陶瓷洁具厂	广东省	坐便器	智能之星 SUN·OOU	2118（普通型）	2013-05-06	合格		国家建筑装修材料质量监督检验中心
潮安县三元陶瓷洁具有限公司	广东省	坐便器	洁博士 J-BOSS	554（普通型）	2013-07-25	合格		国家建筑装修材料质量监督检验中心
潮安县伟民陶瓷有限公司	广东省	卫生陶瓷（坐便器）	佳德利 JADILE	871A（普通型）	2013-03-08	合格		国家建筑装修材料质量监督检验中心
潮安县登塘镇乐琪陶瓷厂	广东省	卫生陶瓷（坐便器）	乐琪 Lorky	061（普通型）	2013-08-01	合格		国家建筑装修材料质量监督检验中心
潮安县登塘镇新汉健陶瓷厂	广东省	坐便器	金乐和 Jinlehe	2625（普通型）	2013-06-10	合格		国家建筑装修材料质量监督检验中心
潮安县登塘镇高露卫浴洁具厂	广东省	卫生陶瓷（连体坐便器）	高露卫浴 golo	G-A1108（普通型）	2013-08-01	合格		国家建筑装修材料质量监督检验中心
杜拉维特（中国）洁具有限公司	重庆市	斯达克3连体坐便器	DURAV-IT	2120010001(节水型4.8L)	2013-08-05	合格		国家陶瓷与耐火材料产品质量监督检验中心
重庆四维卫浴(集团)有限公司	重庆市	连体坐便器	swell	22370(节水型6L)	2013-06-08	合格		国家陶瓷与耐火材料产品质量监督检验中心
上海维娜斯洁具有限公司	上海市	陶瓷坐便器	Orans	OLS-989（普通型）	2013-06-16	不合格	洗净功能	国家陶瓷产品质量监督检验中心（江西）
河南利雅德瓷业有限公司	河南省	陶瓷坐便器	利雅德	1030(节水型)	2013-07	不合格	安全水位技术要求、水箱安全水位	国家排灌及节水设备产品质量监督检验中心
宜都市鑫宜陶瓷有限公司	湖北省	陶瓷坐便器	鑫宜 Xinyi	xy-02（普通型9L）	2013-07-26	不合格	便器用水量、安全水位技术要求、进水阀CL标记、防虹吸功能、水箱安全水位	国家建筑装修材料质量监督检验中心

续表

企业名称	所在地	产品名称	商标	规格型号	生产日期/批号	抽查结果	主要不合格项目	承检机构
湖北齐家陶瓷有限公司	湖北省	陶瓷坐便器	润格	RG5003（普通型9L）	2013-06-16	不合格	安全水位技术要求、水箱安全水位	国家建筑装修材料质量监督检验中心
中山市丹丽洁具有限公司	广东省	陶瓷连体坐厕	Dynasty	82239.1(节水型4.5L)	2013-07-06	不合格	安全水位技术要求、水箱安全水位	国家陶瓷与耐火材料产品质量监督检验中心
潮安县凤塘镇明辉陶瓷洁具厂	广东省	坐便器	NOBYA纳比亚	T71（普通型）	2013-07-10	不合格	安全水位技术要求、水箱安全水位	国家建筑装修材料质量监督检验中心
潮安县凤塘海纳卫生洁具厂	广东省	卫生陶瓷（坐便器）	美迪海纳 MEIDI-HAINA	838（普通型）	2013-07-15	不合格	固体物排放功能	国家建筑装修材料质量监督检验中心
广东金厦瓷业有限公司	广东省	坐便器	KARNS	K-78（节水型）	2013-07-29	不合格	吸水率、安全水位技术要求、水箱安全水位	国家建筑装修材料质量监督检验中心
广东卡西尼卫浴有限公司	广东省	卫生陶瓷（坐便器）	卡西尼	CB-2184(普通型)	2013-07-02	不合格	洗净功能	国家陶瓷产品质量监督检验中心（江西）
潮安县鑫艺陶瓷实业有限公司	广东省	陶瓷坐便器	欧名卫浴	B095(普通型)	2013-07-16	不合格	水封深度、便器用水量、洗净功能、固体排放功能、污水置换功能、坐便器水封回复、便器配套要求、安全水位技术要求、水箱安全水位	国家陶瓷产品质量监督检验中心（江西）

三、陶瓷片密封水嘴产品质量国家监督抽查结果（2013 年 12 月 10 日发布）

国家质检总局、水利部、全国节约用水办公室联合公布 2013 年 4 种节水产品质量国家监督抽查结果。其中，抽查了 160 批次陶瓷片密封水嘴产品，有 24 批次产品不符合标准的规定。

根据通报，2013 年第四季度，抽查了北京、河北、辽宁、上海、江苏、浙江、安徽、福建、江西、广东等 10 个省、直辖市 160 家企业生产的 160 批次陶瓷片密封水嘴产品。依据 GB 18145-2003《陶瓷片密封水嘴》等标准规定的要求，对陶瓷片密封水嘴产品的管螺纹精度、冷热水标志、流量（带附件）、流量（不带附件）、阀体强度、密封性能、冷热疲劳试验、酸性盐雾试验等 8 个项目进行了检验。

抽查发现 24 批次产品不符合标准的规定，涉及上海诚诺兄弟实业有限公司、杭州邦勒卫浴有限公司、温州市苹果洁具有限公司、瑞安市欧姆卫生洁具有限公司、瑞安市丽丹达五金洁具有限公司、浙江瑞格铜业有限公司、玉环三创水暖有限公司、台州市路桥豪迪水暖配件厂、泉州市金光阀门制造有限公司、泉州市海鹰实业有限责任公司、福建南安市海景卫浴有限公司、福建爱浪厨卫有限公司、泉州市南荣水暖洁具有限公司、南安市旭山五金洁具有限公司、泉州市沪辉卫浴洁具有限公司、温思特（福州）厨卫设备有限公司、开平市名浪五金实业有限公司、开平凯信卫浴有限公司、开平威尔格卫浴有限公司、开平市尼可卫浴有限公司、开平市水口镇大亨水暖厂、开平市永真卫浴实业有限公司、开平市杜高卫浴有限公司、佛山市家家卫浴有限公司等企业。主要不合格项目为管螺纹精度、酸性盐雾试验、密封性能、流量（不带附件）、冷热疲劳试验等。

陶瓷片密封水嘴产品质量国家监督专项抽查产品及其企业名单　　表4-3

企业名称	所在地	产品名称	商标	规格型号	生产日期/批号	抽查结果	主要不合格项目	承检机构
北京科勒有限公司	北京市	凯迪单把厨房龙头	科勒	668T-CP	2013-04-15	合格		国家建筑材料工业建筑五金水暖产品质量监督检验测试中心
唐山惠达（集团）洁具有限公司	河北省	面盆龙头	惠达	HDA0561M	2013-03-20	合格		国家建筑材料工业建筑五金水暖产品质量监督检验测试中心
河北润旺达洁具制造有限公司	河北省	单柄面盆龙头	武洁	WJ0325	2013-04-27	合格		国家建筑材料工业建筑五金水暖产品质量监督检验测试中心
东陶（大连）有限公司	辽宁省	台式单柄冷热水混合水龙头	TOTO	DL352	2013-05-06	合格		国家建筑材料工业建筑五金水暖产品质量监督检验测试中心
上海市外冈水暖器材厂	上海市	单把面盆水嘴（陶瓷片密封水嘴）	（图形商标）	DN15、20104B	2013-01-30	合格		福建省产品质量检验研究院
汉斯格雅卫浴产品（上海）有限公司	上海市	单把手面盆龙头（陶瓷片密封水嘴）	汉斯格雅	DN15、14010000	2013-01-08	合格		福建省产品质量检验研究院
上海劳达斯洁具有限公司	上海市	厨房龙头（陶瓷片密封水嘴）	ROD-DEX	DN15、RDX3206	2013-03-05	合格		福建省产品质量检验研究院
樱花卫厨（中国）股份有限公司	江苏省	陶瓷片密封水嘴（水槽龙头）	樱花	ST-8262N	2013-04-10	合格		国家建筑五金材料产品质量监督检验中心
和成（中国）有限公司	江苏省	陶瓷片密封水嘴（单把单孔脸盆龙头）	HCG	LF0001-CP	2012-11-23	合格		国家建筑五金材料产品质量监督检验中心
骊住卫生洁具（苏州）有限公司	江苏省	陶瓷片密封水嘴（单手柄洗面用冷热水混合水龙头）	INAX	LFCA101S	2013-01-02	合格		国家建筑五金材料产品质量监督检验中心
乐家洁具（苏州）有限公司	江苏省	陶瓷片密封水嘴（厨房龙头）	乐家Roca	5A8907COP	26030705131147	合格		国家建筑五金材料产品质量监督检验中心
浙江永爱卫生洁具有限公司	浙江省	陶瓷片密封水嘴	永爱	DN15	2013-05	合格		国家建筑五金材料产品质量监督检验中心
雅鼎卫浴股份有限公司	浙江省	陶瓷片密封水嘴（面盆龙头）	雅鼎	8001001	2013-04-21	合格		国家建筑五金材料产品质量监督检验中心
杭州汇家卫浴用品有限公司	浙江省	陶瓷片密封水嘴（单把面盆龙头）	百德嘉	H210001	2013-03-12	合格		国家建筑五金材料产品质量监督检验中心

企业名称	所在地	产品名称	商标	规格型号	生产日期/批号	抽查结果	主要不合格项目	承检机构
杭州港信电器有限公司	浙江省	陶瓷片密封水嘴（防溅水嘴）	港信	1208	2013-04	合格		国家建筑五金材料产品质量监督检验中心
余姚市阿发厨具有限公司	浙江省	陶瓷片密封水嘴（单把单孔冷热水龙头）	阿发	AF-KF1004	2013-05-03	合格		国家建筑五金材料产品质量监督检验中心
宁波奥雷士洁具有限公司	浙江省	陶瓷片密封水嘴（厨房龙头）	奥雷士	9112	2013-02-26	合格		国家建筑五金材料产品质量监督检验中心
宁波博盛阀门管件有限公司	浙江省	陶瓷片密封水嘴（洗脸盆龙头）	BS&BK	BSFA-5201-CP	2013-02-12	合格		国家建筑五金材料产品质量监督检验中心
宁波欧琳实业有限公司	浙江省	陶瓷片密封水嘴（厨房龙头）	欧琳	OL-8101	2013-05-03	合格		国家建筑五金材料产品质量监督检验中心
余姚市华标洁具厂	浙江省	陶瓷片密封水嘴	佰世杰	8151	2013-03-20	合格		国家建筑五金材料产品质量监督检验中心
浙江霹雳马厨卫设备有限公司	浙江省	陶瓷片密封水嘴	霹雳马	WM2B	2013-05	合格		国家建筑五金材料产品质量监督检验中心
宁波杰克龙精工有限公司	浙江省	陶瓷片密封水嘴（单孔面盆龙头）	杰克龙	4510	2013-04-10	合格		国家建筑五金材料产品质量监督检验中心
宁波埃美柯铜阀门有限公司	浙江省	陶瓷片密封水嘴（单柄双控面盆水嘴）	埃美柯	MD95	2013-03-15	合格		国家建筑五金材料产品质量监督检验中心
浦江乐门洁具有限公司	浙江省	陶瓷片密封水嘴	LE-MEN	LB1416	2013-05-02	合格		国家建筑五金材料产品质量监督检验中心
温州蓝藤洁具有限公司	浙江省	陶瓷片密封水嘴	蓝藤	7138	2013-03	合格		国家建筑五金材料产品质量监督检验中心
浙江摩玛利洁具有限公司	浙江省	陶瓷片密封水嘴	MO-MALI	M11014-531C	2013-04-28	合格		国家建筑五金材料产品质量监督检验中心
浙江中克家居用品有限公司	浙江省	陶瓷片密封水嘴（面盆龙头）	中克	2101	2013-03-06	合格		国家建筑五金材料产品质量监督检验中心
温州市景岗洁具有限公司	浙江省	陶瓷片密封水嘴	景岗	X003-1	2013-05-08	合格		国家建筑五金材料产品质量监督检验中心
浙江利尼斯洁具有限公司	浙江省	陶瓷片密封水嘴（单把面盆龙头）	LI-NISI	F8011-101	2013-05-03	合格		国家建筑五金材料产品质量监督检验中心
浙江申红达卫浴有限公司	浙江省	陶瓷片密封水嘴	水舞时尚	SH-2515	2013-04-02	合格		国家建筑五金材料产品质量监督检验中心
浙江凯泰洁具有限公司	浙江省	陶瓷片密封水嘴（单把单孔面盆龙头）	KAIT凯泰	3767	2013-05	合格		国家建筑五金材料产品质量监督检验中心

续表

企业名称	所在地	产品名称	商标	规格型号	生产日期/批号	抽查结果	主要不合格项目	承检机构
温州鸿升集团有限公司	浙江省	陶瓷片密封水嘴（面盆龙头）	ROD-DEX	HS7014-C	2013-05-07	合格		国家建筑五金材料产品质量监督检验中心
浙江高朗卫浴有限公司	浙江省	陶瓷片密封水嘴（面盆龙头）	高朗	8571-293	2013-05-10	合格		国家建筑五金材料产品质量监督检验中心
浙江得士高洁具有限公司	浙江省	陶瓷片密封水嘴	得士高	NO.66628	2013-05-10	合格		国家建筑五金材料产品质量监督检验中心
温州市敏锋洁具有限公司	浙江省	陶瓷片密封水嘴（单水嘴）	金穗	COD:ZFM-1008-8	2013-05	合格		国家建筑五金材料产品质量监督检验中心
浙江贝乐卫浴科技有限公司	浙江省	陶瓷片密封水嘴（面盆龙头）	贝乐	9908A	2013-05-11	合格		国家建筑五金材料产品质量监督检验中心
瑞安市斯利朗卡卫浴洁具厂	浙江省	陶瓷片密封水嘴（洗衣机龙头）	斯利朗卡	7204C	2013-04-07	合格		国家建筑五金材料产品质量监督检验中心
瑞安市贵族洁具有限公司	浙江省	陶瓷片密封水嘴	GuiZu	3105-C	2013-05	合格		国家建筑五金材料产品质量监督检验中心
浙江兰花实业有限公司	浙江省	陶瓷片快开水龙头	兰花	LH9809-DDXY15	2013-03-27	合格		国家排灌及节水设备产品质量监督检验中心
浙江永德信铜业有限公司	浙江省	永德信铜水嘴	CRED-IT	G1/2"C-2016	2012-11-20	合格		国家排灌及节水设备产品质量监督检验中心
中捷厨卫股份有限公司	浙江省	水嘴	Suneli 桑耐丽	F0204	2011-12-15	合格		国家排灌及节水设备产品质量监督检验中心
台州丰华铜业有限公司	浙江省	单把厨房龙头	FLO-VA 丰华	FH8723-D10	2013-04	合格		国家排灌及节水设备产品质量监督检验中心
台州博丽雅洁具有限公司	浙江省	单把面盆龙头	BOR-ER 博丽雅	BLY-11120	2013-03-19	合格		国家排灌及节水设备产品质量监督检验中心
台州嘉德利卫浴有限公司	浙江省	单把厨房龙头	/	JDL8701460	2013-05-08	合格		国家排灌及节水设备产品质量监督检验中心
浙江安玛洁具有限公司	浙江省	陶瓷片加长快开水龙头	anma 安玛	AM 81025-T	2013-05-05	合格		国家排灌及节水设备产品质量监督检验中心
浙江志高洁具有限公司	浙江省	淋浴龙头	NUM-BER 7 七号卫浴	70204	2012-08-09	合格		国家排灌及节水设备产品质量监督检验中心
制造商：上海苏尔达洁具有限公司 生产厂：台州苏尔达水暖有限公司	浙江省	单把面盆龙头	苏尔达 SU-ERDA	SD90043	2012-02-11	合格		国家排灌及节水设备产品质量监督检验中心
浙江康意洁具有限公司	浙江省	单柄厨房龙头	VSa 维莎	KM 806	2012-10-11	合格		国家排灌及节水设备产品质量监督检验中心

企业名称	所在地	产品名称	商标	规格型号	生产日期/批号	抽查结果	主要不合格项目	承检机构
浙江金源铜业制造有限公司	浙江省	洗衣机水嘴	/	51010	2013-03-09	合格		国家排灌及节水设备产品质量监督检验中心
制造商：南京菲时特管业有限公司 生产厂：菲时特集团股份有限公司	浙江省	面盆龙头	FAN-SKI	P0101009020102	2011-04-12	合格		国家排灌及节水设备产品质量监督检验中心
台州雅迪水暖器材有限公司	浙江省	玻璃台盆龙头	YAD-ER	YD1405	2012-05-05	合格		国家排灌及节水设备产品质量监督检验中心
欧路莎股份有限公司	浙江省	台盆龙头	ORans 欧路莎	OLS-K1064	2013-05-02	合格		国家排灌及节水设备产品质量监督检验中心
台州一樱花水暖有限公司	浙江省	面盆龙头	樱花	7751	2013-05-02	合格		国家排灌及节水设备产品质量监督检验中心
滁州扬子集成卫浴有限公司	安徽省	陶瓷片密封水嘴	扬子	YZ5036	2012-03-28	合格		国家排灌及节水设备产品质量监督检验中心
安徽雪雨洁具有限公司	安徽省	单把单孔面盆龙头	雪雨	2508	2013-01-12	合格		国家排灌及节水设备产品质量监督检验中心
安徽阜南亚林洁具有限公司	安徽省	陶瓷片密封水嘴	Yalin 亚林	1010D	2013-05-16	合格		国家排灌及节水设备产品质量监督检验中心
安徽黄氏和盛经济发展有限公司	安徽省	面盆龙头	Nocol 劳克	NL81-1	2013-04-25	合格		国家排灌及节水设备产品质量监督检验中心
合肥荣事达电子电器集团有限公司	安徽省	厨房龙头	Royal-star 荣事达	RSD-P3051	2012-12-03	合格		国家排灌及节水设备产品质量监督检验中心
辉煌水暖集团有限公司	福建省	单柄双控面盆水嘴	HHSN	HH-121105-SL2105	2013-04	合格		国家建筑材料工业建筑五金水暖产品质量监督检验测试中心
福建欧联卫浴有限公司	福建省	单柄双控面盆水嘴	OLE	D21028	2013-03	合格		国家建筑材料工业建筑五金水暖产品质量监督检验测试中心
泉州奥美斯洁具发展有限公司	福建省	陶瓷片密封水嘴	奥美斯	2001-045	2013-05	合格		国家建筑材料工业建筑五金水暖产品质量监督检验测试中心
福建福泉集团有限公司	福建省	单把脸盆龙头	hona	FQ-11138	2012-12-04	合格		国家建筑材料工业建筑五金水暖产品质量监督检验测试中心
泉州市三晓洁具有限公司	福建省	陶瓷片密封水嘴	三晓	983	2013-04-09	合格		国家建筑材料工业建筑五金水暖产品质量监督检验测试中心
春城水暖有限公司	福建省	陶瓷片密封水嘴	春洪	82313	2013-03	合格		国家建筑材料工业建筑五金水暖产品质量监督检验测试中心
福建元谷卫浴有限公司	福建省	单把单孔面盆龙头	LO-GOO	LG015501	2013-04-20	合格		国家建筑材料工业建筑五金水暖产品质量监督检验测试中心

企业名称	所在地	产品名称	商标	规格型号	生产日期/批号	抽查结果	主要不合格项目	承检机构
南安市美林金太阳卫浴洁具厂	福建省	陶瓷芯龙头	金太阳	JTY884-1	2013-05-09	合格		国家建筑材料工业建筑五金水暖产品质量监督检验测试中心
南安市九头鸟卫浴洁具有限公司	福建省	陶瓷芯水龙头	九头鸟	JTN-6049C	/	合格		国家建筑材料工业建筑五金水暖产品质量监督检验测试中心
福建省申雷达卫浴洁具有限公司	福建省	单把单孔面盆	申雷达	SW251-357	2013-05-06	合格		国家建筑材料工业建筑五金水暖产品质量监督检验测试中心
中宇建材集团有限公司	福建省	单孔单把厨房龙头	JOY-OU	JY00295	2013-03	合格		国家建筑材料工业建筑五金水暖产品质量监督检验测试中心
福建省特瓷卫浴实业有限公司	福建省	单把单孔脸盆龙头	TECI	2731-207	2013-04	合格		国家建筑材料工业建筑五金水暖产品质量监督检验测试中心
申鹭达股份有限公司	福建省	陶瓷芯密封水嘴	SUN-LOT	LD-12121	2013-05-03	合格		国家建筑材料工业建筑五金水暖产品质量监督检验测试中心
兴达建材（中国）有限公司	福建省	单把单孔面盆龙头	JOX-OD	JXD-2251-037	2013-04-28	合格		国家建筑材料工业建筑五金水暖产品质量监督检验测试中心
九牧厨卫股份有限公司	福建省	单把单孔面盆龙头	JO-MOO	3259-033	2013-02-22	合格		国家建筑材料工业建筑五金水暖产品质量监督检验测试中心
泉州丽驰科技有限公司	福建省	单把单孔龙头	丽驰卫浴	88111	2013-03-02	合格		国家建筑材料工业建筑五金水暖产品质量监督检验测试中心
福建省南安市科洁电子感应设备有限公司	福建省	快开龙头	KETCH科洁	9001-11	2013-05-06	合格		国家建筑材料工业建筑五金水暖产品质量监督检验测试中心
福建南安市恒通卫浴有限公司	福建省	单把单孔面盆龙头	HTOSN	HT-9272	2013-04-15	合格		国家建筑材料工业建筑五金水暖产品质量监督检验测试中心
福建申旺集成卫浴有限公司	福建省	单把淋浴龙头	申旺	SW82078A	2013-03-08	合格		国家建筑材料工业建筑五金水暖产品质量监督检验测试中心
南安市滨富水暖洁具有限公司	福建省	四季红水龙头	四季红	A18	2013-05-10	合格		国家建筑材料工业建筑五金水暖产品质量监督检验测试中心
福建沪伊斯卫浴洁具有限公司	福建省	陶瓷片密封水龙头	沪伊斯	8176	2013-03-03	合格		国家建筑材料工业建筑五金水暖产品质量监督检验测试中心
南安市新华水暖卫浴有限公司	福建省	快开龙头	XHSN	XH-2801	2013-05-08	合格		国家建筑材料工业建筑五金水暖产品质量监督检验测试中心

续表

企业名称	所在地	产品名称	商标	规格型号	生产日期/批号	抽查结果	主要不合格项目	承检机构
南安市水中王洁具制造有限公司	福建省	陶瓷芯水龙头	水中王	SZW-9222	2013-05-08	合格		国家建筑材料工业建筑五金水暖产品质量监督检验测试中心
泉州苹果王卫浴有限公司	福建省	陶瓷片密封水嘴	苹果王	L09-77	2013-02-26	合格		国家建筑材料工业建筑五金水暖产品质量监督检验测试中心
特陶科技发展有限公司	福建省	陶瓷片密封水嘴	TETAO	TT22762	2013-05-15	合格		国家建筑材料工业建筑五金水暖产品质量监督检验测试中心
制造商：优达（中国）有限公司 生产厂：路达（厦门）工业有限公司	福建省	4寸单把脸盆龙头	HCG	LF0404-CP	2013-03-13	合格		国家陶瓷及水暖卫浴产品质量监督检验中心
路达（厦门）工业有限公司	福建省	单把单孔厨房龙头	HCG	KF0701-CP	2013-03-13	合格		国家陶瓷及水暖卫浴产品质量监督检验中心
厦门松霖卫厨有限公司	福建省	面盆龙头	SOLUX	15-01670	2013-04	合格		国家陶瓷及水暖卫浴产品质量监督检验中心
御彰（厦门）水暖制造有限公司	福建省	陶瓷片密封水嘴	/	淋浴龙头	2013-04-20	合格		国家陶瓷及水暖卫浴产品质量监督检验中心
福建省安溪县金三环水暖洁具厂	福建省	陶瓷片密封水龙头	/	JSH-3307A	2013-05-06	合格		国家陶瓷及水暖卫浴产品质量监督检验中心
南昌科勒有限公司	江西省	脸盆龙头	科勒KOHLER	8600T-1-CP	2013-04-24	合格		国家排灌及节水设备产品质量监督检验中心
鹤山市安蒙卫浴科技有限公司	广东省	单柄面盆龙头	ABM	041490	2013-04-01	合格		国家排灌及节水设备产品质量监督检验中心
鹤山市亿峰卫浴实业有限公司	广东省	陶瓷片密封水嘴	固比德Gubid	GD8701	2013-05-07	合格		国家排灌及节水设备产品质量监督检验中心
鹤山市国美卫浴科技实业有限公司	广东省	单柄双控面盆龙头	柯尼	E 7120	2013-05-07	合格		国家排灌及节水设备产品质量监督检验中心
鹤山市莱雅斯顿卫浴实业有限公司	广东省	单柄单孔厨房龙头	莱雅斯顿	186C	2013-05-05	合格		国家排灌及节水设备产品质量监督检验中心
鹤山市康立源卫浴实业有限公司	广东省	单柄双控面盆水嘴	康立源	KLY-10148	2013-05-05	合格		国家排灌及节水设备产品质量监督检验中心
广东金恩卫浴实业有限公司	广东省	陶瓷片密封水嘴	iLife	481101C	2013-04-12	合格		国家排灌及节水设备产品质量监督检验中心
鹤山市广亚厨卫实业有限公司	广东省	唯美单孔面盆龙头	高斯奥	232-01	2013-05-07	合格		国家排灌及节水设备产品质量监督检验中心
鹤山市爱玛尼卫浴科技有限公司	广东省	单把单孔面盆龙头	爱玛尼	T091N100SCH	2013-05-08	合格		国家排灌及节水设备产品质量监督检验中心
鹤山市弘艺卫浴实业有限公司	广东省	陶瓷片密封水嘴	calvin	7501c1	2013-05-09	合格		国家排灌及节水设备产品质量监督检验中心
鹤山市佳好家卫浴实业有限公司	广东省	单柄双控面盆龙头	家家乐	G11059-3	2013-05-11	合格		国家排灌及节水设备产品质量监督检验中心

续表

企业名称	所在地	产品名称	商标	规格型号	生产日期/批号	抽查结果	主要不合格项目	承检机构
鹤山市科耐卫浴科技有限公司	广东省	单把双孔脸盆龙头	KHONE 科耐	K7703-069C	2012-05-15	合格		国家排灌及节水设备产品质量监督检验中心
乔登卫浴（江门）有限公司	广东省	单把单孔面盆龙头（陶瓷片密封水嘴）	JODEN	DN15、1000N350C	2013-03-09	合格		福建省产品质量检验研究院
江门吉事多卫浴有限公司	广东省	乐玛4″脸盆龙头（陶瓷片密封水嘴）	giess-dorf	DN15、WL500061001941(GT-6124)	2013-03-04	合格		福建省产品质量检验研究院
开平市雅致卫浴有限公司	广东省	1631（陶瓷片密封水嘴）	CNYA-ZHI	DN15	2013-05-08	合格		福建省产品质量检验研究院
广东希恩卫浴实业有限公司	广东省	单把面盆龙头（陶瓷片密封水嘴）	CAE	DN15、081157C	2013-05-04	合格		福建省产品质量检验研究院
开平市澳斯曼洁具有限公司	广东省	龙头（陶瓷片密封水嘴）	AOSMAN澳斯曼卫浴	DN15、AS2502A	2013-04-11	合格		福建省产品质量检验研究院
广东华艺卫浴实业有限公司	广东省	单柄双控面盆龙头（陶瓷片密封水嘴）	Huayi	DN15、QP15155C	2013-01-30	合格		福建省产品质量检验研究院
开平市恒美卫浴实业有限公司	广东省	单柄双控面盆水嘴（陶瓷片密封水嘴）	HENG-MEI	DN15、HM-8701	2013-04-28	合格		福建省产品质量检验研究院
开平市国陶卫浴五金制品有限公司	广东省	龙头（陶瓷片密封水嘴）	GAO-TU	DN15、GDL-01B	2012-11-26	合格		福建省产品质量检验研究院
开平美迪晨卫浴有限公司	广东省	单柄双控面盆水嘴（陶瓷片密封水嘴）	Spring-san	DN15、2821	2013-02-22	合格		福建省产品质量检验研究院
广东彩洲卫浴实业有限公司	广东省	面盆龙头（陶瓷片密封水嘴）	CAI-ZHOU	DN15、9601-D11	2013-04-06	合格		福建省产品质量检验研究院
广东伟祥卫浴实业有限公司	广东省	面盆龙头（陶瓷片密封水嘴）	/	DN15、2010322CP	2013-05-09	合格		福建省产品质量检验研究院
广东朝阳卫浴有限公司	广东省	面盆龙头（陶瓷片密封水嘴）	朝阳	DN15、L129	2013-04-20	合格		福建省产品质量检验研究院
开平市上华卫浴实业有限公司	广东省	陶瓷片密封水嘴	AOLI 奥利	DN15、LB-4218C	2013-03	合格		福建省产品质量检验研究院
开平市洁士卫浴实业有限公司	广东省	单把面盆龙头（陶瓷片密封水嘴）	洁士	DN15、A0101	2013-04-13	合格		福建省产品质量检验研究院
开平市迪丽奇卫浴实业有限公司	广东省	单把双控菜盆龙头（陶瓷片密封水嘴）	/	DN15、F05.088.15101	2013-05-04	合格		福建省产品质量检验研究院
广东粤轻卫浴科技有限公司	广东省	单柄双控浴缸龙头（陶瓷片密封水嘴）	Glen-Max	DN15、GB1810	2012-10-17	合格		福建省产品质量检验研究院

续表

企业名称	所在地	产品名称	商标	规格型号	生产日期/批号	抽查结果	主要不合格项目	承检机构
开平市东鹏卫浴实业有限公司	广东省	单柄面盆龙头（陶瓷片密封水嘴）	东鹏	DN15、DP1201	2013-04-01	合格		福建省产品质量检验研究院
开平市晨明卫浴有限公司	广东省	陶瓷片密封水嘴	/	DN15、3001	2013-05-10	合格		福建省产品质量检验研究院
开平市伊丹卫浴实业有限公司	广东省	DSL15单柄双控淋浴水嘴（陶瓷片密封水嘴）	EDEA	DN15	2013-05-11	合格		福建省产品质量检验研究院
开平市汉玛克卫浴有限公司	广东省	单把面盆龙头（陶瓷片密封水嘴）	HI-MARK	DN15、1110800	2013-05-11	合格		福建省产品质量检验研究院
开平市朝升卫浴有限公司	广东省	陶瓷片密封水嘴	/	DN15、6051A	2013-04	合格		福建省产品质量检验研究院
开平东升卫浴实业有限公司	广东省	陶瓷片密封水嘴	/	DN15、FC2	2013-05-15	合格		福建省产品质量检验研究院
开平市水口镇克莱帝卫浴洁具厂	广东省	单把浴缸龙头（陶瓷片密封水嘴）	CRD	DN15、17 0710	2013-03-30	合格		福建省产品质量检验研究院
开平金牌洁具有限公司	广东省	龙头（陶瓷片密封水嘴）	GOLD	DN15、RF1195	2013-05-13	合格		福建省产品质量检验研究院
广东联塑科技实业有限公司	广东省	单柄单孔混合面盆龙头	LES-SO	W32212	2013-04-22	合格		国家陶瓷及水暖卫浴产品质量监督检验中心
深圳成霖洁具股份有限公司	广东省	单孔厨房龙头	Gobo	GB-9538-ECP	2013-01-17	合格		国家陶瓷及水暖卫浴产品质量监督检验中心
美标（江门）水暖器材有限公司	广东省	概念单柄双控单孔面盆水嘴	American Standard	CF-1401、101、50	2013-04-01	合格		国家陶瓷及水暖卫浴产品质量监督检验中心
东陶机器（广州）有限公司	广东省	台式单柄冷热水混合龙头	TOTO	DL362	2013-03-07	合格		国家陶瓷及水暖卫浴产品质量监督检验中心
广州摩恩水暖器材有限公司	广东省	单把手厨房龙头	MOEN	7867MCL01	2013-05-06	合格		国家陶瓷及水暖卫浴产品质量监督检验中心
广州市欧派卫浴有限公司	广东省	水龙头	OP-PEIN	OP-F131-X	2013-04-10	合格		国家陶瓷及水暖卫浴产品质量监督检验中心
佛山东鹏洁具股份有限公司	广东省	面盆龙头	东鹏	JSH1063D	2013-02-26	合格		国家陶瓷及水暖卫浴产品质量监督检验中心
佛山市顺德区乐华陶瓷洁具有限公司	广东省	单把单孔面盆龙头	AR-ROW	A1178C	2013-05-03	合格		国家陶瓷及水暖卫浴产品质量监督检验中心
佛山市高明安华陶瓷洁具有限公司	广东省	单把双孔面盆龙头	annwa	an 1B4242C	2013-05	合格		国家陶瓷及水暖卫浴产品质量监督检验中心
佛山市法恩洁具有限公司	广东省	单把双孔面盆龙头	FAEN-ZA	F1566TC	2013-05	合格		国家陶瓷及水暖卫浴产品质量监督检验中心
佛山伯朗滋洁具有限公司	广东省	面盆龙头	OXO	F7053	2012-12-03	合格		国家陶瓷及水暖卫浴产品质量监督检验中心

续表

企业名称	所在地	产品名称	商标	规格型号	生产日期/批号	抽查结果	主要不合格项目	承检机构
佛山市南海益高卫浴有限公司	广东省	五金龙头	EAGO	PL173B-66E	2013-04-13	合格		国家陶瓷及水暖卫浴产品质量监督检验中心
上海诚诺兄弟实业有限公司	上海市	十字柄洗衣机水嘴（陶瓷片密封水嘴）	J·D	DN15、JD-1205	2012-12-20	不合格	管螺纹精度、酸性盐雾试验	福建省产品质量检验研究院
杭州邦勒卫浴有限公司	浙江省	陶瓷片密封水嘴	邦勒	BL8301	2013-02-28	不合格	酸性盐雾试验	国家建筑五金材料产品质量监督检验中心
温州市苹果洁具有限公司	浙江省	陶瓷片密封水嘴	苹果	APPLE-1602	2013-04-10	不合格	管螺纹精度、酸性盐雾试验	国家建筑五金材料产品质量监督检验中心
瑞安市欧姆卫生洁具有限公司	浙江省	陶瓷片密封水嘴（面盆龙头）	OMO	B-80016CP	2013-04-15	不合格	管螺纹精度、酸性盐雾试验	国家建筑五金材料产品质量监督检验中心
瑞安市丽丹达五金洁具有限公司	浙江省	陶瓷片密封水嘴	丽丹达	LD-12701	2013-04	不合格	密封性能	国家建筑五金材料产品质量监督检验中心
浙江瑞格铜业有限公司	浙江省	陶瓷片密封水嘴	RuiGe瑞格	RG-SZ107	2013-04-29	不合格	酸性盐雾试验	国家排灌及节水设备产品质量监督检验中心
玉环三创水暖有限公司	浙江省	陶瓷芯密封水嘴	三创SANCHUANG	SC 81001	2013-05	不合格	酸性盐雾试验	国家排灌及节水设备产品质量监督检验中心
台州市路桥豪迪水暖配件厂	浙江省	特长带嘴快开单冷龙头	安得巧	7002	2013-04-22	不合格	酸性盐雾试验	国家排灌及节水设备产品质量监督检验中心
泉州市金光阀门制造有限公司	福建省	陶瓷芯密封水嘴	JIN GUANG	15	2013-05-04	不合格	管螺纹精度	国家建筑材料工业建筑五金水暖产品质量监督检验测试中心
泉州市海鹰实业有限责任公司	福建省	陶瓷芯水龙头	xoyoo翔鹰卫浴	1086-71005	2013-05	不合格	酸性盐雾试验	国家建筑材料工业建筑五金水暖产品质量监督检验测试中心
福建南安市海景卫浴有限公司	福建省	单孔脸盆	海景	HJ-1930	2013-05-08	不合格	酸性盐雾试验	国家建筑材料工业建筑五金水暖产品质量监督检验测试中心
福建爱浪厨卫有限公司	福建省	单把单孔面盆龙头	爱浪	AL22069	2013-04-16	不合格	酸性盐雾试验	国家建筑材料工业建筑五金水暖产品质量监督检验测试中心
泉州市南荣水暖洁具有限公司	福建省	陶瓷芯水龙头	奥驰	2002	2013-05-13	不合格	酸性盐雾试验	国家建筑材料工业建筑五金水暖产品质量监督检验测试中心
南安市旭山五金洁具有限公司	福建省	赛洛单孔	旭山	XS2038	2013-05	不合格	酸性盐雾试验	国家建筑材料工业建筑五金水暖产品质量监督检验测试中心
泉州市沪辉卫浴洁具有限公司	福建省	陶瓷芯水龙头	/	HH8966A	2012-11-30	不合格	酸性盐雾试验	国家陶瓷及水暖卫浴产品质量监督检验中心
温思特（福州）厨卫设备有限公司	福建省	不锈钢水龙头	/	FA-30	2013-04-25	不合格	流量（不带附件）	国家陶瓷及水暖卫浴产品质量监督检验中心

续表

企业名称	所在地	产品名称	商标	规格型号	生产日期/批号	抽查结果	主要不合格项目	承检机构
开平市名浪五金实业有限公司	广东省	单柄双控面盆龙头（陶瓷片密封水嘴）	MA-LOG	DN15、ML-N2003	2013-05-08	不合格	管螺纹精度	福建省产品质量检验研究院
开平凯信卫浴有限公司	广东省	中长龙头（陶瓷片密封水嘴）	/	DN15、5511C	2013-05-07	不合格	酸性盐雾试验	福建省产品质量检验研究院
开平威尔格卫浴有限公司	广东省	单柄双控面盆水嘴（陶瓷片密封水嘴）	Vi-ergo	DN15、117811	2013-01-24	不合格	酸性盐雾试验	福建省产品质量检验研究院
开平市尼可卫浴有限公司	广东省	陶瓷片密封水嘴	nicor	DN15、6604	2013-05-04	不合格	酸性盐雾试验	福建省产品质量检验研究院
开平市水口镇大亨水暖厂	广东省	陶瓷片密封水嘴	罗林	DN15、L707A	2013-04-15	不合格	酸性盐雾试验	福建省产品质量检验研究院
开平市永真卫浴实业有限公司	广东省	E605水龙头（陶瓷片密封水嘴）	/	DN15	2013-05-08	不合格	酸性盐雾试验	福建省产品质量检验研究院
开平市杜高卫浴有限公司	广东省	陶瓷片密封水嘴	dugao 杜高	DN15、8211-3	2013-05-09	不合格	冷热疲劳试验	福建省产品质量检验研究院
佛山市家家卫浴有限公司	广东省	单把面盆龙头	SSWW	FT0164	2013-04-10	不合格	管螺纹精度	国家陶瓷及水暖卫浴产品质量监督检验中心

四、建筑卫生陶瓷产品质量地方监督抽查结果

1.2013 年湖南省陶瓷砖产品监督抽查结果（2013 年 3 月 19 日发布）

2013 年一季度，湖南省工商行政管理局从益阳、常德、张家界三市的经销单位抽取了 28 组陶瓷砖产品。经检测，不合格 13 组，标称商标涉及蝴蝶泉、曼斯特、弘泰、御景陶、新润成、金虎、莱斯曼、明牌陶瓷、瑞州陶瓷、圣旗陶瓷、旺泰、和发。存在的主要问题是破坏强度、断裂模数达不到标准要求。具体抽查结果如下：

2013年湖南省陶瓷砖抽查产品及不合格企业名单 表4-4

样品名称	标称商标	规格型号	生产日期	被监测人	标称生产企业	主要不合格项目
蝴蝶泉陶瓷	蝴蝶泉	10cm×20cm/25片/箱	——	张家界市五金建材市场B2—12号（贺桃香）	蝴蝶泉陶瓷实业有限公司	破坏强度、断裂模数
曼斯特陶瓷	曼斯特	200mm×100mm/25片/箱	——	张家界市永定区金达雅陶瓷	佛山市凯帝雅陶瓷有限公司	破坏强度、断裂模数、吸水率
弘泰方块砖	弘泰	100mm×100mm/76片/箱	——	张家界市永定区金达雅陶瓷	岳阳鑫春风建材有限公司	破坏强度、断裂模数
皇室通体砖	御景陶	100mm×200mm/25片/箱		新红梅瓷砖	佛山市景御陶陶瓷有限公司	破坏强度、断裂模数

样品名称	标称商标	规格型号	生产日期	被监测人	标称生产企业	主要不合格项目
新润成瓷砖	新润成	300mm×300mm×9.4mm/24片/件	——	鼎城区武陵镇玉霞社区陶瓷市场3栋-078号（李华英）	广东新润成陶瓷有限公司	破坏强度、断裂模数
金虎通体文化砖	金虎	100mm×200mm/30片/件	——	武陵镇紫常建材经营部	福建省晋江市丰盛陶瓷有限公司	破坏强度、断裂模数
莱斯曼陶瓷砖	莱斯曼	300mm×300mm×9mm/15片/件	——	鼎城区武陵镇玉霞社区善卷路陶瓷市场（张宏森）	佛山市莱斯曼陶瓷有限公司	断裂模数
高级内墙砖	明牌陶瓷	300mm×450mm/12片/件	——	益阳市资江新村建材市场（黄国保）	辉煌陶瓷有限公司（岳阳）	破坏强度、断裂模数
瑞州陶瓷砖	瑞州陶瓷	200mm×100mm/25片/件	——	益阳市资江新城建材市场（徐谷余）	上高瑞州陶瓷有限公司	破坏强度、断裂模数
通体砖	瑞州陶瓷	200mm×100mm	——	益阳市资江新城建材市场（徐谷余）	上高瑞州陶瓷有限公司	破坏强度、断裂模数
内墙砖	圣旗陶瓷	300mm×450mm/12片/件（箱）	——	益阳市资江新城建材市场（卜书）	广东佛山帝豪陶瓷有限公司	断裂模数
陶瓷砖	旺泰	200mm×300mm/25片/件	——	益阳市资江新城建材市场（王友才）	枝江市宏泰陶瓷有限责任公司	破坏强度、断裂模数
和发陶瓷砖	和发	300mm×300mm/15片/（箱）件	——	益阳市资江新城建材市场（王友才）	佛山市和发陶瓷有限公司	破坏强度、断裂模数

2.2013年上海市水嘴产品质量监督抽查结果（2013年7月8日发布）

上海市质量技术监督局对本市生产和销售的水嘴产品质量进行专项监督抽查。本次共抽查水嘴产品68批次，覆盖本市主要生产企业，经检验不合格21批次。本次监督抽查依据GB 18145-2003《陶瓷片密封水嘴》、QB 1334-2004《水嘴通用技术条件》、GB/T17219-1998《生活饮用水输配水设备及防护材料的安全性评价标准》等国家标准及相关标准要求，对产品的下列项目进行了检验：

陶瓷片密封水嘴：管螺纹精度；手柄扭力矩；流量（不带附件）；流量（带附件）；密封性能（连接件）；密封性能（阀芯）；密封性能（冷热水隔墙）；密封性能（上密封）；密封性能（转换开关）；阀体强度；冷热疲劳试验；盐雾试验；安装长度；浸泡水铅析出量；浸泡水砷析出量；浸泡水铬（六价）析出量；浸泡水锰析出量；浸泡水汞析出量。

非陶瓷片密封水嘴：管螺纹精度；操作扭矩；流量；密封性能（阀座密封面）；密封性能（冷热水隔墙）；密封性能（上密封）；密封性能（转换开关）；密封性能（低压密封试验）；阀体强度；冷热循环；盐雾试验；安装长度；浸泡水铅析出量；浸泡水砷析出量；浸泡水铬(六价)析出量；浸泡水锰析出量；浸泡水汞析出量。

本次抽查中发现的问题如下：

（1）铅：该项目检验产品浸泡水中的铅析出量，过量的铅会损害神经、造血、生殖系统。本次抽查中，该项目有6批次产品不合格，属质量问题严重。

（2）铬（六价铬）：该项目检验产品浸泡水中的六价铬析出量，食入六价铬可引起口黏膜增厚，反胃，剧烈腹痛和肝肿大，并伴有呼吸急促、脉速、肉痉挛等症状，严重危害人体健康。本次抽查中，该项目有1批次产品不合格，属质量问题严重。

（3）盐雾试验：该项目检验产品的耐腐蚀性能，不合格的产品易出现表面腐蚀现象、严重的出现基材腐蚀或机械卡阻等现象，影响产品的使用寿命。本次抽查中，该项目有 18 批次产品不合格。

（4）管螺纹精度：该项目检验螺纹精度质量，该项目不合格会导致产品易漏水或接口爆裂等现象。本次抽查中，该项目有 13 批次产品不合格。

2013年上海市水嘴产品质量监督抽查不合格产品及企业名单　　　　　表4-5

受检产品	商标	规格型号	生产日期/批号	生产企业(标称)	受检企业	不合格项目	备注
厨房龙头	海帝龙	DN15,单柄双控,91019	2013-1-20	鹤山市海帝龙卫浴设备有限公司	上海好美家天山装潢建材有限公司	盐雾试验（24h）；管螺纹精度；铅	质量问题严重
台盆龙头	圣杰	DN15,单柄双控,201104	2012-11-24	上海华傲卫浴洁具有限公司	上海九百家居莘庄装饰商城有限公司	铅；盐雾试验（24h）；管螺纹精度	质量问题严重
面盆龙头	高宝	单柄单控,陶瓷片,GB-8710CP	2012-9-4	深圳成霖洁具股份有限公司	上海好美家吴中装潢建材有限公司	盐雾试验（24h）；铅	质量问题严重
台盆龙头	外冈	DN15,单柄双控,2010413	2013-1-30	上海市外冈水暖器材厂	上海市外冈水暖器材厂	盐雾试验（24h）；铅	质量问题严重
水嘴（厨房龙头）	ROD-DEX	DN15,单柄双控,RDX3250-C	2013-1-5	上海劳达斯洁具有限公司	上海劳达斯洁具有限公司	管螺纹精度；铅	质量问题严重
单柄双控面盆龙头	/	DN15,M33218HM	2012-8-25	鹏威(厦门)工业有限公司	上海华德美居超市有限公司普陀店	管螺纹精度；铅	质量问题严重
厨房水嘴	普乐美	DN15,单柄双控,70101G	2013-1-15	珠海普乐美厨卫有限公司	上海齐旭建材贸易商行	管螺纹精度；铬（六价铬）	质量问题严重
拖把龙头	LONGER	DN15,Z-6103CW	2012-3-30	上海龙尔卫浴洁具有限公司	上海龙尔卫浴洁具有限公司	盐雾试验（24h）；管螺纹精度	
洗衣机水嘴	格恩	1001	/	上海格恩洁具有限公司	上海格恩洁具有限公司	盐雾试验（24h）；管螺纹精度	
面盆龙头	摩尔舒	DN15,单柄双控,SL-2275B-2	2012-12-8	上海摩尔舒企业发展有限公司	上海摩尔舒企业发展有限公司	盐雾试验（24h）；管螺纹精度	
单柄台式厨房龙头	东方	DN15,LL-52915C,单柄双控	2013-1-7	上海锦世洁浴有限公司	上海好美家吴中装潢建材有限公司	盐雾试验（24h）；管螺纹精度	
洗衣机龙头	家必备	DN15,单柄单控,陶瓷片	2013-1-25	深圳家必备洁具开发有限公司	上海欧尚超市有限公司长阳店	盐雾试验（24h）；管螺纹精度	
洗衣机水嘴	/	DN15,506	2012-6	上海顶峰卫浴有限公司	上海九百家居莘庄装饰商城有限公司	盐雾试验（24h）；管螺纹精度	
洗衣机水嘴	贝浪	DN15	/	上海贝浪洁具有限公司	上海市浦东新区三林镇新成家电经营部	盐雾试验（24h）；管螺纹精度	
拖把龙头	九玫	DN15,A-3	/	上海九玫洁具有限公司	上海市浦东新区三林镇子阳五金经营部	盐雾试验（24h）；管螺纹精度	
洗衣机龙头	一家水	单柄单控,678,中长铜,连体	/	上水一家五金水暖厂	上海好来福家居市场经营管理有限公司	盐雾试验（24h）	
洗衣机龙头	德力	DN15,TG01,单柄单控	/	上海欧脉建材有限公司	上海好美家天山装潢建材有限公司	盐雾试验（24h）	

续表

受检产品	商标	规格型号	生产日期/批号	生产企业(标称)	受检企业	不合格项目	备注
洗衣机龙头	力士	DN15，LI149	2013-3-18	上海力士洁具有限公司	上海力士洁具有限公司	盐雾试验（24h）	
拖布龙头	雅丰	DN15,单柄单控	/	上海雅丰水暖洁具厂	上海九百家居莘庄装饰商城有限公司	盐雾试验（24h）	
浴盆水嘴	啄木鸟	DN15，单柄双控	2013-3	上海啄木鸟卫浴有限公司	上海市闵行区七宝袋鼠卫浴五金商行	盐雾试验（24h）	
拖把龙头	纽泽	DN15,单柄单控,D8A,1/2"	/	上海纽泽工贸有限公司	上海九百家居莘庄装饰商城有限公司	盐雾试验（24h）	

3. 2013年陕西省陶瓷坐便器产品质量监督抽查结果（2013年7月24日发布）

2013年第二季度产品质量监督抽查结果显示，陶瓷坐便器产品有4批次样品不符合标准规定。

本次陶瓷坐便器样品主要在西安、宝鸡、商洛、延安、安康地区的经销企业中抽取，共抽检企业49家，抽取样品50个批次，依据GB 6952-2005《卫生陶瓷》等相关标准和经备案现行有效的企业标准及产品明示质量要求，对陶瓷坐便器产品的水封深度、水封表面面积、便器用水量、洗净功能、固体排放功能、污水置换功能、坐便器水封回复、便器配套要求、安全水位技术要求、管道输送特性、进水阀CL标记、防虹吸功能、安全水位、进水阀密封性、排水阀密封、进水阀耐压性等项目进行了检验。

经检验，综合判定合格样品46个批次，样品批次合格率为92%。有4批次样品不符合标准规定，涉及陶瓷坐便器产品的便器用水量、水箱安全水位、水封深度项目不达标。

2013年陕西省陶瓷坐便器产品质量监督抽查产品及企业名单 表4-6

产品名称	生产日期或批号	抽查企业名称	生产企业名称	商标	规格型号	抽查结果	主要不合格项目	承检单位
陶瓷坐便器	/	西安市未央区舒心卫浴专卖店	埃美柯集团有限公司	AMICO埃美柯	TL1061	合格		国家陶瓷质检中心
陶瓷坐便器	2011-05-17	延安市宝塔区圣明宫建材维可陶卫浴	佛山市三水维可陶陶瓷有限公司	VICTOR维可陶卫浴	VOT-123	合格		国家陶瓷质检中心
陶瓷坐便器	2013-01-07	西安市雁塔区天健卫浴经销部	佛山市恒洁卫浴有限公司	HEELL恒洁	HO129D295	合格		国家陶瓷质检中心
陶瓷坐便器	2012-09	西安创惠商贸有限公司	惠达卫浴股份有限公司	HUIDA惠达	HDC6115	合格		国家陶瓷质检中心
陶瓷坐便器	/	西安市未央路简尚建材经销部	潮州市牧野陶瓷制造有限公司	MUYE	2142	合格		国家陶瓷质检中心
陶瓷坐便器	2013-03-06	西安市未央区泰陶卫浴商行	潮州市澳丽泰陶瓷有限公司	TAITAO泰陶	TA-8111A	合格		国家陶瓷质检中心
陶瓷坐便器	342445.0	西安市碑林区冠晨洁具经销部	乐家（中国）有限公司	Roca	吉拉达分体305mm	合格		国家陶瓷质检中心
陶瓷坐便器	072212	西安市碑林区家利洁具商行	科勒（中国）投资有限公司	KOHLER	K3499-FCW	合格		国家陶瓷质检中心
陶瓷坐便器	/	西安市碑林区东方陶瓷洁具直销部	佛山市华美嘉洁具制造有限公司	DOFUN	DTM-16	合格		国家陶瓷质检中心

续表

产品名称	生产日期或批号	抽查企业名称	生产企业名称	商标	规格型号	抽查结果	主要不合格项目	承检单位
陶瓷坐便器	/	西安市碑林区红星美凯龙家居广场宝路莎卫浴	上海劲昶工贸有限公司	宝路莎（noken）	100094370	合格		国家陶瓷质检中心
陶瓷坐便器	2013-01	西安毅雅工贸有限公司	和成（中国）有限公司	HCG	C4520NT	合格		国家陶瓷质检中心
陶瓷坐便器	/	西安龙宇建材有限公司	阿波罗（中国）有限公司	APPOLLO	ZB3416	合格		国家陶瓷质检中心
陶瓷坐便器	/	西安市雁塔区航标卫浴经销部	漳州万佳陶瓷工业有限公司	Bolina	W1291S	合格		国家陶瓷质检中心
陶瓷坐便器	/	西安国霖商贸有限公司	深圳成霖洁具股份有限公司广州销售部	GOBO	GC-L173	合格		国家陶瓷质检中心
陶瓷坐便器	/	安康市汉滨区顺庆建筑装饰装潢有限公司	舞阳县帕罗良瓷业有限责任公司	eueng zhiyu	418	合格		国家陶瓷质检中心
陶瓷坐便器	/	安康市汉滨区兴华市场张定建卫浴经营部	潮安县登塘镇宇帆陶瓷厂	MCKL PCLC	8003	合格		国家陶瓷质检中心
陶瓷坐便器	2013-03	安康市汉滨区巴山中路137号蓝鲸卫浴	长葛市蓝鲸卫浴有限公司	蓝鲸卫浴	LJ-257	合格		国家陶瓷质检中心
陶瓷坐便器	2012-02	安康市汉滨区巴山东路兴华市场惠邦尼卫浴	潮安县登塘镇惠邦陶瓷厂	惠邦尼	2078	合格		国家陶瓷质检中心
陶瓷坐便器	2012-12	安康市汉滨区银亭洁具批发部	禹州市中陶卫浴有限公司	希尔敦卫浴	H-112	合格		国家陶瓷质检中心
陶瓷坐便器	2013-03	安康市汉滨区孙书旺洁具经销部	河南蓝健陶瓷有限公司	蓝健	M-15	合格		国家陶瓷质检中心
陶瓷坐便器	2012-06-24	西安茂峰实业有限公司	新乐卫浴（佛山）有限公司	鹰卫浴	CD=11630	合格		国家陶瓷质检中心
陶瓷坐便器	2012-09-05	西安市碑林区高仪红星美凯龙店	杜拉维特（中国）洁具有限公司	杜拉维特	2120010001	合格		国家陶瓷质检中心
陶瓷坐便器	/	东方美居建材城蒙娜丽莎卫浴	潮安县登塘博尚陶瓷厂	蒙娜丽莎	A-8856	合格		国家陶瓷质检中心
陶瓷坐便器	/	陕西胜德工贸有限公司	骊住建材（苏州）有限公司	INAX	GNC-300S-2C	合格		国家陶瓷质检中心
陶瓷坐便器	/	居然之家西安店尚高卫浴	佛山市百田建材实业有限公司	SUNCOO 尚高	SOL801	合格		国家陶瓷质检中心
陶瓷坐便器	C089	陕西东鹏建材有限公司	佛山东鹏洁具股份有限公司	DONG PENG东鹏	W1141	合格		国家陶瓷质检中心
陶瓷坐便器	2013-02	西安市雁塔区振华水暖器材经销部	上海市外冈水暖器材厂	外冈 WAIGANG	Z357	合格		国家陶瓷质检中心
陶瓷坐便器	2011-07	西安市雁塔区澳森卫浴经销部	鹤山市苹果卫浴实业有限公司	苹果卫浴	2401	合格		国家陶瓷质检中心
陶瓷坐便器	2013-03-22	宝鸡市大正国艺家居建材城九牧卫浴	九牧厨卫股份有限公司	九牧 JO-MOO	1183	合格		国家陶瓷质检中心

续表

产品名称	生产日期或批号	抽查企业名称	生产企业名称	商标	规格型号	抽查结果	主要不合格项目	承检单位
陶瓷坐便器	2012-07-08	宝鸡市大正国艺家居建材城TOTO卫浴	东陶机器（北京）有限公司	TOTO	CW764RB/SW764GB	合格		国家陶瓷质检中心
陶瓷坐便器	2012-05-11	宝鸡市大正国艺家居建材城中宇专卖	泉州中宇陶瓷有限公司	中宇JOYOU	JY60089	合格		国家陶瓷质检中心
陶瓷坐便器	2012-09-07	宝鸡市金台区申鹭达卫浴经销部	申鹭达股份有限公司	申鹭达	SLD-77219	合格		国家陶瓷质检中心
陶瓷坐便器	/	居然之家西安店唐陶卫浴	唐山北方瓷都陶瓷集团卫生陶瓷有限公司	唐陶 TSTC	TO-8004	合格		国家陶瓷质检中心
陶瓷坐便器	/	欧陆莎西安居然之家专卖店	上海维娜斯洁具有限公司	欧陆莎Orans	OLS-989	合格		国家陶瓷质检中心
陶瓷坐便器	/	居然之家西安店法恩莎卫浴	佛山市法恩洁具有限公司	法恩莎	FB－1682	合格		国家陶瓷质检中心
陶瓷坐便器	/	居然之家西安店华盛卫浴	福建省南安市华盛建材有限公司	华盛 HHHS	H-TZ1211	合格		国家陶瓷质检中心
陶瓷坐便器	/	居然之家西安店辉煌卫浴	辉煌水暖集团有限公司	辉煌 HHSN	6T155	合格		国家陶瓷质检中心
陶瓷坐便器	2012-09	陕西胜德工贸有限公司	美标（中国）有限公司	American Standard	CP-207 3.702.04	合格		国家陶瓷质检中心
陶瓷坐便器	/	西安市雁塔区郡鑫建材经销部	广东朝阳卫浴有限公司	朝阳	CY0152	合格		国家陶瓷质检中心
陶瓷坐便器	2012-10-10	商洛市商州区淑萍洁具经营部	九牧厨卫股份有限公司	JOMOO	1176－2	合格		国家陶瓷质检中心
陶瓷坐便器	2012-05-21	箭牌卫浴瓷砖商州专营店	顺德区乐华陶瓷洁具有限公司	ARROW（箭牌卫浴）	AB1208	合格		国家陶瓷质检中心
陶瓷坐便器	2012-05	商洛市商州区天瑞建材经销部	佛山市高明区安华陶瓷洁具有限公司	安华	aB1356	合格		国家陶瓷质检中心
陶瓷坐便器	2012-12-29	商州区晨光建材市场一排六号金牌卫浴	开平金牌洁具有限公司	金牌	RF2086	合格		国家陶瓷质检中心
陶瓷坐便器	/	商洛市商州区索福牌防盗门经销店	潮安县万兴陶瓷实业有限公司	皇马卫浴	A－247	合格		国家陶瓷质检中心
陶瓷坐便器	2012-10-16	商洛市商州区四维洁具店	重庆四维卫浴集团有限公司	SWELL	22369	合格		国家陶瓷质检中心
陶瓷坐便器	2012-06	商洛市商州区金平建材商行	兴达建材中国有限公司	九牧王（JOX-OD）	60211	合格		国家陶瓷质检中心
陶瓷坐便器	2013-01	延安市泰尔琦卫浴专卖	潮安县泰尔琦陶瓷制造有限公司	Taierqi泰尔琦卫浴	2033	不合格	便器用水量、水箱安全水位	国家陶瓷质检中心
陶瓷坐便器	2012-11	安康市汉滨区孙成龙洁具经营部	潮安县凯士比陶瓷实业有限公司	Liqun（利群）	059	不合格	便器用水量、水箱安全水位	国家陶瓷质检中心

续表

产品 名称	生产日期 或批号	抽查企业名称	生产企业名称	商标	规格型号	抽查结果	主要不合 格项目	承检单位
陶瓷坐 便器	/	宝鸡市金台区乐意家卫 浴商行	广东潮州市枫溪 金洁彩金瓷艺厂	索格达 SUOGEDA	104	不合格	水封深度、 便器用水 量、水箱安 全水位	国家陶瓷 质检中心
陶瓷坐 便器	/	商洛市商州区嘉丽厨具店	潮安县古巷镇威 士达卫生瓷厂	诺贝尔	8058	不合格	水箱安全 水位	国家陶瓷 质检中心

4.2013 年武汉市水嘴产品质量监督抽查结果（2013 年 8 月 6 日发布）

2013 年 5 月中旬，武汉市工商局对武汉各大超市卖场销售的水嘴进行了随机抽检，共抽检 37 批次，合格 6 批次。主要不合格项目涉及酸性盐雾试验、水效、流量均匀、流量、管螺纹精度等。其中，标称中宇建材集团有限公司生产的 JY00141 中宇卫浴水嘴（2011 年 9 月），管螺纹精度项目不合格；标称美国独资美孚洁具有限公司生产的 MK9100 摩玛利水嘴（2011 年 8 月 23 日），酸性盐雾试验项目不合格；标称广东申牧王卫浴有限公司生产的 2214 申牧王水嘴，管螺纹精度、酸性盐雾试验项目不合格。

2013年武汉市水嘴产品质量监督抽查不合格产品及企业名单　　　　　表4-7

样品 名称	所在地	监测 场所	被监测人	标称生产企业	标称 商标	规格	主要不合格项目 或主要问题	综合判定
网嘴 水龙头	武汉市	超市	沃尔玛（湖北）商业零售 有限公司武汉马场角分店	深圳市美丽居贸易 有限公司	出奇	DDP-B	酸性盐雾试验	不合格
横式 龙头	武汉市	超市	沃尔玛（湖北）商业零售 有限公司武汉马场角分店	深圳市普天和实业 有限公司	——	PTH1010	酸性盐雾试验、 水效、流量均 匀、流量	不合格
小水 龙头	武汉市	超市	沃尔玛（湖北）商业零售 有限公司武汉马场角分店	厦门市水力士卫浴 有限公司	多面手	A-0415	管螺纹精度、酸 性盐雾试验	不合格
水嘴	武汉市	专业 市场	武汉居然之家建材超市有 限公司	北京润德鸿图科技 发展有限公司	潜水艇	L203	管螺纹精度、酸 性盐雾试验	不合格
水嘴	武汉市	专业 市场	武汉居然之家建材超市有 限公司	上海踊跃实业有限 公司	踊跃	X018	酸性盐雾试验、 管螺纹精度	不合格
水嘴	武汉市	专业 市场	武汉居然之家建材超市有 限公司	福建福泉集团有限 公司	宏浪	11011	管螺纹精度、酸 性盐雾试验	不合格
水嘴	武汉市	专业 市场	武汉居然之家建材超市有 限公司	北京润德鸿图科技 发展有限公司	潜水艇	L403	酸性盐雾试验	不合格
水嘴	武汉市	专业 市场	武汉居然之家建材超市有 限公司	马可波罗卫浴（英 国）国际投资有限 公司	马可波罗	603A	酸性盐雾试验	不合格
厨房 龙头	武汉市	专业 市场	武汉居然之家建材超市有 限公司	马可波罗卫浴（英 国）国际投资有限 公司	马可波罗	6287-11	管螺纹精度、酸 性盐雾试验、流 量、水嘴用水效 率、流量均匀	不合格

续表

样品名称	所在地	监测场所	被监测人	标称生产企业	标称商标	规格	主要不合格项目或主要问题	综合判定
洗衣机龙头	武汉市	专业市场	武汉居然之家建材超市有限公司	上海踊跃实业有限公司	踊跃	X055	管螺纹精度、酸性盐雾试验	不合格
厨房龙头	武汉市	专业市场	武汉市硚口区华辉洁具商行	泉州南音水暖洁具厂	南音	NY	管螺纹精度、酸性盐雾试验、流量	不合格
水龙头	武汉市	专业市场	孙志显	南安市鑫广辉卫浴洁具厂	鑫广辉	8475	酸性盐雾试验\流量	不合格
水龙头	武汉市	专业市场	孙志显	南安市鑫广辉卫浴洁具厂	鑫广辉	1010	酸性盐雾试验、流量均匀	不合格
洗衣机龙头	武汉市	专业市场	武汉市硚口区华辉洁具商行	南安市永胜水暖洁具厂	康特霖	KTL	管螺纹精度、酸性盐雾试验	不合格
水龙头	武汉市	专业市场	武汉市硚口区金花陶瓷经营部	米奇陶瓷洁具（香港）有限公司	——	3003	管螺纹精度、酸性盐雾试验、流量	不合格
水龙头	武汉市	专业市场	武汉市硚口区金花陶瓷经营部	米奇陶瓷洁具（香港）有限公司	MICKY	9011	管螺纹精度、酸性盐雾试验	不合格
洗衣机龙头	武汉市	超市	中百仓储超市有限公司友谊路购物广场	深圳市科冠电器有限公司	家之伴	JZ-CW001	管螺纹精度、酸性盐雾试验	不合格
水嘴	武汉市	专业市场	武汉市硚口区耐特水槽营销中心	宁波舒耐特不锈钢制品有限公司	SONATA	SNTL3008	酸性盐雾试验	不合格
水嘴	武汉市	专业市场	武汉市硚口区祥云洁具经营部	北京润德鸿图科技发展有限公司	潜水艇	L203	酸性盐雾试验	不合格
厨房龙头	武汉市	专业市场	武汉市硚口区莱斯五金经营部	佛山市三水荣盈厨卫有限公司	意美家	W0750PB	酸性盐雾试验、水嘴流量	不合格
厨房龙头	武汉市	专业市场	武汉市硚口区东宏建材经营部	兴达建材（中国）有限公司	JOXOD	JXD-8633-036	管螺纹精度、冷热水标志、流量、用水效率、流量均匀	不合格
水嘴	武汉市	专业市场	武汉市硚口区秀峰陶瓷经营部	泉州市吉利来实业有限责任公司	吉思达	2047	管螺纹精度、酸性盐雾试验	不合格
水嘴	武汉市	专业市场	武汉市硚口区秀峰陶瓷经营部	泉州市吉利来实业有限责任公司	吉思达	8510	管螺纹精度、酸性盐雾试验	不合格
水龙头	武汉市	专业市场	武汉市硚口区强旭建材经营部	诺贝尔卫浴（意大利）国际有限公司	诺贝尔	8078	流量、酸性盐雾试验	不合格
水龙头	武汉市	专业市场	武汉市硚口区强旭建材经营部	诺贝尔卫浴（意大利）国际有限公司	诺贝尔	8349	酸性盐雾试验	不合格
水嘴	武汉市	专业市场	武汉市硚口区大军陶瓷经营部	中宇建材集团有限公司	中宇卫浴	JY00141	管螺纹精度	不合格
水嘴	武汉市	专业市场	武汉市硚口区利尼斯洁具营销中心	美国独资美孚洁具有限公司	摩玛利	MK9100	酸性盐雾试验	不合格

续表

样品名称	所在地	监测场所	被监测人	标称生产企业	标称商标	规格	主要不合格项目或主要问题	综合判定
水嘴	武汉市	专业市场	武汉市硚口区瑞升建材商行	泉州南音水暖洁具厂	南音	——	管螺纹精度、酸性盐雾试验、流量	不合格
水嘴	武汉市	专业市场	武汉市硚口区俊祥陶瓷商店	广东申牧王卫浴有限公司	申牧王	2214	管螺纹精度、酸性盐雾试验	不合格
单把浴缸龙头淋浴柱	武汉市	专业市场	武汉市硚口区东宏建材经营部	兴达建材（中国）有限公司	JOXOD	JXD-549	酸性盐雾试验、流量	不合格
大花洒	武汉市	专业市场	武汉市硚口区利尼斯洁具营销中心	利尼斯洁具	LINISI	F8020-330	管螺纹精度、酸性盐雾试验、流量	不合格

5.2013年上海市坐便器产品质量监督抽查结果（2013年8月12日发布）

上海市质量技术监督局对本市生产和销售的坐便器产品质量进行专项监督抽查。本次共抽查产品36批次，经检验，不合格1批次。本次监督抽查依据GB 6952-2005《卫生陶瓷》、GB 25502-2010《坐便器用水效率限定值及用水效率等级》等国家标准及相关标准要求，对产品的下列项目进行了检验：水封深度；水封表面面积；吸水率；便器用水量；洗净功能；固体排放功能；污水置换功能；坐便器水封回复；排水管道输送特性；便器配套要求；用水量标识；安全水位技术要求；防虹吸性能；坐便器用水效率等级。标称佛山市顺德区乐华陶瓷洁具有限公司生产的一批次"ARROW"连体坐便器（不含盖板）（规格型号：AB1122 生产日期/批号：20130502）不符合标准的规定，涉及固体排放功能、排水管道输送特性项目。

2013年上海市坐便器产品质量监督抽查合格产品及企业名单　　　　表4-8

受检产品	商标	规格型号	生产日期/批号	生产企业(标称)	受检企业
Q3成套305坐便器	图案	1043038	2012-10-25	科马（上海）卫生间产品开发有限公司	科马（上海）卫生间产品开发有限公司
舒格尼3/4.5L增高型分体坐厕	美标American Standard	CP-3147.701.04 底座CP-414 6.020.04水箱	2013-03-13	上海美标陶瓷有限公司	上海美标陶瓷有限公司
坐便器	bolo	BT1232	2013-03-21	上海宝路卫浴陶瓷有限公司	上海宝路卫浴陶瓷有限公司
双冲水分体坐便器	Cascade 卡思卡特	CSS313	2013-04-22	上海宏延卫浴设备开发实业有限公司	上海宏延卫浴设备开发实业有限公司
连体坐便器	TOTO	CW854RB	2013-05-06	东陶华东有限公司	东陶华东有限公司
坐便器	登勒牌	DL-T 1301	2012-04-27	上海登勒工贸有限公司	上海登勒工贸有限公司
马桶	RODDEX	CT115A	2012-12-20	上海劳达斯洁具有限公司	上海劳达斯洁具有限公司
连体坐便器	Panasonic	CHZWLAN30-WF	2013-01-02	松下住宅电器（上海）有限公司	松下住宅电器（上海）有限公司

续表

受检产品	商标	规格型号	生产日期/批号	生产企业(标称)	受检企业
连体坐便器	（图案）外冈	Z357	2013-03-20	上海市外冈水暖器材厂	上海市外冈水暖器材厂
连体坐便器	KOBBY	KB-377035/700mm×400mm×810mm	2013-03-24	上海天莎水暖器材有限公司	上海天莎水暖器材有限公司
卫生陶瓷（坐便器）	（图案）绿太阳	58815	2012-12-24	上海绿太阳建筑五金有限公司	上海绿太阳建筑五金有限公司
卫生陶瓷（坐便器）	（图案）	DBX-A-78	2013-05-05	（监制）上海铿基卫浴有限公司	上海铿基卫浴有限公司
连体坐便器	interbath	D-87000	2013-01-08	英特贝斯（上海）陶瓷有限公司	英特贝斯（上海）陶瓷有限公司
连体坐便器	LONGER	LE-5606	2013-05-08	上海龙尔卫浴洁具有限公司	上海龙尔卫浴洁具有限公司
连体坐便器	JOMOO	1176-1Z	2013-04-24	九牧厨卫股份有限公司	上海祥达洁具有限公司
卫生陶瓷（坐便器）	KANNOR 卡恩诺	K-10	2012-10-23	广东美丹洁具瓷业有限公司	上海卡恩瓷业有限公司
分体坐便器	HUIDA	HD2-W	2013-03-12	惠达卫浴股份有限公司	上海润忠贸易有限公司
WC2-026坐便器	WENZHOU	WC2-026	2013-05	洛阳市闻洲瓷业有限公司	上海闻洲洁具有限公司
虹吸式坐便器	欧路莎	OLS-992	2012-06-30	欧路莎股份有限公司	上海维娜斯洁具有限公司
坐便器	TOZO 东姿	6661	2013-04-25	潮安县古巷镇汉高陶瓷厂	上海东姿陶瓷有限公司
联体坐便器	HHSN	6T155	2013-03-21	辉煌水暖集团有限公司	上海欧洁卫浴有限公司
连体坐便器	（图案）东鹏	W1001A	2012-07-29	佛山东鹏洁具股份有限公司	上海东鹏陶瓷有限公司
坐便器	（图案）	OS-M3988	2013-01-05	广东鹤山欧尚卫浴有限公司	上海顶峰卫浴有限公司
斯达克2连体坐便器	DURAVIT	0163010005	2013-02-21	杜拉维特（中国）洁具有限公司	杜拉维特（中国）洁具有限公司上海分公司
坐便器（坐便器）	（图案）蓝鲸	LJ237#	/	蓝鲸卫浴有限公司	上海金山嘴建材批发市场经营管理有限公司
SOL801(坐便器)	Suncoo	760mm×455mm×805mm	2012-06-06	佛山市百田建材实业有限公司	上海汇洁洁具有限公司
卫生陶瓷（连体坐便器）	JOYOU	JY60089	2013-02-21	泉州中宇陶瓷有限公司	上海城大建材市场经营管理有限公司
坐便器	申鹭达	LD-77209	2013-04-05	申鹭达股份有限公司	上海鹭云卫浴有限公司
圣罗莎 连体坐便器 加长型	科勒 KOHLER	3323T-S-0	2013-02-01	佛山科勒有限公司	上海起鑫贸易有限公司
乐活节水连体坐厕	吉事多	GP-6417	2013-03-30	江门吉事多卫浴有限公司	上海显浩卫厨有限公司
单体省水马桶	HCG	C4520NT	2013-01-07	和成（中国）有限公司	和成（中国）有限公司上海第一分公司

受检产品	商标	规格型号	生产日期/批号	生产企业(标称)	受检企业
喷射虹吸式连体坐便器	法恩莎	FB1676	2012-06-19	佛山市法恩洁具有限公司	上海百安居建材超市有限公司梅陇店
坐厕	Roca	3-4945E	2013-04-08	乐家（中国）有限公司	上海星苹洁具有限公司
连体坐便器	(图案)	HO126	2013-03-20	佛山市恒洁卫浴有限公司	上海好美家天山装潢建材有限公司
坐便器	eMon	1673	2013-05-18	广东省潮安县惠泉陶瓷有限公司	上海好美家天山装潢建材有限公司

2013年上海市坐便器质量监督抽查不合格产品及企业名单 表4-9

受检产品	商标	规格型号	生产日期/批号	生产企业(标称)	受检企业	不合格项目
连体坐便器(不含盖板)	ARROW	AB1122	2013-05-02	佛山市顺德区乐华陶瓷洁具有限公司	上海好饰家建材园艺超市有限公司	固体排放功能；排水管道输送特慢

6.2013 年西安市陶瓷坐便器产品质量监督抽查结果（2013 年 8 月 28 日）

西安市对 14 种产品质量进行监督抽查。其中，陶瓷坐便器共抽样 30 个批次，经检验合格 23 个批次，合格率 76.7%。不合格产品标识标注的生产单位涉及佛山市麦典卫浴有限公司制造、潮安县荣信洁具制造有限公司、帝王卫浴有限公司、福建省泉州市 1997 整体卫浴发展有限公司、潮安县科琳瓷业有限公司、潮安县古巷镇美箭陶瓷厂。主要不合格项目是便器用水量和水封回复深度。

2013年西安市陶瓷坐便器质量监督抽查不合格产品及企业名单 表4-10

受检单位	标识标注的生产单位	标识标注的产品名称	规格	不合格项目
雷丁卫浴经销部	佛山市麦典卫浴有限公司制造	坐便器	LD-2043 6L	便器用水量
西安市雁塔区沐歌卫浴经销部	潮安县荣信洁具制造有限公司	坐便器	9L ST63	便器水封回复功能
西安市雁塔区鑫金豪卫浴经销部	帝王卫浴有限公司	坐便器	008 9L	便器用水量
西安市雁塔区鑫鸿整体卫浴商行	福建省泉州市1997整体卫浴发展有限公司	坐便器	2018-8 6L	便器用水量、便器水封回复功能
西安市雁塔区鑫鸿整体卫浴商行	福建省泉州市1997整体卫浴发展有限公司	坐便器	2018-4 6L	便器用水量、便器水封回复功能
西安市碑林区锐志建材经销部	潮安县科琳瓷业有限公司	坐便器	6L	便器水封回复功能
西安市碑林区万达利建材经销部	潮安县古巷镇美箭陶瓷厂	坐便器	8862 6L	便器用水量

7.2013 年河南省卫生陶瓷产品质量监督抽查结果（2013 年 9 月 24 日发布）

河南省质量技术监督局通报卫生陶瓷产品质量省监督检查结果，CNE 仟纳连体坐便器、英伦连体坐便器、上佳柱盆等品牌产品上不合格名单。本次监督检查共抽取了焦作、洛阳、漯河、许昌、平顶山等5个省辖市31家企业生产的59批次产品，依据GB6952-2005《卫生陶瓷》、JC987-2005《便器水箱配件》标准及CCGF213.2-2010《卫生陶瓷产品质量监督抽查实施规范》，对卫生陶瓷产品的吸水率、便器用水量、污水置换、洗净功能、固体物排放、水封、便器配套要求、安全水位、CL线标记、安装相对位置、进水阀防虹吸、进水阀密封性、排水阀密封性、耐压性、溢流功能、抗裂性等16个项目进行了检验。

经抽样检验，共有3批次产品不符合标准要求，主要问题为安全水位、安装相对位置、进水阀防虹吸、溢流功能等。

2013年河南省卫生陶瓷质量监督抽查产品及企业名单　　　　表4-11

企业名称	所在地	产品名称	商标	规格型号	生产日期/批号	检查结果	主要不合格项目或主要问题	承检机构
洛阳市闻洲瓷业有限公司	洛阳市	连体坐便器	闻洲	WC2-26	2013-5-2	合格		国家建筑装修材料质量监督检验中心
洛阳市闻洲瓷业有限公司	洛阳市	蹲便器	闻洲	WD-24	2013-5-2	合格		国家建筑装修材料质量监督检验中心
洛阳美迪雅瓷业有限公司	洛阳市	连体坐便器	Medyag	MLZ-0910	2013-2-10	合格		国家建筑装修材料质量监督检验中心
洛阳美迪雅瓷业有限公司	洛阳市	分体坐便器	Medyag	MFZ-17A	2013-3-5	合格		国家建筑装修材料质量监督检验中心
郏县中佳瓷有限责任公司	平顶山市	连体坐便器	中佳	虹吸1号	2013-5-14	合格		国家建筑装修材料质量监督检验中心
郏县华美陶瓷有限责任公司	平顶山市	台上盆	欧美达	20英寸	2013-5-5	合格		国家建筑装修材料质量监督检验中心
焦作市欧翔陶瓷有限公司	焦作市	连体坐便器	如艺	6620	2012-12-25	合格		国家建筑装修材料质量监督检验中心
焦作市欧翔陶瓷有限公司	焦作市	柱盆	如艺	2006	2012-12-25	合格		国家建筑装修材料质量监督检验中心
禹州市欧亚陶瓷有限公司	许昌市	连体坐便器	奥瑞达	601#	2013-5-4	合格		国家建筑装修材料质量监督检验中心
许昌市恒大陶瓷有限公司	许昌市	柱盆	HENG-DA	18英寸	2013-5-3	合格		国家建筑装修材料质量监督检验中心
许昌市恒大陶瓷有限公司	许昌市	洗衣槽	唐成	450mm×450mm×220mm	2013-5-3	合格		国家建筑装修材料质量监督检验中心
禹州市华夏卫生陶瓷有限责任公司	许昌市	分体坐便器	唐州	分体1号	2013-5-4	合格		国家建筑装修材料质量监督检验中心
禹州市华夏卫生陶瓷有限责任公司	许昌市	柱盆	唐州	20英寸	2013-5-4	合格		国家建筑装修材料质量监督检验中心
禹州市明珠陶瓷有限公司	许昌市	连体坐便器	赛丹	SD-06	2013-5-1	合格		国家建筑装修材料质量监督检验中心
禹州市明珠陶瓷有限公司	许昌市	蹲便器	赛丹	SD-21	2013-5-1	合格		国家建筑装修材料质量监督检验中心
禹州市高点陶瓷厂	许昌市	连体坐便器	一成YCHENG	9608	2013-5-18	合格		国家建筑装修材料质量监督检验中心
禹州市高点陶瓷厂	许昌市	柱盆	一成YCHENG	9502	2013-5-18	合格		国家建筑装修材料质量监督检验中心

续表

企业名称	所在地	产品名称	商标	规格型号	生产日期/批号	检查结果	主要不合格项目或主要问题	承检机构
长葛市威美达卫生洁具厂	许昌市	拖布池	威美达	瓷质102#	2013-6-17	合格		国家建筑装修材料质量监督检验中心
长葛市清玉元建材有限公司	许昌市	连体坐便器	金唐大	1007	2013-6-15	合格		国家建筑装修材料质量监督检验中心
长葛市清玉元建材有限公司	许昌市	蹲便器	金唐大	4003	2013-6-15	合格		国家建筑装修材料质量监督检验中心
河南明泰陶瓷制品有限公司	许昌市	连体坐便器	圣好	312	2013-6-17	合格		国家建筑装修材料质量监督检验中心
河南明泰陶瓷制品有限公司	许昌市	柱盆	圣好	20英寸	2013-6-17	合格		国家建筑装修材料质量监督检验中心
河南浪迪瓷业有限公司	许昌市	连体坐便器	LODO浪迪	LZ09003	2013-6-18	合格		国家建筑装修材料质量监督检验中心
河南浪迪瓷业有限公司	许昌市	洗面盆	LODO浪迪	LP09002	2013-6-18	合格		国家建筑装修材料质量监督检验中心
长葛市贝浪瓷业有限公司	许昌市	连体坐便器	贝意浪BELON	Z9003	2013-6-18	合格		国家建筑装修材料质量监督检验中心
长葛市贝浪瓷业有限公司	许昌市	洗面盆	贝意浪BELON	M9001	2013-6-18	合格		国家建筑装修材料质量监督检验中心
长葛市汇迎陶瓷有限公司	许昌市	蹲便器	汇迎	3#	2013-6-20	合格		国家建筑装修材料质量监督检验中心
长葛市汇迎陶瓷有限公司	许昌市	拖布池	汇迎	8#	2013-6-20	合格		国家建筑装修材料质量监督检验中心
长葛市汇迎陶瓷有限公司	许昌市	柱盆	汇迎	202	2013-6-20	合格		国家建筑装修材料质量监督检验中心
长葛市尚典卫浴有限公司	许昌市	连体坐便器	莱菲特	6239	2013-6-20	合格		国家建筑装修材料质量监督检验中心
长葛市尚典卫浴有限公司	许昌市	蹲便器	莱菲特	414	2013-6-20	合格		国家建筑装修材料质量监督检验中心
长葛市远东陶瓷有限公司	许昌市	连体坐便器	好亿家	2031	2013-6-15	合格		国家建筑装修材料质量监督检验中心
长葛市远东陶瓷有限公司	许昌市	柱盆	好亿家	3003	2013-6-16	合格		国家建筑装修材料质量监督检验中心
长葛市冠玛瓷业有限公司	许昌市	连体坐便器	冠玛GUAN-MA	6608	2013-6-2	合格		国家建筑装修材料质量监督检验中心
长葛市冠玛瓷业有限公司	许昌市	柱盆	冠玛GUAN-MA	1011	2013-6-10	合格		国家建筑装修材料质量监督检验中心
河南金惠达卫浴有限公司	许昌市	连体虹吸式坐便器	JINDA	1#	2013-6-8	合格		国家建筑装修材料质量监督检验中心
河南金惠达卫浴有限公司	许昌市	柱盆	JINDA	20英寸	2013-6-8	合格		国家建筑装修材料质量监督检验中心
河南美霖卫浴有限公司	许昌市	连体坐便器	GAODI	107	2013-6-10	合格		国家建筑装修材料质量监督检验中心

续表

企业名称	所在地	产品名称	商标	规格型号	生产日期/批号	检查结果	主要不合格项目或主要问题	承检机构
河南美霖卫浴有限公司	许昌市	洗衣槽	GAODI	206	2013-6-10	合格		国家建筑装修材料质量监督检验中心
河南嘉陶卫浴有限公司	许昌市	拖布池	FOVA	402	2013-6-22	合格		国家建筑装修材料质量监督检验中心
河南嘉陶卫浴有限公司	许昌市	洗衣槽	FOVA	301	2013-6-22	合格		国家建筑装修材料质量监督检验中心
长葛市恒尔瓷业有限公司	许昌市	连体坐便器	Hner恒尔	Z6820	2013-6-15	合格		国家建筑装修材料质量监督检验中心
长葛市恒尔瓷业有限公司	许昌市	洗面器	Hner恒尔	HM3317	2013-6-15	合格		国家建筑装修材料质量监督检验中心
长葛市白特瓷业有限公司	许昌市	连体坐便器	BAITE白特	1012	2013-5-6	合格		国家建筑装修材料质量监督检验中心
长葛市白特瓷业有限公司	许昌市	柱盆	BAITE白特	3006	2013-5-12	合格		国家建筑装修材料质量监督检验中心
长葛市新鑫瓷业有限公司	许昌市	洗面器	唐河	18英寸	2013-6-25	合格		国家建筑装修材料质量监督检验中心
长葛市新鑫瓷业有限公司	许昌市	洗衣槽	唐河	2#	2013-6-25	合格		国家建筑装修材料质量监督检验中心
长葛市飞达瓷业有限公司	许昌市	连体坐便器	FeiDa	2#	2013-6-25	合格		国家建筑装修材料质量监督检验中心
长葛市飞达瓷业有限公司	许昌市	蹲便器	FeiDa	A-06	2013-6-25	合格		国家建筑装修材料质量监督检验中心
河南蓝健陶瓷有限公司	许昌市	连体坐便器	蓝健	M-15	2013-6-18	合格		国家建筑装修材料质量监督检验中心
河南蓝健陶瓷有限公司	许昌市	踏便器	蓝健	T6	2013-6-18	合格		国家建筑装修材料质量监督检验中心
河南奥宇陶瓷有限公司	许昌市	挂便器	上佳	610	2013-6-16	合格		国家建筑装修材料质量监督检验中心
长葛市春风瓷业有限公司	许昌市	柱盆	英伦	22英寸	2013-6-14	合格		国家建筑装修材料质量监督检验中心
长葛市春风瓷业有限公司	许昌市	蹲便器	英伦	1#	2013-6-14	合格		国家建筑装修材料质量监督检验中心
舞阳县冠军瓷业有限责任公司	漯河市	连体坐便器	鹰之浴	LZ017	2013-3-12	合格		国家建筑装修材料质量监督检验中心
舞阳县冠军瓷业有限责任公司	漯河市	柱盆	鹰之浴	L610	2013-3-12	合格		国家建筑装修材料质量监督检验中心
河南日美卫浴有限公司	许昌市	连体坐便器	CNE仟纳	CN-11006	2013-7-2	不合格	安全水位;安装相对位置;	国家建筑装修材料质量监督检验中心
长葛市春风瓷业有限公司	许昌市	连体坐便器	英伦	15#	2013-6-14	不合格	安全水位;进水阀防虹吸;安装相对位置;	国家建筑装修材料质量监督检验中心
河南奥宇陶瓷有限公司	许昌市	柱盆	上佳	20英寸	2013-6-16	不合格	溢流功能;	国家建筑装修材料质量监督检验中心

8.2013 年广东省卫浴产品质量监督抽查结果（2013 年 10 月 29 日发布）

广东省质量技术监督局公布 2013 年广东省卫浴产品质量专项监督抽查结果，不合格产品发现率为 11.7%。本次共抽查了广州、佛山、中山、江门、顺德等 5 个地区 58 家企业生产的 60 批次卫浴产品。依据 QB 2584-2007《淋浴房》、QB 2585-2007《喷水按摩浴缸》及经备案现行有效的企业标准或产品明示质量要求，对喷水按摩浴缸的外观、耐日用化学药品性、耐污染性、巴氏硬度、耐荷重性、耐冲击性、耐热水性、满水变形、金属配件表面处理、水流喷射水平距离、密封性、滞留水、对触及带电部件的防护、输入功率与电流、工作温度下的泄漏电流和电气强度、接地措施、噪声、回流装置、标志等 19 个项目进行了检验；对蒸汽淋浴房的钢化玻璃碎片状态、外观、结构和装配质量、荷重要求、房体结构强度、蒸汽的发生与控制功能、水力按摩、配管检漏、对触及带电部件的防护、输入功率与电流、工作温度下的泄漏电流和电气强度、接地措施、表面处理、标志、使用说明书等 15 个项目进行了检验；对淋浴屏产品的钢化玻璃碎片状态、外观、结构和装配质量、房体结构强度、表面处理、使用说明书等 5 个项目进行了检验。

本次抽查发现 7 批次产品不合格，涉及"万斯敦"喷水按摩浴缸、"英伦御品"淋浴房、"SALLY"淋浴屏、"EAPI"喷水按摩浴缸、"百丽"喷水按摩缸、"地中海"喷水按摩浴缸、"dooa"喷水按摩浴缸等品牌产品。不合格项目主要为表面处理、巴氏硬度、标志、使用说明书。

2013年广东省卫浴产品质量监督抽查不合格产品及企业名单   表4-12

生产企业名称 （标称）	产品名称	商标	型号规格	生产日期或批号	不合格项目名称	承检单位
佛山市南海万斯敦卫浴有限公司	喷水按摩浴缸	万斯敦	WD6101	2013-06-29	1.表面处理；2.标志	国家陶瓷及水暖卫浴产品质量监督检验中心
中山市英伦御品卫浴有限公司	淋浴房	英伦御品	D1—242 900mm × 900mm × 1900mm	2013-07-04	1.表面处理：框架阳极氧化膜；2.使用说明书	广东省中山市质量计量监督检测所
中山市莎丽卫浴设备有限公司	淋浴屏	SALLY	BZ0F-J4	2013-05	表面处理：框架阳极氧化膜	广东省中山市质量计量监督检测所
佛山市南海意派卫浴科技有限公司	喷水按摩浴缸	EAPI	EP-32071700mm × 920mm × 780mm	2013-07-08	1.巴氏硬度；2.标志	国家陶瓷及水暖卫浴产品质量监督检验中心
佛山市南海区罗村恒美洁具厂	喷水按摩缸	百丽	BL-3128	2013-07	表面处理	国家陶瓷及水暖卫浴产品质量监督检验中心
广东地中海卫浴科技有限公司	喷水按摩浴缸	地中海	M-B8042	2013-01-02	1.巴氏硬度；2.标志	国家陶瓷及水暖卫浴产品质量监督检验中心
佛山市顺德区杜拉格斯中暖卫浴科技有限公司	喷水按摩浴缸	dooa	do-302	2013-07-01	标志	国家陶瓷及水暖卫浴产品质量监督检验中心

9.2013 年广东省卫生陶瓷产品质量监督抽查结果（2013 年 10 月 29 日发布）

广东省质量技术监督局公布 2013 年广东省卫生陶瓷产品质量专项监督抽查结果，不合格产品发现率为 10%。本次共抽查了广州、珠海、佛山、东莞、江门、清远、潮州、顺德 8 个地市 60 家卫生陶瓷生产企业的 60 个批次产品，依据 GB 6952-2005《卫生陶瓷》、GB 26730-2011《卫生洁具 便器用重力式冲水装置及洁具机架》及经备案现行有效的企业标准或产品明示质量要求，对卫生陶瓷产品的水封深度、水封表面面积、吸水率、便器用水量、洗净功能、固体排放功能、污水置换功能、坐便器水封回复、防溅污性、耐荷重性、冲洗噪声、便器配套要求、用水量标识、管道输送特性、管螺纹精度、连接螺纹尺寸、进水流量、进水阀密封性、永久性 CL 线标识、防虹吸功能、水击、自闭密封性、安全水位、再开启功能、驱动机构操作力、用水效率等级等 22 个项目进行了检验。

次抽查发现 6 批次产品不合格，标称生产企业涉及潮安县古巷镇虎仔陶瓷厂、潮安县辉煌陶瓷洁具厂、佛山市卫欧卫浴有限公司高明分公司、佛山市高明天盛卫浴有限公司、广东爱迪雅卫浴实业有限公司、广州贝朗卫浴用品有限公司。不合格项目主要为用水量、安全水位技术要求、安装相对位置。

2013年广东省卫生陶瓷产品质量监督抽查不合格产品及企业名单　　　　　　　表4-13

生产企业名称（标称）	产品名称	商标	型号规格	生产日期或批号	不合格项目名称	承检单位
潮安县古巷镇虎仔陶瓷厂	卫生陶瓷（连体坐便器）		8013、普通型	2013-06-10	用水量、安全水位	国家陶瓷产品质量监督检验中心（潮州）
潮安县辉煌陶瓷洁具厂	卫生陶瓷（连体坐便器）		6T192、普通型	2013-07	用水量、安全水位	国家陶瓷产品质量监督检验中心（潮州）
佛山市卫欧卫浴有限公司高明分公司	连体坐便器（普通型）	VIRGO（卫欧卫浴）	VG-9888	2013-06-26	安全水位	国家陶瓷及水暖卫浴产品质量监督检验中心
佛山市高明天盛卫浴有限公司	连体坐便器	GMERRY	G3434	2013-07-02	用水量标识	国家陶瓷及水暖卫浴产品质量监督检验中心
广东爱迪雅卫浴实业有限公司	坐便器	爱迪雅	P116S	2013-05-24	用水量标识	国家陶瓷及水暖卫浴产品质量监督检验中心
广州贝朗卫浴用品有限公司	连体坐便器	BRAVAT	C2181UW-3	2013-04-18	用水量标识	国家陶瓷及水暖卫浴产品质量监督检验中心

10.2013 年贵州省陶瓷砖产品质量监督抽查结果（2013 年 11 月 21 日发布）

贵州省工商行政管理局通报流通领域陶瓷砖商品质量监测结果，顶尚、路易保罗、巴比伦、新刚石、品诺等标称品牌商品被列入不合格名单。

本次监测委托贵州省分析测试研究院负责，对陶瓷砖的吸水率、断裂模数、破坏强度、有釉砖表面耐磨性、放射性核素、尺寸（长度、宽度、厚度）、标识指标进行检测。共对贵阳市、遵义市、六盘水市、安顺市、铜仁市、毕节市、黔东南州、黔南州、黔西南州 36 户流通领域商品经营主体所经营的陶瓷砖进行了随机抽样，被监测人涉及的场所为综合市场、专业市场和其他经营场所，共随机抽取样品 56 个批次。

经检测，由"桐梓县川江建材经营部"销售的，标称"四川省新世纪瓷业有限公司"生产的"顶尚"牌，规格为"13 片 /1 件 28±1kg"，标注生产日期 / 批号为"2013.5.15"的陶瓷砖等批次商品为不合格商品，不合格的主要项目为吸水率、断裂模数、破坏强度、标识。

2013年贵州省陶瓷砖产品质量监督抽查不合格产品及企业名单　　　　表4-14

样品名称	被监测人	标称商标	标称生产企业	规格	生产日期或批号(限期使用日期或批号)	主要不合格项目
干压陶瓷砖	桐梓县川江建材经营部	顶尚	四川省新世纪瓷业有限公司	13片/1件 28±1kg	2013-05-15	断裂模数（平均值），断裂模数（单个最小值），破坏强度
路易保罗陶瓷	周贵碧 520325600048605	路易保罗	佛山路易保罗陶瓷有限公司	300mm×450mmE＞10%	2012-01-02	标志
巴比伦陶瓷	米辉520323600090829	巴比伦	佛山市圣泰陶瓷有限公司	300mm×600mm×10mm 6707	2012-11-27	标志
全瓷高级文化石	易云贵（522229600017380）	新刚石	高安金刚石公司	10片装色号:017	134	标志,吸水率（平均值），吸水率（单个最大值），断裂模数（平均值），断裂模数（单个最小值）
品诺陶瓷	松桃巴丹瓷砖店	品诺	佛山加比亚陶瓷有限公司	478mm×147mm×330mm 300mm×450mm12片 1.62m²	13E07	标志
雅丹诺陶瓷	兴义市宏源建材批发部	雅丹诺	佛山市南海区闽博陶瓷有限公司	300mm×450mm×9.5mm	—	标志
陶瓷砖	陈伟（522422600171390）	欧特陶	四川欧冠陶有限公司	13片 1.76m228±0.5kg	2013-07-11	标志
陶瓷砖	七星关区富园陶瓷经营部	贝拉米	佛山市罗兰伯爵陶瓷有限公司	6901 300mm×600mm×10mm 吸水率＞10%	2013-04-16	标志
陶瓷砖	安顺开发区小华建材经营部	金意	广东金意陶瓷有限公司	K050519GA500mm×500mm×9.5mmE≤0.5%	2013-03-21	标志
内墙砖	安顺开发区景御陶古典砖经营部	威圣堡	中泰陶瓷有限责任公司	300mm×450mm×9.4mm 27±1kg	2013-6-11	标志
报喜来陶瓷（高级瓷质地板砖）	安顺开发区久居福瓷砖经营部	报喜来	佛山市报喜来陶瓷有限公司	300mm×300mm	2013-06-28	标志
龙飞陶瓷（高档内墙砖）	陈志胜5225013023995	—	佛山市金石陶瓷有限公司	450mm×300mm 12片 26kg	F11/9G	标志
陶瓷砖	安顺市西秀区四利陶瓷经销点	晋鹏	晋江彩源建材有限公司	100mm×200mm	—	标志,吸水率（平均值）
陶瓷砖	安顺市西秀区四利陶瓷经销点	美园	江西广厦陶瓷有限公司	200mm×100mm×7mm	2013-05-26	吸水率（平均值），断裂模数（平均值），断裂模数（单个最小值），破坏强度,吸水率（单个最大值）
陶瓷砖	安顺市西秀区四利陶瓷经销点	豪鸿	福建省南安市吉兴陶瓷有限公司	100mm×200mm	—	标志
东联陶瓷	王仙芝5226243102983	东联	广东佛山东联陶瓷有限公司	300mm×300mm 吸水率＞10%	2013-07-10	标志
陶瓷砖	尹曼武（522633600020178）	埠光	淄博张店埠光建陶厂	600mm×120mm×7mm	—	宽度,标志

续表

样品名称	被监测人	标称商标	标称生产企业	规格	生产日期或批号(限期使用日期或批号)	主要不合格项目
富盛达陶瓷砖	荔波县玉屏镇曾建庭装饰材料店	富盛达	鑫源陶瓷有限公司	300mm×450mm 12PCS	—	标志
陶瓷砖	荔波县玉屏镇曾建庭装饰材料店	尚品一陶	广东佛山陶然之家陶瓷有限公司	300mm×450mm A8609	—	标志
鑫源陶瓷内墙砖	陈宝芳 522726600084537	鑫源	鑫源陶瓷有限公司	15PCS 250mm×400mm	—	标志,破坏强度,断裂模数（单个最小值）,断裂模数（平均值）
简尚·陶瓷	陈宝芳 522726600084537	简尚	广东佛山南海狮山工业园营销中心	1件 300mm×450mm 250kg12片	—	标志
富盛达陶瓷砖	李红玲 (522726600039428)	富盛达	鑫源陶瓷有限公司	300mm×450mm	0415	标志
梦想石陶瓷	李红玲 (522726600039428)	梦想石	佛山市雅陶丽陶瓷有限公司	1件15块 22kg300mm×300mm	2013-03-30	标志

第二节 2013年陶瓷色釉料行业新变化

十年前，不少业内专业人士认为全国陶瓷色釉料行业一年大约100亿元人民币的市场份额。2011年编写的《陶瓷色釉料行业发展研究报告》（编写单位：中国建筑卫生陶瓷协会色釉料峰会、中国陶瓷产业信息中心；《陶瓷信息》2011年12月30日[635期]42-43版），研究报告以2010年我国陶瓷行业各种陶瓷产品（主要涉及建筑陶瓷、卫生陶瓷、日用陶瓷等）的产量为基础数据，得出结论，2010年我国陶瓷色釉料511.46万吨；产值271.07亿元人民币（其中出口：20.65万吨，价值1.62亿美元）。经过2011年、2012年、2013年三年，我国陶瓷行业在陶瓷产品产量、产品结构、喷墨技术应用等方面发生了巨大变化，同时陶瓷色釉料产品出口也大幅增加，这些都导致2013年我国陶瓷色釉料行业发生了很多新变化。

1. 瓷砖产量增长

2010年我国建筑陶瓷砖的产量75.7566亿平方米；卫生陶瓷产量为1.7784亿件；日用陶瓷年产量达270亿件，其中艺术陶瓷产量50多亿件。我国建筑卫生陶瓷、日用陶瓷都是世界第一生产制造大国、消费大国与出口大国。2013年瓷砖产量96.90亿平方米，三年瓷砖产量增长21.24平方米，增长27.9%。

2010年我国建筑陶瓷、卫生陶瓷、日用陶瓷使用色釉料共计490.86万吨；其中：成釉397.32万吨、全抛釉（含印刷釉）14.09万吨、坯用色料73.29万吨、釉用色料6.16万吨，2010年我国色釉料出口20.6万吨。合计2010年陶瓷色釉料产量511.46万吨。按2010年我国色釉料产品出口的平均单价每吨5300元计算（事实上2013年我国色釉料出口的平均单价超过8000元/每吨），我国2010年陶瓷色釉料的产值为271.07亿元人民币。在2010年511.46万吨的色釉料产量中，瓷砖用色釉料产品438.38万吨。如果认为瓷砖色釉料的使用与瓷砖产量是同步、同比例增长，则2013年建筑陶瓷用色釉料产量同步增长27.9%,增长122.31万吨,总量560.69万吨，按2010年色釉料产品的出口平均单价5300元人民币计算，增长了64.824亿元。

2. 瓷砖产品结构变化

瓷砖产品结构这三年最大的变化是大量全抛釉、微晶石产品涌向市场。尤其是瓷砖新品大理石瓷砖的出现，受到生产制造商、消费者的热捧。在这三年中，全抛釉产品至少成倍增长，如果将其计入仿古砖类，几乎占到仿古砖类产品的半壁江山，微晶石产品也同样有大幅增长。这两款产品的增长对色釉料行业的直接推动就是全抛釉釉料、微晶熔块、喷墨印花的大量增加应用，同时也增加了釉料的专业化生产。

3. 喷墨印花大量应用，陶瓷墨水国产化进程加快

2011 年年底我国瓷砖行业在线喷墨花机约 130 台，2013 年年底我国瓷砖行业在线喷墨花机达到 2000 台。2011 年国产墨水的应用不足 5%，而 2013 年国产墨水已经占有 30% 的份额，而且这一份额还在不断地扩大，预计到 2014 年年底国产墨水将超过 50% 的份额。如果按每台喷墨花机平均每年使用墨水 10 吨计算，则 2013 年我国陶瓷墨水的市场是 2 万吨，国产墨水 30% 的份额，就是 6000 吨，每吨 10 万元人民币，2013 年我国陶瓷墨水的市场份额大约 6 亿元人民币。保守估计 2014 年年底国内瓷砖行业喷墨印花机将达到 3000 台，也就是说国内陶瓷墨水的市场将达到 3 万吨，国产墨水如期达到 50% 份额，将达到 1.5 万吨，这部分市值将有 12 ~ 15 亿元人民币（考虑可能的单价下滑）。

4. 卫生陶瓷产量增加

2010 年我国卫生陶瓷产量为 17784 万件，2013 年卫生陶瓷产量 20621，增长 2837 万件，相对增长 15.95%。2010 我国卫生陶瓷用色釉料 7.11 万吨，如果与产量同步同比例增长，则卫生陶瓷用色釉料增长 1.13 万吨，按每吨 5300 元计，增长 5989 万元。

5. 色釉料出口增加

2010 年我国陶瓷色釉料出口 206467 吨，出口额 16187 万美元。2013 年我国陶瓷色釉料出口 212584 吨，出口额 29251 万美元。出口金额增加 13064 万美元，增长 80.71%，这部分增长达 7.84 亿人民币（按 1 美元 =6 元人民币计）。未来几年随着国产墨水出口大幅增加，我国陶瓷色釉料产值也将同步增长。

综上所述，2013 年我国陶瓷色釉料行业国内的市场份额至少达到 350 亿元人民币（相对 2010 年增长了 80 亿元人民币）。所有的迹象表明，陶瓷色釉料行业将进一步增长，尤其是陶瓷墨水的广泛应用，国产化的程度越来越高，大大推动了陶瓷行业的发展。同时陶瓷色釉料行业在这个发展过程中，企业规模不断壮大，品牌知名不断提高，高端产品集中度增加。

第三节　2013 年陶瓷压机市场需求迅速增长

陶瓷压机 2013 年全年在国内市场的出货量约为 1100 余台，其中，广东科达机电股份有限公司（含恒力泰）陶瓷压机 2013 年在国内市场的出货量约为 1000 余台，萨克米、捷成工、海源等其他几家陶瓷压机生产企业 2013 年在国内市场的出货量共计 100 余台。

综合近几年来陶瓷压机在国内市场的出货量统计，2013 年陶瓷压机在国内市场的出货量与 2010 年的 1200 余台相比略有下降，但比 2011 年的 1000 余台增长了 10%，同比 2012 年的 600 余台更是增长了 83% 以上，创造了近几年来的第二轮销售高峰。

2013 年后全国建陶市场逐渐回暖，湖南、湖北、江西、河南、河北以及四川等主要建陶产区许多企业在年初便着手筹划增加产能、扩建新生产线，以致陶瓷压机市场在年初便出现了产品供不应求、交货期长达 4 个月的现象。随着 2013 年后全国建陶市场的复苏，建陶产品销售形势较之以往有所好转，

尤其是许多建陶厂家看到了三四级市场以及农村市场在未来一段时间内的巨大潜力，许多建陶企业纷纷着手于扩建生产线、增加产能，这推动了陶瓷压机市场的急剧升温。与2012年建陶行业整体形势不佳，陶瓷压机销量大幅下滑形成鲜明对比。

较之2013年国内压机市场的火爆态势，国外市场的销售业绩也表现喜人。与2012年对比，2013年主要压机生产企业恒力泰的压机出口数量整整翻了一番。2013年东南亚等国家和地区的陶瓷产业发展态势呈上升趋势，中国压机因质量稳定、性价比高，备受这些国家和地区建陶企业的欢迎。

就国内市场而言，80%以上的压机用于新建成投产的生产线，其中以江西、河南、河北三个产区的需求量最大，仅恒力泰一家企业，2013年在江西省的压机出货量就超过了100台。

据相关调查数据显示，相比2012年，各产区2013年新建的生产线均有大幅提升。据初步统计，综合2013年全年，全国新增生产线多达200条以上。2013年，江西、河南、河北三个省以及以四川为主的西部产区，上新线的速度非常迅猛，几乎呈"大赶快上"的态势。以河北高邑为例，如果以产能和产量来计算，河北高邑2013年新建成投产的生产线超过了以往任何一年，而恒力泰2013年一年在该产区的压机出货量更是超过了以往的总和。

2013年初，随着新一届政府提出建设新农村和大力推进新型城镇化建设，此举极大刺激了乡镇市场以及农村市场对西瓦等其他建陶产品的需求。不少企业纷纷投入资金，通过建新线或改线等举措进入西瓦的生产、销售领域，这为小吨位压机创造了巨大的市场空间。

2013年，随着河北、河南产区抛光砖生产线的快速发展，引发了对中大吨位压机的巨大需求。据记者了解，2013年8月，河南省南阳市唐河县的一陶瓷企业就曾一次性购买了8台恒力泰YP4000型液压自动压砖机，按"八机一线"的配置，该企业一条生产线日产微粉抛光砖超过了3万平方米，年产量可达1000万平方米。到2013年下半年，"八机一线"的配置已成常态，不少陶企已经按"九机一线"、"十机一线"进行配置，相对于河南、河北产区，大吨位及超大吨位的压机更受广东、广西产区建陶企业的欢迎。

2013年陶瓷机械市场是一个强势反弹，主要的陶机设备压机和窑炉创造了第二次新高，仅次于历史最高点。从五月份的广州展览会以后，整个陶瓷机械供应状况非常火爆。以压机为代表，在2013年12月底以前就已经超过了1000台，河南、福建的企业更是一次性团购就超过30多台。说明2013年全国新增生产线的数量非常巨大，这也为压机、窑炉等陶机装备行业创造了巨大的市场空间。

抢占压机市场份额的关键还是在于企业自身的科技创新和品牌化运营，陶机装备企业必须不断创新、确保产品质量和服务，打造具有竞争力的产品才能在国内外的市场竞争中立于不败之地。陶瓷设备供应商，未来的重点就是顺应行业趋势，为陶瓷企业研发、生产出更多自动化程度更高、更为节能环保的设备。

第四节　2013年新建窑炉猛增

2013年国内压机出货量超过1100台，全国新增瓷砖生产线200条以上（估计达到250条），陶企新上生产线在全国各产区"遍地开花"。在这种形势下，窑炉设备企业业务量大增，并拉动其他陶机设备需求。近两年国内建陶行业微晶石、全抛釉等亮光面瓷砖产品逐渐为消费者接受，对抛光砖"一统江湖"的地位造成很大冲击，致使各产区不少陶企纷纷改线。初步估计，2013年全国有约300条窑炉由抛光砖生产线改线投产全抛釉，仅山东产区就有140多条。2013年建陶行业新建生产线数量大增。这一时期最明显的特征就是大型窑炉设备企业主要精力聚焦在新线建设，中小型的窑炉技术企业则在技术改进上也忙得不可开交。

2013年后，随着全国建陶市场的回暖，建陶产品销售实现了"开门红"，并持续好转。受益于良好的行业发展形势，湖南、湖北、江西、河南、河北以及四川等主要建陶产区许多企业在年初并着手筹划增加产能、扩建新生产线，在这样的形势下，窑炉行业，2013 年的销售业绩也实现了历史新高。

新增窑炉以宽体窑炉为主，窑炉长度和日产量创历史新高。2013 年初，一条生产线按"八机一线"的配备、日产量（微粉抛光砖）超过 3 万平方米、设计年产能达 1000 万平方米的生产线便开始出现。到 2013 年下半年，按"九机一线"、"十机一线"甚至"十一机一线"配备、日产量超过 4.5 万平方米的产能的生产线，也开始出现。2013 年，对于产量巨大的瓷片、抛光砖生产线，甚至出现了长度超过 500 米窑炉。至于改造窑炉的长度，则是根据陶瓷生产企业的产品要求和品质而定。一般较为成熟的全抛釉生产线的窑炉长度是在 260 ～ 300 米之间。由抛光砖生产线改为全抛釉或者微晶石，由于新增了施釉线环节，抛开价钱昂贵、价格区间范围大的喷墨机不论，一般情况下施釉线的建造成本，在整个改造环节中所占比例最大。

近几年来，随着宽体窑制造技术的进一步成熟和提高，宽体窑的节能降耗效果显著。宽体窑具有占地面积小、能耗少、效率高、产量大等特点，符合了当今陶业节能环保的发展方向。行业专家认为，随着市场的持续发展，以及市场上大规格产品的广泛需求，宽体窑会得到越来越多陶瓷企业的青睐，宽体窑的广泛应用将是未来陶瓷窑炉发展的必经之路。作为建陶生产的"心脏"，窑炉设备及技术的进步在节能减排及提高能耗效率方面有着举足轻重的地位。宽体窑的发展主要靠节能技术的提升来推动。

窑炉结构的优化，主要是从设计适当的窑炉内高、窑炉内宽、窑炉长度、平顶和拱顶结构，加强窑体的密封和窑压的控制、选用轻质化的窑车和窑具等多方面把控。随着窑炉内宽度的增大，单位制品热耗和窑墙散热大幅减少，如当辊道窑窑宽从 1.2 米增大到 2.4 米时，窑内散热降低 25%。此外，窑炉内宽增加，还可以提高生产产量。以拱顶窑和平顶窑为例，经过生产实践经验证明，宽体窑的高温段采用拱顶结构，可增加辐射层厚度，大大有利于辐射传热，拱顶结构的传热有利于烧成带温差的减小；而在低温段采用平顶结构，有利于低温段温度的均匀。把拱顶和平顶两种窑顶结构相结合，更有利于窑内气流的搅拌和温度的均匀分布，减少窑内温差，从而达到更节能的目标。

烧嘴的选用同样对提高节能降耗效果起到重要作用。采用新型的高速喷嘴或脉冲烧成技术，可以使窑内温度变得均匀，减小了窑内上下温差，不但能缩短烧成周期，降低能耗，而且可以提升陶瓷制品的烧成效果。采用高效轻质的保温材料和低蓄热的窑车、窑具等也是显著提高窑炉节能效果的必备方法。采用先进的烟气余热回收技术，降低陶瓷窑炉排烟热损，是实现工业窑炉节能的主要途径。当前国内外的烟气余热利用主要用于干燥、烘干制品和生产的其他环节。采用换器回收烟气余热来预热助燃空气和燃料，具有降低排烟损失、节约燃料和提高燃料燃烧效率等多重效果。

此外，在自动控制技术方面，通过计算机对陶瓷制品的烧成过程进行模拟和控制，可以对窑炉结构和燃烧系统进行优化。

第五节　2013 年瓷砖领域广泛应用喷墨花机装备与技术

陶瓷喷墨印刷技术带动了墨水、印刷设备、喷头及瓷砖等制造业的发展，给瓷砖装饰带来了一场技术革命，在我国瓷砖发展史上留下浓墨重彩的一笔。

据不完全统计，截至 2013 年 12 月 31 日，国内外主要喷墨花机制造厂向中国瓷砖企业销售大约 2500 台设备（含已生产使用、正安装、已签订合同待供货）。国产设备占市场份额约 86%，进口设备占约 14%。2013 新增喷墨花机，大约接近 1000 台，其中国产喷墨花机约占 90%，进口喷墨花机约占 10%；以喷头占比情况算，赛尔喷头约占 80% 的份额，其他喷头约占 20% 的份额。国产喷墨花机制造商，以希望、美嘉占据主要份额，泰威、彩神、精陶、新景泰、工正、科越等喷墨花机制造商也占据一部分份额，国内喷墨花机制造企业基本都有部分产品出口海外。在中国市场的国外喷墨花机供应商主要有：**efi-** 快达平、凯拉捷特、西蒂•贝恩特、萨克米、西斯特姆、天工法拉利、杜斯特等。

2013 年，喷墨技术与设备在瓷砖生产中得到广泛的应用，随着喷墨花机与墨水的竞争越来越激烈，喷墨花机装备与墨水的价格大幅度下滑，以至于喷墨印花的综合成本与胶辊印刷不相上下、甚至更经济便宜，印花效果更好。

由于喷墨花机在中国瓷砖行业的广泛应用，众多陶瓷喷墨打印机制造商为抢夺在这块战略高地的更大话语权，纷纷加大推广力度，2013 年，喷墨花机设备在全国各产区总量普遍增加，并仍然呈现稳步上升的趋势，我国各瓷砖产区喷墨花机使用量排名前 5 的是：广东、山东、福建、江西、四川瓷砖产区。

2013 年 5 月广州陶瓷工业展显示，目前国产陶瓷喷墨设备的研发水平正在不断提高。其中，精陶推出的三度烧喷墨打印机拥有的中央管理系统，能解决模具精度不高、设计稿色彩调试困难、色差难控制等难题；彩神的 8 色数字喷墨喷釉一体机可同时使用多种陶瓷喷头并实现喷釉功能；其他国产喷墨花机制造商也都推出多种新技术应用。

2013 年，中国陶瓷喷墨印刷设备生产能力快速增长，生产能力已经正在超过国内市场需求，由于国产喷墨花机的性价比突出，2013 年，设备制造商都不断地开拓海外市场，国产陶瓷喷墨印刷机生产企业将会把目光更多地投向东南亚市场，国产陶瓷喷墨印刷机将会在印度、印尼、马来西亚、土耳其及中东地区等市场有明显增长。

2012 年国产墨水的市场份额大约在 10% 左右，而 2013 年随着国产墨水的质量不断进步，价格不断下降，国产墨水的市场份额已经超过 30%，这个比率还在不断继续增加，估计很快将达到 50% 的份额。同时墨水关键设备的国产化及墨水的质量在 2013 年也得到进一步提升，墨水生产的关键设备（砂磨机）、氧化锆球石质量不断改进，有机溶剂国产化的比例也在逐渐扩大。

喷墨印花技术正在向喷墨施釉的方向进一步扩展，目前下陷釉、金属釉等特别装饰的喷釉产品已经在我国的一些陶企开始生产，但这些喷釉产品的釉料与技术目前还依靠进口，未来几年将会有大量的喷釉产品上市，同时用于喷釉的釉料也将本土化、国产化。

第五章   2013 年建筑卫生陶瓷专利

第一节   2013 年陶瓷砖专利

名称：一种使用于瓷砖布料的格栅
申请号：201220220288.X
申请（专利权）人：佛山市三水宏源陶瓷企业有限公司
发明（设计）人：梁桐伟
公开（公告）日：2013.01.02
公开（公告）号：CN202640551U

名称：一种适用于陶瓷粉料的制备方法
申请号：201110281427.X
申请（专利权）人：广东一鼎科技有限公司
发明（设计）人：张柏清；冯竞浩；杨扬；陈国平
公开（公告）日：2013.01.02
公开（公告）号：CN102850054A

名称：一种陶瓷渗水砖
申请号：201210315357.X
申请（专利权）人：苏州市德莱尔建材科技有限公司
发明（设计）人：计慷
公开（公告）日：2013.01.02
公开（公告）号：CN102850038A

名称：一种以有机树脂发泡微球为造孔剂的多孔陶瓷的制备方法
申请号：201210343316.1
申请（专利权）人：李少荣
发明（设计）人：彭红；李少荣
公开（公告）日：2013.01.02
公开（公告）号：CN102850084A

名称：利用赤泥生产建筑陶瓷的方法
申请号：201210295391.5
申请（专利权）人：淄博新空间陶瓷有限公司
发明（设计）人：李峰芝
公开（公告）日：2013.01.02
公开（公告）号：CN102850040A

名称：一种利用碳素纤维纸加热的瓷砖
申请号：201110191589.4
申请（专利权）人：安徽博领环境科技有限公司
发明（设计）人：程启进
公开（公告）日：2013.01.09
公开（公告）号：CN102864888A

名称：一种卫生陶瓷泥坯周转、烘干、修整生产线
申请号：201210357251.6
申请（专利权）人：惠达卫浴股份有限公司
发明（设计）人：王彦庆；吴萍萍；杜伟建；董会东；韩士玖；孙岩；李龙朝
公开（公告）日：2013.01.09
公开（公告）号：CN102862229A

名称：一种滚压成型装置和用该滚压成型装置成型的陶瓷
申请号：201210363331.2
申请（专利权）人：内蒙古永丰源大汗窑瓷业有限公司
发明（设计）人：刘权辉；吕学贵；刘玉龙
公开（公告）日：2013.01.09
公开（公告）号：CN102862217A

名称：一种利用陶瓷废料制备加气空心砖的方法
申请号：201210221709.5
申请（专利权）人：安徽中龙建材科技有限公司
发明（设计）人：强晓震
公开（公告）日：2013.01.09
公开（公告）号：CN102863249A

名称：低温釉陶瓷制造方法
申请号：201210382959.7
申请（专利权）人：江苏省宜兴彩陶工艺厂
发明（设计）人：高永康；杨庆华
公开（公告）日：2013.01.09
公开（公告）号：CN102863259A

续表

名称：一种陶瓷辊棒的制备工艺 申请号：201110189086.3 申请（专利权）人：佛山市南海金刚新材料有限公司；佛山市陶瓷研究所有限公司 发明（设计）人：张脉官；杨华亮；冯斌；王志良；周天虹 公开（公告）日：2013.01.09 公开（公告）号：CN102863226A	名称：一种保湿墙角瓷砖 申请号：201220328279.2 申请（专利权）人：严斯文 发明（设计）人：严斯文 公开（公告）日：2013.01.09 公开（公告）号：CN202658820U
名称：一种地板采暖用瓷砖 申请号：201210365212.0 申请（专利权）人：天津好为节能环保科技发展有限公司 发明（设计）人：武丽红 公开（公告）日：2013.01.16 公开（公告）号：CN102877625A	名称：一种地面瓷砖 申请号：201210326958.0 申请（专利权）人：青岛保利康新材料有限公司 发明（设计）人：田敬强 公开（公告）日：2013.01.16 公开（公告）号：CN102875123A
名称：一种节能保温瓷砖 申请号：201210340467.1 申请（专利权）人：青岛保利康新材料有限公司 发明（设计）人：田敬强 公开（公告）日：2013.01.16 公开（公告）号：CN102875124A	名称：一种超低温快烧玻化陶瓷砖的制备方法 申请号：201210362116.0 申请（专利权）人：佛山石湾鹰牌陶瓷有限公司 发明（设计）人：林伟；陈贤伟；路明忠；范国昌；范新晖 公开（公告）日：2013.01.16 公开（公告）号：CN102875155A
名称：一种新型抛光瓷砖 申请号：201220250475.2 申请（专利权）人：佛山璃虹釉料科技有限公司 发明（设计）人：何维恭 公开（公告）日：2013.01.16 公开（公告）号：CN202672586U	名称：一种墙面、地面通用瓷砖 申请号：201220207492.8 申请（专利权）人：信益陶瓷（中国）有限公司 发明（设计）人：石荣波；李小平 公开（公告）日：2013.01.16 公开（公告）号：CN202672585U
名称：一种LED外墙瓷砖 申请号：201220216607.X 申请（专利权）人：海洋王（东莞）照明科技有限公司 发明（设计）人：周明杰；王月亮 公开（公告）日：2013.01.16 公开（公告）号：CN202672544U	名称：一种耐腐蚀瓷砖 申请号：201220148113.2 申请（专利权）人：广州锦盈建材有限公司 发明（设计）人：符日明 公开（公告）日：2013.01.23 公开（公告）号：CN202688205U
名称：一种陶瓷砖等静压模芯 申请号：201210398109.6 申请（专利权）人：佛山市石湾陶瓷工业研究所有限公司 发明（设计）人：陈特夫 公开（公告）日：2013.01.23 公开（公告）号：CN102886819A	名称：一种超轻质节能美化陶瓷砖 申请号：201220339888.8 申请（专利权）人：湖北省当阳豪山建材有限公司 发明（设计）人：苏清霞 公开（公告）日：2013.01.23 公开（公告）号：CN202689416U
名称：一种复合型超轻质节能保温瓷砖 申请号：201220339890.5 申请（专利权）人：福建省晋江豪山建材有限公司 发明（设计）人：苏清霞 公开（公告）日：2013.01.23 公开（公告）号：CN202689417U	名称：一种纳米远红外线自发热瓷砖 申请号：201220407219.X 申请（专利权）人：刘忠军 发明（设计）人：刘忠军 公开（公告）日：2013.01.23 公开（公告）号：CN202689465U

续表

名称：陶瓷蜂窝烧成体的制造方法 申请号：201180024370.3 申请（专利权）人：住友化学株式会社 发明（设计）人：鱼江康辅 公开（公告）日：2013.01.16 公开（公告）号：CN102884020A	名称：陶瓷板辊印工艺 申请号：201110201179.3 申请（专利权）人：江苏富陶科陶瓷有限公司 发明（设计）人：夏志平；曾斌 公开（公告）日：2013.01.23 公开（公告）号：CN102887030A
名称：一种发泡陶瓷保温板及其制备方法 申请号：201210403374.9 申请（专利权）人：广西碳歌环保新材料股份有限公司 发明（设计）人：刘燚；何再湘 公开（公告）日：2013.01.23 公开（公告）号：CN102887721A	名称：一种复合型超轻质节能保温瓷砖 申请号：201220339890.5 申请（专利权）人：福建省晋江豪山建材有限公司 发明（设计）人：苏清霞 公开（公告）日：2013.01.23 公开（公告）号：CN202689417U
名称：低温一次烧成环保陶瓷 申请号：201210382345.9 申请（专利权）人：福建省德化县永德信陶瓷有限责任公司 发明（设计）人：郭山玉 公开（公告）日：2013.01.30 公开（公告）号：CN102898119A	名称：荧光瓷砖 申请号：201220360083.1 申请（专利权）人：晋江腾达陶瓷有限公司 发明（设计）人：黄家遵；黄传社；黄宝山；黄辉煌；黄宝守 公开（公告）日：2013.01.30 公开（公告）号：CN202705942U
名称：自洁瓷砖 申请号：201220360089.9 申请（专利权）人：晋江腾达陶瓷有限公司 发明（设计）人：黄家遵；黄传社；黄宝山；黄辉煌；黄宝守 公开（公告）日：2013.01.30 公开（公告）号：CN202702755U	名称：一种方块格式防滑瓷砖 申请号：201220361335.2 申请（专利权）人：长葛市新大都瓷业有限公司 发明（设计）人：张延伟 公开（公告）日：2013.01.30 公开（公告）号：CN202706473U
名称：浮雕凹凸木纹瓷砖 申请号：201220371765.2 申请（专利权）人：欧阳琦 发明（设计）人：欧阳琦；欧阳程凯 公开（公告）日：2013.01.30 公开（公告）号：CN202706474U	名称：透水陶瓷砖结构 申请号：201220360081.2 申请（专利权）人：晋江腾达陶瓷有限公司 发明（设计）人：黄家遵；黄传社；黄宝山；黄辉煌；黄宝守 公开（公告）日：2013.01.30 公开（公告）号：CN202706188U
名称：新型的陶瓷砖底部结构 申请号：201220343520.9 申请（专利权）人：钟志城 发明（设计）人：钟志城 公开（公告）日：2013.02.06 公开（公告）号：CN202718339U	名称：一种多孔陶瓷复合砖的制备方法 申请号：201210413603.5 申请（专利权）人：佛山市中国科学院上海硅酸盐研究所陶瓷研发中心 发明（设计）人：蔡晓峰；于伟东；冯裕普 公开（公告）日：2013.02.06 公开（公告）号：CN102910935A
名称：轻质高强度高气孔率多孔陶瓷的制备方法 申请号：201210468567.2 申请（专利权）人：天津大学 发明（设计）人：马卫兵；李建平；孙清池；刘志华；吴涛 公开（公告）日：2013.02.06 公开（公告）号：CN102910931A	名称：一种玻化陶瓷砖坯料及其制备玻化陶瓷砖的方法 申请号：201210435117.3 申请（专利权）人：鹰牌陶瓷实业（河源）有限公司 发明（设计）人：林伟；陈贤伟；曾智；林金宏 公开（公告）日：2013.02.13 公开（公告）号：CN102924090A

续表

名称：一种具有凹凸纹理陶瓷砖 申请号：201210388434.4 申请（专利权）人：广东东鹏控股股份有限公司；澧县新鹏陶瓷有限公司 发明（设计）人：龙海仁 公开（公告）日：2013.02.13 公开（公告）号：CN102924124A	名称：一种玻化陶瓷砖、其坯料及其制备方法 申请号：201210434811.3 申请（专利权）人：佛山石湾鹰牌陶瓷有限公司 发明（设计）人：林伟；陈贤伟；陈国海；范国昌；范新晖 公开（公告）日：2013.02.13 公开（公告）号：CN102924045A
名称：一种陶瓷玻化砖、其坯料及其制备方法 申请号：201210434992.X 申请（专利权）人：鹰牌陶瓷实业（河源）有限公司 发明（设计）人：林伟；陈贤伟；曾智；林金宏 公开（公告）日：2013.02.13 公开（公告）号：CN102924046A	名称：一种空心瓷砖 申请号：201220356051.4 申请（专利权）人：长葛市新大都瓷业有限公司 发明（设计）人：张延伟 公开（公告）日：2013.02.13 公开（公告）号：CN202731183U
名称：一种安全便捷的瓷砖包装箱 申请号：201220457945.2 申请（专利权）人：淄博阿卡狄亚陶瓷有限公司 发明（设计）人：陈再波 公开（公告）日：2013.02.13 公开（公告）号：CN202728782U	名称：一种两厘米厚的黑色瓷砖及其制备方法 申请号：201210514108.3 申请（专利权）人：淄博阿卡狄亚陶瓷有限公司 发明（设计）人：姚文江；李强 公开（公告）日：2013.02.27 公开（公告）号：CN102942355A
名称：一种瓷砖平整度反弹性的检测方法 申请号：201210481676.8 申请（专利权）人：淄博阿卡狄亚陶瓷有限公司 发明（设计）人：姚文江；李强；陈再波 公开（公告）日：2013.02.27 公开（公告）号：CN102944212A	名称：一种冷冻浇注法制备钛酸钡多孔陶瓷的方法 申请号：201210492924.9 申请（专利权）人：陕西科技大学 发明（设计）人：蒲永平；李品；高攀 公开（公告）日：2013.03.06 公开（公告）号：CN102951922A
名称：一种低温烧成的陶瓷釉面砖及其制备方法 申请号：201210446388.9 申请（专利权）人：佛山欧神诺陶瓷股份有限公司 发明（设计）人：梁耀龙；许崇飞；吴长发 公开（公告）日：2013.03.20 公开（公告）号：CN102976721A	名称：一种具有特定形状的亚微米晶氧化铝陶瓷磨料的制备方法 申请号：201210557729.X 申请（专利权）人：苏州创元新材料科技有限公司；中国科学院上海硅酸盐研究所 发明（设计）人：戴杰；冯涛；张涛；蒋丹宇；邓浩；陈家凡 公开（公告）日：2013.03.20 公开（公告）号：CN102976719A
名称：辊道窑烧制烟熏效果的陶瓷产品的生产工艺 申请号：201210429704.1 申请（专利权）人：佛山市紫蝴蝶陶瓷有限公司 发明（设计）人：刘文俊 公开（公告）日：2013.03.20 公开（公告）号：CN102976768A	名称：一种陶瓷薄板用瓷砖胶 申请号：201310023534.1 申请（专利权）人：北京能高共建新型建材有限公司 发明（设计）人：袁泽辉；赵学云；董晓昆；姚玉祥 公开（公告）日：2013.04.10 公开（公告）号：CN103030352A
名称：一种弧形陶瓷砖的成型方法 申请号：201210525969.1 申请（专利权）人：福建省闽清豪业陶瓷有限公司 发明（设计）人：张正荣 公开（公告）日：2013.04.10 公开（公告）号：CN103029224A	名称：一种超白瓷砖用瘠性料及专用制造设备和超白瓷砖 申请号：201210596174.X 申请（专利权）人：宁克金 发明（设计）人：宁克金；金明亮；何新榕 公开（公告）日：2013.04.10 公开（公告）号：CN103030375A

名称：一种以尾矿和陶瓷砖抛光废料制备的发泡陶瓷材料及其制造方法 申请号：201310014824.X 申请（专利权）人：景德镇陶瓷学院 发明（设计）人：李家科；刘欣；程凯；周健儿；王艳香；刘阳 公开（公告）日：2013.04.17 公开（公告）号：CN103044066A	名称：一种用于瓷砖饰面的复合发泡水泥保温板及其制备方法 申请号：201210576378.7 申请（专利权）人：上海天补建筑科技有限公司 发明（设计）人：杨生凤；缪德忠；刘谦益 公开（公告）日：2013.04.17 公开（公告）号：CN103043968A
名称：一种瓷砖模具的制备方法 申请号：201310035606.4 申请（专利权）人：广东道氏技术股份有限公司 发明（设计）人：刘长富 公开（公告）日：2013.05.08 公开（公告）号：CN103085162A	名称：一种再生陶瓷砖及其制作方法 申请号：201310025215.4 申请（专利权）人：湖南科技大学 发明（设计）人：王功勋；王佳骅；李志 公开（公告）日：2013.05.08 公开（公告）号：CN103086699A
名称：一种外墙瓷砖的粘结填缝方法 申请号：201310004741.2 申请（专利权）人：张立功 发明（设计）人：张立功 公开（公告）日：2013.05.08 公开（公告）号：CN103088985A	名称：一种瓷砖粘贴方法 申请号：201110343253.5 申请（专利权）人：北京希凯世纪建材有限公司 发明（设计）人：赵振林 公开（公告）日：2013.05.08 公开（公告）号：CN103088996A
名称：微晶玻璃陶瓷砖及降低微晶玻璃陶瓷砖气泡的生产方法 申请号：201310005956.6 申请（专利权）人：广东伟邦微晶科技有限公司 发明（设计）人：何维恭 公开（公告）日：2013.05.15 公开（公告）号：CN103102182A	名称：一种微晶干粒的制备方法、微晶石瓷砖及其生产方法 申请号：201310005972.5 申请（专利权）人：广东伟邦微晶科技有限公司 发明（设计）人：何维恭 公开（公告）日：2013.05.15 公开（公告）号：CN103102078A
名称：一种制备闪光釉面瓷砖的方法 申请号：201210555621.7 申请（专利权）人：广东东鹏控股股份有限公司；淄博卡普尔陶瓷有限公司 发明（设计）人：钟保民；祁国亮 公开（公告）日：2013.05.15 公开（公告）号：CN103102181A	名称：一种防静电陶瓷砖的制造方法 申请号：201210585834.4 申请（专利权）人：广东东鹏陶瓷股份有限公司；佛山华盛昌陶瓷有限公司 发明（设计）人：曾德朝；曹江雄；王毅；林锦威；范玉容 公开（公告）日：2013.05.22 公开（公告）号：CN103113133A
名称：一种新型转印瓷砖及其制备方法 申请号：201310078001.3 申请（专利权）人：焦作市卓亚艺术膜科技有限公司 发明（设计）人：谢志强；任波 公开（公告）日：2013.06.05 公开（公告）号：CN103132671A	名称：耐水天花板瓷砖 申请号：201080069410.1 申请（专利权）人：USG内部有限责任公司 发明（设计）人：F·萨格比尼 公开（公告）日：2013.06.12 公开（公告）号：CN103154400A
名称：玉晶石结晶化高档瓷砖生产工艺 申请号：201110408130.5 申请（专利权）人：沈阳浩松陶瓷有限公司 发明（设计）人：林茂 公开（公告）日：2013.06.19 公开（公告）号：CN103159462A	名称：一种瓷砖窑炉用辊棒的制作方法 申请号：201110439072.2 申请（专利权）人：佛山市三英精细材料有限公司 发明（设计）人：苏陶 公开（公告）日：2013.06.26 公开（公告）号：CN103172392A

续表

名称：一种环保型彩色瓷砖填缝剂及其制备方法 申请号：201310079858.7 申请（专利权）人：厦门路桥翔通建材科技有限公司 发明（设计）人：李明利；杨顺荣；林丽霞；肖尾俭；廖毅坚； 张彬腾 公开（公告）日：2013.06.26 公开（公告）号：CN103172330A	名称：使喷墨图案与模具纹理完全吻合的瓷砖制备方法及 系统 申请号：201310088459.7 申请（专利权）人：广东蒙娜丽莎新型材料集团有限公司 发明（设计）人：刘一军；谢志军；李惠文；潘利敏；刘荣勇； 任国雄；赵存河 公开（公告）日：2013.06.26 公开（公告）号：CN103171039A
名称：一种黑色瓷砖及其制备方法 申请号：201310110437.6 申请（专利权）人：武汉科技大学 发明（设计）人：马国军；张翔；金一标；薛正良；匡步肖； 杜龙 公开（公告）日：2013.07.10 公开（公告）号：CN103193462A	名称：新型节能保温瓷砖的配方及其制作工艺 申请号：201210011280.7 申请（专利权）人：梅平 发明（设计）人：梅平 公开（公告）日：2013.07.17 公开（公告）号：CN103204664A
名称：一种用于厨房的防油渍防潮瓷砖 申请号：201310099581.4 申请（专利权）人：徐友娟 发明（设计）人：徐友娟 公开（公告）日：2013.07.24 公开（公告）号：CN103216072A	名称：一种用于阳台的新型瓷砖 申请号：201310099620.0 申请（专利权）人：徐友娟 发明（设计）人：徐友娟 公开（公告）日：2013.07.24 公开（公告）号：CN103216063A
名称：一种用于卫生间的防滑防水瓷砖 申请号：201310099607.5 申请（专利权）人：徐友娟 发明（设计）人：徐友娟 公开（公告）日：2013.07.24 公开（公告）号：CN103216073A	名称：由多片瓷砖拼接成一幅完整图案的组合式瓷砖的制 造方法 申请号：201210031691.2 申请（专利权）人：上海斯米克建筑陶瓷股份有限公司 发明（设计）人：陈克俭 公开（公告）日：2013.08.14 公开（公告）号：CN103241049A
名称：能产生负离子有效改善室内空气质量的瓷砖及其生 产方法 申请号：201210039083.6 申请（专利权）人：李心红 发明（设计）人：李心红 公开（公告）日：2013.08.21 公开（公告）号：CN103253929A	名称：一种仿天然大理石线纹的瓷砖及制造方法 申请号：201210034559.7 申请（专利权）人：广东兴辉陶瓷集团有限公司 发明（设计）人：陈雄载 公开（公告）日：2013.08.21 公开（公告）号：CN103252826A
名称：一种具有纯平釉的瓷砖及其制造方法 申请号：201310161831.2 申请（专利权）人：佛山市三水新明珠建陶工业有限公司； 广东新明珠陶瓷集团有限公司 发明（设计）人：叶德林；黄春林；朱光耀；韦前；韦守泉 公开（公告）日：2013.09.04 公开（公告）号：CN103274767A	名称：眩光陶瓷砖生产方法与设备 申请号：201310241599.3 申请（专利权）人：广东东鹏控股股份有限公司；佛山华 盛昌陶瓷有限公司；佛山市东鹏陶瓷有限公司；澧县新鹏 陶瓷有限公司 发明（设计）人：龙伟雄；金国庭 公开（公告）日：2013.10.02 公开（公告）号：CN103331663A

续表

名称：一种减薄陶瓷砖及其制造方法
申请号：201310275010.1
申请（专利权）人：佛山市奥特玛陶瓷有限公司
发明（设计）人：孙宇群
公开（公告）日：2013.10.16
公开（公告）号：CN103351154A

名称：一种拼花陶瓷砖及其制备装置和方法
申请号：201310275131.6
申请（专利权）人：广东东鹏控股股份有限公司；丰城市东鹏陶瓷有限公司；佛山市东鹏陶瓷有限公司
发明（设计）人：丘云灵；黄增；熊玉
公开（公告）日：2013.10.16
公开（公告）号：CN103350560A

名称：一种镀金属抛釉陶瓷砖及其制备方法
申请号：201210112608.4
申请（专利权）人：陈满坚
发明（设计）人：陈满坚
公开（公告）日：2013.10.30
公开（公告）号：CN103373861A

名称：一种陶瓷喷墨打印用抗菌墨水及具有抗菌功能的陶瓷砖
申请号：201310307443.0
申请（专利权）人：广东东鹏控股股份有限公司；淄博卡普尔陶瓷有限公司；佛山市东鹏陶瓷有限公司；丰城市东鹏陶瓷有限公司
发明（设计）人：祁国亮；钟保民
公开（公告）日：2013.11.06
公开（公告）号：CN103382328A

名称：高强度瓷砖及其制作方法
申请号：201310294523.7
申请（专利权）人：胡少杰
发明（设计）人：胡少杰
公开（公告）日：2013.11.13
公开（公告）号：CN103387408A

名称：瓷砖彩雕喷绘工艺及其制品
申请号：201310316375.4
申请（专利权）人：陈权胜
发明（设计）人：陈权胜
公开（公告）日：2013.11.27
公开（公告）号：CN103407317A

名称：一种形成陶瓷砖凹凸纹理的印花辊筒及方法
申请号：201310368132.5
申请（专利权）人：佛山市东鹏陶瓷有限公司；淄博卡普尔陶瓷有限公司；广东东鹏控股股份有限公司
发明（设计）人：郑显英；付艳；钟保民
公开（公告）日：2013.12.04
公开（公告）号：CN103419278A

名称：耐磨防滑干粒陶瓷砖的制造方法
申请号：201310349396.6
申请（专利权）人：广东家美陶瓷有限公司；东莞市唯美陶瓷工业园有限公司；江西和美陶瓷有限公司
发明（设计）人：黄建平；谢悦增；邓建华；满丽珠；陈志川；李可为
公开（公告）日：2013.12.11
公开（公告）号：CN103435369A

名称：一种一次烧成超晶石陶瓷砖的生产方法及瓷砖
申请号：201310382746.9
申请（专利权）人：周予
发明（设计）人：向承刚；李祥勇；韦明辉；马社卫
公开（公告）日：2013.12.25
公开（公告）号：CN103467103A

名称：一种利用废铝渣生产内墙装饰瓷砖的方法
申请号：201310401974.6
申请（专利权）人：遵义行远陶瓷有限责任公司
发明（设计）人：麦满锡
公开（公告）日：2013.12.25
公开（公告）号：CN103467070A

名称：一种负离子生态陶瓷砖及其制备方法
申请号：201310389173.2
申请（专利权）人：李惠成
发明（设计）人：李惠成
公开（公告）日：2013.12.25
公开（公告）号：CN103467136A

第二节 2013 年卫浴专利

名称：一种可调节坐便器
申请号：201210327721.4
申请（专利权）人：上海市闵行第二中学
发明（设计）人：胡健；朱靖；顾鸿渊
公开（公告）日：2013.01.02
公开（公告）号：CN102846263A

名称：一种卫浴产品的喷墨印花方法
申请号：201210372596.9
申请（专利权）人：佛山市维克卫浴科技有限公司
发明（设计）人：戴永斌
公开（公告）日：2013.01.09
公开（公告）号：CN102862408A

名称：自平衡式卫浴刷
申请号：201210337836.1
申请（专利权）人：张光裕
发明（设计）人：张光裕
公开（公告）日：2013.01.09
公开（公告）号：CN102860659A

名称：多功能儿童坐便器
申请号：201210247175.3
申请（专利权）人：刘相冬
发明（设计）人：刘相冬
公开（公告）日：2013.01.16
公开（公告）号：CN102877522A

名称：多功能淋浴房
申请号：201210396235.8
申请（专利权）人：迟已斐
发明（设计）人：迟已斐
公开（公告）日：2013.01.16
公开（公告）号：CN102877670A

名称：一种浴缸用生产富含气泡的水的方法及装置
申请号：201210399751.6
申请（专利权）人：佛山市高明英皇卫浴有限公司
发明（设计）人：庞健锋
公开（公告）日：2013.01.16
公开（公告）号：CN102877513A

名称：一种多功能浴缸
申请号：201210343752.9
申请（专利权）人：昆山帝豪装饰设计有限公司
发明（设计）人：李力
公开（公告）日：2013.01.16
公开（公告）号：CN102871582A

名称：一种多功能浴缸
申请号：201210340380.4
申请（专利权）人：吴江市凯盈贸易有限公司
发明（设计）人：倪孔燕
公开（公告）日：2013.01.16
公开（公告）号：CN102871581A

名称：一种防滑浴缸
申请号：201210385879.7
申请（专利权）人：无锡商业职业技术学院
发明（设计）人：张晓梅
公开（公告）日：2013.01.23
公开（公告）号：CN102885590A

名称：气体封堵式坐便器
申请号：201210383257.0
申请（专利权）人：王国华
发明（设计）人：王国华
公开（公告）日：2013.01.23
公开（公告）号：CN102888890A

名称：淋浴房的智能门体
申请号：201210405841.1
申请（专利权）人：周裕佳
发明（设计）人：覃克锐；刘辉
公开（公告）日：2013.01.30
公开（公告）号：CN102900301A

名称：一种折叠式浴缸
申请号：201210416332.9
申请（专利权）人：王秀荣
发明（设计）人：王秀荣
公开（公告）日：2013.02.06
公开（公告）号：CN102908075A

名称：浴缸
申请号：201110238945.3
申请（专利权）人：好生态住宅科技有限公司
发明（设计）人：仓持武志；武市浩明；川田育真
公开（公告）日：2013.02.13
公开（公告）号：CN102920370A

名称：通过音乐控制水流按摩人体的浴缸
申请号：201210464017.3
申请（专利权）人：平湖市澳克利亚洁具有限公司
发明（设计）人：张建明
公开（公告）日：2013.03.06
公开（公告）号：CN102949123A

续表

名称：坐便器及其坐圈 申请号：201210469504.9 申请（专利权）人：马军 发明（设计）人：马军 公开（公告）日：2013.03.13 公开（公告）号：CN102961079A	名称：模拟海景的浴缸 申请号：201210461822.0 申请（专利权）人：平湖市澳克利亚洁具有限公司 发明（设计）人：张建明 公开（公告）日：2013.03.20 公开（公告）号：CN102973179A
名称：一种可调温坐便器坐垫 申请号：201210433600.8 申请（专利权）人：华侨大学 发明（设计）人：杨学太；骆燕明 公开（公告）日：2013.03.27 公开（公告）号：CN102987974A	名称：一种连体坐便器模具分模工艺及产品 申请号：201210507710.4 申请（专利权）人：广东恒洁卫浴有限公司 发明（设计）人：谢培全；陈奕藩；吴泽坤；阮潮波；杨建强 公开（公告）日：2013.03.27 公开（公告）号：CN102990774A
名称：平整流水台坐便器 申请号：201210234837.3 申请（专利权）人：虞吉伟；谢伟藩 发明（设计）人：虞吉伟，吴泽坤，苏桂阳 公开（公告）日：2013.03.27 公开（公告）号：CN102995730A	名称：平滑引水台坐便器 申请号：201210234825.0 申请（专利权）人：虞吉伟；谢伟藩 发明（设计）人：虞吉伟 公开（公告）日：2013.03.27 公开（公告）号：CN102995733A
名称：一种低碳节水型浴缸 申请号：201210538560.3 申请（专利权）人：过意琳 发明（设计）人：过意琳；过秦勇 公开（公告）日：2013.03.27 公开（公告）号：CN102995712A	名称：免水冲坐便器 申请号：201110278043.2 申请（专利权）人：郑亚玲 发明（设计）人：郑亚玲 公开（公告）日：2013.04.03 公开（公告）号：CN103006138A
名称：一种淋浴房玻璃面板 申请号：201210521291.X 申请（专利权）人：中山市雅立洁具有限公司 发明（设计）人：袁民兴 公开（公告）日：2013.04.03 公开（公告）号：CN103015624A	名称：能够快速安装的淋浴房 申请号：201210381759.X 申请（专利权）人：欧路莎股份有限公司 发明（设计）人：成志君；林振国 公开（公告）日：2013.04.03 公开（公告）号：CN103006123A
名称：一种防气味且降低噪音的新型坐便器 申请号：201210588052.6 申请（专利权）人：洪光明 发明（设计）人：洪光明 公开（公告）日：2013.04.03 公开（公告）号：CN103015505A	名称：一种节水型虹吸式坐便器 申请号：201210588291.1 申请（专利权）人：洪光明 发明（设计）人：洪光明 公开（公告）日：2013.04.03 公开（公告）号：CN103015506A
名称：一种用于卫浴材料的吸塑方法 申请号：201210561310.1 申请（专利权）人：广东尚高科技有限公司 发明（设计）人：何朝阳 公开（公告）日：2013.04.17 公开（公告）号：CN103042584A	名称：一种节水虹吸式坐便器 申请号：201210233113.7 申请（专利权）人：广东恒洁卫浴有限公司 发明（设计）人：谢培全；陈奕藩；吴泽坤 公开（公告）日：2013.04.17 公开（公告）号：CN103046624A

续表

名称：一种用于卫浴的陶瓷产品及其制备方法
申请号：201210539867.5
申请（专利权）人：潮州市嘉柏陶瓷有限公司
发明（设计）人：苏泽端
公开（公告）日：2013.04.17
公开（公告）号：CN103044002A

名称：用于卫浴的陶瓷产品及其制备方法
申请号：201210539860.3
申请（专利权）人：潮州市嘉柏陶瓷有限公司
发明（设计）人：苏泽端
公开（公告）日：2013.04.24
公开（公告）号：CN103058629A

名称：用于卫浴配件的阀筒
申请号：201210585881.9
申请（专利权）人：汉斯格罗欧洲公司
发明（设计）人：J·格罗斯；J·金
公开（公告）日：2013.04.24
公开（公告）号：CN103062438A

名称：可调温的坐便器及其操作方法
申请号：201310016786.1
申请（专利权）人：周裕佳
发明（设计）人：李勇华；周小东；陈浩宇
公开（公告）日：2013.04.24
公开（公告）号：CN103054507A

名称：浴缸
申请号：201210470773.7
申请（专利权）人：科勒新西兰有限公司
发明（设计）人：P·墨菲
公开（公告）日：2013.04.24
公开（公告）号：CN103054496A

名称：转轴坐便器架
申请号：201110343045.5
申请（专利权）人：王淑贞
发明（设计）人：王淑贞
公开（公告）日：2013.05.08
公开（公告）号：CN103082933A

名称：带有虹吸按摩功能的浴缸
申请号：201310037441.4
申请（专利权）人：广州健之杰洁具有限公司
发明（设计）人：陈景裕
公开（公告）日：2013.05.08
公开（公告）号：CN103082911A

名称：一种带夹子的浴缸龙头
申请号：201210596480.3
申请（专利权）人：青岛鲁强汽车车架有限公司
发明（设计）人：刘世超
公开（公告）日：2013.05.08
公开（公告）号：CN103090055A

名称：残疾人用多功能浴缸
申请号：201310008784.8
申请（专利权）人：浙江大学
发明（设计）人：欧阳小平；丁硕
公开（公告）日：2013.05.15
公开（公告）号：CN103099566A

名称：一种埋墙浴缸龙头的分水器结构
申请号：201210532472.2
申请（专利权）人：宁波敏宝卫浴五金水暖洁具有限公司
发明（设计）人：施清海
公开（公告）日：2013.05.15
公开（公告）号：CN103104719A

名称：万能超节水坐便器
申请号：201210519174.X
申请（专利权）人：王绍君
发明（设计）人：王绍君
公开（公告）日：2013.05.15
公开（公告）号：CN103104013A

名称：一种节水的坐便器
申请号：201310042270.4
申请（专利权）人：王昌苹
发明（设计）人：王昌苹
公开（公告）日：2013.05.22
公开（公告）号：CN103114635A

名称：一种封闭式坐便器
申请号：201110376277.0
申请（专利权）人：天津职业技术师范大学
发明（设计）人：李彬；洪海云
公开（公告）日：2013.06.05
公开（公告）号：CN103132588A

名称：一种带有扶手的坐便器及扶手调节装置
申请号：201210590198.4
申请（专利权）人：九牧厨卫股份有限公司；泉州科牧智能厨卫有限公司
发明（设计）人：林孝发；林孝山；高勇松
公开（公告）日：2013.06.12
公开（公告）号：CN103142178A

名称：低铅铜合金卫浴器具的制造方法 申请号：201310067520.X 申请（专利权）人：阮伟光 发明（设计）人：阮伟光 公开（公告）日：2013.06.12 公开（公告）号：CN103143890A	名称：一种应用于卫浴产品的水转印生产工艺 申请号：201310098045.2 申请（专利权）人：梁慧娴 发明（设计）人：胡文彬 公开（公告）日：2013.06.12 公开（公告）号：CN103144483A
名称：一种卫浴产品的成型模具及其制备方法 申请号：201310073198.1 申请（专利权）人：佛山市浪鲸洁具有限公司 发明（设计）人：霍成基；焦秋生 公开（公告）日：2013.06.12 公开（公告）号：CN103146166A	名称：一种环保防水型卫浴板材及其制作方法 申请号：201310107338.2 申请（专利权）人：广东尚高科技有限公司 发明（设计）人：何朝阳 公开（公告）日：2013.06.12 公开（公告）号：CN103146213A
名称：折叠收纳式淋浴房 申请号：201310090826.7 申请（专利权）人：宁波埃美柯铜阀门有限公司 发明（设计）人：董俊超 公开（公告）日：2013.06.12 公开（公告）号：CN103147669A	名称：一种家庭淋浴房喷雾取暖装置 申请号：201310080764.1 申请（专利权）人：江南大学 发明（设计）人：曹毅；钱瑜；罗鹏飞 公开（公告）日：2013.06.19 公开（公告）号：CN103162336A
名称：智能入墙浴缸龙头 申请号：201310108526.7 申请（专利权）人：周裕佳 发明（设计）人：刘辉；杨海云 公开（公告）日：2013.06.19 公开（公告）号：CN103161199A	名称：冷热水恒温按摩浴缸系统及控制方法 申请号：201310118253.4 申请（专利权）人：周裕佳 发明（设计）人：朱海宝；陈少锋；王雪冰；曾健；石磊 公开（公告）日：2013.06.19 公开（公告）号：CN103162412A
名称：卫浴水循环利用装置 申请号：201110428974.6 申请（专利权）人：宁波市江北区众合技术开发有限公司 发明（设计）人：李咏 公开（公告）日：2013.06.26 公开（公告）号：CN103174200A	名称：坐便器 申请号：201310084485.2 申请（专利权）人：贾在茂 发明（设计）人：贾在茂 公开（公告）日：2013.06.26 公开（公告）号：CN103174211A
名称：便携式智能坐便器 申请号：201310122198.6 申请（专利权）人：上海电机学院 发明（设计）人：马西沛；吴婷；刘镝时；官翔龙；郑考 公开（公告）日：2013.07.17 公开（公告）号：CN103202753A	名称：防移动坐便器及座圈垫 申请号：201310155167.0 申请（专利权）人：郑福建 发明（设计）人：郑福建 公开（公告）日：2013.07.24 公开（公告）号：CN103211551A
名称：一种淋浴房移动门装置 申请号：201310104509.6 申请（专利权）人：中山市福瑞卫浴设备有限公司 发明（设计）人：张鹏鹏 公开（公告）日：2013.07.24 公开（公告）号：CN103216180A	名称：一种带热水供应系统的整体式淋浴房 申请号：201310122945.6 申请（专利权）人：苏欢 发明（设计）人：苏欢 公开（公告）日：2013.07.24 公开（公告）号：CN103211543A

名称：一种防堵节能坐便器 申请号：201310141808.7 申请（专利权）人：福建省泉州海丝船舶评估咨询有限公司 发明（设计）人：郭永尚；庄世源；林清山；郭永益 公开（公告）日：2013.07.31 公开（公告）号：CN103225339A	名称：一体式淋浴房 申请号：201310106041.4 申请（专利权）人：中山市福瑞卫浴设备有限公司 发明（设计）人：梁恩涛 公开（公告）日：2013.08.07 公开（公告）号：CN103230236A
名称：一种淋浴房 申请号：201310104754.7 申请（专利权）人：中山市福瑞卫浴设备有限公司 发明（设计）人：董励锋 公开（公告）日：2013.08.07 公开（公告）号：CN103230239A	名称：用于淋浴房的链式铰链 申请号：201310106156.3 申请（专利权）人：中山市福瑞卫浴设备有限公司 发明（设计）人：梁恩涛 公开（公告）日：2013.08.07 公开（公告）号：CN103233636A
名称：淋浴房用防漏水背板固定结构 申请号：201310160202.8 申请（专利权）人：平湖市贝诺维雅卫浴科技有限公司 发明（设计）人：陈爱军 公开（公告）日：2013.08.07 公开（公告）号：CN103233953A	名称：一种卫浴软管 申请号：201310150946.1 申请（专利权）人：开平市顶尖管业有限公司 发明（设计）人：黄金源 公开（公告）日：2013.08.14 公开（公告）号：CN103244765A
名称：无水箱坐便器不锈钢方管交叉形架座 申请号：201310188008.0 申请（专利权）人：纪大鹏 发明（设计）人：纪培新 公开（公告）日：2013.08.14 公开（公告）号：CN103243797A	名称：无水箱坐便器不锈钢方管矩形架座 申请号：201310188022.0 申请（专利权）人：纪大鹏 发明（设计）人：纪培新 公开（公告）日：2013.08.14 公开（公告）号：CN103243798A
名称：便携式、用废水清洗的多功能坐便器 申请号：201310175982.3 申请（专利权）人：王绍君 发明（设计）人：王绍君 公开（公告）日：2013.08.21 公开（公告）号：CN103255821A	名称：便于拆装的智能坐便器 申请号：201310200607.X 申请（专利权）人：无锡欧枫科技有限公司 发明（设计）人：赵立新；孙智涛；王潍江；郑小兵 公开（公告）日：2013.08.21 公开（公告）号：CN103255827A
名称：一种淋浴房控制系统及其淋浴房 申请号：201310104627.7 申请（专利权）人：中山市福瑞卫浴设备有限公司 发明（设计）人：董励锋 公开（公告）日：2013.08.21 公开（公告）号：CN103257601A	名称：智能坐便器集成机芯 申请号：201310200592.7 申请（专利权）人：无锡欧枫科技有限公司 发明（设计）人：赵立新；孙智涛；王潍江；郑小兵 公开（公告）日：2013.08.28 公开（公告）号：CN103266655A
名称：一种集进水溢水排水于一体的浴缸去水器 申请号：201310191760.0 申请（专利权）人：宁波德利福洁具有限公司 发明（设计）人：王国飞 公开（公告）日：2013.08.21 公开（公告）号：CN103255817A	名称：一种连体式坐便器的制作方法 申请号：201310173897.3 申请（专利权）人：陈奕煌 发明（设计）人：陈奕煌 公开（公告）日：2013.09.04 公开（公告）号：CN103274667A

名称：一种坐便器的制作方法 申请号：201310173855.X 申请（专利权）人：陈奕煌 发明（设计）人：陈奕煌 公开（公告）日：2013.09.11 公开（公告）号：CN103288417A	名称：一种卫浴水资源控制系统 申请号：201310091998.6 申请（专利权）人：王娇 发明（设计）人：王娇 公开（公告）日：2013.09.11 公开（公告）号：CN103290886A
名称：便携式节水节能浴缸 申请号：201310062658.0 申请（专利权）人：钱自德；钱本余；陆乐群 发明（设计）人：钱自德；钱本余；陆乐群 公开（公告）日：2013.09.11 公开（公告）号：CN103284639A	名称：一种浴缸 申请号：201310238926.X 申请（专利权）人：赵国民 发明（设计）人：赵国民 公开（公告）日：2013.09.11 公开（公告）号：CN103290896A
名称：一种暗装浴缸水龙头结构 申请号：201310251900.9 申请（专利权）人：张卉 发明（设计）人：张卉 公开（公告）日：2013.09.11 公开（公告）号：CN103291970A	名称：一种卫浴热水循环管理装置 申请号：201310092010.8 申请（专利权）人：王娇 发明（设计）人：王娇 公开（公告）日：2013.09.11 公开（公告）号：CN103292476A
名称：监测温度温感浴缸 申请号：201310258250.0 申请（专利权）人：严红利 发明（设计）人：严红利 公开（公告）日：2013.09.18 公开（公告）号：CN103300767A	名称：一种用于卫浴水龙头的自动分水结构 申请号：201310271251.9 申请（专利权）人：开平诺迪水暖器材有限公司 发明（设计）人：何子俦 公开（公告）日：2013.09.18 公开（公告）号：CN103307311A
名称：一种具有除臭功能的坐便器 申请号：201310222540.X 申请（专利权）人：邱璋浩 发明（设计）人：邱璋浩 公开（公告）日：2013.09.18 公开（公告）号：CN103306353A	名称：温感多功能浴缸 申请号：201310264241.2 申请（专利权）人：张华 发明（设计）人：张华 公开（公告）日：2013.09.18 公开（公告）号：CN103300768A
名称：一种卫浴设施的控制按键 申请号：201310254707.0 申请（专利权）人：何仕贵 发明（设计）人：何仕贵 公开（公告）日：2013.09.25 公开（公告）号：CN103321281A	名称：温感湿感多功能浴缸 申请号：201310256655.0 申请（专利权）人：蔡鹤飞 发明（设计）人：蔡鹤飞 公开（公告）日：2013.09.25 公开（公告）号：CN103315663A
名称：折叠式淋浴房 申请号：201310273331.8 申请（专利权）人：杭州康利达卫浴有限公司 发明（设计）人：蔡建农 公开（公告）日：2013.10.02 公开（公告）号：CN103330520A	名称：一种淋浴房 申请号：201310297035.1 申请（专利权）人：平湖凯普诺卫浴有限公司 发明（设计）人：陈秀芳 公开（公告）日：2013.10.02 公开（公告）号：CN103334598A

续表

名称：一种淋浴房 申请号：201310297066.7 申请（专利权）人：平湖凯普诺卫浴有限公司 发明（设计）人：陈秀芳 公开（公告）日：2013.10.09 公开（公告）号：CN103343628A	名称：定时湿感多功能浴缸 申请号：201310262955.X 申请（专利权）人：杨求兰 发明（设计）人：杨求兰 公开（公告）日：2013.10.09 公开（公告）号：CN103340576A
名称：一种坐便器洗刷孔的制备方法及其设备 申请号：201310291161.6 申请（专利权）人：邱淡铭 发明（设计）人：邱淡铭 公开（公告）日：2013.10.16 公开（公告）号：CN103350451A	名称：自动升降收缩式淋浴房 申请号：201310290189.8 申请（专利权）人：宁波埃美柯铜阀门有限公司 发明（设计）人：沈国强；陈为民 公开（公告）日：2013.10.16 公开（公告）号：CN103349521A
名称：智能卫浴装置及其操作方法 申请号：201310159677.5 申请（专利权）人：周裕佳 发明（设计）人：曾健；陈少锋；王雪冰 公开（公告）日：2013.10.16 公开（公告）号：CN103354002A	名称：一种婴儿用浴缸 申请号：201310351334.9 申请（专利权）人：慈溪市科创电子科技有限公司 发明（设计）人：毛秀惠 公开（公告）日：2013.10.23 公开（公告）号：CN103356102A
名称：家用直冲式活塞坐便器 申请号：201310353226.5 申请（专利权）人：吉林工商学院 发明（设计）人：兰敦臣；陆明；周越辉 公开（公告）日：2013.10.23 公开（公告）号：CN103362192A	名称：一种组合式坐便器 申请号：201210099232.8 申请（专利权）人：陈春辉 发明（设计）人：不公告发明人 公开（公告）日：2013.10.23 公开（公告）号：CN103362198A
名称：一种折叠式浴缸 申请号：201210104773.5 申请（专利权）人：孙宝仲 发明（设计）人：孙宝仲 公开（公告）日：2013.10.23 公开（公告）号：CN103356104A	名称：一种自动浴缸 申请号：201310352548.8 申请（专利权）人：慈溪市科创电子科技有限公司 发明（设计）人：毛秀惠 公开（公告）日：2013.10.23 公开（公告）号：CN103356100A
名称：监测温度温感湿感浴缸 申请号：201310257007.7 申请（专利权）人：黄健 发明（设计）人：黄健 公开（公告）日：2013.10.23 公开（公告）号：CN103356099A	名称：卫浴产品表面处理方法 申请号：201310308198.5 申请（专利权）人：珠海祥锦五金电器有限公司 发明（设计）人：张义 公开（公告）日：2013.10.23 公开（公告）号：CN103361688A
名称：直入式无臭无菌免水冲坐便器 申请号：201210107054.9 申请（专利权）人：张茂华 发明（设计）人：张茂华 公开（公告）日：2013.10.30 公开（公告）号：CN103374958A	名称：新型坐便器垫 申请号：201210108682.9 申请（专利权）人：袁子淇 发明（设计）人：袁子淇 公开（公告）日：2013.10.30 公开（公告）号：CN103371769A

续表

名称：一种用于卫浴的水管 申请号：201210105984.0 申请（专利权）人：张玲 发明（设计）人：张玲 公开（公告）日：2013.10.30 公开（公告）号：CN103374945A	名称：智能卫浴 申请号：201210107609.X 申请（专利权）人：张玲 发明（设计）人：张玲 公开（公告）日：2013.10.30 公开（公告）号：CN103374956A
名称：可保温的浴缸 申请号：201310342304.1 申请（专利权）人：江苏名佳工艺家具有限公司 发明（设计）人：张正基 公开（公告）日：2013.11.20 公开（公告）号：CN103393368A	名称：一种小分子团水浴缸 申请号：201310355385.9 申请（专利权）人：李镇莲 发明（设计）人：李镇南；李镇莲 公开（公告）日：CN103411302A 公开（公告）号：CN103411302A
名称：折叠浴缸 申请号：201310369193.3 申请（专利权）人：王庆冬 发明（设计）人：王庆冬 公开（公告）日：2013.11.27 公开（公告）号：CN103405181A	名称：软体多功能节水浴缸 申请号：201310352541.6 申请（专利权）人：陈春虹 发明（设计）人：陈春虹；詹小洪 公开（公告）日：2013.11.27 公开（公告）号：CN103405180A
名称：淋浴房的可转动拆卸式门框结构 申请号：201310286713.4 申请（专利权）人：周裕佳 发明（设计）人：金瑞；周裕佳 公开（公告）日：2013.11.27 公开（公告）号：CN103410411A	名称：一种浴缸 申请号：201210155114.4 申请（专利权）人：李清隐 发明（设计）人：李清隐；冷雪荣 公开（公告）日：2013.12.04 公开（公告）号：CN103417146A
名称：一种浴缸 申请号：201310361693.2 申请（专利权）人：苏州市佳腾精密模具有限公司 发明（设计）人：蒋惠民 公开（公告）日：2013.12.04 公开（公告）号：CN103417145A	名称：具备自动旋转的男性用小便器的坐便器 申请号：201380000579.5 申请（专利权）人：株式会社美升产业 发明（设计）人：郑锡俊 公开（公告）日：2013.12.11 公开（公告）号：CN103443369A
名称：坐便器0.5-1升水喷厕下水管道的装置 申请号：201210181993.8 申请（专利权）人：连江县宏大激光测量仪器研究所 发明（设计）人：游源匡 公开（公告）日：2013.12.18 公开（公告）号：CN103452181A	名称：一种自动升降的浴缸 申请号：201310411423.8 申请（专利权）人：河南省佰腾电子科技有限公司 发明（设计）人：连科宾；辛鹏飞 公开（公告）日：2013.12.18 公开（公告）号：CN103445704A
名称：坐圈自动起坐便器和坐圈自动立起的防臭防溅坐便器 申请号：201310458372.4 申请（专利权）人：黎超波 发明（设计）人：黎超波 公开（公告）日：2013.12.25 公开（公告）号：CN103469878A	名称：一种家用可折叠浴缸 申请号：201310385903.1 申请（专利权）人：王明军 发明（设计）人：王明军 公开（公告）日：2013.12.25 公开（公告）号：CN103462543A

第三节　2013年陶瓷机械装备窑炉专利

名称：一种新型的瓷砖破碎机
申请号：201220256723.4
申请（专利权）人：佛山市立本机械设备有限公司
发明（设计）人：黄海斌
公开（公告）日：2013.01.02
公开（公告）号：CN202638470U

名称：一种适用于陶瓷粉料的制备方法
申请号：201110281427.X
申请（专利权）人：广东一鼎科技有限公司
发明（设计）人：张柏清；冯竞浩；杨扬；陈国平
公开（公告）日：2013.01.02
公开（公告）号：CN102850054A

名称：适用于燃煤窑炉燃烧状况监控的湿式采样气体分析系统
申请号：201210380417.6
申请（专利权）人：温平
发明（设计）人：温洁；刘新楚；郑宗波；崔军；温平
公开（公告）日：2013.01.16
公开（公告）号：CN102879529A

名称：一种陶瓷原料的粉磨工艺及陶瓷原料粉磨生产线
申请号：201210364889.2
申请（专利权）人：佛山市博晖机电有限公司
发明（设计）人：梁海果；严苏景；梁志江；陈伟强；何标成；严文记
公开（公告）日：2013.01.16
公开（公告）号：CN102872958A

名称：一种瓷砖翻转方法及装置
申请号：201210379172.5
申请（专利权）人：广东新劲刚新材料科技股份有限公司
发明（设计）人：陈建红；刘中奎；刘雪辉
公开（公告）日：2013.01.16
公开（公告）号：CN102874585A

名称：一种陶瓷原料粉磨生产线上用的立磨装置
申请号：201210364984.2
申请（专利权）人：佛山市博晖机电有限公司
发明（设计）人：梁海果；严苏景；梁志江；陈伟强；何标成；严文记
公开（公告）日：2013.01.16
公开（公告）号：CN102872943A

名称：回转窑炉冷却装置
申请号：201210391041.9
申请（专利权）人：潍坊金丝达环境工程股份有限公司
发明（设计）人：刘国田；张明泉；张大鹏
公开（公告）日：2013.01.23
公开（公告）号：CN102889784A

名称：一种陶瓷砖生产中的粉料智能布料系统
申请号：201220222243.6
申请（专利权）人：黎永健
发明（设计）人：黎永健
公开（公告）日：2013.01.23
公开（公告）号：CN202685059U

名称：一种窑炉的控制装置以及方法
申请号：201210320937.8
申请（专利权）人：连云港金蔷薇化工有限公司
发明（设计）人：相飞；韩艳明
公开（公告）日：2013.01.30
公开（公告）号：CN102901368A

名称：一种自动控制的瓷砖切割机
申请号：201220409110.X
申请（专利权）人：河南省美圣达低碳科技有限公司
发明（设计）人：周兴旭；李华文；李书臣；李花聚
公开（公告）日：2013.01.30
公开（公告）号：CN202702422U

名称：一种自动控制的瓷砖辊压装置
申请号：201220409039.5
申请（专利权）人：河南省美圣达低碳科技有限公司
发明（设计）人：周兴旭；李华文；李书臣；李花聚
公开（公告）日：2013.01.30
公开（公告）号：CN202702370U

名称：一种瓷砖抛光装置
申请号：201220408406.X
申请（专利权）人：广东宏威陶瓷实业有限公司；广东宏陶陶瓷有限公司
发明（设计）人：梁桐灿；曾国瑞；侯斌；宋奕强
公开（公告）日：2013.01.30
公开（公告）号：CN202701989U

续表

名称：一种用于瓷砖喷墨系统的喷墨头高度自动调节装置 申请号：201220232928.9 申请（专利权）人：上海运安制版有限公司 发明（设计）人：卫永新 公开（公告）日：2013.01.30 公开（公告）号：CN202702892U	名称：瓷砖自动分拣装置 申请号：201220293701.5 申请（专利权）人：仇活连 发明（设计）人：仇活连 公开（公告）日：2013.01.30 公开（公告）号：CN202704514U
名称：用于工业窑炉节能减排的膜法局部富氧助燃系统 申请号：201210427919.X 申请（专利权）人：北京卓英特科技有限公司 发明（设计）人：戴素娟；赵澍；沈光林 公开（公告）日：2013.02.06 公开（公告）号：CN102913938A	名称：堆放陶瓷砖垛的自动隔边装置 申请号：201210480159.9 申请（专利权）人：崔永凤 发明（设计）人：张晓明 公开（公告）日：2013.02.13 公开（公告）号：CN102923490A
名称：内含式射流煤粉窑炉等离子热裂化燃烧装置 申请号：201210441217.7 申请（专利权）人：曲大伟 发明（设计）人：曲大伟；黄晓曲 公开（公告）日：2013.02.13 公开（公告）号：CN102927567A	名称：堆放陶瓷砖垛的自动隔边装置 申请号：201210480159.9 申请（专利权）人：崔永凤 发明（设计）人：张晓明 公开（公告）日：2013.02.13 公开（公告）号：CN102923490A
名称：陶瓷栏杆自动淋釉方法及其系统 申请号：201210427899.6 申请（专利权）人：广西北流市智宇陶瓷自动化设备有限公司 发明（设计）人：凌恺；赵盛林；秦志东；黄健 公开（公告）日：2013.02.13 公开（公告）号：CN102924125A	名称：多布置形式的瓷砖排布装置 申请号：201220362414.5 申请（专利权）人：武汉科技大学 发明（设计）人：邹光明；孔建益；熊禾根；李萍；邹时兴；王兴东；杨威；姜繁智；侯宇；汤勃 公开（公告）日：2013.02.13 公开（公告）号：CN202729297U
名称：脱除工业窑炉尾气中的二氧化硫的方法以及综合利用工业窑炉尾气的方法 申请号：201210482402.0 申请（专利权）人：四川省安县银河建化（集团）有限公司 发明（设计）人：李先荣；陈宁；王方兵；黄先东 公开（公告）日：2013.02.20 公开（公告）号：CN102935327A	名称：一种用于瓷砖抛光机上的斜齿轮式减速器 申请号：201210517017.5 申请（专利权）人：衡山齿轮有限责任公司 发明（设计）人：许文慧 公开（公告）日：2013.03.06 公开（公告）号：CN102954192A
名称：热解熔融窑炉及通过热解垃圾来制备陶瓷和燃油的方法 申请号：201210480425.8 申请（专利权）人：王雄鹰 发明（设计）人：王雄鹰 公开（公告）日：2013.03.13 公开（公告）号：CN102966954A	名称：陶瓷窑炉上可对余热进行回收利用的节能装置 申请号：201210516325.6 申请（专利权）人：卢爱玲 发明（设计）人：卢爱玲 公开（公告）日：2013.03.13 公开（公告）号：CN102967155A
名称：一种蜂窝式脱硝催化剂连续干燥窑炉 申请号：201210428719.6 申请（专利权）人：宜兴市宜刚环保工程材料有限公司 发明（设计）人：裴小罗；朱崇兵；裴叶舜 公开（公告）日：2013.03.27 公开（公告）号：CN102997631A	名称：瓷砖色差检测装置及检测方法 申请号：201210536709.4 申请（专利权）人：杭州三速科技有限公司；杭州新三联电子有限公司 发明（设计）人：彭崇荣 公开（公告）日：2013.04.17 公开（公告）号：CN103048048A

续表

名称：多孔氧化物陶瓷窑炉保温材料及其制备方法 申请号：201210579829.2 申请（专利权）人：武汉理工大学 发明（设计）人：王浩；梅森；王飞；彭玲 公开（公告）日：2013.04.17 公开（公告）号：CN103044065A	名称：隧道窑自动伸缩窑炉燃烧装置及其方法 申请号：201210298621.3 申请（专利权）人：梁燕龙 发明（设计）人：梁燕龙 公开（公告）日：2013.04.24 公开（公告）号：CN103063021A
名称：一种线条状石材或者瓷砖的异形弧面的抛光方法及装置 申请号：201310003285.X 申请（专利权）人：佛山市永盛达机械有限公司 发明（设计）人：刘永钦 公开（公告）日：2013.04.24 公开（公告）号：CN103056762A	名称：瓷砖自动包装生产线 申请号：201310076145.5 申请（专利权）人：潍坊硕恒机械制造有限公司 发明（设计）人：王九臣 公开（公告）日：2013.05.22 公开（公告）号：CN103112612A
名称：瓷砖抛光机及专用自动控制节电系统 申请号：201110385410.9 申请（专利权）人：广州市珠峰电气有限公司 发明（设计）人：刘秋辉 公开（公告）日：2013.06.05 公开（公告）号：CN103128642A	名称：一种瓷砖全自动包装生产线 申请号：201310083297.8 申请（专利权）人：福建敏捷机械有限公司 发明（设计）人：蔡聪敏；郭嘉俊；郑川洪 公开（公告）日：2013.06.05 公开（公告）号：CN103129766A
名称：一种利用窑炉余热解决生产、生活用热水的方法及装置 申请号：201310121604.7 申请（专利权）人：湖南高峰陶瓷制造有限公司 发明（设计）人：姚志群；谢云良 公开（公告）日：2013.06.12 公开（公告）号：CN103148706A	名称：一种工业窑炉余热的利用装置 申请号：201110413553.6 申请（专利权）人：西安龙德科技发展有限公司 发明（设计）人：范朝明 公开（公告）日：2013.06.19 公开（公告）号：CN103162543A
名称：一种工业窑炉脱硫脱硝一体化系统 申请号：201310065565.3 申请（专利权）人：大连易世达新能源发展股份有限公司 发明（设计）人：金万金；唐金泉；滕小平；丁伟玲 公开（公告）日：2013.06.26 公开（公告）号：CN103170229A	名称：一种实现工业窑炉富氧助燃与烟气脱硫脱硝相结合系统 申请号：201310065636.X 申请（专利权）人：大连易世达新能源发展股份有限公司 发明（设计）人：金万金；唐金泉；滕小平；陈健；赵武生 公开（公告）日：2013.06.26 公开（公告）号：CN103170225A
名称：一种工业窑炉综合节能减排集成系统 申请号：201310065512.1 申请（专利权）人：大连易世达新能源发展股份有限公司 发明（设计）人：金万金；唐金泉；滕小平；孙明朗 公开（公告）日：2013.06.26 公开（公告）号：CN103175408A	名称：一种瓷砖窑炉用辊棒的制作方法 申请号：201110439072.2 申请（专利权）人：佛山市三英精细材料有限公司 发明（设计）人：苏陶 公开（公告）日：2013.06.26 公开（公告）号：CN103172392A
名称：窑炉热风循环回收节能系统 申请号：201310104163.X 申请（专利权）人：刘德文 发明（设计）人：刘德文；郑燕；刘锦文 公开（公告）日：2013.06.26 公开（公告）号：CN103175410A	名称：工业窑炉生产工艺低温废气余热发电的方法与装置 申请号：201310094422.5 申请（专利权）人：山西易通环能科技集团有限公司；天津大学 发明（设计）人：张于峰；赵保明；邓娜；张彦；董胜明；于晓慧；贺中禄；张世顺 公开（公告）日：2013.07.10 公开（公告）号：CN103195528A

续表

名称：旋转式节能陶瓷窑炉 申请号：201210020367.0 申请（专利权）人：江镇 发明（设计）人：江镇 公开（公告）日：2013.07.31 公开（公告）号：CN103225952A	名称：一种输送瓷砖机械手 申请号：201310198404.1 申请（专利权）人：山东省邹平圣诚实业有限公司 发明（设计）人：孟令水 公开（公告）日：2013.08.14 公开（公告）号：CN103241544A
名称：一种用于瓷砖的堆码整理装置 申请号：201310191612.9 申请（专利权）人：山东省邹平圣诚实业有限公司 发明（设计）人：孟令水 公开（公告）日：2013.08.14 公开（公告）号：CN103241528A	名称：陶瓷窑炉余热回收利用系统 申请号：201310161854.3 申请（专利权）人：广东东鹏陶瓷股份有限公司；清远纳福娜陶瓷有限公司 发明（设计）人：王业豪；邝志均；陈苏松；周燕 公开（公告）日：2013.08.14 公开（公告）号：CN103245197A
名称：设置有辐射管道装置的燃气窑炉 申请号：201310220416.X 申请（专利权）人：张青选 发明（设计）人：张青选；张娟；张一；韩丽 公开（公告）日：2013.08.14 公开（公告）号：CN103245200A	名称：节能环保窑炉 申请号：201310169782.7 申请（专利权）人：丁国友 发明（设计）人：丁国友 公开（公告）日：2013.08.21 公开（公告）号：CN103256819A
名称：具有废气循环利用的节能窑炉 申请号：201310169785.0 申请（专利权）人：丁国友 发明（设计）人：丁国友 公开（公告）日：2013.08.21 公开（公告）号：CN103256820A	名称：瓷砖抛光机送砖机构 申请号：201310194137.0 申请（专利权）人：山东省邹平圣诚实业有限公司 发明（设计）人：孟令水 公开（公告）日：2013.08.21 公开（公告）号：CN103253513A
名称：一种陶瓷砖布料方法及其粉料切片机 申请号：201310188038.1 申请（专利权）人：佛山市博晖机电有限公司 发明（设计）人：梁海果；严苏景；梁志江；陈伟强；何标成；严文记 公开（公告）日：2013.08.21 公开（公告）号：CN103252835A	名称：一种瓷砖机模板输送机构 申请号：201310112511.5 申请（专利权）人：句容泰博尔机械制造有限公司 发明（设计）人：胡惠球；笪远宁 公开（公告）日：2013.09.04 公开（公告）号：CN103274162A
名称：一种陶瓷砖的布料系统和方法 申请号：201310224641.0 申请（专利权）人：广东东鹏控股股份有限公司；清远纳福娜陶瓷有限公司；佛山市东鹏陶瓷有限公司 发明（设计）人：曾权；邝志均；管霞菲；曾立华；谢穗；江楠；周燕 公开（公告）日：2013.09.18 公开（公告）号：CN103302729A	名称：节能环保型陶瓷窑炉 申请号：201310220831.5 申请（专利权）人：陈仲礼 发明（设计）人：陈仲礼 公开（公告）日：2013.10.02 公开（公告）号：CN103335519A
名称：一种陶瓷砖丝网印花的校验装置及使用它的方法 申请号：201310237143.X 申请（专利权）人：广东东鹏控股股份有限公司；佛山华盛昌陶瓷有限公司；佛山市东鹏陶瓷有限公司；丰城市东鹏陶瓷有限公司 发明（设计）人：罗宏；金国庭；周燕 公开（公告）日：2013.10.02 公开（公告）号：CN103331995A	名称：利用高温电窑冷却区余温的单孔单推烧釉窑炉 申请号：201310313018.2 申请（专利权）人：陈秋生 发明（设计）人：陈秋生 公开（公告）日：2013.10.09 公开（公告）号：CN103344109A

续表

名称：一种陶瓷釉料搅拌装置 申请号：201310230574.3 申请（专利权）人：陈仲礼 发明（设计）人：陈仲礼 公开（公告）日：2013.10.16 公开（公告）号：CN103349932A	名称：旋转式窑炉的脱硫除尘装置 申请号：201310323460.3 申请（专利权）人：四川省品信机械有限公司；燕江 发明（设计）人：燕江 公开（公告）日：2013.10.16 公开（公告）号：CN103349897A
名称：一种窑炉烟气回收坯体干燥装置 申请号：201310230829.6 申请（专利权）人：陈仲礼 发明（设计）人：陈仲礼 公开（公告）日：2013.10.16 公开（公告）号：CN103353237A	名称：一种陶瓷砖胚体生产设备 申请号：201310231259.2 申请（专利权）人：陈仲礼 发明（设计）人：陈仲礼 公开（公告）日：2013.10.16 公开（公告）号：CN103350447A
名称：一种陶瓷砖专用电动切割机 申请号：201310230804.6 申请（专利权）人：陈仲礼 发明（设计）人：陈仲礼 公开（公告）日：2013.10.16 公开（公告）号：CN103350455A	名称：一种用于小瓷砖包装的堆叠机及控制方法 申请号：201310332800.9 申请（专利权）人：广州中国科学院沈阳自动化研究所分所 发明（设计）人：黄敦新；李令奇；何挺；沙亚红；王文洪 公开（公告）日：2013.10.16 公开（公告）号：CN103350907A
名称：一种陶瓷砖加工一体装置 申请号：201310230593.6 申请（专利权）人：陈仲礼 发明（设计）人：陈仲礼 公开（公告）日：2013.10.16 公开（公告）号：CN103351175A	名称：随机运动机构及幻彩瓷砖生产设备 申请号：201310319611.8 申请（专利权）人：重庆歌德陶瓷玛赛克制造有限公司 发明（设计）人：易乾亨 公开（公告）日：2013.10.23 公开（公告）号：CN103360111A
名称：生产具有幻彩效果的瓷砖的生产设备 申请号：201310320345.0 申请（专利权）人：重庆歌德陶瓷玛赛克制造有限公司 发明（设计）人：易乾亨 公开（公告）日：2013.10.23 公开（公告）号：CN103360112A	名称：一种高效节能窑炉管式汽化设备及其控制方法 申请号：201310305665.9 申请（专利权）人：福建省三明长兴机械制造有限公司 发明（设计）人：黄英巧；肖秀钗；王玖兴 公开（公告）日：2013.11.27 公开（公告）号：CN103411228A
名称：瓷砖数码喷墨系统喷墨头高度自动调节装置 申请号：201210161087.1 申请（专利权）人：上海运安制版有限公司 发明（设计）人：卫永新 公开（公告）日：2013.12.04 公开（公告）号：CN103419509A	名称：一种窑炉尾气处理方法 申请号：201310368381.4 申请（专利权）人：潘广松 发明（设计）人：潘广松 公开（公告）日：2013.12.11 公开（公告）号：CN103432876A
名称：一种陶瓷砖装饰设备及装饰方法 申请号：201310368652.6 申请（专利权）人：佛山市东鹏陶瓷有限公司；丰城市东鹏陶瓷有限公司；广东东鹏控股股份有限公司 发明（设计）人：王华明 公开（公告）日：2013.12.18 公开（公告）号：CN103449843A	名称：一种高温烧结辊道窑炉 申请号：201310465593.4 申请（专利权）人：湖南航天工业总公司 发明（设计）人：彭锦波；张刚；孙友元；曹二斌；周飞；赵彦；刘坤；高慧 公开（公告）日：2013.12.18 公开（公告）号：CN103453764A

第四节　2013年陶瓷色釉料专利

名称：一种玛瑙红陶瓷色料及其液相制备方法
申请号：201210234495.5
申请（专利权）人：佛山市南海万兴材料科技有限公司
发明（设计）人：周占明
公开（公告）日：2013.01.16
公开（公告）号：CN102875196A

名称：陶瓷釉的流变改进剂
申请号：201180012384.3
申请（专利权）人：蓝宝迪有限公司
发明（设计）人：S·克雷斯皮；M·安东尼奥提；G·利巴锡；G·弗罗瑞迪
公开（公告）日：2013.01.30
公开（公告）号：CN102906052A

名称：一种夜光釉料的制作配方及工艺
申请号：201210437559.1
申请（专利权）人：淄博泰如工业新材料有限公司
发明（设计）人：张云龙
公开（公告）日：2013.02.06
公开（公告）号：CN102910824A

名称：一种高温快烧结晶釉仿古砖的釉料及制备工艺
申请号：201210425704.4
申请（专利权）人：佛山市道氏陶瓷技术服务有限公司
发明（设计）人：余水林；曾青蓉
公开（公告）日：2013.02.20
公开（公告）号：CN102936156A

名称：一种陶瓷喷墨打印用油墨及其制备方法
申请号：201210489664.X
申请（专利权）人：广东道氏技术股份有限公司
发明（设计）人：石教艺；李向钰；张翼
公开（公告）日：2013.03.13
公开（公告）号：CN102964920A

名称：一种喷墨打印用黑色陶瓷墨水及其使用方法
申请号：201210556995.0
申请（专利权）人：天津大学
发明（设计）人：王富民；王利锋；蔡哲；蔡旺锋；张旭斌；王录
公开（公告）日：2013.03.13
公开（公告）号：CN102964911A

名称：一种玛瑙红陶瓷釉料的制备方法
申请号：201210487121.4
申请（专利权）人：孙志勤
发明（设计）人：孙志勤
公开（公告）日：2013.03.27
公开（公告）号：CN102992807A

名称：利用含铬废渣制备坯用黑色陶瓷色料的方法及其所得产品
申请号：201210542423.7
申请（专利权）人：赞皇县高砂陶瓷材料有限公司
发明（设计）人：王新建；杜淑娟；尹秀菊；窦晓莎
公开（公告）日：2013.03.27
公开（公告）号：CN102992808A

名称：一种玛瑙红陶瓷釉料
申请号：201210487816.2
申请（专利权）人：孙志勤
发明（设计）人：孙志勤
公开（公告）日：2013.03.27
公开（公告）号：CN102992811A

名称：无铅陶瓷釉料及其制备方法
申请号：201210539810.5
申请（专利权）人：潮州市威达陶瓷制作有限公司
发明（设计）人：佘周鹏
公开（公告）日：2013.04.10
公开（公告）号：CN103030432A

名称：一种用于喷墨印刷的基础釉料及其制备方法和陶瓷砖
申请号：201210588728.1
申请（专利权）人：广东金意陶陶瓷有限公司
发明（设计）人：黄惠宁；孟庆娟；戴永刚；钟礼丰；钟艳梅；喻劲军；范伟东
公开（公告）日：2013.04.10
公开（公告）号：CN103030436A

名称：新型陶瓷釉料及其制作工艺
申请号：201210539854.8
申请（专利权）人：潮州市荣华陶瓷制作有限公司
发明（设计）人：苏锐荣
公开（公告）日：2013.04.10
公开（公告）号：CN103030434A

续表

名称：一种新型陶瓷釉料及其制作工艺 申请号：201210539840.6 申请（专利权）人：广东东宝集团有限公司 发明（设计）人：刘荣海 公开（公告）日：2013.04.10 公开（公告）号：CN103030433A	名称：无铅陶瓷釉料及其制备方法 申请号：201210539898.0 申请（专利权）人：广东东宝集团有限公司 发明（设计）人：刘荣海 公开（公告）日：2013.04.17 公开（公告）号：CN103044079A
名称：一种环保型陶瓷喷墨打印用釉料墨水及其制备方法 申请号：201310119279.0 申请（专利权）人：佛山市道氏科技有限公司 发明（设计）人：张翼；余水林；陈奕 公开（公告）日：2013.07.31 公开（公告）号：CN103224727A	名称：一种陶瓷喷墨打印用白色釉料油墨及其制备方法 申请号：201310119277.1 申请（专利权）人：佛山市道氏科技有限公司 发明（设计）人：余水林；陈奕；李向钰 公开（公告）日：2013.07.31 公开（公告）号：CN103224725A
名称：一种陶瓷喷墨打印用哑光釉料油墨及其制备方法 申请号：201310119270.X 申请（专利权）人：佛山市道氏科技有限公司 发明（设计）人：李向钰；余水林；张翼 公开（公告）日：2013.07.31 公开（公告）号：CN103224736A	名称：一种陶瓷喷墨打印用皮纹效果釉料墨水及其制备方法 申请号：201310119278.6 申请（专利权）人：佛山市道氏科技有限公司 发明（设计）人：陈奕；余水林；李向钰 公开（公告）日：2013.07.31 公开（公告）号：CN103224726A
名称：一种具有复合抗菌性能的陶瓷釉料 申请号：201310209155.1 申请（专利权）人：浙江华仁科技有限公司 发明（设计）人：裘德鑫 公开（公告）日：2013.08.28 公开（公告）号：CN103265335A	名称：能在釉面上产生凹凸浮雕的装饰制作方法及其所使用的釉料 申请号：201310198930.8 申请（专利权）人：醴陵陶润实业发展有限公司 发明（设计）人：文智勇；王智永 公开（公告）日：2013.09.04 公开（公告）号：CN103274600A
名称：一种青铜绿色结晶釉料及烧制方法 申请号：201310232499.4 申请（专利权）人：浙江工业大学之江学院工业研究院 发明（设计）人：李娟；朱龙 公开（公告）日：2013.09.18 公开（公告）号：CN103304274A	名称：一种利用金矿尾砂制备陶瓷釉料的方法 申请号：201310192837.6 申请（专利权）人：陕西科技大学 发明（设计）人：高淑雅；陈维铅；董亚琼；刘杰 公开（公告）日：2013.09.18 公开（公告）号：CN103304270A
名称：一种黑色结晶釉料及烧制方法 申请号：201310231451.1 申请（专利权）人：浙江工业大学之江学院工业研究院 发明（设计）人：李娟；朱龙 公开（公告）日：2013.09.18 公开（公告）号：CN103304273A	名称：一种陶瓷砖用无辐射乳白熔块釉及其制备方法 申请号：201310278119.0 申请（专利权）人：佛山市艾陶制釉有限公司 发明（设计）人：戴若冰；毛旭琼；刘鸿祥 公开（公告）日：2013.09.25 公开（公告）号：CN103319207A
名称：一种荧光釉料及其制备方法 申请号：201310273309.3 申请（专利权）人：泉州欧米克生态建材科技有限公司 发明（设计）人：欧金福 公开（公告）日：2013.10.02 公开（公告）号：CN103332967A	名称：一种金黄色结晶干粒釉料及其使用方法 申请号：201310272968.5 申请（专利权）人：泉州欧米克生态建材科技有限公司 发明（设计）人：欧金福 公开（公告）日：2013.10.02 公开（公告）号：CN103332965A

名称：新型印刷釉料及其生产方法
申请号：201310295710.7
申请（专利权）人：卡罗比亚釉料（昆山）有限公司
发明（设计）人：陈明山
公开（公告）日：2013.10.16
公开（公告）号：CN103351179A

名称：新型印刷釉料及其生产方法
申请号：201310295585.X
申请（专利权）人：卡罗比亚釉料（昆山）有限公司
发明（设计）人：陈明山
公开（公告）日：2013.10.16
公开（公告）号：CN103351178A

名称：一种金酱釉料及其产品的制作方法
申请号：201210084823.8
申请（专利权）人：郑国明
发明（设计）人：郑国明
公开（公告）日：2013.10.23
公开（公告）号：CN103360115A

名称：一种陶瓷仿金属釉料及其制备方法
申请号：201310329309.0
申请（专利权）人：蔡焕宜
发明（设计）人：蔡焕宜
公开（公告）日：2013.11.13
公开（公告）号：CN103387420A

名称：超低温釉料的配方及其制备方法
申请号：201310311282.2
申请（专利权）人：江苏南瓷绝缘子有限公司
发明（设计）人：杨志峰；王根水；王士维；周志勇；刘少华；顾成
公开（公告）日：2013.11.20
公开（公告）号：CN103396163A

名称：一种陶瓷釉料及其制备方法
申请号：201310330540.1
申请（专利权）人：蔡焕宜
发明（设计）人：蔡焕宜
公开（公告）日：2013.11.27
公开（公告）号：CN103408328A

第六章 建筑陶瓷产品

第一节 抛光砖

近几年来，先后出现的仿古砖、全抛釉以及微晶石热潮，让众多企业逐渐忽视了对抛光砖材料、生产工艺和深度应用的开发。

2013年，东鹏、诺贝尔、新明珠、新中源、宏宇、欧神诺、汇亚、特地、鹰牌、金舵、兴辉等大部分在抛光砖领域一贯表现强势企业，仍坚持以抛光砖为发展战略重心，并相继加大了抛光砖的研发生产力度，表现出了对抛光砖创新突破的巨大热情。

抛光砖一直都是华鹏陶瓷的优势产品，虽然抛光砖设备没有较大的升级与改进，但华鹏从未放弃在抛光砖领域的创新，2013年华鹏陶瓷"三面四色"超白系列抛光砖问世自然面、抛光面、凹凸面，40度、50度、60度、70度，开创行业超白砖色度及表面效果最齐全的产品品类，这些产品的创新主要源于材料上的突破，产品的白度、防污性能、平整度、生产稳定性均取得了一定的突破。

欧神诺梵高系列是2013年抛光砖创新求变的另一个重要收获。

梵高系列的创作灵感源自文森特•梵高的《鸢尾花》、《向日葵》以及《星空》（现珍藏于纽约现代艺术博物馆），共有梵高白、梵高黄、梵高金、梵高红、梵高青以及梵高蓝等6款主砖产品，规格均为800mm×800mm。除了主砖外，梵高作品的元素还体现在专属的配件和配饰上，梵高的艺术主题涵盖了整体空间。

由于应用了独创的材料和截然不同的配方体系，并以高温延时和玻璃体热扩散技术烧成，欧神诺梵高系列产品瓷砖内质结构已经得到了全面的升华。据XRD射衍线对比分析和力学性能测定，在晶相含量、产品硬度、耐磨度、抗折强度、防滑性能、热稳定性等多项重要质量指标上，欧神诺梵高系列均远远高于其他的玻化砖产品。

抛光砖仿石材纹理是不变的原则，随着微晶石的兴起，抛光砖企业也将仿玉纹理作为产品突破的方向。目前行业中仿石材抛光砖领域内的最高工艺与产品就是仿玉石的"微晶级抛光砖"。2012年国内也仅有特地、恒福等少数企业推出了表面纹路与视觉效果接近微晶石的抛光砖产品。

2013年3月，东鹏也发布了集玻化砖和微晶石的优点于一身的皇家玉、亚马逊两款新品。新产品具有又硬又透的产品特性，皇家玉真实再现了珍稀皇家玉石的色彩艳丽、温润如玉的表面质感，同时晶莹通透的肌理，超越了原石的精髓，尽显玉石华丽大气之美，而亚马逊创造出畅美的自然效果，表面显逸透之美，深得设计师喜爱。

近年来，特地、恒福、东鹏等推出了仿玉石、大理石效果的抛光砖，且在终端呈现出良好的销售局面，抢占了部分微晶石、全抛釉的市场。但严格来说不管抛光砖仿玉石、大理石效果如何提升，其终归还属于玻化砖，在视觉效果上是不可能达到天然石材效果的，因此从长远来说，抛光砖不可能只以仿玉石、大理石为研发方向。

未来抛光砖将要走的道路将是一石三面：抛面、亚面、凹凸面。抛光砖的发展除了继续提升现有抛面的产品外，在抛光砖这个大品类中发展出亚光面、凹凸面将是这一品类继续发展的趋势。

同时，抛光砖中的这三类产品还可以两两结合，生产出亚光凹凸面抛光砖、亮光凹凸面抛光砖等。甚至可以将某些仿古砖的工艺、材质加入抛光砖的生产中，如此产品性能将更加突出，抛光砖也可以往更加高端市场发展。

此外，抛光砖依靠单片产品赢得市场的时代已经过去。目前国内陶瓷行业与国外先进地区相比，薄弱环节是产品的空间设计与运用，尤其是在抛光砖运用上，企业要为消费者提供多样化、个性化的设计。换言之，未来抛光砖要卖的也是整体空间。企业必须重视抛光砖配套产品的研发和应用。如此，抛光砖这一市场已经相当成熟的产品就还有提升的市场空间。

第二节　瓷片

一直以来，瓷片在传统的厨卫空间装饰上一直处于统治地位，但近年来，瓷片的市场空间不断被强势的抛光砖、仿古砖、全抛釉等以地爬墙的形式占领。导致瓷片的产量在逐年上升，但市场份额却逐步下滑的尴尬局面。

事实上，瓷片有其他建陶产品无法比拟的优势，抛光砖、仿古砖等地砖产品可以被木地板取代，上墙可以被墙纸抢占；而瓷片主要使用在有水的地方，比如厨房、卫生间，无论是石材、玻璃、复合木材还是墙纸、涂料等非陶瓷产品，都难以对它构成太大的威胁。所以，瓷片的问题还是本身产品质量如何不断提高的问题。

2008年，当全抛釉产品刚在陶瓷行业崭露头角时，艾陶制釉就将目光前瞻性地放在了瓷片全抛釉开发上。艾陶制釉认为，全抛釉瓷砖产品表面效果的美观与质感，在瓷片上的应用是迟早的问题。

开发瓷片全抛釉一方面针对仿古砖全抛釉产品上墙存在的一些先天不足：如花色品种以深色为主、抛光后的表面易吸污、因为吸水率低铺贴上墙难以粘附牢固易脱落等，因此建筑物室内墙面铺贴使用仿古全抛釉瓷砖产品受到很大的限制。而瓷片因为本身即为室内墙面铺贴使用，自然地避免铺贴后易脱落的问题；其次，瓷片的二次烧生产工艺，可大大改善抛后釉面吸污的问题；再次，由于不用考虑耐磨等性能，可以将釉层做得较薄较透，这样，在花色品种可以选择很多适合内墙装饰用的色彩和图案。由此，一些企业非常看好全抛釉产品在瓷片上的应用前景。

2009年，艾陶制釉在业界首推瓷片全抛釉，开启了内墙釉面砖全面更新换代。2012年5月，科捷制釉举办全抛釉瓷片新品推介会。

同年，艾陶制釉通过对釉料配方成分的不断调整优化和改良，又攻破了全抛釉使用于瓷片模具砖这一新技术。在2013中国国际陶瓷工业技术与产品展览会上，艾陶制釉即将展出新一代瓷片模具砖全抛釉产品。

目前，艾陶制釉的瓷片全抛釉产品在这几个方面均已达到了一个较理想的技术水平：膨胀系数低到与锆白熔块相当、单独施用于瓷片表面即可达到与锆白熔块同等的抗龟裂性、很透彻、很出色，因此，这几个方面的优良性能也成为了艾陶瓷片全抛釉产品的核心竞争力。

在保持原有釉层透明度、发色性以及抛后平整度与高光等优良性能的基础上，艾陶推出的瓷片全抛釉产品更在产品中注入了助力喷墨瓷片发色的技术。因为，喷墨技术在瓷砖行业日益普及，而喷墨瓷片产品的花纹颜色在锆白面釉上很容易变色或变浅，如粉红色与紫色等颜色非常容易被熔块吃色，导致瓷片产品釉面喷墨印花的颜色饱和度和逼真度均有所降低。艾陶制釉针对这一现象，通过调整抛釉釉料产品的配方组成，令瓷片喷墨打印全抛釉产品的表面发色更清晰、更纯正、更逼真。

除瓷片全抛釉外，微晶瓷片也是2013年的一大亮点。金艾陶加大投入对微晶瓷片进行研发、试版，开发出300mm×600mm和400mm×800mm两种规格的系列瓷片。开发微晶瓷片主要的原因是：一直以来，瓷片的发展都是在规格和纹理上的演变，市场定位是作为大众化的产品。在需求多元化的今天，微晶瓷片满足了中高端消费者的需求，这是对瓷片市场定位的一次提升，也是企业差异化发展的可行方法。

另外，内墙市场被地砖上墙抢占了一部分的市场份额，但是瓷片还是具有自身的竞争优势的。地砖上墙需要进行切割及使用瓷砖胶粘剂，铺贴成本已经比瓷片的要高。而微晶瓷片是使用瓷片的坯底，不需要进行干挂，装饰效果也与全抛釉、微晶石等地砖有得一比。

微晶瓷片结合了微晶熔块与瓷片的工艺，纹理清晰，有立体感和厚重感，档次比普通瓷片要高。微晶瓷片的纹理花色主要是仿大理石、玉石效果，性价比高，与全抛釉、微晶石的花色效果相差不大，可以抢回全抛釉、微晶石等地砖所占领的内墙市场。而且，微晶瓷片可以走出厨卫空间，走向客厅、卧室等家装空间以及工装空间等，产品市场空间比普通瓷片更广阔。

第三节　仿古砖

一、水泥砖

2013年，仿古砖领域出现了水泥砖这一亮点。以现代简欧为主基调的水泥砖成为2013年各大专业展会上的新星。

水泥砖即利用水泥肌理进行艺术创作的仿古砖产品，在2013年意大利博洛尼亚展和广交会上都能见到。而在佛山秋季陶博会上有四、五家企业展出了水泥砖。

现代意义上的水泥是1824年由英国人约瑟夫.阿斯曾丁发明的。1824年，亚斯普丁在反复试验的基础上总结出石灰、黏土、矿渣等各种原料之间的比例以及生产这种混合料的方法。随着家装极简风格的兴起，水泥又转而成为新的流行元素，一些地方开始出现用水泥亚光地面取代地板和瓷砖的现象。

水泥砖是模仿水泥地面效果的砖。当今的人们崇尚回归自然，追求简朴、自然的生活，在家装方面选材倾向于质朴的风格，而水泥砖表面的灰色调和自然龟裂纹理，迎合了这一需求。

另外，水泥砖的流行也得益于喷墨技术，各种图案的打印随心所欲，可做出许多个不同的水泥表面，同时瓷砖表面的纹理也更为逼真细腻，一片方寸之间的小小瓷砖早已突破了二维的限制，走向了真正具有凹凸效果的三维立体时代。

水泥砖更多适合年轻的、前卫的受众群体，但他们可能会首先考虑性价比，在这方面水泥砖不如真正的水泥。但是，真正的水泥不易清洁，稳定性也不如水泥砖，防滑效果也不好，所以水泥砖的物理特性是为它加分的。

在规格上，水泥砖以600mm×600mm、600mm×900mm、800mm×800mm为主，适合用于小型会所、个性餐厅、商务办公楼，以及时尚前卫家装等追求文化气息和现代古朴风格的空间。在空间设计中要适当加入暖色调的软饰，如此将会成为一种潮流。

在搭配方面，水泥砖简约、明净的风格可以与其他各种色调的产品进行混搭，能够产生多种变化风格。就如ICC将水泥砖与木纹砖配合铺贴，两种自然风格的产品互相结合，让空间简洁明亮，感觉清新舒适。

2013年，佛山地区推出水泥砖的品牌主要有ICC、维罗娜、欧文莱、金海达等。尤其值得一提的是，金海达瓷业则将薄板与水泥砖的工艺结合，生产出薄板水泥砖，多是300mm×600mm和400mm×800mm的规格，最大可以做到600mm×1200mm。薄板水泥砖的优势在于轻和薄，比普通厚度的水泥砖更容易切割，并且在瓷砖更换时可以直接铺在原来的瓷砖表面上，后期的清理和更换更方便。.

二、木纹砖

优雅的橡木、枫木，名贵的酸枝、鸡翅木，沧桑的老船木，精美拼花的"编织木"，还有柚木、黑檀木、胡桃木、花梨木，看似名贵的铁力木、金丝楠木，等等。木纹砖，是近年瓷砖市场最流行产品之一。

目前，木纹砖产品系列有几十种。2013意大利博洛尼亚陶瓷展几乎每个展位都可以见到不同的风格木纹砖，而且是规格越来越大：以往900mm×200mm规格的木纹砖受欢迎，现在是200mm×1200mm规格，甚至300mm×1800mm规格也颇受民众喜爱。同年的西班牙瓦伦西亚国际建材展CEVISAMA，超过 70% 的展位都展示了木纹砖。

而在国内市场，木纹砖尺寸一方面往更长、更纤细的方向发展，如 54mm×900mm、110mm×900mm、300mm×1200mm、15mm×1200mm 等细长规格。另一方面往小的、经典小砖的规格发展，如 80mm×300mm、150mm×500mm 等规格。

早期的木纹砖，相对而言工艺较为简单，仿木纹效果与原木差距较为明显。最近几年三维激光扫描、3D 喷墨和多重叠釉等技术的应用，使木纹砖拥有了原木般的质感和纹理。

但"仿真"只是木纹砖发展的第一种境界。木纹砖的特别之处还在于表面纹理具有无穷的创新空间。

ICC 蓝山瓷木第四代系列亚马逊雨林木纹砖和第五代系列阳光木纹砖跳出了单纯模仿原生态树种、或复刻自然的规限，在砖面设计上创新性地糅合人文理念。第四代产品亚马逊雨林木纹砖以亚马逊奇珍异木为蓝本，划时代的在天然纹理中加入"流动弧线"时尚元素。第五代产品阳光木，更实现了革命性的设计突破。阳光木是萃取智利落叶松、英国栎树、美国榆树三种珍贵木元素混合创造，在同一设计中融汇演绎，仿如大自然的三重奏。

大唐合盛贝多芬·木石系列创造性地将天然石材的直线纹理和木材年轮的圆形纹理结合到一起，从而完成这件原创作品并申请了国家专利。

三、浮雕瓷砖

2013 年秋季佛山陶博会不少陶瓷企业在展会上推出具强烈浮雕效果的瓷砖，或借助凹凸模开发立体质感，或利用雕刻技术打造夸张造型。这些在浮雕砖上进行艺术创作的代表企业有奇丽砂、孔雀、卡斯维诺·石砖、鹏飞等。

国内其实很早就出现使用模具制作的瓷砖，不过随着时间发展，为表现出更加细腻的纹理和突出的质感，陶瓷企业对模具的立体感和凹凸感要求更高，以增强瓷砖的表现力。

2013 年意大利博洛尼亚瓷砖卫浴展上，附有下陷釉、金属釉、糖果釉、透明釉等特殊材料的瓷砖并不少见。但如果要开发触感更加真实的产品，还需借助凹凸模。因为下陷釉和凹凸釉所形成的表面，暂时只能替代浅层模具的使用效果。

早在 2011 年，奇丽砂就开发出浮雕艺术砖，2013 年秋季陶博会展出浮雕艺术砖 II 系列新品。产品使用意大利进口原板模具制作，一款多面。该产品由 4 片不规则图案组合成的混搭浮雕图案，可大面积铺贴，实现混铺效果。奇丽砂一共开发了 30 余款浮雕艺术砖，占所有产品种类的 1/3，可见其对浮雕砖的市场前景十分看好。

卡斯维诺·石砖"杰卡丝"CNC 雕刻背景墙系列与采用凹凸模具加工不同，产品表面的柔缓波浪纹来自 CNC 雕刻技术，将设计好的纹理图案录入电脑再进行雕刻。

卡斯维诺·石砖拥有 20 多台 CNC 雕刻机，但是每台雕刻机每天只能最多雕刻两片产品。产量如此之低是因为雕刻时要精准控制图案和纹理，保证每块石砖的纹理能无缝拼接。

浮雕艺术砖的主要消费人群是崇尚后现代风格和简欧风格群体，但不局限于某一特定的年龄层面。会所、公馆、咖啡馆等特定商业空间较多用，也可定位于豪宅、别墅，比如孔雀的阿尔卑斯系列。

景赐坊"浮雕凹凸木纹瓷砖"，继承景德镇传统半刀泥浮雕技艺，通过浮雕、模具和沉釉技术完全还原原木质感，其外观如同檀木、桦木、花梨木、橡木、樱桃木等珍贵木种真实自然肌理，并具有立体视觉、摩挲触感，体现了一种自然生态主义的情怀。

四、田园风格瓷砖

在风格上，仿古砖大致分为复古风情调、田园风格、现代主义（后现代、现代）三大类。

小规格田园风格瓷砖是近年仿古砖领域持续的热点。田园风格瓷砖是田园生活方式的一种体现。田园生活的精髓体现为八个字："自然，尊贵，私密，浪漫"。田园风格主要有五大类：美式田园、英式田园、法式田园、中式田园、韩式田园等。它们有一个共同的特点，即将个性化、亲近自然、返璞归真。

1978 年成立的台湾长谷集团，20 世纪 90 年代初进入大陆开始生产瓷砖。1996 年长谷出产国内第一批仿古砖，这些仿古砖很多都是田园风格的小砖。2002 年前后，意大利蜜蜂瓷砖等欧洲知名品牌进入中国市场，刺激了中国陶瓷砖古朴乡村田园风格的觉醒。

2007 年，佛山市芒果建材有限公司推出芒果瓷砖品牌。受长谷瓷砖的影响，芒果瓷砖以田园风格为切入点，倡导健康、舒适的田园生活方式。

在芒果瓷砖的带领下，从 2011 年开始，一批仿古砖企业迅速调整产品研发方向，呼应"田园风"的概念，玛拉兹、伊派、罗马利奥、懋隆等品牌渐渐在田园风格方面崭露头角。到 2012 年后，皇磁、玛卡洛尼、孔雀等"田园风"自成一派，成为瓷砖领域细分品类的一个亮点。

同样，在小规格田园风格流行风潮的影响下，一些近年来试图走产品多元化路线的仿古砖专业品牌如金意陶提出"重塑仿古砖新高度"的目标，并推出多款仿古砖新品，主要规格为 165mm×165mm、330mm×330mm、500mm×500mm。

值得一提的是蓝珀瓷砖。2011 年成立之时，蓝珀瓷砖就提出了"法式空间"的概念。2012 年 10 月 18 日开始，蓝珀瓷砖正式对外招商。"蓝珀法式风情"仿古砖研发出 20 余个产品系列，20 多个产品规格，各式花片、腰线等配套齐全。

经过几年的摸索，到 2013 年，田园风格细分领域再次细分出"法式田园"、"美式田园"、"英式田园"和"中式田园"等多种风格概念。其中，蓝珀瓷砖确定主打法式田园，玛拉兹瓷砖确定主打美式田园，这种在细分领域的再错位发展，非常有利于品牌的塑造。

但从 2013 年开始，田园风格瓷砖板块的企业在定位上也开始松动，比如芒果瓷砖在成立之初只专注意大利风格的田园风情，这是由于当时市场对田园风并没有太多认知，需要从小处着手，通过专注、极致的打法赢得声誉。但或许是细分领域的市场份额有限，难以满足经销商和消费者对产品多元化的需求。到 2013 年底，芒果瓷砖推出了大规格田园风格仿石材瓷砖庄园系列。庄园品类结合行业顶尖的五项核心技术：石多相技术、金钻技术、高晶技术、透洁明亮技术和绝平技术，开创行业仿古石材新品类。

随着走乡村田园风格仿古砖企业越来越多，未来地中海风格、美式田园风格产品的市场会逐渐增加，个别品牌如雅智·美杜莎提出"田园地中海混搭"的理念。

为了适应主力消费群体转向 80 后乃至 90 后的现象，除了传统仿古砖，偏向现代化的仿古砖也越来越多，产品色彩、形态与搭配方式更为丰富，米白、米黄、浅蓝、大红等色彩都不鲜见。小规格仿古砖的特色正在于其运用范围及铺贴方式的多样性，如今出现与其他类型瓷砖或者材质混搭应用的趋势。

例如，雅智·美杜莎小规格木纹砖，与原有的产品混搭。而金意陶已有不少小规格仿古砖与木纹砖混贴的展示空间，并为仿古砖新品设计色调与质感迥异的花片实现特色搭配。此前，马可波罗也早在仿古砖产品中加入了"青石板"、"梅花"等元素，并且还运用"实木＋碎石"、"砂岩石＋软木"等组合方式。

第四节　大理石瓷砖

2013 上半年陶瓷行业最火的陶瓷产品是大理石瓷砖。自简一陶瓷 2009 年首次推出大理石瓷砖这一新产品类以来，经过 2011 年、2012 年两年的酝酿，大理石瓷砖在 2013 年佛山春季陶博会期间集中爆发，出现了多家专业生产和销售大理石瓷砖的陶瓷品牌。一时间，大理石瓷砖成为了行业谈论得最多的产品之一。

首先引起关注的是大理石瓷砖的命名。事实上，早在 2010 年，一批大企业欧神诺马可波罗、新明珠、宏宇等就开始推全抛釉大理石瓷砖。但对这些企业来说，全抛釉大理石瓷砖就是产品线的一个小分类，归属于仿石类瓷砖或全抛釉瓷砖。简一陶瓷在 2013 年之前，称大理石瓷砖为"简一大理石"。其他企业一般都笼统地称"全抛釉"，或更清晰地表述为"大理石全抛釉"。也有部分企业将这类产品命名为"理石系列产品"。显然，"全抛釉"是从生产技术角度的一种命名方法，消费者一般很难明白，所以它并不利于市场推广。"简一大理石"虽然利于推广，但为了区别于真正的大理石，在 2013 年之后，简一陶瓷对大理石的称呼，统一调整为更精准的"简一大理石瓷砖"。

所以，在 2013 年 4 月春季陶博会期间举办的首届大理石瓷砖论坛上，简一大理石瓷砖董事长李志林在公开演讲中认为，要称之为"大理石瓷砖"首先瓷砖要拥有天然大理石的逼真效果，不一定抛釉的就能叫大理石瓷砖，也不一定不抛釉的就不能叫大理石瓷砖，最起码是要仿大理石纹路的，看起来像大理石，才能称为大理石瓷砖。

事实上，纵观陶瓷行业的发展史，大理石瓷砖产品在这其中占据着极其重要的地位。在欧神诺陶瓷产品体系中，大理石瓷砖就占总产品的一半左右，并且随着大理石瓷砖在终端的走势看涨，各种工艺的大理石瓷砖产品还将有所增加。不仅是欧神诺，在行业大多数企业中，大理石瓷砖同样占据着主力军的位置马可波罗瓷砖推出晶玉石、翠玉石、翡翠玉石、维罗纳石、深浅啡网五大系列大理石瓷砖，其中 2013 年的"维罗纳"系列最值得关注。

维罗纳是意大利最具盛名的石材资源地，石材资源极为丰富。马可波罗推出的新品"维罗纳系列"，在保证石材纹理色泽的基础上，将陶瓷肌体的耐磨、硬度、耐腐蚀等物化性能的优势强强叠加，使得维罗纳以最完美的姿态胜任家居的设计应用。

2013 年大理石瓷砖成为行业的一道新的风景线，还因为涌现了一批像简一陶瓷那样的专业大理石瓷砖品牌，比如金璞陶、通利、新贵族、安华等，包括宏陶、俊怡、樵东、恒福、布兰顿、宏润、虹霖、圣荃等企业一批企业的加入，令大理石瓷砖队伍更加壮观。

大理石瓷砖之所以畅销终端，这主要还是由于国人对大理石有着极深的感情。大理石是典型的高贵典雅型装饰材料，一般消费者负担不起大理石的昂贵费用，但是又十分想用大理石来装修房屋，而大理石瓷砖的出现正好满足了这些消费者的消费需求。

这些年来喷墨技术极大地推动了行业的发展，这让行业人士对仿石材瓷砖的图案效果的进一步提升有了更大的期望。但事实上目前陶瓷企业在生产中较少或者并没有使用喷墨技术来生产大理石瓷砖。陶瓷墨水的发色问题依然是困扰喷墨技术进一步发展的最大因素，目前陶瓷墨水在深色方面还未突破，所以很多砖面颜色较深的大理石瓷砖都无法用喷墨技术来生产。

用喷墨技术生产大理石瓷砖还不仅仅只有深色砖难以生产的问题，而且还难以做出大理石花色纹理的层次感。大理石瓷砖要做出大理石花色纹理的层次感，砖面局部地方需要通过丝网印花的方式来形成色料的堆积，以此形成错落有致的图案花色，而目前喷墨技术还难以做到这一点。

不过，虽然丝网印花能形成层次感鲜明的花色纹理，但是相比喷墨技术而言，在砖面的清晰度方面却有所欠缺，丝网印花所产生的网格印依然是个大问题。有企业针对这些问题研发出高密度网格，这种新技术的应用所产生的网格印相比之前，可缩小数倍，瓷砖表面的清晰度也大为提升。

另外，大理石瓷砖不是通体砖的确影响了其在家居装饰中的使用。因为大多数大理石瓷砖都是在砖面进行印花，所以在家居装修中，大理石瓷砖并不能进行倒角或切割后独立使用，还需要大理石材来掩盖露坯的地方。如果能将大理石瓷砖做成通体砖，那么大理石瓷砖将进一步抢占石材的市场份额。

第五节　微晶石

2013 年，微晶石进入了爆发期，与抛光砖、仿古砖形成了墙地砖三足鼎立之势。

随着越来越多的企业抢滩微晶石市场，同质化、低价格竞争现象泛滥。部分有前瞻性的企业率先开发一次烧微晶石，在生产工艺上寻求突破，希望在能耗上成本更低、更环保。但由于一次烧其原料成本、技术把控等方面只被少部分企业所掌握，所以目前微晶石产品还是以二次烧为主。

一次烧成微晶熔块突破了以往所采用提高熔块始熔温度传统工艺原理，采用特殊微晶玻璃配方，让熔块在一定的温度条件之下析晶，最终成品几乎能与传统二次烧成产品相媲美。

微晶石生产的主要技术壁垒在于微晶熔块、坯体与熔块之间的膨胀系数匹配、烧成工艺这三个方面。其中的核心技术在于熔块研发。据不完全统计，2012年下半年，国内研制一次烧微晶熔块的企业不超10家，但2013年已达到15家左右。

从二次烧到一次烧，是微晶石的一次基础升级前。一次烧微晶石比起二次烧得更耐磨，硬度更加是达到了莫氏硬度6级水平。一次烧制大量减少了能耗，符合目前企业低碳发展的理念。

一、薄微晶

在中国人传统的观念中，大、厚、亮的东西才是正道。2013年，瓷砖减薄呼声高涨，薄板受到越来越多的企业关注，同样以"薄"为主打概念的薄微晶产品也以惊人的速度在形成市场。

薄微晶其实可以算是微晶石（厚微晶）的延伸产品，在微晶石的基础上将微晶熔块层厚度减薄，所以其产品展示效果遗传了微晶石的雍容华贵，明亮大方审美效果。

2013年，市场上已经推出薄微晶的品牌有新中源、圣德保、新南悦、新粤、朗宝、欧洲之星、金舵、兴辉、大将军、佛罗伦萨、敦煌明珠、安基等等，另外还有数十家企业在酝酿推出薄微晶产品。

市场上的薄微晶也分一次烧和二次烧，薄微晶的整砖厚度通常在1.1～1.2cm，表层微晶熔块厚度在0.3～0.8mm。虽然薄微晶的厚度低了。薄微晶和普通的厚微晶玻璃使用的材料不同，薄微晶表层加入30%的耐磨材料，70%的微晶熔块，通透性略微下降，但是耐磨度和硬度高于微晶石、全抛釉，略次于抛光砖，其抗热震。另外，薄微晶平整度略低于微晶石，而比全抛釉要高，解决了全抛釉水波纹的问题。

陶瓷行业薄微晶将成风潮，成为全抛釉的有力竞争者。全抛釉在未来两年价格将会继续下行，冲击抛光砖市场，而薄微晶介于微晶石和全抛釉之间，同时侵蚀二者的市场份额。另外，抛晶砖的生产工艺与薄微晶相似，薄微晶大面积面市，对抛晶砖也会有部分影响。

总体而言，薄微晶对厚微晶市场有冲击，但还是不能根本动摇地位。毕竟薄微晶和厚微晶是针对不同的消费群体。厚微晶还是陶瓷市场上最高端的产品，薄微晶更多的是满足喜好高端又兼顾实惠的消费群体。

二、厚微晶

微晶产品的微晶层越厚，其亮度、平整度、通透性等产品特性就越突出，但生产成本和难度系数也会越高，因此定价也就相对高。当前主要有嘉俊、博德等知名陶企都专注厚微晶生产。

但价高正是2013年厚微晶市场推广的"拦路虎"。随着技术的发展进步，厚微晶表层易出现的针孔的问题已得到有效解决，耐磨度也由丝网印刷时代的5级以下，提升到现在的6.5级。厚微晶在理论上铺地已经没有问题，但显然其市场占有率仍非常有限。而其中价格高仍是最重要的原因。

在近两年的微晶大战中，厚微晶的价格已大幅下降，终端的主流价格业已从曾经的每片五六百元降至现在两三百元。但这样的价格仍远高于薄微晶和全抛釉产品，难以大量推向市场。

当前，厚微晶的品质相较于薄微晶和全抛釉而言更加卓越，同时主要面向为数不多的高端消费群体。不过，在全抛釉、薄微晶两大竞争对手冲击下，厚微晶要想拓展更广阔的市场，最终还必须降价，而前提是厚微晶的整体生产成本要降下来。

厚微晶生产成本的降低，首要前提是微晶熔块的降价。目前，厚微晶产品出厂价与两年前相比有20%的降幅，主要原因是煤价、墨水价、微晶熔块价格的下调使厚微晶的生产成本同步降低。但厚微晶要实现整体降价，还必须在生产管理、原材料及工艺等方面进一步挖潜成本下降的空间。

2013年，金艾陶瓷砖立足于艾陶制釉十年精工釉料的核晶技术，发挥自身所长，在晶釉面瓷砖品类创新上下功夫，独辟蹊径。

推出 2.0mm 厚微晶石。该产品采用无网纹超清印花及二次烧等工艺，先将印好花的瓷砖坯体经过高温素烧，再将晶体熔块铺于瓷砖素坯之上进行二次煅烧，微晶熔块内加入 18% 的耐磨度硬物质，耐磨度、硬度显著提高。同时耐磨硬物质待微晶熔块充分熔化并释放完气体后在熔解，产品烧得透，无针孔，无气泡，强防水，超强防污并无需超洁亮，还可支持后期多次刮抛，产品依然靓丽如初。

第六节　抛晶砖

抛晶砖，是在坯体表面施一层耐磨透明釉，经多道工艺烧制、抛光而成的。具有彩釉砖装饰丰富和瓷质吸水率低、材质性能好的特点，又克服了彩釉砖釉上装饰不耐磨、抗化学腐蚀性能差和瓷质砖装饰方法简单的弊端。

抛晶砖采用釉下装饰、高温烧成、釉面细腻、高贵华丽，属高档产品。与传统的瓷砖产品相比，抛晶砖最大的优点在于耐磨耐压、耐酸碱、防滑、无辐射无污染。

此外，抛晶砖经过马赛克艺术造型和抛釉技术处理后，表面光泽晶莹剔透，立体感非常强。其色彩斑斓的图案和千变万化的纹理更赋予了这种产品艺术价值和文化价值，而丰富繁多的创作手法使得抛晶砖在陶瓷行业里成为一颗璀璨的明珠。

抛晶砖可以分为三种类型，第一类为不带金型抛晶砖，在砖面上没有镀上金属，属于仿古形式的微晶石；第二类是镀金、镀银型抛晶砖；第三类是加入云母片、闪粉、色料、深色釉料等工艺型抛晶砖。

抛晶砖属于深加工类型的瓷砖产品，企业将砖坯购买回来之后再在砖坯上进行一系列的花色及工艺加工，由于抛晶砖需要经过几次的烧制，一条生产线一个月的产量在几万平方米左右。

在应用方面，抛晶砖在家居空间的墙面和地面都可以使用，广泛应用在夜总会、宾馆、酒店、娱乐中心、洗浴中心、高档别墅以及家庭装修中的玄关、地台、走道、背景墙等领域，使每个装修场所都能充分展现出时尚的空间。

抛晶砖还可以实现一定程度的个性定制，按照客户要求，将不同的材料通过不同的加工工序生产出独一无二的产品，最后铺贴到特定的空间去。抛晶砖的常用规格在 150mm × 800mm，300mm × 300mm 和 600mm × 600mm 规格的抛晶砖多用于厨房卫生间，而 800mm × 800mm 的抛晶砖则用于地面装饰较多。

其实，抛晶砖在空间应用上也不应局限于墙面和厨卫空间，地面也可以进行铺贴。而在定位上，抛晶砖一直给人的感觉是奢华、富丽堂皇的，但是其实抛晶砖也可以具有多种类别，抛晶砖也可以在风格、价格上亲民，不一定要一直往高端的方向走。就如抛光砖也有低价和高价之分，抛晶砖不一定都是奢华的，只要找准定位，考虑产品应用和客户需求，抛晶砖也可以作为大众化的市场尝试。比如，面向年轻群体开发抛晶砖，并且发展成专属于这个消费群体的风格。

抛晶砖又称抛釉砖，瓷砖从耐磨砖到抛光砖，再到如今的抛晶砖，也是技术上不断突破的产物。抛晶砖以镶银带金的线纹、点纹等各种图案出现在千家万户，对工装和家装都起到了画龙点睛的效果。

尽管面对的是一个小品类细分市场，但自从金丝玉玛 K 金砖在市场上热销以来，越来越多的厂家也加入到抛晶砖的行列。目前，佛山以抛晶砖为主打产品的陶企有几十家。好在产品同质化的问题并不严重，许多陶企都形成了各自的特色，在产品、渠道、展示、价格、区域市场面进行差异化发展。

第七节　背景墙

2013 年，趁着 2012 年市场爆发的大好形势，在佛山春季、夏季两届陶博会上，背景墙继续成为被关注热点。

背景墙的兴起，源于喷墨技术的推动。最近两三年，背景墙行业将喷墨打印和传统的雕刻技术等融为一体，使原本冰冷单调、感情色彩匮乏的背景墙整体表现效果得到了极大丰富和改变。

同时，在3D喷墨技术的推动下，以陶瓷砖为材质的背景墙相对于以木柜、墙纸、涂料、砂岩、玻璃等其他材质的背景墙而言，不仅集聚了使用便利、易清理、耐磨耐用等诸多优秀物理品质于一身，更满足了消费者的艺术需求。

此外，追求个性和创意的80后消费者已经成为了当前主要的家居建材消费群体；伴随着经济的发展、生活水平的提升，人们对家庭装饰提出了更高、更严格的要求。使用属性显著提升后的陶瓷背景墙因为观赏性能卓越、表现形式丰富，正好契合了新一代消费者的消费心理及消费习性。

近两三年，微晶石、全抛釉、石砖等新兴瓷砖产品的盛行，也为背景墙行业使用陶瓷砖作为生产材料提供了更为广阔和便利的空间。

背景墙最热的是彩雕背景墙。彩雕背景墙之所以大行其道，原因在于彩雕技术能将瓷砖的艺术表现力最大化，生动立体的图画加上设计的灵活运用，使得背景墙的表现形式有了飞跃提升。

最初的"彩雕"工艺是在雕刻的基础上喷上油漆，制作比较粗糙，产品的使用寿命也有限，几年之后就会开始掉色。从2010年开始，喷墨技术在行业内逐渐得到推广，其公司首批引进喷墨设备，将喷墨技术和雕刻进行结合，制作出纹理更加清晰、图案更为精美、使用寿命更长的背景墙产品，得到了客户的广泛好评。

但另一方面，喷墨技术也简化了生产工艺，降低了行业的准入门槛，越来越多的厂家和营销型企业在高利润的引诱下开始涉足这一市场。2009年佛山地区彩雕背景墙品牌不超过五个。现在做彩雕的佛山厂家至少有20家，品牌至少有50余个。而以陶瓷背景墙为主营业务的厂家不少于100家，专业的背景墙品牌也有百家左右。

背景墙通过艺术的表现形式，提升了瓷砖的使用和观赏价值。不管是抛光砖、微晶石还是全抛釉，甚至是大理石都可以进行深度加工。加工后价值可在原有基础上提升上十甚至上百倍。而这正是这个行业的魅力之所在。

不同于过去的势单力薄，如今的陶瓷背景墙行业已颇具规模，有了完整的生产、销售及研发体系，生产厂家的品牌意识和欲望愈发强烈。众多背景墙企业开始不甘于屈居幕后，把经营范围局限于为陶瓷企业做配套。他们开始将触角延伸到了终端，并开始大规模的开发和建设品牌专卖店。一些意识超前和渠道广阔的商家甚至还开始了网销。事实上背景墙网销比其他墙地砖要容易做。

大量陶瓷背景墙企业的涌现，防止产品同质化和同行抄袭的秘诀在于加工材料的选择。比如，让石材、微晶石、全抛釉、石砖、不锈钢、水钻以及马赛克精剪画都能广泛应用到背景墙中。再比如，建立组合工艺的优势，即综合应用目前所有生产背景墙的工艺，在产品设计、生产方面进行工艺组合。此外，镶嵌类材料选择数量多、范围广，也令模仿者想的难度系数增高。

第八节　手工砖

随着微晶石全抛釉等陶瓷的同质化，越来越多消费者寻找另类的、可以展现个性的产品，而手工砖就是其中之一。近年来手工砖的发展不断升温，消费人群越来越广。

手工砖顾名思义就是以手工制作为主的陶质或瓷质的墙、地面装饰砖，它有别于机械化批量生产的产业化墙地砖。

不过在现实中，手工砖产品定义实际上还是模糊的。目前在行业里并没有一个真正能够让大部分人认可的完整定义，不同的人往往有着不同的见解。

所谓手工砖，"手工"二字确实是关键。也正因为如此，没有标准模式、低工业化的生产工艺是手工砖产品的标志之一，也是手工砖与工业化、规模化生产的建陶产品之间最根本的差异。

一种意见认为，手工砖传承的是工艺，它的特色主要就体现在其工艺文化色彩上，只有50%或者50%以上的流程是采用手工完成的产品才能称之为手工砖，而这也是手工砖产品最根本的价值所在。

也有意见认为，在工业化时代，完全脱离工业化生产方式的产品模式是无法与品牌商业化运作的模式相融合的，因此，必要环节的工业化生产必不可少。所以，手工砖基本上都采用"手工＋机械"的方式来生产，这是一种手工和机械灵活结合后的生产方式，已不能简单地根据各个环节是否采用机械来定义是否属于手工生产或是工业化生产，而且生产人员也会根据生产不同产品的需要，调整生产流程的机械化程度。

手工砖作为一种瓷砖产品最大特点：缺陷美、粗糙毛边，自然窑变色差、不规则形状。手工砖的艺术特征大于其产品特征，也就是说，购买者必须懂得欣赏它，才能去购买它，所以使用者不应以流水线工业产品的标准来衡量它，否则会将其自有特征看成是质量问题。

漏釉纹（缺陷美）：手工砖因为靠手工逐片加工，会有意制造或保留制作过程中存在的缺陷，如漏釉纹，而且每片砖的缺陷各有不同，小同的缺陷组合在一起就成为一种美。

毛边（韵律美）：毛边会形成手工砖的自然韵律美，这种自然韵律形成的美是直边砖无法做到的。

自然窑变色差（自然色差美）：由于砖胚厚薄差异，手工施釉的差异，窑炉温差的存在，砖从窑炉烧出后每片砖会有必然的色差差异，这完全是手工砖所独有的艺术魅力。

与普通瓷砖相比，手工砖还有以下几个特点：

产量少。手工砖不像其他瓷砖可以进行机械化生产，所以产量上受到限制。据了解，烧制手工砖的窑炉一般是梭式窑，尺寸小，烧一窑要2到3天时间，再加上之前的制坯、上釉，还有一些需要进行手绘的工序，制成一批成品需要的时间就更多了。

售价高。目前市面上手工瓷砖价格约在每平方米700～1000元之间，也有部分价格在每平方米500～600元，而特殊的彩绘砖则每平方米高达2000元左右，堪比进口高端瓷砖。

受众有限。手工砖在不断变化的窑炉温度中经过复杂的物理和化学变化，形成了变幻无穷、极具个性的表面效果，但是消费者还是倾向于购买符合大众口味的工业瓷砖而不是小众的手工砖。

在产品应用方面，手工砖目前主要针对的是设计师以及有一定生活品位和收入较高的消费群体。他们的年龄大约在35～50岁之间，并且大都对手工砖的文化和艺术价值非常认同。

由于其价格和文化定位的关系，目前手工砖主要应用在中式风格的高档酒店，园林风格、自然风格的别墅，或者一些高档的疗养院项目上。另外，由于手工砖更厚实耐磨，也可以用于铺装在地面以及其他一些湿度较大或使用频率较高的地方。

手工砖具有好看、耐看的特性，目前一般用作点缀，起到画龙点睛的效果。手工砖更适合小面积铺贴，大面积应用反而很难凸显它的韵味。

从厂家的角度看，手工砖更适合定位于一种"装饰元素"，产品本身并不带有风格烙印，可以根据空间设计师和业主的要求，搭配产生不同的效果。在产品应用的过程中，手工砖并不是有独立风格的个体，而是某一个整体风格的有机构成部分，空间设计师可以运用不同的搭配、拼贴方式赋予其不同的风格和定位。

第九节 马赛克

马赛克是已知最古老的装饰艺术之一，它是使用小瓷砖或小陶片拼接成各种图案的建筑装饰性材料。

由于体积较小，有多种花色可供选择，加上可以自由拼接的特性，它能将设计师的造型和设计的灵感表现得淋漓尽致，尽情展现出其独特的艺术魅力和个性气质。

马赛克常用规格有 20mm×20mm、25mm×25mm、30mm×30mm，厚度在 4～4.3mm 之间。小规格的马赛克可以做到 10mm×10mm，最小的是 8mm×8mm。

广义而言，任何材料都可以成为马赛克的原料。从材质上分，当前马赛克主要有玻璃马赛克、陶瓷马赛克、石材马赛克、金属马赛克、贝壳马赛克、椰壳马赛克、竹木马赛克、树脂马赛克、沙石马赛克、皮革马赛克等。另外，近年来也不断出现新的马赛克品种，如夜光马赛克、黄金马赛克、白银马赛克、复合马赛克等。当前市面上最常见、运用最广泛的马赛克有三种：陶瓷马赛克、玻璃马赛克、石材马赛克。

马赛克产品从 20 多年前的玻璃马赛克，发展到 10 多年前走红的石材马赛克、金属马赛克，再到近六年前兴起的贝壳、椰子壳、树皮、文化石马赛克等。过去马赛克主要是做出口，从 2008 年左右开始，国内的高端建筑、夜总会、别墅，包括北京奥运水立方、鸟巢等都大面积应用马赛克。据保守估计，国内马赛克企业超过 3000 家，总产值超 500 亿。

从产区来看，广东佛山的玻璃马赛克和陶瓷马赛克、云浮和福建水头的石材马赛克、四川成都浙江江苏的玻璃马赛克、山东淄博江西景德镇的陶瓷马赛克、海南的贝壳马赛克和椰子壳马赛克等都各有特点。而产量最大、最集中的还是佛山。规模化、品牌化经营的马赛克品牌 JNJ、玫瑰、歌莉娅、孔雀鱼也崛起于此。此外，佛山马赛克专业市场发达，吸引了全国大部分马赛克企业入驻，佛山也由此成为中国最大的马赛克商贸展示中心。

马赛克一直以来被主要应用于宾馆、酒吧、酒店、车站、游泳池、娱乐场所、卫生间、厨房等，离真正要进入寻常百姓家，还有一段距离。要突破这一瓶颈，一是要解决铺贴麻烦的问题，在铺贴中，由于单位面积很小，要求工人有精湛的铺贴技术；二是要整体化解决空间设计问题，以马赛克艺术价值及文化氛围引导设计师介入，设计师的理念可将马赛克的使用范围扩大，并形成整体空间一体化搭配解决方案。

而完善马赛克配套、规范马赛克铺贴辅料，可以从以下三个方面着手：第一，完善马赛克粘结系统，规范马赛克粘结施工；第二，完善填缝材料系统，规范马赛克填缝施工；第三，完善马赛克清洁养护系统，规范马赛克清洁养护施工。

第十节　陶瓷薄板

截止至 2013 年，国内制造薄板的企业依然不多，蒙娜丽莎自 2007 年开始率先生产销售陶瓷薄板，并将规格定为 900mm×1800mm 的大板；新中源，金海达，BOBO，皇瓷等企业在制造 600mm×1200mm 规格的薄型砖。

另外有日泰，惠德来，夹江金陶等外围企业在推广薄板，合景生辉，和成卫浴在推广硅酸钙板；跟进推广的中大型企业不多，观望徘徊的企业不少，据悉有些大型企业在作薄板的市场调研和推广准备，如 RAK，东鹏，金意陶，汇亚，顺成，惠达等。目前已经在推广的较有影响力的薄板企业主要集中在广东。

近年来以蒙娜丽莎为代表薄板企业在工装市场，尤其是陶瓷薄板幕墙应用领域取得多个突破性进展，但在家装市场的开拓还是进展缓慢。这主要是以下几个原因：

一是陶瓷薄板铺贴技术应用推广力度不够。由于薄板的厚度及应用的原因，用传统的水泥铺贴已经不能满足陶瓷薄板的铺贴需求，而是要用专用的瓷砖粘接剂才可以，这对于传统的水泥工师傅来说完全是个新的领域和挑战。而专用的瓷砖粘接剂也要用专用的锯齿刀才可以，很多终端市场想买薄板专用粘接剂和铺贴工具都很困难，何况还要去掌握铺贴技巧。

二是中国消费者审美眼光和瓷砖消费习惯还不适应陶瓷薄板。国内消费者买陶瓷类产品喜欢"亮"，这也是近年全抛釉和微晶石大行其道的原因。国内消费者还有一个消费习惯就是买东西喜欢"厚"、"重"，觉得花同样的钱物超所值。很多瓷砖店在导购的时候都是以"厚"为荣，误导消费者。使消费者形成了

潮州市建筑卫生陶瓷行业协会
Chaozhou Building Ceramics & Sanitary ware industry Association

团结 奋进 整合 提升

协会地址：潮州市湘桥区潮州大道中段交银大厦15楼

电话：0768-2853653/2853655 传真：0768-2853651

Http://www.czwy.cc   E-mail:1270013311@qq.com

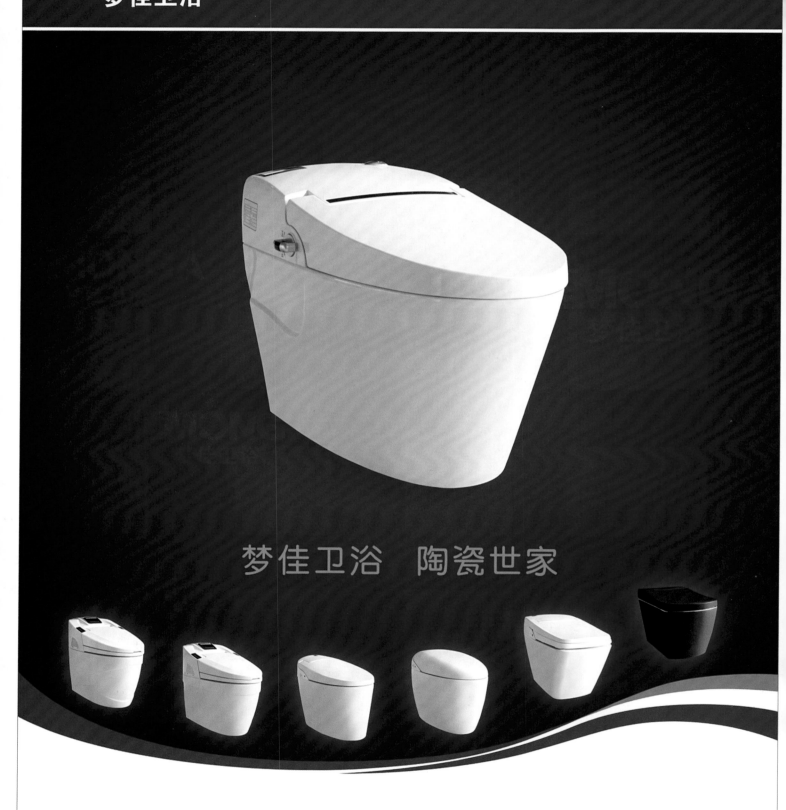

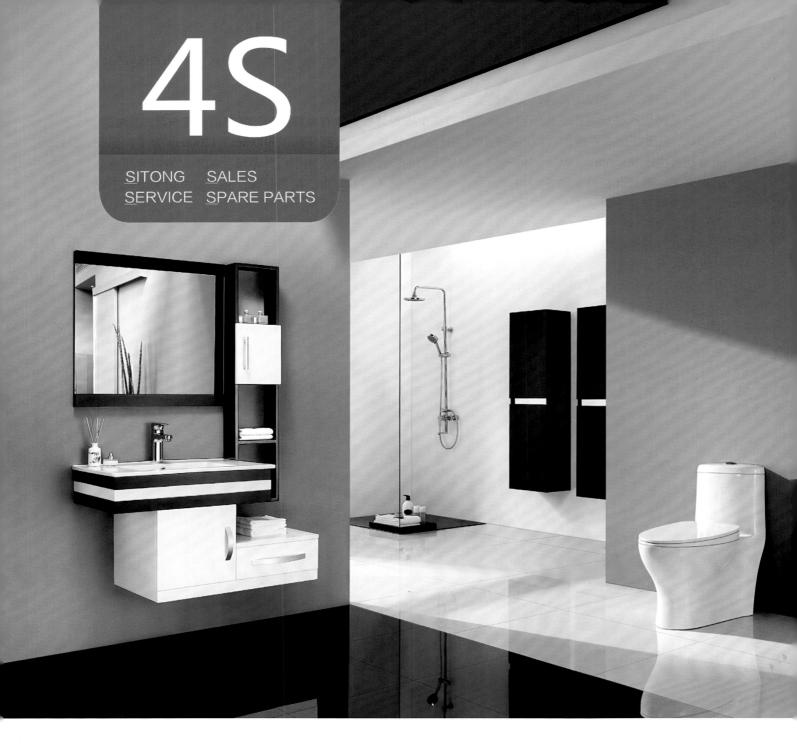

中国名牌产品　　中国厨卫百强企业　　中国节水认证

广东四通集团股份有限公司

地　址：广东省潮州市潮州火车站区南片B11-4-1地块

电话：0768-2971986　　　传真：0768-2971228

Http://www.sitong.net　E-mail:yixun_cai@sitong.net

一个错误的概念，越厚的砖越结实越耐磨，质量越好，性价比越高。

三是薄板产品规格和花色不够丰富。目前佛山陶瓷薄板企业有蒙娜丽莎、新中源、高一点、金海达、BOBO、皇磁等企业在推广，但产品的尺寸相对都比较单一，大部分都以600mm×1200mm为主，部分企业还有生产900mm×1800mm的规格，但这么大的产品只适合大面积内外幕墙。如果家装用问题就突显出来了。陶瓷薄板目前的花色相对于瓷片来说花色还是不够丰富，很多品牌产品开发方向大都以工程产品为主要开发方向，产品很难在家装渠道推广。

四是薄板性价比没有优势。薄板目前的出厂价格比普通的抛光砖和瓷片贵好多，很多终端消费者对价格根本没办法接受。薄板企业在技术领域还要和上游的企业一起技术创新，降低薄板的生产成本，如果以现在的价格想真正走进终端消费者家里还是很困难的。另外在消费层面还要做好消费者引导，消费者真正关注的是切身利益，品牌在推广的时候应该抓住消费者心理诉求。

目前国内薄板企业主攻销售渠道还是以工程为主。工程渠道具有跟踪周期长、销量不稳定等因素。因为上游的薄板企业也不多，当地的薄板应用工程也有限，所以就导致了上游的几家薄板企业同时跟踪当地一个项目工程的现象，而薄板的品牌影响力还不是太强，所以就导致了大家靠价格去拼杀，很不利于行业的发展。

未来，陶瓷薄板应该不断拓宽销售渠道，而在终端建店，做家装市场，是拓宽销售渠道必然选择之一。只有家装渠道建立起来，薄板的春天才会真正到来。

第十一节　外墙砖

改革开放以来，随着国内企业进口国外的先进设备及自身的技术创新，外墙砖的生产技术装备突飞猛进，特别是在坯料球磨、施釉和烧制方面，大量引进的技术装备和生产工艺的采用，外墙砖的生产质量迅速提高，产品的品种和花色也越来越丰富。

外墙砖材质的发展是由陶质到炻质再到瓷质，其吸水率在逐渐变小，同时釉料的搭配和色调的设计不断更新，使得瓷质釉面外墙砖表面可以做成平面、砂岩面、水波纹面等不同的面状和花色，还能生产亮光面、哑光面、磨砂面等多种表面质感，装饰风格多元化。

随着外墙砖花色的多样化，建筑外墙砖的铺贴也由原来的一色上墙、三色混贴发展成多色混贴，另外，从国外引进的马赛克也可作为外墙砖进行铺贴，只是由于铺贴难度较大，所以应用较少。

近年来，外墙砖在工艺设计和开发上出现以下四个趋势：

时装化。受市场的影响，产品更新速度在加快，产品生命周期逐渐缩短，新产品层出不穷，小批量、品种增多、转产快成为工业化生产的新动向。

自然化。随着工业化、城市化的推进和消费者审美情趣的提高，返璞归真、贴近自然、回归自然将成为重要的消费理念。

定制化。外墙砖既可库存销售，也可根据客户对规格和颜色的特殊要求定制生产。

功能化。外墙砖不仅装饰整个建筑物，同时因为其耐酸碱，物理化学性能稳定，对保护墙体有重要作用，还能防寒、保温、助燃等。

由于各种因素的影响，外墙砖在使用过程中也遇到了一些难题：

一是外墙渗漏。外墙装饰面层采用外墙砖的建筑物较采用其他装饰面层的建筑物外墙面出现渗漏的现象更普遍。主要原因是面砖铺贴空鼓或铺贴砂浆不饱满，造成面砖与砂浆局部脱离，面砖与砂浆间空隙部分易形成贮水容器；面砖勾缝不密实或勾缝龟裂，密缝勾缝遗漏都是使雨水从表面渗入，造成积水，从而引起渗漏。

二是外墙脱落。近年来，频繁出现住宅小区、医院、学校等外墙瓷砖脱落、爆裂砸伤行人的事故。

从 20 世纪 80 年代开始，我国瓷砖快速发展，瓷砖有陶质、釉面砖、玻化砖等，瓷砖的发展满足了人们对建筑外立面的装饰要求。但是瓷砖的粘贴材料却一直停留在最原始的水泥砂浆阶段，国内绝大多数地区还在使用国家禁止的现场搅拌砂浆进行瓷砖粘贴，这就如同高铁运行在普通轨道上，必然会出现安全问题。

由于瓷砖存在安全隐患等不可靠因素，近年以来各省市不断地出台规定，限制在建筑外墙使用外墙瓷砖，导致外墙砖的市场发展潜力也就受到牵制。

三是外墙涂料的冲击。目前，建筑外墙装饰产品种类有陶瓷砖、涂料、石材、陶瓷板以及金属玻璃幕墙材料，这些产品各有特色，在市场上各有一定的份额，谁也不会取代谁。但从材质、实用、经济等综合因素考量，外墙砖和涂料拥有较大优势。随着国内涂料生产技术和制作工艺的提高，涂料的低价优势逐步显现出来。另外，外墙涂料的施工成本低、质感轻薄、节能环保，所以，逐渐在国内占领了更多的外墙装饰材料市场，这多外墙砖是不小的冲击。

另外，在产品自身的设计上外墙砖要符合消费者需求与建筑设计风格的需求，注重顺应自然，贴近自然，回归自然。此外，可以从产品的质地和应用功能上下点工夫，比如墙体外挂产品、透气性产品、保温性产品、吸热性产品、防尘自洁性产品等等，尚有很大的空间可以思考。

第七章　卫生洁具产品

第一节　节水卫浴

一、注重节水环保功能

家庭用水量最大的地方主要是卫生间。洗脸、洗澡、冲马桶构成了卫生间的三大用水量。根据媒体报道，卫生间用水量已占家庭用水的60%至70%。同时，我国缺水形势日益严峻。与国外马桶排水量4～6L的标准相比，我国大部分居民使用6～9L的坐便器严重加剧水资源危机。由此可见，"节水环保"已成了卫浴产品的重要出路。

对节水卫浴产品的研制主要集中在水箱内部的小构件的改进，传统的科研方向也集中在节水阀的功能设计上，如采用陶瓷片的水龙头淘汰升降式铸铁龙头，蹲便池采用自动控制装置或延时自闭阀门，采用6L以下冲洗容器等。无论采用何种方法，以节水环保为突破口的行业升级势在必行，发展也会更加有突破。

另外，除了尽量研发更多能直接节水的卫浴产品外，许多优秀的卫浴品牌开始致力于推出设计无死角、更好清洁的洁具产品以及小型的"脸盆马桶一体化"洁具，这些产品的实现不但能大幅度增加卫生间"水"的利用率，还能变废为宝，让"废水"发挥余热。

二、节水环保已成常态

4.8L、3.5L、2.8L，节水一直是近几年的热门主题。节水卫浴包括节水坐便器、节水龙头、节水花洒等。而一系列的节水产品也是各大企业在展会上重点展示的产品。节水、环保功能已逐渐成为卫浴产品的一个基本要素。

2013年4月底，在重庆举行的第三届全国建筑卫生陶瓷标准技术委员会第四次年会暨标准审议会上，提出将节水型坐便器的节水标准由原来的6L修订为5L，并提请审议。

2013年，不少卫浴产品直接打出了4.5L、3L等节水概念。和成卫浴已推出仅用水3.5L的超省水马桶C3016（国家用水标准为6L/达到能效3级），利用空气的推力与吸力，用3.5L的水量实现6L的冲洗功能。

而长期致力于研发制造节水环保卫浴产品的东鹏洁具的专利产品之一"高功能马桶"，可以实现1加仑水50的管径1000VS功能。东鹏洁具环保理念高功能马桶1000g奔腾漩吸——采用直径50mm大排污管道（国标：41mm），超大管径不堵塞，只需3.8L水量，可将1000gMISO一冲而尽。原理是通过结构及位置的科学设计使管道顺畅，水压损失小，获得了更大的水流喷射压力。

另外，恒洁卫浴推出了H0129D超节水坐便器，该节水坐便器比普通型坐便器节水61.1%。

吉事多卫浴也开发出了其3L节水马桶和节水智能花洒，可以节约一半用水。益高卫浴连续几年推进节水卫浴技术，今年也推出了4.5L的节水马桶，还在加强4L节水马桶的开发。

三、节水宣传尚需加强

虽然节水、环保依然是上海厨卫展等秀场永恒的主题，但2013年展会上节水卫浴产品的展示比例却有所减少，节水功能不再成为产品的最大亮点。很多企业只是把节水作为产品的一个常态的功能进行宣传，并没有刻意强调卫浴产品的节水功能。

但是，这并不意味着爱水、节水观念的普及推广活动就可以松懈下来。

2013 年 4 月，《京华时报》进行了一场市民对卫浴节水产品认知度的网上调查。调查结果显示，在节水卫浴选购调查中，76.3% 的调查者表示不了解节水洁具、卫浴，对其节水原理知之甚少。虽然多数表示希望卫浴做到节水，但知道的并不多。调查中，在选购节水卫浴时，仅有 36.5% 的消费者表示会考虑节水指标。因为产品上无明显标识标注产品的节水指标，购买时自然不会着重去问。调查中，有 60.3% 的消费者则是依据品牌选购洁具、卫浴。

第二节　绿色卫浴

2013 年水龙头大打健康牌，无铅概念风行。在延续绿色健康的理念上，卫浴产品中的无铅水龙头是上海厨卫展的一大亮点。

出厂合格的自来水，经过劣质水龙头后非常容易导致水的二次污染。人们对饮用水健康越来越重视的当今，卫浴企业也更加重视产品的健康理念，在 2013 年上海卫浴展，科勒、摩恩、高仪等国外品牌厂商，纷纷通过展会推出无铅或低铅水龙头，向人们展示无铅水龙头的优点。而本土的成霖高宝、苏泊尔、中宇、九牧、安科等企业也推出无铅铜金属水龙头。

九牧推出的新系列天歌面盘水龙头，所采用的无铅铜金属则起到关键技术的作用；而中宇的无铅水龙头采用独有铜件原材料配方提炼，源头控制铅含量，高科技洗铅技术，充分稀释铅金属，有效形成铅隔离层，产品含铅量控制在 0.5% 以下；安科卫浴今年也首次出现在上海卫浴展上，在其展出的近 50 件自主设计的新品水龙头中，便有十几款无铅水龙头产品。

无铅水龙头的成本比传统产品高了近 20%，但从长远来看将会是一个大趋势。未来铅析出量的限制将成为新标准的重点内容，所以，在好龙头的评定中，含铅量的高低将成为关键因素。

第三节　智能化卫浴

智能化卫浴是现代浴室里不可缺少的元素。跟节水环保一样，智能化卫浴产品在 2013 年的上海厨卫展上遍地开花，众多的厨卫企业都陆续涉足到智能家居的领域。目前国内的智能卫浴普及率不超过 10%，消费者对智能卫浴产品的认识度不高，市场开发的潜力巨大。

国内智能卫浴产品首推智能坐便器（马桶），关于它的起源，不能不提维卫公司。早在 20 世纪 90 年代后期，维卫公司就成为了国内第一家制作并生产智能便盖的企业。另外一个值得一提的是中国智能马桶"元老"星星集团，该集团主营冰箱冷柜。1999 年成立星星便洁宝有限公司，专门生产、研发销售智能马桶。

2004 年，维卫公司成功研发了国内第一台一体化多功能智能马桶，并且盖板由原来不带陶瓷变成带陶瓷的。从盖板到一体机，是一次革命，有利于市场推广。这一年同时也应运而生了为数不多的专业企业，例如特洁尔、西马以及澳帝等。2005 年，箭牌卫浴与维卫公司合作，推出一体化多功能智能马桶，其他知名洁具品牌随后陆续跟进。

但从另一方面来看，尽管智能马桶在中国已经有十多年的发展历程，普及率却不到 1%，依然没有形成一个上升趋势。所以，很多经销商在代理一些卫浴产品时，都希望产品能带有智能化功能，以成为吸引消费者的亮点。

产品质量和售后保障问题是智能马桶发展的瓶颈。2013 年 8 月 4 日，广东东莞发生智能坐便器爆炸事件，引发业界深刻反思。智能坐便器发生自燃自爆的事件，从产品属性来看，其概率是非常低的，但我们并不能忽视这个概率的存在。尤其是现在国内智能坐便器的总故障率在 10% ~ 40% 左右，这必然让消费者对使用智能坐便器持谨慎态度。如果故障率控制在 5% 以内甚至低于这个数字，那么才能让智能坐便器在同样的产品里具有竞争力。

另外，由于国家相关的智能坐便器标准是行业标准，目前只是一个入门级的标准，相对于一些主流企业标准太低了，所以很多小工厂小作坊都可以做这类的产品，这就给日后的安全问题留下一个隐患。标准不统一，以及产业链的缺失，也造成每个工厂的生产成本都比较高，从而影响销售。

目前被应用在卫浴产品中的智能化技术主要有：

感应技术。许多国际著名品牌推出的感应水龙头非常畅销，无需人体接触（如按、压、抬、拉等）即可实现红外感应控制，自动出水、自动出洗手液、自动出热风等。一些坐便器的背部墙面装有红外接收装置，利用外感应器接收到人体信号，操作放水阀冲便。

恒温技术。恒温龙头采用先进的形状记忆合金，它对温度异常敏感，通过与一般偏置弹簧间的相互平衡作用来调节热水和冷水的混合比例，持续保持水温的恒定，不会出现因水压、水温变化导致的水温忽冷忽热。当遇冷水突然中断时，可以在几秒钟之内自动关闭热水，使烫伤事故不再发生。设有调温旋钮调节温度，消费者可以根据个人喜好、身体状况、不同的季节，将洗浴的温度恒定在不同的点上，在 26℃ ~ 52℃ 范围内任意选择自己所需要的恒温洗浴，这样就真正实现了洗浴的人性化。

抗菌技术。近几年出现的纳米易洁陶瓷，采用特殊的涂附技术，将含有纳米级特殊成分的材料均布于陶瓷表面，使经过处理的卫浴产品表面更加光滑细腻，利用此特性还能产生亲水性，即当水通过瓷器表面时将形成一层薄薄的水膜使污物不易黏附，能有效杜绝污垢、尿垢、水斑、霉菌、细菌、黑斑等残留。

光波技术。光波浴房是一种新型卫浴产品，它利用远红外线辐射原理，以 5.6 ~ 15μm 的远红外线为主要能量进行工作。它发射出的远红外线接近人体细胞固有的频率，产生共振效应，这样就起到增加血液流动速度，加速新陈代谢的作用。由于这一频率的远红外线只对人体起作用，所以光波浴房工作时，空气是不升温的，但人体在低温环境下也会出汗，具有良好的保健作用。

智能卫浴涉及卫浴空间的各种产品。比如，智能洗脸盆、智能坐便器、恒温淋浴屏、智能触屏水龙头，以及纳米自洁釉产品等。智能卫浴未来将是智能家居一个重要的组成部分。2013 年卫浴企业纷纷推出了一批更具人性化的智能卫浴新品：

法恩莎无水箱智能坐便器 FB16105-A。线条圆润流畅，科技中带点俏皮的柔美。一体式小型化无水箱设计，节约空间。法恩莎智能落地浴缸，水温一目了然，操作按键随水温的改变而变化，34℃ 以下为蓝色、34℃ ~ 41℃ 为紫色、41℃ 以上为红色。

中宇推出的第四代智能马桶。第四代智能马桶在功能、造型上都与以往有所不同，集合了着座感应、坐垫加热、暖风烘干、温度控制、除臭、自动感应、自动冲洗、无线遥控等功能，在设计上采用了目前世界上最先进的即热式无水箱设计，节能环保。

此外，在 2013 上海厨卫展上，富兰克、木立方推出了智能橱柜，尚高则推出了具有享受、休闲的功能的智能浴室柜。

第四节 产品设计

作为卫浴空间的主角，卫浴产品的设计受到了越来越多的关注。而受中国快速发展中的社会、经济、科技和人文环境的影响，卫浴产品的设计也呈现出了多样化的发展。

首先是色彩多样化。由于白色是纯洁的代表，且不易隐藏污垢，故早期的卫浴产品无一例外都是白色。但随着改革开放以来，人们的思想观念发生了很大的变化，尤其是对卫浴产品的色彩不再持保守态度。首先是家庭居室装修中色彩的大胆运用，使卫浴产品的色彩也随之个性化。象牙黄色的卫浴产品，显得富贵高雅；湖绿色的卫浴产品，显得自然温馨；玫瑰红色的卫浴产品，则显得热情浪漫。

其次是造型多样化。一直以来，主要从使用功能角度考虑，人们倾向于选择简洁的曲面形态作为卫浴产品的最佳造型，一是便于清洁，二是人机界面友好。但随着个性化时代的到来，个性化的产品外观设计开始冲击人们的眼球。个性化的洗手盆，可能是方的，也可能是长的，还有六棱的、扇形的，有的像碗，有的像帽，这种"另类"的浴室洗手、洗面盆，为"个性卫浴"带来更丰富的色彩。

再次是使用群体的多样性。针对不同使用者的年龄、性别、健康状况等基本情况考虑，开发了新型的卫浴产品，以满足不同人群在生理上的不同需要。比如，儿童主要受身高条件的限制，老年人由于身体机能的退化，残疾人存在不同的活动障碍，使得他们对卫浴产品都有着特殊要求。因此，儿童卫浴产品、老年人卫浴产品和残疾人卫浴产品是不同群体设计的三大趋势。

2013 年，坐便器、台盆依然以白色为主，浴室柜更色彩多元化。TOTO、伊奈、法恩莎卫浴、东鹏洁具、中宇卫浴、浪鲸卫浴、新泰和卫浴等都推出了色彩丰富的卫浴产品。其中，东鹏洁具、浪鲸卫浴还有专门的黑色系列卫浴空间产品。陶瓷产品烧制施釉通常都是白色的，黑色陶瓷产品需要在白色施釉的基础上再施黑色釉料，工艺更为复杂。黑色系列卫浴产品针对的也是时尚、个性的年轻消费群体。

当然也有不少卫浴企业推出了色彩丰富的卫浴空间，比如，法恩莎吻系列就是巧克力的颜色，中宇 XTIME 的红色卫浴空间。浴室柜的颜色比较丰富，有年轻的粉色系列，也有稳重的黑色和棕色系列。浪鲸卫浴今年展示的重点产品是浴室柜，粉蓝、粉红色系的浴室柜也受到了观众的热捧。

简单而有棱角的线条、黑与白的色彩搭配、没有繁复设计样式来夸张产品，从线条、棱角、弧度、色彩、款式等方面都展示着一个关键词——简单，这也是 2013 年卫浴设计风格中彰显的一种趋势。东鹏洁具的"鹿特丹"系列产品，浴室柜柜体"几何直线型"结构的外观就像一幢屹立挺拔的建筑物，与众多几何立体直线型地标性建筑如出一辙，几何工业文化的个性十足。

2013 年，法恩莎卫浴推出新品——儿童空间。儿童空间所有产品，依照人体工程学，针对年龄 3 ~ 8 岁不等的儿童的需求，特别研发设计的。童真的动物卡通造型，鲜亮的色彩，精巧的款式，让孩子进入欢乐的卡通乐园，为孩子营造出乐趣、天真、优越的健康水生活。

第五节　适老化卫浴

中国已步入老龄社会，预计到 2015 年，全国 60 岁以上老年人将增加到 2.21 亿人，老年人口比重将增加到 16%。随着人口老龄化程度的不断加深，也给家居卫浴领域在适老化产品带来新的发展机遇。

鹰卫浴在 2012 年就正式推出适老化卫浴产品。该产品依据人体工学，结合国内老年人的消费习惯进行整体设计，舒适、安全、实用、使用便利，更顾及老年人的心理诉求。

首先着眼点在安全性方面。洗漱区产品的边角设计圆润，让老年人使用安全的同时也方便清洁；浴室柜高度设计为 800mm（普通的产品高度为 800 ~ 850mm），让老年人在使用过程中可坐可站，较好地满足身体的舒适度。卫浴产品旁边都设置扶手，以便老人家在身体起落时进行强有力的扶持和支撑。

同时，适老化卫浴充分考虑产品使用的便利性。通过滑动式侧边柜的设计，方便老人坐姿使用时取用物品；龙头把手设置在离身体最近的台盆边缘，开关很方便；卫浴台盆采用了 520mm 的加宽设计（普通的尺寸为 490 ~ 510mm），照顾老人家坐姿使用时，使胳膊肘部能够自由舒展；面盆下腾出了尽可能大的空间，以便老人坐姿或轮椅使用时腿部的进退自如。

"适老化"卫浴空间淋浴区配备了智能回冷防烫设计的淋浴龙头。防烫结构水龙头采用冷水半包围热水的结构更人性化，技术更先进，因为半包围的结构只是外侧及顶部防烫而内侧不防烫，如果消费者整个抓住龙头本体还是有烫伤的危险，采用此结构消费者无论怎么接触龙头本体均不会受到伤害。

此外，适老化卫浴设计了独特专属镜面，挂墙镜面分为两块，两块镜面之间形成了 45 度夹角，老年人即使坐着轮椅，也能够方便地看到自己的全身，非常人性化的细节设计。

第六节 卫浴家具化

"家具化"是目前卫浴产品发展大趋势之一。浴室柜走入卫生间的最初原因是为了给洗面盆增加一个支撑的载体，以及实现一些简单的储物功能，但大多形式重于实际。

而随着社会经济的发展和生活水平的提高，消费者渴望多功能的卫浴产品来满足他们日常的生活需要。于是，许多造型新颖的卫浴产品陆续开始推向市场，多功能的洗手盆、美观实用的浴室柜和款式更符合审美观的坐便器，也日趋成为消费者所追捧的热点。

卫浴产品中"家具化"的发展可以通过科学、合理的人性化设计，把面盆、储物柜、浴镜、照明灯甚至衣帽间等部件有机组合在一起，让卫浴产品与家具融为一体，在有限的卫浴空间里取得最佳的实用和视觉观赏效果。

将整体家居设计风格完美地融入了卫浴空间，和普通家具一样拥有中式、欧式、简约现代等多种风格，可以充分凸显主人的家居生活理念。把卫浴空间的小环境完美地融入客厅、卧室等大环境中，消费者赢得的是一个自然、完美、和谐的家居空间。

家具化的卫浴产品并不是停留在配套的浴室柜及其他产品，而是通过设计风格有效地与整个家具品牌融为一体。随着"家具化"的新型卫浴产品在使用功能上更趋于完善，卫浴产品今后必将成为浴室中各功能的核心，曾经以洁具产品为主角的、功能简单的浴室空间正变成一个全新的、贴心的生活空间。

第七节 材质多样化

近年来，随着石材、玻璃、木材等材料在卫浴产品中的应用，卫浴空间也打破了陶瓷制品一统天下的局面。目前，玻璃、金属、合成材料都被用来制作洗手盆。以铝合金为材料制成的洗手盆，符合都市年轻新潮人士的喜爱。传统的木质材料制成的古朴、厚重的洗手盆，让人感受到田园生活的浪漫与自然。马赛克材料制成的卫浴产品则描绘了卫浴间缤纷的色彩。

此外卫浴产品中还应用到了大理石材质、塑料、亚力克等材料，这些材料突破了原来一贯使用的陶瓷材料，解决了陶瓷材料在制造工艺上的不足。

2013 年，各种不同材料的混合搭配运用越来越火，新型的卫浴产品也不再受材质和加工工艺的约束。例如，用木材与陶瓷这两种材料进行配合设计，制作出了色彩丰富、富有创意的浴缸，更能显示主人前卫的生活主张。

第八节 人文关怀

2013 年，在中国市场的国外卫浴品牌在厨卫领域通过产品不断阐述"尖端科技"、"艺术造诣"、"人文关怀"和"环保哲学"四大主题。

科勒首推出了音乐魔雨单功能头顶花洒（Moxie Showerhead）、影音魔镜多媒体镜柜（TV Mirroed Cabinet）、安得适水•乐浴缸（Underscore：emoji：VibrAcoustic bath）等最新科技产品。

音乐魔雨单功能头顶花洒是音乐与淋浴的完美结合，利用无限播放、无限音乐、蓝牙连接等高科技手段，让人们享受仿佛一场从天而降的音乐之雨。

而亲氧水流科技的运用及精心设计的出水孔使空气在注入水珠时，水滴变得大而圆润；产品还采用创新的无线蓝牙技术，使消费者能够按照自己的喜好选择并播放储存于电视、电脑等设备上的音乐。

很多人喜欢在洗澡的同时，展示自己嘹亮的歌喉或者听听音乐，科勒音乐魔雨单功能头顶花洒使轻松的音乐和柔和的清水完美结合。

全新科勒影音多媒体镜柜融合了5大高科技智能模式：无线信号、触摸按键控制操作、视频MP4播放结合MP3播放模式等。镜柜不再只是用来梳妆打扮，还成为集视、听、触多感于一体的智能化工具。

TOTO重点推出的诺锐斯特GH智能全自动坐便器。汇集了TOTO众多引以为傲的独创技术。智炫技术、智净技术、漩动力技术、超漩技术、智洁技术、自动感应技术以及全部卫洗丽功能。其中，Actilight智炫技术无疑是最大亮点。采用智炫技术的坐便器，其内壁光泽亮洁，使用多年也能保持洁净如新。

该产品还有雨柱式出水，水流集中但不失柔和。空气按摩式出水，注满空气的水流，被激撞成无数个丰盈充沛的按摩水泡。水旋技术，曼舞的水流，似花般绽放。

2013年，美标在中国市场展示了全新卫浴清洗新方式：新一代e洁智能电子盖板以及CHRONO臻乐智能一体化座厕；新一代e洁智能电子盖板，采用行业领先的抗菌树脂材料，更融合多种人性化的设计，将冲洗、除臭、温控、节电、漏电保护等多重功能相结合，方便舒适。

CHRONO臻乐智能一体化座厕，作为美标全新的高端智能卫浴的代表之作，它以其永恒的经典设计和顶级的卫浴技术，将优雅、精致、和谐、现代的生活方式融为一体。

此外，i-showering数码触摸屏多媒体淋浴系统，Line-sensor数位技术感应龙头等高科技卫浴产品为消费者们充分体现美标自身雄厚的技术和研发实力。

伊奈卫浴完全由日本引进的高端Sphiano尊域空间系列，也是此次展示的重点，其设计打破传统的浴室概念，将"浴室"转变成舒适的"休闲消遣室"。

瑞吉奥REGIO全自动智能坐便器，以行业首创的静音清流技术，让你在如厕时也能享受"鸟鸣山更幽"的清净。拥有LED水温变换发光标识的水龙头为卫浴空间增添色彩与趣味。

伊奈SATIS赛天思智能坐便器，其智能化的解决方案延续了伊奈INAX高端技术的深刻内涵，为E时代的人们提供了更科技的如厕方式：产品可以内置的安卓系统，下载"My-SATIS"应用程序，实现智能手机远程遥控，将远程操控卫浴提升到一个新境界；还可以让如厕生活变得更加轻松，随时通过手机下载的音乐，畅听无限；至于水电费等这些琐事，只要手指轻触几个手机按钮就可以操控。

第八章 营销与卖场

第一节 传统营销

一、全渠道战略地位凸显

2013 年下半年，随着终端市场的转淡，加上电商和微营销等的出现，传统卖场的店面越来越少人问津，经销商长期以来坚持的传统渠道受到严重冲击，选择拓展新的渠道或强化以往不太重视的渠道成为了品牌稳定销售的关键。

陶瓷卫浴渠道有店面零售、工程、设计师、家装、分公司、施工队、电商等各种不同的渠道。经销商在初创时期根据自身的资源优势，确立自己的核心渠道。一般来说，对高端、个性品牌以零售、分公司、设计师等渠道为主，而中低端品牌以工程、家装等为主。但在市场低迷的情况下，厂家、经销商为了扩大销量，就必须尽量延展出多一条销售渠道。

但品牌的全渠道推广需要一个循序渐进的过程，对陶瓷厂家来说走全渠道推广模式是未来行业发展的趋势，具体到品牌的每一个经销商来说就需要具体问题具体分析，不同的经销商在当地都有着不同的核心优势渠道，对厂家来说，就必须帮助经销商在强化核心渠道的同时，逐渐完善非核心渠道，并最终实现不同程度地全渠道化运营。

优秀的品牌未来的渠道一定是全方位、立体化的，其不管在产品体系、受众体系、渠道体系、价格体系上都将是立体化的，在代理模式上，也将不会局限在经销商群体中，可能还会有分公司、直营店、全国联盟的工程商、建材超市合作伙伴等立体化销售渠道体系，甚至装饰公司也可能成为品牌厂家的分销商。

二、决战三四线市场

根据国家新型城镇化的发展方略，不难预见，未来陶瓷卫浴品牌主战场还是在庞大的三四级市场。我国一二线城市不到 50 个，但三、四线城市有数百个。即使开拓三四线空白市场的成本高昂，这些都未能减缓建陶大军的渠道下沉速度。

2008 年以来，陶瓷卫浴主流品牌完成史上最大的渠道下沉运动，为实现这一目的，一些厂家不惜对省级总代理进行削藩，动摇其既得利益。经过 5 年的渠道下沉，主流品牌经销商队伍迅速扩大，数量过千在三四级市场已经把根扎得很深了。这也是他们在近年不断变化的市场中能稳住航向、乘风破浪的重要原因之一。

但是，随着终端竞争的加剧，渠道下沉现在已经不再是大企业、大品牌的专属。更多的中小品牌，包括个性化品牌，也要通过分销渠道的开拓，完成渠道下沉的第一步，这也在一定程度上加剧了三四级市场的竞争。

2013 年，更多的企业达成共识：市场可以分三四线，但是销售却不能这样分。一两个三四级市场做得好，比得上一个一线城市。

汇亚瓷砖现在正处于品牌上升期，近年来坚持渠道下沉，2013 年其 40% ~ 50% 的销量来自三四级市场，这种现象在行业中也罕见。

三、设计师渠道再发力

顾名思义，设计师渠道就是通过设计师对品牌的传播和推荐等一系列动作，促成消费者购买该品牌，设计师的推荐成为重要的成交因素，因而将这一特定的销售通路定义为设计师渠道。

设计师渠道萌芽于20世纪70年代末到21世纪初。这一时期，我国家居行业处于起步阶段，家居行业对品牌的理解还很模糊，消费者对装修的需求度不高，设计的要求更低。彼时国内设计师也没有形成足够大的群体，社会影响力不够。

进入21世纪的最初十年，随着消费水平的日益提高，消费者对家居装修也越来越重视。尤其是高端消费人群越来越多，对产品品质和服务的要求越来越高，而设计装修更是成为日益关注的话题，设计师渠道也随之进入高速发展阶段。

近年来，随着陶瓷建材品牌市场定位的细分，以及设计师渠道的日益规范，一批产品个性化较强的品牌开始越来越坚定地走设计师这一隐形渠道。目前，设计师渠道的开拓，厂家和商家除了日常的联系，主要是通过开展各种活动来加深与设计师的沟通。

2013年陶瓷卫浴企业中，走设计师渠道的主要是：嘉俊、简一、大唐合盛、罗浮宫、芒果，以及米罗西石砖等。

四、常态化促销令企业不能自拔

从2012年的"双十一"、"双十二"，到元旦，再到3•15、即将到来的五一节，陶瓷卫浴行业促销大战此起彼伏，好不热闹。

但也许是因为市场的压力，促销已渐入一个畸形的怪圈，或是已经进入到一条价格竞争的不归路：促销活动已经让行业的价格底线完全公开化、市场化、透明化。

价格竞争是一柄双刃剑，但若运用得当，可以立即斩对手于马下。但一味地价格战，也可让企业杀敌一千，自损八百，且企业一旦陷入价格竞争的漩涡不能自拔，则会不断追求低成本，牺牲社会责任，利润下降，久而久之，企业必将是死路一条。

陶瓷卫浴产品的促销战虽然饱受诟病，但企业和商家又无可奈何，被迫上阵。一方面原因在于市场确实低迷，无促不销；另一方面也是厂家品牌、产品定位所导致。厂家如果不从单纯做"产品"思维中跳出来，转型做"产品的价值"，也即从"价格营销"转为"价值营销"，那促销战将永无宁日。

五、小区营销变"坐商"为"行商"

对于许多卫浴经销商而言，当"坐商"等客上门的时代早已过去，要想做好终端销售，必须实行走出去的营销，小区营销作为一种比较精准的营销方式在低迷的市场环境下越发显得有价值。

但是，小区营销是一项系统工程，需要从市场调研、产品规划、方案设计、文宣广告、人员培训等方面进行系统性规划，才能取得小区营销的成功。

陶瓷卫浴行业的小区目前已经成为一种竞争集中化、白热化的营销战场。营销人员要了解小区消费结构后，制定针对性小区营销及产品方案；其次是组建小区营销团队及营销技巧培训；小区营销培训的内容，包括"扫楼技巧"，如何进小区，如何快速找到装修客户、如何和客户交谈、如何让客户提前买卡等。

另外，不但把客户召集到门店，还在门店上下功夫，布置好氛围。同时，对导购员进行产品卖点、套餐组合、客户分析、销售技巧、成交能力等方面进行系统化培训。

六、整体化和专业化的纠结

整体卫浴指在一个卫浴空间里能够实现全套卫浴产品的统一搭配。整体卫浴能够从卫浴产品的风格、颜色、功能等方面为消费者提供最优搭配，也方便消费者进行一站式的采购，因此受到消费者的喜爱。

近年来,卫浴的整体化风潮一浪高过一浪,在2013年上海厨卫展,整体卫浴成为很多卫浴企业的展示重点。

可以说,是消费者、经销商的需求,促使企业向多元化发展。在双重压力下,国内知名一线卫浴品牌几乎都从单一产品发展到整体卫浴产品,不少二三线的卫浴品牌也前赴后继地搭上整体卫浴的列车。

其实,整体卫浴也是一个销售的问题。卫浴品牌期望用整体卫浴的组合优势,突破销售瓶颈,取得更多的市场份额和增加营收。在整体卫浴转型中,基础深厚的企业大获全胜,但也有不少还没有准备充分的二三线品牌"触礁搁浅"。

专业化需耐得住"寂寞"。在整体卫浴风潮渐起,不少企业抵挡不住整体化"诱惑"的时候,中山淋浴房企业没有一窝蜂似的上马整体卫浴项目。因为他们知道中山的优势还只是淋浴房,当下还必须把属于自己的市场份额牢牢抓住。

七、音乐营销打"感情"牌

在生活节奏日益加快的今天,听音乐成为了消费者休闲与放松的最重要手段之一。陶瓷企业通过赞助音乐节、演唱会等方式,以一种轻松、欢快的方式将企业产品与品牌植入消费者的记忆之中,既满足了消费者放松与享受的需求,又营造了良好的购物气氛、增进了品牌与顾客的感情,有效地进行了产品推广。

2013年6月22日,由简一大理石主办的"2013上海夏至音乐节•简一大理石瓷砖时尚之夜"在上海国际时尚中心开幕。该活动实现音乐与建筑的跨领域结合,联手上戏徐家华工作室,为现场嘉宾上演大型演艺"简一大理石瓷砖逼真效果着色秀"。

2013年10月12日,"携手并进,共赢未来"威臣陶瓷企业2013年度经销商会议暨携手宝丽金世界巡回演唱会盛典在佛山高明碧桂园凤凰酒店召开。随后,携手宝丽金巡回演唱会走向全国多城市进行深度合作与品牌推广。

八、体育营销走向网络互动

2013年,越来越多的建材企业开始聚焦体育营销,推广方式也更加多元化,从过去的现场广告,到目前大量展开的网络互动和一夜走红的网络体育红人。

2013年3月,鹰牌陶瓷成功签约"2013年乒乓球团体世界杯赛",成为本次赛事的高级合作伙伴。本次乒乓球团体世界杯赛于3月28日在广州天河体育中心举行。5月,鹰牌陶瓷成功签约了第五届全球华人羽毛球团体锦标赛,成为此赛事的高级合作伙伴。新赛季的开幕在5月10~12日在广州海珠体育发展中心举行。

2013年,罗马利奥瓷砖和世界冠军联合会达成战略合作,签约杨威、赵蕊蕊、仲满等世界冠军作为罗马利奥瓷砖"2013冠军之约"全国巡回签售活动的签售嘉宾,启动了罗马利奥瓷砖与"世界冠军同行"的品牌推广之旅。

九、明星巡回签售受追捧

在市场平淡,产能过剩,产品同质化、消费个性化的今天,终端以节假日打折促销的传统手段已经很难打动消费者的心。而以明星亲临终端一线为亮点的促销手段,一直屡试不爽。尤其是在明星或美女超强的人气的感染之下,现场成交的气氛被推到了最高点,这种模式2013年被多家企业以全国巡回签售的方式推广应用。

2013年6月13日,以"营销新格局 彰显大未来"为主题的金意陶十周年庆暨新营销战略新闻发布会在佛山瓷海国际金意陶思想公园举行。借助金意陶成立十年之机,6月份起,金意陶"幸福家快•乐购"在全国150个城市启动,同期启动43场周海媚、陶大宇、李宗翰、万梓良等明星的全国巡回签售活动。

2013年3月24日,新中源陶瓷"经典•美丽绽放——世界小姐全国巡回签售会"首站在海口拉开帷幕后,此后签售会又走过淮安、苏州、西安、徐州、合肥、北京等城市。"世姐签售"最后一站北京两天消费者交纳定金近 1000 万元，再一次创造奇迹。

十、爆破营销风行一时

自 2012 年"爆破营销"在家居建材行业兴起以来，一直受到各个大型促销活动青睐，到 2013 年已经成星火燎原之势。

"爆破营销"其实就是一种活动营销：活动方集中所有可促进成交的资源，储备大量精准客户进行定点促销。爆破营销是把所有"火药、雷管、引线"放在最好的时间、地点、位置进行集中引爆，通过精准市场客户定位，精准目标区域定位锁定顾客群体，并集中进行轰炸式营销。

"爆破营销"最关键之处就是要做好精准客户的储备，俗称"蓄水"，即商家先向业主销售抵用券，抵用券销售的数量和质量直接决定了活动的成功与否。

"爆破营销"最关键的就是要有爆点。商家的"火药"、"雷管"准备就绪，还要有引线，但没有"蓄水"最后还是不能引爆全场，换言之，就是要让消费者的理性消费变成活动场上的感性消费。

"爆破营销"因为本质上还是一种低价促销行为，因此对品牌企业来说一般会慎重采用，或者在策划、操作的时候会更加讲究策略。

十一、《爸爸去哪儿》热播引爆金牌卫浴关注度

事件营销，就是抓住热点效应，聚焦社会关注。《爸爸去哪儿》是湖南卫视推出了的五位明星爸爸跟子女——由林志颖父子、田亮父女、郭涛父子、王岳伦父女、张亮父子联手担任嘉宾，进行 72 小时的乡村体验，真人秀于 2013 年 10 月 11 日开播后，节目收视率一路狂飙，明星豪宅也相继曝光。

2013 年，随着《爸爸去哪儿》的热播，其中的慈祥爸爸"田亮"人气暴涨，俨然成为 2013 年下半年来的话题王之一。而金牌卫浴在节目播出这几个月来，全国各地的专卖店确实因为代言人田亮在《爸爸去哪儿》的出彩，得到了更多消费者的关注。

目前，代言家居品牌的明星多不胜数，比如徐静蕾、孙红雷、贾静雯等大牌明星皆代言过建材家居品牌，明星代言一度成为家居行业的热词。虽然请明星代言的品牌不少，但是代言效果明显、营销出众的品牌却是寥寥无几。《爸爸去哪儿》的热播，显然让人们最终打消了这种疑虑。而金牌卫浴成功的地方就在于抓住了"事件营销"做文章。

十二、跨界网络体验式营销试水

随着市场竞争的日益加剧，行业与行业相互渗透和融会，"跨界"成为潮流的营销方式。房地产与家居建材紧密相连，目标人群和销售时段高度一致，自然出现不少品牌间的互补营销。但过去很长一段时间，传统的跨界营销多在线下进行，尚未开拓线上重要渠道。

宜高 ODI 作为一套在线 DIY 家居装饰系统，融合了楼盘样板间、瓷砖、窗帘、灯饰、沙发、电视柜等元素，不仅能让客户根据特定户型装饰出独特的风格，而且提供多样的装饰设置，让客户体验设计自己未来的家。2013 年，珠海最具实力的地产商"华发地产"采用 ODI 为旗下楼盘进行销售。从这个意义上说 ODI 是房地产和家居建材行业跨界营销的新工具，弥补了线上市场的一个缺失。

ODI 推出市场后，获得顺辉、新濠、澳翔、卡佛陶、加仑仕、蒙娜丽莎、敦煌明珠等二十多个陶瓷品牌青睐，他们纷纷采用 ODI 辅助其终端展销。ODI 主要展现的功能是瓷砖铺贴、设计展示，解决了瓷砖是半成品难以展现装饰效果的难题。

十三、"微信营销"重在策划

2010 年开始流行的是微博营销。2013 年微信爆发，用户迅速发展到三四亿。于是，企业微信营销站到了潮头。

微博与微信比较，微博是媒体平台，以内容为核心，是用来发布信息的弱关系社交平台，它在信息的生产和传播上更具优势。而微信从一诞生就是以用户关系为核心建立起来强关系社交平台。

新明珠集团专门成立了一个8个人的网络宣传团队，里头有擅长写代码的工程师，有善于分析市场的年轻人，并且由网络组去整合所有的资源。每一次话题的选择、内容的编写、界面的设置和媒体投放，都会有专门的人来负责，这样整个微博、微信宣传团队已经具备非常完善、成熟的可操作能力。

微信的内容不能只是简单的企业信息，需要用心策划，乃至让它具有话题性。比如，新明珠集团建立了一个名为"新明珠摄影俱乐部"的公众微信平台，通过照片的方式记录公司的点点滴滴，尤其是记录一些一线工人平时工作时的场景，生动真实，又有感动人心的故事内容。

总之，新媒体营销不仅仅是按时发发微博、微信那么简单，对于企业来说，研究目标人群，配以专业人才，选择合适话题，编辑感人内容，设计高质量界面，直至最后持续而系统的传播，每一个步骤都不能马虎。

十四、微电影营销成气候

从2012年依诺的《爱·依诺》、惠万家的《触动爱》，到玛缇的《让玛缇飞》、金意陶的《激情森活》、萨米特的《为爱疯狂》、冠珠的《致梦想》，再到2013年德美瓷砖《中国合租人》、将军企业筹拍的《海归青年》、《浪漫满屋》等，微电影作为一种新的营销方式，以其题材丰富、亲和力高、成本低廉、有效传播品牌理念等特点，逐渐受到行业的青睐，引起一股微电影热潮。

新明珠集团是行业微电影营销坚定的实践者和领导者。从2013年5月份开始到2014年，新明珠计划拍摄5部微电影。2013年5月，惠万家陶瓷联手国际小姐中国赛区总冠军王玉瑶再次推出第二部亲情大片《爱如初》。2013年12月20日，由冠珠卫浴推出的微电影《心谣》突围进军北京国际微电影节50强。《心谣》的成功，不仅给冠珠卫浴带来了极其可观的名气，也彻底证明了微电影营销在卫浴行业的可行性。

微电影可以说是企业品牌包装推广的一种新型的营销模式。微电影一般更容易在年轻群体中通过网络快速传播。相对于硬广告，微电影属于软性传播，与千篇一律的企业宣传片相比，企业微电影包含更丰富的创意元素，更具可看性和亲和力。消费者更加容易接受这种方式，从而提高品牌传播范围，起到潜移默化的作用。

微电影还具有制作成本低的优点。很多微电影从剧本创作、演员选拔、场景布置、后期制作等都由内部员工完成，成本很低，有的几乎可以说是"零成本"。

第二节 电子商务

一、家装主材"双十一"销售额大幅度增长

2013年，天猫"双十一"采购节以350亿的最终成交额结束，成为陶瓷卫浴行业全年关注的一大热点。2013年是天猫"双十一"的第五年，在2009年第一年单日总金额达到5000万元，至2013年已经增长了700倍。

天猫"双十一"全天交易额已达350.19亿元，1.67亿个订单，相当于9月日均中国社会零售总额的一半，网购已经不折不扣地成为大家日常生活中习以为常的消费渠道。

2013"双十一"当天家装主材类前十排名分别是：九牧（7363万）、欧普照明、他她、箭牌、奥朵、贝尔、中宇、雷士、安信、欧塞洛斯。

截至2013年12月21日，近30日家居行业热搜关键词："墙纸"排名第一，"瓷砖"排名26，"地砖"排名44，"马赛克"排名77，"淋浴房"排名78，"卫浴"排名81。近30日瓷砖行业热搜关键词："瓷砖"排名第一，"瓷砖背景墙"排名第二，"木纹瓷砖"排名47。

截至 2013 年 12 月 21 日，近 30 日家居行业热销品牌前十：箭牌、欧普照明、科勒、九牧、TOTO。其中卫浴占四个，瓷砖没有，传统大品牌占绝对优势，没有网络品牌出现。

近 30 日瓷砖行业热销品牌排名是：马可波罗、冠珠、东鹏、玖玖鱼、小米瓷砖、诺贝尔、唐梦、青橙瓷砖、珊瑚海。

虽然还是传统的大品牌占据前三位，但网络品牌的势头非常猛，前十中有 5 个是网络品牌，华东品牌仅诺贝尔上榜。这也从侧面反映出，瓷砖的品牌影响力对购买决策影响较小。

截至 2013 年 12 月 21 日，近 10 日家居行业店铺热卖前十：排第一的是灯饰类的"欧普照明"，卫浴仅九牧上榜，瓷砖没有。其中九家为天猫店，淘宝 C 店仅有一家，且是 5 皇冠店。

2013 年"双十一"、"双十二"购物节的其他特征包括：受之前第一个购物节活动影响，双十二前后浏览量大；临近年尾，受气温影响，瓷砖搜索下降，保温类产品上升；购物节上午十点至晚上十点是浏览、购物高峰；广东、浙江网购盛行。成交金额大；上海网购金额排名第一，北京第二。其次是：杭州、深圳、广州、苏州，佛山排名 15。

二、家居电商"天猫模式"遭炮轰

2013 年，家居建材企业在天猫开店从事电子商务的"天猫模式"遭到集体炮轰，被指不适合家居行业。为寻求出路，居然之家、TATA 木门、美乐乐、尚品宅配等家居企业开辟了自己的电商新路，以抢夺网销商机。业内人士普遍达成共识：家居行业要想真正拥抱电商，必须破解厂商意识不强、与经销商分享利润、线上线下价格统一三大难题。

天猫电商模式被指不适合家居行业的另外一个原因是：家居电子商务一定要有线下门店支持，因为除了体验以外，消费者还希望有一个保障，不管是 90 后还是未来的 00 后都需要购物的安全感，一定会去现场看。所以，未来家居电商的模式可能是线上会变成销售前的了解渠道，真正的购买还是在线下完成，"从线上到线下"，这也就是所谓的 O2O 模式。

2013 年"双十一"以销售 350 亿元的傲人佳绩震撼各界。家居行业许多企业将"天猫模式"当成了开辟电商业务的"救命稻草"，林氏木业、全友、芝华仕、雅兰、欧瑞、九牧等品牌借助这种模式创造了不俗业绩。但对于大多数家居企业来说，目前电商还是新鲜玩意儿，而且即使入驻天猫，也只是给那些"冠军"们当垫脚石，很多根本没有取得实质性的进展。如今，让部分家居企业尝到甜头的"天猫模式"被炮轰为不适合家居建材行业，这让那些还在电商征程中艰难跋涉的企业感到一片迷茫。

三、电商倒逼经销商变身服务商

家居建材行业正一步步迈入电商时代。在电商大势倒逼之下，家居品牌的渠道变革正在掀起，从原来在家居卖场简单的租赁展位到变身大型服务商、开设自主产权的品牌旗舰店以及与行业联盟联合投资，成为三大趋势。业内专家预测，这种渠道变革将为电商发展缩小瓶颈，并给传统家居流通渠道带来全新的冲击。

华耐家居集团旗下的华美立家连锁发展电子商务，推动渠道变革，走的第一步就是变身大型服务商。华耐家居认为，未来家居建材流通方式应该是"生产厂家 + 服务商"，服务商完成收货、安装、售后，中间环节会越来越简单。

作为服务商的代表，历经 21 年发展的华耐家居已经在全国 12 个城市建立物流中心仓，辐射全国，并建立专业的铺装队伍、运输团队，实现不管客户在哪下单，都可为其提供一站式服务，成为跨区域的大型服务商。大型服务商角色准备好之后，家居行业才可能引来真正的电子商务。

四、华耐立家携五个陶瓷品牌入驻京东

2013 年，众多传统建材渠道流通企业开始挖掘网络渠道。尤其是与知名网上商城的战略合作成为建材商首选模式。

2月18日，为借助京东商城巨大的客户浏览率，提高公司瓷砖品牌市场占有率，华耐立家建材连锁相继在京东商城上开通了马可波罗瓷砖、蒙娜丽莎瓷砖、箭牌瓷砖、欧神诺瓷砖、LD瓷砖五个品牌展示店。

京东建材城的经营模式是，不同地区的消费者可在京东商城上根据区域和不同产品类别进行下单。同时，消费者在京东商城购买更加优惠的瓷砖产品的同时还享受线下的各项服务。在服务方面，华耐立家建材连锁也提供了一整套解决方案：为了解决瓷砖产品的加工切割、送货上楼、设计方案等诸多特有难题，华耐立家连锁采用双轨道、多方式服务通路，客户可以在京东商城上交付全款，也可直接在华耐立家终端店选购各种配套产品。

五、五金卫浴高居电商热销榜

淘宝数据魔方数据显示，"双十一"当天，卫浴用品子行业成交占比最高的为卫浴龙头，成交占比达38.58%，其次是淋浴花洒龙头（套装），占比为30.92%，排在第三、第四的为节水坐便器和普通坐便器，占比分别为20.80%和18.78%，第五名则是占比为17.25%的卫浴家具。可见，卫浴五金类产品仍是"双十一"的头牌热销产品，而坐便器、卫浴家具等也占据了不小的份额。

据相关业内人士分析，五金卫浴之所以占成交额的绝大份额，主要是在物流配送上比较方便，而且价格相对较低。但对于打破这一格局，让整体卫浴一并成为电商的宠儿，已经有卫浴企业开始作出思考。

六、大件卫浴产品电商刚起步

一直被认为大物件难以实现电商的浴室柜、淋浴房和浴缸的企业，在2013年的"双十一"促销中也收获不少。其中2012年达到126万成交量的心海伽蓝，2013年成交量增加了100多万，成交量超过了392万，再加上后续的成交量超过450万。

在2013年的促销活动中，惠达的坐便器、浴缸、浴室柜等大件产品是属于主推产品。尽管在消费者的消费观念里，大件卫浴商品如浴缸、浴室柜等在物流、配送、安装等方面存在众多问题，但是惠达向消费者保证，不论是大件产品还是如"小物件"五金挂件、花洒龙头等，惠达都以完善的售后服务体系以及与全国2000余家的实体店通力合作，保证产品送达质量。

2013年"双十一"惠达天猫旗舰店再创佳绩，以热销指数15868.07，人气指数18558，入围卫浴用品类热销TOP排行榜前十。

七、卫浴电商大战　九牧独占鳌头

2013年，据淘宝数据魔方显示，天猫"双十一"卫浴热卖品牌店铺中，九牧、箭牌、美标摘得前三甲。九牧继去年斩获3000多万以后，今年双"十一"以7363万稳坐卫浴乃至家装主材最终成交额排名第一，箭牌以4438万、中宇以2209万分列第二和第三。而九牧厨卫整个"双十一"活动的成交量达到1.5个亿，成功完成了去年的预订目标。

在细分品类上，九牧花洒、挂件、水槽、智能盖板独占鳌头，销量均为天猫同品类第一。九牧全能王花洒销量突破4.5万套，入围天猫全网单品销售TOP10。

2012年，九牧厨卫就创新性实施了电商服务提升，将全国4000多个实体终端网点纳入了O2O系统，实现了线上线下的完美对接，增设人手开设全新物流仓库、疏通物流通道等极大地缩短了物流配送时间，从整体上提升了九牧电商的竞争力。九牧还不断丰富电子商务产品线，专门针对电商消费者研发生产五金龙头类、花洒类、陶瓷类、智能盖板等网络专供产品。

八、线上线下融合尚需时日

卫浴企业"触电"虽然积极，但真正操作起来，难题也逐渐浮现，其中，价格问题首当其冲。以淘宝商城为例，其要求所有官方旗舰店里的商品报价不受地域限制，对于卫浴品牌而言，这必然与不同区域的线下交易价格体系形成冲突。为了解决电商和经销商渠道的矛盾，很多卫浴企业都采取了网上产品特供的方式。

除了电商平台产品特供外，线上线下融合度最大的 O2O 模式也是卫浴企业平衡电商和经销商利益的方式。2013 年"双十一"之后，九牧厨卫加大力度探索电商渠道上提供整体家装解决方案，除了做花洒、挂件、龙头、水槽，还将提供坐便器、浴室柜等产品。

而大件卫浴产品的销售会以渠道融合即 O2O 模式来做。消费者通过网络平台了解九牧的产品，并进行在线的交易，线下的代理商或第三方的专业服务公司就为消费者提供配送、安装和售后服务，让消费者有一个很好的消费体验。

九、美乐乐为家居电商 O2O 模式探路

2013 年，过去名不见经传的美乐乐作为新兴的家居电商发展势头强劲。早在两年前美乐乐就着眼家居行业走势，适时调整经营策略，2011 年 4 月其第一家线下体验店在成都营业，正式开始了其"线上销售、线下体验"的 O2O 战略发展模式。

截至 2013 年，美乐乐已在全国 170 多个大中城市建立了线下体验店 269 家。为了降低成本让利于消费者，美乐乐的线下店面差不多都开设在租金低廉的城市外围。此外，美乐乐在广东东莞和深圳拥有自己的产品研发及设计中心，产品由厂家直接供应，省去了中间繁琐的代理、卖场环节，具备较强的价格优势。

专家认为，美乐乐模式解决了家居产品网上销售的很多限制和障碍，扩张速度快，影响力和知名度飞速提升，为家居行业的电商发展提供了一种或许更具操作性的方案。

第三节　卖场

一、传统卖场和新兴电商激烈博弈

2013 年 12 月中旬在广东东莞举行的一次大型中国家居业发展高峰论坛上，知名企业红星美凯龙集团董事长车建新公开指责美乐乐家居网线下剽窃、线上贱卖。由此，双方论争迅速在互联网上迅速发酵，差点对簿公堂。

传统卖场和新兴电商市场竞争激烈，实际上反映出我国家居行业正面临着一场巨大变革。传统的家居企业现金流靠收取租金，企业价值靠扩大卖场面积。当前，家居内销市场不稳定，家居生产总值虽然仍呈上升态势，但是其增长速度已经开始放缓，再加上原辅材料、生产、人力资源、物流等一系列环节的成本增加，以及受通货膨胀影响，不少企业压力巨大。而对经销商而言，除了要承担厂家转嫁的成本，还要承受销售额下降的压力。

从 2008 年开始，短短 5 年时间，国内家居品牌连锁卖场总面积已经增长了一倍以上，租金水平也水涨船高，普遍上涨了 50% 以上。卖场租金年年上涨、面积年年扩充，其直接结果造成卖场里家居产品价格高企，经销商惨淡经营，工厂订单减少。而家居电商是一种直销模式，从根本上降低了家居产品流通各环节的成本，使消费者能买到价廉物美的产品，而这也不可避免地对卖场利益产生了冲击。

二、十九个家居卖场联合抵制天猫

2013 年"双十一"未到，硝烟就已经在家居行业弥散开来。天猫想到传统卖场口袋里掏钱的做法，引发红星美凯龙的公开封杀，也惹得居然之家发文管制。而国内 19 家较大规模的家居卖场，悄然纳下了"投名状"，对于天猫等电商平台的冲击，将实施联合防御。

红星美凯龙联合抵制天猫的对策包括：严禁任何商户以任何形式在卖场内传播或推广其他电商线上的"双十一"活动；严格查处商户使用天猫POS机给线上做销量；严格禁止商户为工厂在其他电商线上的订单送货安装，等等。居然之家的商户更是收到正式通知，大体内容是：不许与居然无关的电商合作，不许展示其标识，禁止在场内开展线下体验活动。

作为中国家具协会市场委员会主席团成员，中国家居行业最大的19家连锁或区域大卖场——如居然之家、红星美凯龙、吉盛伟邦、集美、金马凯旋、欧亚达、月星、成都巴益、陕西明珠、西安大明宫、香河金钥匙、广东卢浮宫、哈尔滨红旗、成都富森美等，联合签署了《关于规范电子商务工作的意见》。其中，也明确规定：不能变相让卖场成为电商的线下体验场所。不许通过电商移动POS将卖场的业务转至他处交易。

三、大卖场试水电商遭遇尴尬

在新兴电商的逼迫下，红星美凯龙、居然之家等家居卖场也对电商进行了一系列尝试。2012年7月，红星美凯龙旗下电子商务平台"红星商城"试运营，2013年3月更名为"红星美凯龙星易家"。但是星易家没有按预想中整合到线上和线下资源，自2012年上线以来销量和流量表现均不佳，平台运营半年左右，只换来4万元的销售收入。而红星美凯龙成本投入高达2亿元，单是人员工资和广告费用就累计接近1亿元。

即使两大家居卖场的电商之路不尽如人意，但他们并没有放弃对电子商务渠道的探索和整合。2013年双"十一"当天，由居然之家打造的电子商务平台——"居然在线"即将正式上线，主推O2O模式。而红星美凯龙旗下全资子公司红星家品也计划入驻苏宁云台。

四、华耐家居发布渠道变革白皮书

2013年6月28日，中国建筑卫生陶瓷协会第六届理事会第五次会长扩大会议在北京中石化会议中心隆重召开。在会上，华耐家居集团总裁贾锋发布《中国家居建材行业渠道变革白皮书》。

贾锋认为，经历了高渠道成本、被迫加速扩张、无休止上涨的店面租金等问题。目前，中国家居建材渠道革新是王道。在《白皮书》中，他提炼出四大策略：

首先品牌的发展和销售必须要建立起属于自己的长久的品牌旗舰终端。不过度依赖大型家居卖场和家装公司，建设自己独立的连锁店网络，这样才能充分展示产品，树立品牌形象，做到收放自如。

其次，电商时代的到来，彻底改变了人们的消费习惯，也掀起了一场新的渠道革命。必须通过网络来最低成本的达到产品信息的对外发布和链接。

再其次，厂家要加强对前端市场的了解，通过对我们终端的管理、服务、客户回访来了解市场、管理市场，使厂家更加贴近消费者，洞悉消费需求，第一时间对产品进行适度改良。

最后，有效的行业联合可以加大对终端渠道的控制和影响，也可以增强与渠道谈判的力量。在竞争激烈的家居行业，单打独斗注定会折戟商海，合众连横才能让品牌活得更久。

五、中陶投资携手陶卫厂家自建家居卖场

2013年12月3日，国内首家陶瓷行业产业投资公司——中陶投资发展有限公司（简称中陶）于海南宣告成立。

中陶投资由中国建筑卫生陶瓷协会和中国最大的陶瓷卫浴流通企业华耐家居集团共同发起，新明珠集团、唯美集团、乐华集团、东鹏陶瓷、蒙娜丽莎、宏宇、万利、九牧等20家国内最具影响力的陶瓷卫浴家居企业联合出资成立，覆盖行业60余个主要品牌，年销售规模超过600亿元，华耐家居集团总裁贾锋当选为中陶首任董事长。

中陶投资成立的一个重要原因是：陶瓷卫浴商家在终端遭遇强势卖场霸王条款，完全没有规则制定

话语权，严重缺失安全感和经营自主权。另外，居高不下的卖场运营成本也让众多陶瓷卫浴企业苦不堪言，自己参与投资家居卖场，除了经营掌握主动权，或许可以降低运营成本，减轻经销商和企业负担。

未来中陶投资如不断加大在家居建材专业市场和仓储物流方面的投资，目前家居建材红星美凯龙、居然之家占据主流地位的格局或可改写。

六、连锁化扩张经营依然是趋势

2010年前后，大型家居卖场进入了全面扩张时期。居然之家2005年时只有一家店，到2014年上半年，就可以提前完成当年制定的"2015年连锁门店数量超过100家"的计划。红星美凯龙的商场数量已经是115家。而京城的老牌卖场集美目前门店数量为9家。城外诚一直保持单店形式，但在原有基础上扩建不少，并也计划等待时机对外扩张。

虽然大幅扩张后带来的市场饱和、经销商利润摊薄，以及不给力的市场形势，让卖场这些年颇受非议。但在当下市场环境下，面对卖场扩张是收"还"是"扩"的问题，居然之家等的判断是，扩张仍是大势所趋。优势卖场扩张模式并不是谁都能复制的。同时，扩张也要因地制宜地选择门店配置，比如居然之家的乐屋、尚屋等，并不是每个城市都有，这要看当地的具体条件。

七、红星、居然河南逆流勇进

2013年，红星美凯龙在河南市场继续高歌猛进，在行业不景气的背景下取得了令人注目的业绩。

连锁发展方面，郑州、洛阳、南阳三地的红星美凯龙商场继续稳居行业领先地位，2013年9月底，新乡红星美凯龙隆重开业，红星美凯龙在河南已拥有4个大型连锁家居卖场，出租面积近60万平方米。同时，驻马店、平顶山、开封、郑州等项目也在紧锣密鼓筹备建设中，河南省内连锁发展蓝图已初步形成。

在行业不景气的形势下，居然之家同样逆流勇进，取得了不俗的业绩。楼市整体不景气，家居卖场关店之声此起彼伏。但在这种形势下，居然之家在河南市场一路高歌：6月，居然之家河南分公司开封店签约；10月1日河南分公司洛阳店二期开业；11月9日河南分公司信阳店开业。

目前，居然之家河南分公司签约、开店数量达到七家。而2013年居然之家已在全国大中城市开办了79家分店。总营业面积达500万平方米，年销售额超过300亿元，在行业内继续处于领先地位。

八、以经营特色聚集卖场人气

2013年，"过剩"继续成为家居卖场的一个关键词。但是，对于卖场而言，比过剩更严重的问题是操作手法的同质化。"同质化"本身就成为一种资源过剩。或者说，正是操作手法的同质化加剧了卖场过剩状况。

在市场不景气的时候，卖场为了提高人流量，致力于打造一站式购物平台，平时的运作上则是竭力促成异业联盟等促销活动，以壮大声势。

但是，除了这些常规性的举措之外，大型卖场如果平时没有更多的吸引消费者的手段，在营销越来越互联网化的今天，它最终可能还是会退化成为食之无味、弃之可惜的鸡肋。

可以说，当下建材卖场真正需要解决的问题，不是"减肥消肿"。而是必须拿出更有效的聚集人气的方案，而入驻商户则应思考如何利用好每一寸展示空间。

从未来趋势看，完全由第三方主导的攻城略地式卖场扩张终将成为历史。卖场方不应孤立地只依循自身的发展逻辑前行，更不能"挟地以自重"，傲视上游企业。相反，应尽可能地配合上游企业的渠道建设，从而催生出分类更细、更加专业化的市场形态，从而最终实现卖场与商家的共生、共赢。

九、卖场以新业态迎接"大家居时代"

未来的卖场不再只卖建材家具，而更像百货。这是2013年家居卖场发展传递出的一种新趋势。

如果说众多家居新店完成了地理空间的布局，那各家居卖场经营内容的革新，则是在完成对商业业态的新布局，标志着大家居时代的来临。

大家居时代，"家"的外延已扩展到吃住用行玩等方面。以升级中的成都富森·美家居城北总部为例，以往人们觉得那儿是买建材的好去处，而升级后这里将成为囊括家具、建材、家饰、家电等在内的大家居商贸总部，最终打造为"全国第一个以'家需求'为主题的家居商贸平台"，无论是家居零售顾客，还是二三级分销商或工程采购客户，都能找到自己的产品。

而在富森·美家居3公里外的红星美凯龙金牛商场同样类似——新店打破传统家居卖场业态格局，涵盖了建材、家具、灯饰、园艺、电器、超市、餐饮、户外、儿童馆、艺术空间于一体的360°全业态组合，更像是我们常去的百货商场，被称为"西南首家360°全业态家居 MALL"；而城南太平园博览城则以一期家居 MALL 为延展，未来也将形成以家居消费为核心的综合商业体。

十、通过规范升级服务提升卖场吸引力

经济形势严峻，催生的另一个变化就是卖场越来越规范，更加注重服务和信誉。早些年消费者主要考虑家具实用性，对购物场所的环境并不苛求。但现在讲究品位和个性，就要求卖场必须提升档次。也正是在这种压力下，卖场的展示功能、体验功能都有了质的飞跃。

但相比灯光、电梯、服务设施给人的美的购物享受。消费者还是更加注重购物的安全性，他们需要服务好、有信誉、有保障、管理严的卖场。

过去卖场只管收租，或者动辄带着商户搞促销，打价格战，但现在卖场普遍意识到搞好服务才是王道。对于卖场来说服务是刚性。服务的功能体现在售前、售中、售后，卖场全程参与、跟踪整个售卖服务过程，推出先行赔付、免费检测、送货零延迟、延长保修期等倾向于消费者的服务条款，目的是赢取消费者的人心，建立口碑品牌。同时，卖场在服务领域的深耕，也带动了整个家居建材行业的服务升级。

第九章　建筑陶瓷产区

第一节　引言

　　根据《陶瓷信息》对陶机企业的综合调查，2013 年国内压机出货量超过 1100 台，按照每条生产线平均配备 4 ～ 5 台压机来统计，2013 年全国新增瓷砖生产线大约为 250 条。其中高安产区新建或在建生产线为 23 条左右；淄博新建或在建生产线 3 条，包括仿古砖生产线 1 条、瓷片生产线 1 条、全抛釉生产线 1 条；泛夹江产区新建或在建生产线有 22 条，包括抛光砖生产线 2 条，瓷片生产线 10 条，仿古、全抛釉生产线 6 条，外墙砖生产线 3 条，小地砖生产线 1 条。

　　3 月份之后，陶机企业订单出现了井喷式的增长，尤其是 5 月前后达到峰值。9 月之后，广东地区的清远、河源及广西等地的陶机设备需求较为明显，广东地区由于政府已经不再对陶瓷产业批复新的土地，因此陶瓷设备的需求主要以原有空闲土地扩建及就生产线改造升级为主。

　　2013 年国内陶机需求主要集中在河南、河北、江西、陕西、宁夏等中西部地区，河北、山东等北方市场以微粉砖为代表的抛光砖大赶快上，河南市场以瓷片为主，江西产区在产品结构上比较完善，瓷片、抛光砖、西瓦、全抛釉等生产线都有。

　　目前国内窑炉的长度与宽度已经分别达到了近 500m 和 3.5m，窑炉产量的提高使得每条生产线配备的压机数量不断攀升，目前国内许多生产线最高普遍采用的是"八机一线"。

　　在产品定位上，由于企业追求的是大产能，且市场主要以中西部、三四级及农村为主，因此产品主要以中低端为主。在产品上瓷片生产线约占到了全年新增生产线的 6 成以上，全抛釉与抛光砖则占到了 3 成以上，其他产品几乎很少。

　　而行业中炙手可热的微晶石产品由于是中高端产品，企业并不以追求量为主，因此即使有企业要增加微晶石线也要主要以传统窑炉改线为主，2013 年新建的微晶石生产线几乎为零。

　　由于产品定位中低端，导致 2013 年国内新上陶瓷生产线约 90％为宽体窑。尤其是瓷片宽体窑炉达到了 35m，日产量达到 4.5 万平方米，最高甚至达到了 5 万平方米。但主流品牌已经开始不追求产量、对于宽体窑还处于观望阶段外。

　　2013 年陶机市场的火爆，这也催生了银行按揭服务普遍化。2013 年 95％以上的陶瓷企业都开始接受设备采购中的按揭服务。由于需要为自己的客户提供担保服务，这也对陶机设备企业的实力提出了更高的要求，所以包括压机、窑炉等在内的陶机设备品牌化企业在市场中显得更受欢迎，约 80％以上的陶机市场份额被品牌化陶机生产企业所占据，陶机"寡头化"趋势越加明显。

　　2013 年国内瓷砖行业的总体产能是饱和的，但随着国家城镇化建设的推进，在局部市场尤其是中西部地区、三四级市场的局部地区瓷砖产品仍供不应求，也正是来自这些地区的瓷砖消费需求带动了局部地区陶瓷企业大赶快上地建设生产线。

　　由于 2012 年陶瓷行业在全国范围内遭遇市场遇冷、产能过剩等问题，产品同质化严重。为了改变这种被动情况，趁着喷墨技术革命的浪潮，从各自的资源基础出发，全国四大陶瓷产区掀起一股"转线风潮"。

　　由于市场行情的变化，夹江陶企生产线主要集中在西瓦、外墙砖、抛光砖、仿古砖等生产线领域。福建华泰集团继续引领产品结构调整，力推 TOB 薄板和陶瓷太阳能，坚定地朝着节能、低碳方向发展。

喷墨技术进入晋江产区，喷墨外墙砖又成当地的主流产品，下一步发展功能性瓷砖或是自救之道。

淄博产区主要是为提升产品档次而转型。陶企把注意力差不多都转向全抛釉、微晶石等产品上。全年淄博约有40条生产线处于调整改造阶段，其中改产全抛釉的生产线居多，达20余条，占所有正在改造生产线数量的半数以上。此次全抛釉生产线改造结束后，淄博产区全抛釉生产线数量将超过100条，全抛釉生产线数量将占各产区之首。

2011年以来，淄博产区也积极引进喷墨印花机，生产喷墨内墙砖与全抛釉产品，市场销售有所好转，同时也占据了一定的市场份额。转线无疑让淄博生产厂家增添了信心，2013年更多的淄博陶瓷厂家向全抛釉、内墙砖两大产品群集结。

一直以来，佛山产区对中国建陶业具有不可动摇的引领地位。其他产区的改线，某种程度上也是步其后尘。2013年，绝大部分佛山品牌都有全抛釉、微晶石等产品，企业的产品线更加齐全、专注，因此也形成了规模效应。此外，由于多样化、个性化产品的不断出现，专注于抛晶砖、背景墙、小规格瓷砖的行业新秀不断崛起。这一趋势必定也是未来其他产区发展的方向。

第二节　佛山

一、"中国陶瓷城"走出去佛山

佛山中国陶瓷城有限公司自2001年成立以来一直致力于陶瓷产业高端服务平台的开发和运营，并通过打造陶瓷产业服务平台，引领和推动陶瓷产业的发展。2013年，成立中国陶瓷城集团管理旗下"十年五城"项目。其中常德、淄博两个项目是中国陶瓷城从佛山输出品牌和管理经验，进行尝试性发展的两个重要项目。

2013年9月12日上午，佛山中国陶瓷城集团旗下第四个项目——东星家居广场（常德国际陶瓷交易中心）在湖南常德举行隆重的奠基仪式，标志着佛山中国陶瓷城集团迈开全国性发展步伐。项目将以家居文化新体验的战略定位，打造湘西北地区最具影响力并辐射华中南的高端、专业化的家居商业综合体。

11月25日，佛山中国陶瓷城集团"十年五城"的第五个项目——中国（淄博）陶瓷产业总部基地项目以"陶瓷产业转型升级新风向"为主题的全球发布会在山东淄博齐盛国际宾馆举行。项目以打造"中国陶瓷产业江北腹地"为定位，把佛山陶瓷品牌成功运营的经验带到淄博，促进淄博陶瓷区域品牌影响力的提升，助推中国陶瓷产业的进一步优化转型升级。

二、《佛山陶瓷风光的背后》系列报道引争议

在政府经济刺激政策效应完全释放之后，2012年底国内经济重回谷底。回归制造，做强实体经济，再次成为中国经济界热议的话题。3月13日，《南方日报·佛山观察》刊发记者写的报道《佛山陶瓷风光的背后（上篇）：失去的制造，失去的荣耀？》，认为：但在金融危机之后的数年时间中，佛山陶瓷却经历了一场与当前趋势相反的变迁——"去制造化"。

3月21日，《南方日报·佛山观察》再发记者写的第二篇报道《佛山陶瓷风光的背后（下篇）：重回制造或许只存念想》这篇报道把矛头指向即将召开的佛山陶博会。认为："佛山陶博会已经沦落成收拾广交会残杯冷炙、新品牌哄抢新经销商的鸡肋，'营改增'后税收基本都在生产环节，或成为佛山无法挽回的巨大损失。"

针对南方日报的报道，尹虹博士接着在《陶瓷信息》连续发表两篇专栏文章——《读"佛山陶瓷风光的背后"》和《话说佛山陶博会——续读"佛山陶瓷风光的背后"》，认为：《南方日报》作为省报、公共媒体，现在写的报道还是秉承上级领导"回归制造，做强实体经济"的"旨意"，当时（2008年）作为省报如果能发出类似今天的声音，也许多少能够影响点时政。

至于佛山陶博会，尹虹认为，"作为一个陶瓷专业会展来说，在产地举办既有优点、也有不足，但佛山陶博会与景德镇瓷博会、法库陶交会等国内的陶瓷展会相比较，目前无疑是市场化运作程度最高的，最具人气，国际化程度最高的专业会展。"

三、"陶博会已死"话题引起广泛关注

10月25日，《陶城报》发表总编辑罗杰的评论：《陶博会已死，陶瓷节当立》。针对罗杰对佛山陶博会的批评，资深媒体人张永农很快在《陶瓷资讯》发表《罗杰凭什么诅咒陶博会已死》一文。认为，评论不能根据碎片化的想象去拼凑出一个事实然后大加挞伐。"因为至少在今天，人们仍未发现'陶博会已死'的任何迹象，反而获悉很多企业在本届陶博会结束前，已预定了明年四月展的展位！"

罗杰的评论公开发表之后，其自媒体"网罗天下"（微信公众号）不仅再次刊发《陶博会已死，陶瓷节当立》一文，而且还全文转载了有关"陶博会已死"在微信朋友圈的更加激烈的争议文字。11月7日，刘小明在华夏陶瓷网发表《"陶博会已死"争议之我见》，正式加入这场争论。文章首先认为，这是陶瓷"圈内自媒体首次成为思想交锋平台"，"陶博会已死"只是个老话题，在微信等新媒体（自媒体）崛起，舆论界"众声喧哗"的年代，"对当下的批评永远要小心"，"十年市场化运作已证明陶博会生命力"，但他同时也指出，"陶博会还有正常批评与交流空间"。

之后，尹虹在《陶瓷信息》专栏发表《都是一个"死"字惹的祸》，认为，"如果不使用那个（死）字，这可能是一场有点意义的讨论"。关于饱受争议的佛山陶博会，他认为："一方面佛山陶博会是国内目前市场化、国际（采购）化程度最高的建筑卫生陶瓷产品展，也是最具人气的产品展，另一方面受自身条件的限制，整个会展平台是一个卖场的扩张，很难成为一个顶级的国际或国家级会展，难与博洛尼亚国际展相提并论。"

四、胡春华莅临陶瓷总部考察佛山陶瓷

2013年5月14日上午，中共中央政治局委员、广东省委书记胡春华在佛山市委书记李贻伟，佛山市市长刘悦伦，佛山市委常委、禅城区委书记区邦敏等领导的陪同下莅临中国陶瓷产业总部基地考察佛山陶瓷产业发展情况。

胡春华首先参观了陶瓷总部中国陶瓷剧场一楼展区，听取了佛山市委常委、禅城区委书记欧邦敏关于佛山陶瓷产业自2007年以来产业转型升级的战略部署，实现从转型升级，破茧蝶变到传承开拓、华丽转身再到放眼全球，跨越发展的蜕变。对佛山陶瓷产业转型升级取得的效果胡春华给予了充分的肯定，同时鼓励佛山陶瓷要努力将全球最大的陶瓷制造业基地建设成为全球最大的陶瓷服务基地。

胡春华一行随后参观了陶瓷总部的沙盘和佛山最新的建筑陶瓷产品和功能陶瓷产品展区，还参观了中国陶瓷剧场国际精品馆中纯西班牙进口的德赛斯超岩薄板展厅、陶瓷总部道格拉斯瓷砖全球展示中心和佛山本土的知名品牌——卓远陶瓷展厅。通过国际、外地及本土这三个不同区域的企业发展状况，更进一步了解陶瓷产业的发展特色。

五、佛山市陶瓷行业协会举行换届

2013年4月26日，佛山市陶瓷行业协会第三届会员代表大会在佛山市国家火炬创新创业园内多功能厅召开，协会换届选举工作同时进行，戴一民再次当选协会会长，戴一民会长提名聘请刘谦强、何新明、叶德林、林伟、谢岳荣、冯斌为名誉会长，黄希然、白梅被提名任命为专职副会长，于枫、赵平分别被任命为秘书长与副秘书长。

第二届协会会长戴一民在大会上做了《佛山市陶瓷行业协会第二届理事会工作报告》的讲话。此外，第二届理事会财务报告、监事会报告则以书面形式提请会员审议。本次会议上，还通过了《佛山市陶瓷行业协会章程》的修改。其中第二十七条修改为：协会设专职会长1人，副会长、专职副会长若干人。

会长为协会的法定代表人，法定代表人不得兼任其他社会团体的法定代表人。第二十八条修改为，专职会长，副会长，专职副会长，秘书长的每一届任期由四年改为五年，连任不得超过三届。

在此次会议上，佛山市陶瓷行业协会授予新明珠、鹰牌、东鹏、新中源、乐华、宏宇、蒙娜丽莎、金意陶、科达机电、中窑、大鸿制釉、嘉俊、摩德娜科技、道氏技术、欧神诺、欧文莱、博德精工等22家单位发展佛山陶瓷"卓越贡献奖"。

六、上半年佛山陶瓷出口下降 2.8%

2013 年上半年，佛山市出口贸易总值为 194.8 亿美元，比去年同期下降 4%，低于广东省出口18.2% 的增长幅度，占省出口总值的 6.2%。上半年累计贸易顺差为 102.2 亿美元，增长 2.7%。其中，佛山市出口的陶瓷产品贸易总值为 12.9 亿美元，比去年同期下降 2.8%，占佛山市出口总值的 6.6%。

其中，第一季度陶瓷砖出口排在前 10 位的国家是巴西、美国、澳大利亚、墨西哥、哥伦比亚、加拿大、沙特阿拉伯、韩国、泰国和新加坡，出口额达 1.09 亿美元，占总出口额的 40.98%。出口增幅最大的国家是美国、加拿大和俄罗斯，同比增长分别为 41.07%、10.19% 和 4.31%；出口下降最大的国家是印度、印度尼西亚、泰国和墨西哥，出口额同比下降分别为 43.31%、42.43%、38.90% 和 31.42%。整体上，第一季度佛山陶瓷砖出口同比下降 16.9%

佛山陶瓷产品出口呈现小幅下滑的趋势，反倾销是其中一个不可忽视的影响因素，瓷砖是佛山遭遇贸易摩擦最多的出口商品之一，印度、韩国、巴基斯坦、泰国、土耳其，欧盟等国家和地区先后对华反倾销调查，成为众多陶瓷企业拓展国外业务的绊脚石，就在 2013 年 7 月份，巴西调查机关 DECOM 发布公告，对我国未上釉瓷砖发起反倾销调查。

七、蒙娜丽莎院士工作站升级

4 月 18 日，"广东省蒙娜丽莎新型无机材料院士工作站"和"佛山市蒙娜丽莎徐德龙院士工作室"揭牌仪式在广东蒙娜丽莎新型材料集团有限公司总部广场举办。中国工程院院士、蒙娜丽莎集团院士工作站主任徐德龙，原中国建材联合会会长张人为，广东省科技厅副厅长余健，华南理工大学教授、蒙娜丽莎徐德龙院士工作站常务副主任陈帆等出席了本次揭牌仪式。

2011 年 7 月 19 日，蒙娜丽莎集团正式挂牌成立"徐德龙院士工作站"，成为了行业内首家成立院士工作站企业，院士工作站以推动行业技术进步和节能减排、清洁生产为己任，瞄准行业尖端技术，以陶瓷行业湿改干项目为研究重点。

2013 年，原区级院士工作站经过佛山市科技主管部门和广东省科技主管部门的认证，升级为"佛山市蒙娜丽莎徐德龙院士工作室"和"广东省蒙娜丽莎新型无机材料院士工作站"，至此，蒙娜丽莎仍然是陶瓷行业内唯一一家成立院士工作站的企业。

八、佛山出台实施陶瓷产业优化提升方案

2013 年，在制造业一片低迷的大背景下，有关佛山陶瓷产业"去制造化"和"空心化"的担忧成为媒体和社会关注的焦点。佛山禅城区经促局抓紧出台并全面实施陶瓷产业优化提升方案，推动陶瓷平台整合提升，优化提升陶瓷市场，提升"陶博会"水平，增强陶瓷产业的竞争力和影响力，同时推进云制造公共服务平台项目建设。

2013 年 10 月 22 日，佛山禅城区经促局向全社会公开征求对《佛山市禅城区陶瓷产业发展指导意见》的意见。直指"举办了十年的佛山陶博会吸引力和参与度增长缓慢"。"意见"厘清了南庄、石湾两个镇街的陶瓷定位，明确南庄为建筑卫生陶瓷产业功能区，石湾为陶瓷文化创意产业集聚区。根据"意见"，南庄将以华夏陶瓷博览城和华夏中央广场为龙头，在季华西路以南、紫洞大道以东、樵乐路以北、佛山一环以西区域，打造"中国陶瓷CBD"（中央商务区），形成研发设计、检测认证、会展商务、商贸物流、

文化旅游、电子商务六大功能中心。同时，禅城拟专门设立由区和镇街主要领导挂帅的陶瓷产业提升办公室，努力将"全球最大的陶瓷制造业基地"建设成为"全球最大的陶瓷现代服务业聚集基地"，打造成"世界陶瓷之都"。

"意见"还提出，力争把佛山陶博会转型为广交会下属专业分会场，共享广交会雄厚品牌和客商资源。"意见"提出目标：2020 年禅城陶瓷工业总产值达到 500 亿元以上。

九、"限货令"促使陶瓷仓库搬离禅城市区

佛山中心城区 2013 年 7 月 1 日零时起扩大禅桂新中心城区"限货"范围，比原来限货区域扩大了一倍。执法过渡期为一月，8 月 1 日起闯禁者罚 200 元记 3 分。

由于扩大后的禅桂新区域"限货"范围将石湾、张槎、乐从等部分划入。这个"限货令"的执行，无疑使大宗陶瓷产品无法通过大型货车运输进石湾区域，而随着佛山城市规划建设的推进，石湾城市建设用地日益紧张，也进一步促使陶瓷仓库搬离市区和居民区，搬到没有"限货"的南庄镇。而此前佛山易运物流市场早已规划在今年 3 月 21 日统一整体搬迁到禅城区南庄紫洞南路佛山市易运物流基地。

佛山物流中心的整体搬迁，还吸引了相对较为零散的物流企业进驻，整合了资源，为众多物流企业提供"信息交易、商务配套和物业"的服务平台，从长远来说，这对促进以南庄为集中地的陶瓷卫浴企业的物流运转有重要的意义。

十、蒙娜丽莎集团获准设博士后科研工作站

广东蒙娜丽莎新型材料集团有限公司"筑巢引凤"。2013 年 9 月，经国家人社部、全国博士后管理委员会批准，设立"广东蒙娜丽莎新型材料集团有限公司博士后科研工作站"，12 月 14 日，博士后科研工作站揭牌仪式在蒙娜丽莎文化艺术馆隆重举行。

蒙娜丽莎博士后科研工作站的建立，是蒙娜丽莎集团继今年 4 月省市区三级院士工作站成立之后建立的另外一个技术创新平台，将充分依托这两个技术创新平台，吸引各方面的专业技术人才，形成产学研联动机制，针对陶瓷行业在能源消耗、环境治理、效率提升、生产自动化等方面的一批重点项目，进行技术研究与攻关。同时，蒙娜丽莎集团将借助这两个平台，加强专业技术人才的培养和交流，让创新平台和高素质的专业人才成为蒙娜丽莎集团转型升级的强大引擎。

蒙娜丽莎博士后科研工作站，目前已与西安建筑科技大学、陕西科技大学等高校博士后流动站建立了合作关系，联合培养博士后流动人员进站从事科研课题研究。

十一、东鹏控股成为国内首家登陆港股陶企

2013 年 12 月 9 日，东鹏控股股份有限公司（简称"东鹏控股"，股票代码：3386）正式在香港主板上市，成为内地首个在香港成功上市的陶瓷企业。这一历史时刻标志着东鹏正式迈入国际资本市场。

按 2012 年零售价值计，东鹏控股股份有限公司是中国最大的瓷砖公司及高端瓷砖分部最大的行业参与者，以"东鹏"品牌设计、开发、生产、推广及销售品种繁多的瓷砖产品和卫浴产品。东鹏的主营业务是瓷砖业务，产品包括抛光砖和釉面砖。卫浴产品业务主要包括陶瓷卫浴产品（如坐便器和洗手盆），以及非陶瓷卫浴产品（如卫生间橱柜、浴缸、水龙头、淋浴头和地漏）。

当日上午 9 时 30 分，东鹏控股股份有限公司上市仪式在香港联交所正式举行。佛山市副市长宋德平、清远市常务副市长曾贤林，东鹏控股股份有限公司董事长何新明，总裁蔡初阳，执行董事包建永、陈昆列，副总裁兼首席财务官邵钰及其他董事作为主理嘉宾出席了仪式。

东鹏此番赴港上市，每股发行价格区间为 3.68 ~ 4.55 港元，拟募集资金额折合人民币约为 7.2 ~ 8.9 亿元，其中，何新明作为最大单一股东持有上市公司 31.47% 的股份，上市后，个人财富将达到 11.33 ~ 14 亿元。

据招股书披露，东鹏此次赴港上市主体为东鹏控股股份有限公司，该公司于 2012 年 3 月 2 日在开曼群岛注册成立。东鹏控股股份有限公司的股份代码定为 03386，保荐人为高盛有限责任公司。

2013 年 12 月 16 日，东鹏控股（股票代号 3386）香港主板成功上市新闻发布会在清远市国际酒店隆重召开，正式对外宣告东鹏登陆 H 股。

2013 年 12 月 19 日，东鹏控股在佛山岭南天地马哥孛罗酒店隆重举行了交流会，庆祝香港主板成功上市。

第三节　淄博

一、终端市场形势"先扬后抑"

2013 年，淄博产区陶瓷销售整体呈现"先扬后抑"的趋势。自春节开工以来，从 3 月份一直到 6 月份，各陶瓷产品均出现供不应求、厂家销售旺盛的火爆局面。

全抛釉，可以作为淄博产区年度备受关注的产品，目前淄博约建有 140 条生产线。6 月份之前，几乎所有全抛釉生产厂家均不能满足客户需求。但进入 7、8 月份后，多数厂家的客户订单戛然而止，产品销量迅速下滑；同时，全抛釉产品受临沂产区以及淄博周边产区的价格冲击，不少厂家产品价格随之降低，部分厂家为价格战所困而致使利润缩水。

按照惯例，每年的 9 月份为淄博产区厂家销量飙升季节，但今年的陶博会却让众多商家销量未达预期。据了解，今年陶博会是淄博各厂家准备最充足、寄希望最多的一年，尽管来到展会的外地客商均高于往年不少，但多数厂家签单率并不高，未出现像 2012 年展会那样的高签单率。进入 10 月份以来，则陆续出现厂家因销售不畅、仓库爆满而关停部分窑炉，来应对市场低迷。

二、全抛釉产品过剩引发价格战

在 2010 年、2011 年全抛釉热潮的影响下，2012 年底淄博企业大规模改产全抛釉。很多企业纷纷将原有抛光砖、仿古砖及部分内墙砖生产线改产全抛釉，致使全抛釉生产线由 2012 年底前的 30 余条迅速攀升至 2013 年初的 140 条。

2013 年上半年，淄博建陶产品在经过短暂"热销假象"后，自 7 月份起，以全抛釉为代表的建陶产品率先出现库存迅速增长，销售压力剧增；加之受周边产区低价冲击，不少企业选择关停部分生产线来应对库存压力。

全抛釉生产线数量的急剧增加，也引发了企业间的价格战。一片 800mm×800mm 规格的全抛釉在淄博产区的价格一度相差 20 元，而与周边产区的价格相比则相差更大。

淄博全抛釉的性价比优势，导致其产品大面积渗入川内市场。在夹江产区内 80% 以上的贴牌商所销售的全抛釉都是从山东淄博发货，只有部分是从广东佛山发货过来，极少部分则是来自于夹江本产区。此外，在川内各级市场上山东全抛釉也占据着相当的市场份额。

三、微晶石热推动品牌提升

面对空前激烈的价格竞争，淄博产区有企业率先推出超晶全抛釉。超晶是全抛釉产品的升级版。它与普通全抛釉相比，具有更多优点：一是对瓷砖釉面要求比全抛釉更高，且产品在亮度以及平整度指标上都有很大提高；二是瓷砖釉面更加平整，完全实现了硬抛工艺生产，而普通全抛釉产品在抛光工序中只能采用软抛生产。超晶全抛釉的上市由此拉开了与同类产品的差异化程度，同时也为经销商提供一款盈利产品。

淄博企业全抛釉价格混战，提醒企业应该着重考虑从品质、服务、设计等几个方面去参与竞争。当前，产品价格不再是简单影响企业产品销售的因素，消费者更注重产品品质、花色以及厂家服务等。作为一个老产区，淄博无法依靠价格去与外产区拼竞争，而应是注重产品品质的提升等核心优势来取胜。

首先是在保证产品品质的基础上，开始向着更高端的产品方向研发。2013 年，随着微晶石产品优势显现以及市场推广日益成熟，微晶石作为一款高端产品，也成为淄博诸多建陶厂家的新宠。早在 2011 年，淄博开元、新博 2 家企业率先在淄博推出微晶石产品，打破了北方企业无高端产品的传统。

对全国市场而言，2013 年，淄博微晶石继全抛釉之后，以其高性价比再次成为市场关注的焦点。不过，由于经销商是把微晶石定为高利润商品，使得终端价格一直居高不下，从而导致微晶石推广进程缓慢，但消费者对微晶石产品还是非常认可。

淄博企业过去产品结构普遍比较单一，全抛釉、微晶石的兴起，使得企业向多元产品方向发展。而根据高端产品的展示需求，更多厂家已将功能化、豪华性能作为展厅装修的首要条件之一。2013 年以来，淄博产区掀起一股展厅装修热，许多厂家为了更好展示产品优势，不惜重金对展厅进行改进、优化直至满意为止。其中，狮王陶瓷微晶石展馆总展示面积超过 6000 平方米。淄博开元建陶微晶石展馆展示面积将超过 4000 平方米。

四、全抛釉过剩导致仿古砖投资回潮

2012 年前，淄博产区约有 40 条仿古砖生产线。由于多数生产企业创新能力差，企业间产品同质化严重，加之企业营销网络不完善，迫使不少企业选择转产全抛釉。因此，淄博仿古砖生产线数量骤减至 20 条。产能的减少利于现有产品销售的好转，与此同时，喷墨技术在产品生产中应用，提升了产品的品质和档次，促使 2013 年淄博产区仿古砖销售形势向好。

因此，淄博部分全抛釉生产厂家利用生产线检修时机来调整产品结构，着手改造生产线，转产仿古砖，希望通过调整产品结构来维持企业发展。截至 2013 年底，淄博产区约有 10 余条全抛釉生产线计划改产仿古砖，引发新一轮仿古砖发展热潮。

2013 年，淄博仿古砖客户群体范围扩散至全国各地。上门洽谈合作的外地客户数量明显增多，新客户也明显高于往年。不仅如此客户群体档次在明显提升。而随着仿古砖影响力的逐步提升，淄博陶企对品牌、企业形象的重视程度也明显提高。

五、喷墨打印机增至 300 余台

自 2012 年下半年以来，淄博产区喷墨印花机在陶企生产中应用更加广泛，设备保有量也迅速增长。喷墨印花机数量的快速增长彰显了淄博产区陶瓷生产线主要技术装备均达到国内先进水平；同时，喷墨印花机在陶瓷企业的广泛应用，带动了上下游相关产业的快速发展。截至 2013 年 6 月上旬，淄博产区陶瓷企业喷墨印花机拥有量已达 300 余台，陶瓷墨水研发成功并将批量生产的色釉料企业 2 家。

六、淄博第十三届中国（淄博）国际陶瓷博览会召开

2013 年 9 月 6 日，"第十三届中国（淄博）国际陶瓷博览会·第十二届中国（淄博）新材料技术论坛·2013 年山东省产学研展洽会"（以下简称淄博陶博会）召开，会展历时 4 天。

本届展会首次推出建筑陶瓷和功能陶瓷精品展区，着眼于做大叫响淄博建陶品牌，参展的统一、狮王、新博、天璨环保等 12 家我市自主品牌建筑和功能陶瓷企业集中展示自己的创新成果和巨大成就，涉及防静电砖、全抛釉砖、微晶石砖、太阳能陶瓷板等多项自主研发技术，全面呈现了淄博建陶地域品牌的科技内涵以及所带来的社会效益。

七、首届淄博陶瓷产业发展高峰论坛举办

2013 年 9 月 17 日下午，由中国建筑卫生陶瓷协会、陶瓷信息报社联合主办的"首届淄博陶瓷产业

发展高峰论坛"在淄博市蓝海国际大饭店隆重举行。来自山东淄博、临沂、广东佛山、河北高邑、河南内黄等国内建陶业界的企业家代表共 300 余人出席了本届论坛。

论坛以"合众连横,推动产业升级"为主题,本着"集结多方思想精华,推动转型升级,实现产业蜕变"的理念,联合行业协会、政府部门、企业、专家、学者、媒体等陶瓷上中下游产业精英的力量,针对当前淄博产区面临的种种问题、难题进行深入研究,共同探讨淄博建陶突破当下发展瓶颈、实现产业蜕变的应对之策,推动淄博建陶产业提升及健康持续发展。

八、山东义科科技成果通过省科技厅鉴定

2013 年 10 月 12 日,淄博市科技局受山东省科技厅委托,完成了由山东义科节能科技有限公司完成的"陶瓷干法制粉工艺及其装备"科技成果鉴定会。与会专家一致认为义科节能陶瓷干法制粉工艺及其装备项目实现了传统湿法制粉到干法制粉新工艺的升级和改造,总体技术达到国际先进水平。

该工艺占地面积仅为传统湿法工艺的 1/4,具有生产工艺简单、所需设备少、投资少、见效快、节约能源的特点,同时具有生产效率高,产品质量优质稳定,真正实现了传统湿法制粉到干法制粉新工艺的升级和改造,具有强大的市场竞争力以及广阔的市场前景。干法制粉新工艺的诞生,无疑是对陶瓷行业的一次革命性的创新,给陶瓷行业的发展带来了新的曙光。

九、淄博出台建陶企业环保标准

2013 年 11 月 14 日,淄博市召开建陶企业实施环保限期治理会议,期间出台淄博市实施建陶企业环保限期治理标准。

至 2013 年,淄博全市共有建陶企业 180 余家,每年仅生产所需的原料就多达 1600 多万吨。此次环保限期治理对各建陶企业的原料煤炭及粉性物料储存、煤质监管、煤气站、烟(粉)尘治理、二氧化硫治理、氮氧化物治理、监测设施、生产废水治理、废碎料管理、厂区道路、交通扬尘控制等多个环节均提出了治理标准。其中,煤气站用煤的含硫率规定控制在 0.5% 以下,最高不得超过 0.7%。企业每次购进煤炭必须进行煤质检测并向区县环保部门申报,区县环保部门每月至少进行一次煤质监测。

另外,定期对喷雾干燥塔、喂料机、压机的袋式除尘器进行检查维修和养护,确保袋式除尘器运行正常。对工艺和设计路线不合理的除尘袋进行改造,收尘面积不足的要增加布袋数量。窑炉要规范建设袋式除尘器。对输送物料的皮带实施封闭,并在物料转接处要设置集气罩将产生的粉尘引到除尘器进行处理。治理后,烟粉尘排放浓度须小于 $30mg/m^3$。

此次限期治理将分为三个时间段。从 2013 年 11 月 14 日起至 11 月 30 日,各企业根据治理标准开展自查,制定详细的治理方案,向相关区县的环保部门进行备案。2013 年 12 月 1 日至 2014 年 1 月 31 日,各企业按照制定的治理方案完成治理工作。2014 年 1 月 15 日起至 2 月 28 日,淄博市环保局将组织各区县环保部门对建陶企业进行验收。对未通过验收的企业,一律实施停产治理。对 2014 年 2 月 28 日前仍不能通过验收的企业,一律实施关停。

十、拉网排查 120 家建陶企业

2013 年 11 月 7 日起,淄博市利用两天时间,对 120 家建陶企业开展今年以来最大的一次拉网排查行动。

在南定镇,淄博市环保局工作人员到 4 家建陶企业,分别对企业物料篷盖、制粉车间除尘装置、煤气脱硫装置以及焦油、含酚废水篷盖进行检查。松岳陶瓷的制粉车间及随后检查的 3 家企业,企业也都存在脱硫剂没有及时更换、除尘器不密封、设备不维修等诸多环保问题。

根据国家环保总局和山东省环保厅的要求,为了保证今年冬季的空气质量,对于一些环保较差的建陶企业,动员其进行冬季停产整顿维修,实行冬季减排,以保证空气质量。从检查结果来看,在粉尘治

理、污染处理设施以及脱硫设施的运行管理方面，都存在着问题，不符合 2008 年确定的建陶行业管理规范的要求，本次专项行动将把问题集中找出来，进行彻底整改，力争在 2014 年 2 月份建陶企业开始生产的时候，实现达标排放。

十一、中国（淄博）陶瓷产业总部基地举办全球发布会

2013 年 11 月 25 日，"中国（淄博）陶瓷产业总部基地项目全球发布会"在山东淄博齐盛国际宾馆隆重举行。

中国（淄博）陶瓷产业总部基地项目总占地面积约 45 万平方米，总建筑面积达 88 万平方米，总投资 30 亿元。淄博项目整体周期将为 5 ~ 6 年，分三期开发，一期为街区式陶瓷展厅和集中式陶瓷精品馆；二期为街区式陶瓷展厅、创意研发中心、星级酒店、公寓、文化主题商业街；三期为住宅社区。其中，正在开发一期一阶段预计 2014 年 6 月份率先交付使用。

中国（淄博）陶瓷产业总部基地作为淄博市十大重点工程之一，将注入更多多元化的功能元素，项目涵盖街区式陶瓷总部、集中式陶瓷商城、星际酒店、陶瓷产业创新中心、甲级写字楼、行政公寓、齐鲁文化商业街及精品住宅等多个业态板块，作为一个产城融合的经济综合体项目，可以极大改善淄博的经济环境、生态环境与产业环境，全面促进淄博金融业、物流业、服务业等发展。

十二、淄博市高端新型建筑陶瓷产业技术创新联盟成立

2013 年 12 月 24 日，淄博市高端新型建筑陶瓷产业技术创新联盟成立大会在淄博齐盛国际宾馆会议中心隆重召开。大会一致通过联盟章程，确定了理事长、秘书长人选，会议宣读并通过淄博市高端新型建陶产业链规划实施方案。淄博金狮王陶瓷有限公司董事长袁东峰当选为联盟执委会主席，孙即成担任联盟秘书长。

高端新型建陶联盟的成立是由淄博市经济和信息化委员会、淄博市建材冶金行业协会牵头组织，得到淄博金狮王陶瓷有限公司、狮王陶瓷有限公司、淄博新博陶瓷有限公司等为代表的 11 家企业的积极响应与参与。它的成立，将为淄博建陶骨干企业之间搭起了合作创新平台，建立合作交流渠道，为建陶行业的整体发展起到引领和带动作用，为行业的健康发展注入新的活力。创新联盟的成立将成为淄博建陶工业发展的强大助推器。

十三、第九届中国（淄博）陶瓷代理/经销商峰会举行

2013 年 9 月 7 日 ~ 9 月 9 日，"2013 第九届中国（淄博）陶瓷代理/经销商峰会"在中国财富陶瓷城盛大召开。中国（淄博）陶瓷代理/经销商峰会自 2005 年创办以来，迄今已是第九届。历届峰会吸引了众多国内外知名客商及品牌参展，并为参展商家及客商带来了巨大的经济效益和良好的品牌影响。

多年来，随着峰会的不断发展，每届峰会都会呈现出鲜明的特色。据了解，作为中国陶瓷行业的盛会，本届峰会专注陶瓷行业，参展企业全部都是陶瓷行业相关企业，建陶、卫浴企业、陶机、陶瓷原料企业等。同时，本届峰会期间各项日程也紧紧围绕陶瓷产业，如"中国建陶产业高峰论坛"、"淄博首届建陶出口论坛"、"酒店、工装、工程采购大会"、"建陶新品展示采购大会"等。峰会因为专注，所以更专业。

十四、本土研发墨水企业达 5 家

2013 年，整个淄博在产品创新上亮点不足，显然没有 2012 年各厂家顺势推出的全抛釉产品吸引业界眼球。2013 年 9 月陶博会期间，从外地来到淄博的客商人数非常多，各厂家也是积极准备，但由于各厂家之间产品同质化现象严重，不如当初全抛釉产品大规模上市时那样亮点多多。

全抛釉产品在经过一年多的市场推广之后，产品间相同的因素逐渐增多，加之各企业间产品价格也相差不大，故对外地客商形不成强有力地吸引力，导致企业签单率不如去年。另外，其他产品亮点也不

足以吸引外界关注。

但在未来，产品创新在淄博会越来越受重视，产品创新方面也将大有可为。喷墨印花机在淄博陶瓷企业的广泛应用，从而带动了上下游行业的快速发展。喷墨印花机的快速普及应用，让淄博许多色釉料生产企业看到陶瓷喷墨墨水巨大的市场空间，从而加快了企业研发墨水进程。自 2012 年年底至今，淄博产区现从事喷墨墨水研发、生产的配套企业已达 5 家。

第四节　高安

一、泛高安产区在建生产线 23 条

截至 2013 年 6 月泛高安产区（高安、上高、宜丰）已经建成陶瓷生产线 202 条，瓷砖日总产量达 282 万平方米（不含西瓦）。其中抛光砖生产线 59 条，日总产量 94.7 万平方米；瓷片生产线 35 条，日总产量 66.8 万平方米；仿古砖生产线 34 条，日总产量 52.8 万平方米；外墙砖生产线 39 条，日总产量 59.2 万平方米；西瓦生产线 29 条，日总产量 354 万片；小地砖生产线 6 条，日总产量 8.6 万平方米。

2013 年，高安在建生产线达 23 条，其中抛光砖 6 条，瓷片 4 条，仿古砖 4 条，外墙砖 4 条，西瓦 4 条，小地砖 1 条。这些生产线将在年底全部投产。届时泛高安产区陶瓷生产线将达 225 条。

二、前 9 个月实现主营业务收入近 150 亿

2013 年高安产区销售形势飘红，各个陶瓷企业销售喜人，开创了销售无淡季的良好局面。上半年多家陶企出现了供不应求的紧张局面。按照往年规律，高安陶瓷的销售形势，过了上半年会进入短暂的"休眠期"，各个陶瓷企业也会利用此段时间对设备进行简单的维护和保养。然而实际情况是，进入七月份，高安陶瓷的销售形势仍然喜人，并未出现往年短暂的"休眠期"，八月实现零停线率。以瓷片企业神州陶瓷为例，两条生产线三个品牌的销售总额达近三千万。江西瑞福祥陶瓷七月销售总额也达两千余万。

陶瓷产业转旺，实行煤改气后，基地内企业产品质量愈加稳定，产品价格略有上涨，企业效益提升。2013 年 1 ~ 9 月份，基地实现主营业务收入 148.86 亿元，增长 28.9%，实现利税 12.3 亿元，增长 39.6%，增速远高于宜春十大产业基地的平均增速。

但是，进入 10 月份形势突变，泛高安产区部分企业在传统的旺季之前提前进入淡季，这些企业因为库存压力而面临停窑、停产的局面；亦有企业为了缓解库存压力，开始推出价格促销政策，并通过此种办法带动了销售。

三、开启喷墨打印外墙砖元年

2012 年被公认为高安产区的喷墨年，多家陶企利用喷墨技术迅速完成了其产品的升级换代，从瓷片到仿古再到外墙砖，喷墨之风在高安产区仍然盛行。2013 年中，高安产区已使用的喷墨机数量达 55 台，其中高安 41 台，上高 13 台，宜丰 1 台。截至 2013 年底已经发展到了 70 余台。

一开始，喷墨打印技术一般只在瓷片企业应用和流行。之后，太阳陶瓷率先成为本土的喷墨仿古砖企业。此后，喷墨技术便迅速延伸到仿古砖领域，江西恒达利陶瓷有限公司、江西太阳陶瓷有限公司、江西金三角陶瓷有限公司、江西天瑞陶瓷有限公司、江西世纪新贵陶瓷有限公司等专业生产仿古砖的陶瓷企业利用喷墨打印技术纷纷完成了其产品的升级换代。

更具突破性意义的是，2013 年，高安的外墙砖生产企业也开始购进喷墨打印机应用喷墨打印技术。比如，上高县黄金堆工业园的瑞州陶瓷就是泛高安产区本土喷墨外墙砖的实践者。而在这之前，具有闽资背景的江西恒达利陶瓷有限公司早在 2013 年 4 月已经推出了喷墨外墙砖。另外江西新瑞景陶瓷有限公司也在 2013 年年底推出喷墨产品。而在上高县，还有江西冠溢陶瓷有限公司也生产喷墨外墙砖。

2013 年，瑞州陶瓷只有一条釉线用于喷墨外墙砖的生产，产量约 18000 平方米。目前已经生产出 100mm×200mm、80mm×240mm、60mm×240mm 三种规格的喷墨外墙砖，其他规格的产品也会逐渐推出面世。

喷墨外墙砖的出现，打破了这一领域产品严重同质化的格局。大部分厂家开始认识到，在普通产品利润逐渐缩水的市场环境下，或许喷墨外墙砖能够在逆境中突出重围，成为市场新的宠儿。随着喷墨技术的成熟，预计高安产区喷墨外墙砖的生产企业将会愈来愈多。

四、全抛釉产品暴增引发价格竞争

2012 年、2013 年全抛釉产品成了高安产区的明星产品。随着市场竞争的白热化和产品的同质化，2012 年，部分仿古砖生产企业开始计划通过生产具有高附加值的产品提升竞争力。2012 年 6 月份，位于上高县的江西金三角陶瓷有限公司率先进入全抛釉领域，随后江西太阳陶瓷有限公司、江西景陶陶瓷有限公司也生产全抛釉产品。这些较早进入全抛釉领域的企业产品价值和企业形象得到了很大提升。

到 2013 年，泛高安产区真正刮起了全抛釉之风。4 月江西恒达利陶瓷有限正式推出全抛釉产品，月产值近 2000 万；5 月，江西金唯冠陶瓷有限公司二线点火投产，主推全抛釉产品；同月，位于宜丰工业园的世纪新贵陶瓷也投产一条全抛釉陶瓷生产线；8 月江西天瑞陶瓷有限公司的全抛釉产品顺利出炉；同时，江西普京陶瓷有限公司和江西新明珠陶瓷有限公司也瞄准了全抛釉市场，江西新明珠两条生产线全部用于生产全抛釉产品，而普京陶瓷有限公司更是将其全部的抛光砖生产线转产全抛釉产品；此后，上高县的金牛陶瓷有限公司也成功进军了全抛釉市场。

全抛釉产品爆发式的增长，很快将令相关企业深陷价格战泥潭。2013 年高安产区全抛釉总体呈现量增价跌趋势，上半年全抛釉一般为 30 元 / 片，而到年底，价低产品已经到了 23 元 / 片，整体基本上价格维持在 25 元 / 片左右。

五、神州陶瓷打造"品牌化运作范本"

喷墨打印机的引进加速了泛高安陶瓷产区产品升级换代过程，促进了产业升级的步伐。产品的提升，产业的升级，为高安陶瓷品牌化运作提供了契机。

神州陶瓷是高安产区陶瓷企业品牌化运作的一个标本。神州陶瓷对产品精益求精，对顾客付诸热诚，最重要的是一直秉承着品牌化的操作理念。2013 年 6 月 28 日，神州陶瓷新营销中心隆重开业，此次神州陶瓷斥资千万打造的新展厅面积达 5000 平方米，共有七八十个样品模拟间，汇聚了当前产区内几乎所有畅销新品。业界称神州陶瓷的新展厅开启了"高安产区发展的新时代"，是"品牌化运作的范本"。神州陶瓷还是高安产区首家采用"营销中心与厂区分离"模式的企业。

自 2010 年以来，神州陶瓷率先在高安产区研发 250mm×600mm 规格瓷片，并率先上喷墨线，由此引发一轮产区企业跟风潮。神州陶瓷在短短三年内，以"一年一线"的发展速度，持续领衔"泛高安"陶瓷产业，成为瓷片领域单一品牌销售额最大、销量最稳定的企业，并喜获"2012 中国陶瓷消费者信赖品牌"殊荣。

六、政府与协会助力打造"高安品牌"

2013 年 7 月，高安市委、市政府下发《关于科学发展建筑陶瓷产业的实施意见》（以下简称《意见》）。根据《意见》，全市所有陶瓷企业生产的陶瓷产品生产地址一律只标识"中国建筑陶瓷产业基地·江西高安"，并使用高安陶瓷的统一"logo"，同时在中央电视台、江西电视台等省级以上有关媒体及高安对外媒体全面宣传"高安陶瓷"区域品牌。

政府同时也加强了行业性组织高安市陶瓷行业协会的桥梁和协作作用。在江西太阳陶瓷有限公司董事长胡毅恒就任会长以来，新一届高安市陶瓷行业协会就为行业发展做了大量工作，尤其是在税收方面。

据高安市陶瓷行业协会办公室负责人介绍，在新一届协会成立不到半年的时间里，已经组织了大量的行业性活动，包括协会联合高安市职能部门开展成员间的环保卫生自查、联合意大利知名进行技术性探讨等，得到了协会企业成员的一致好评及政府的充分肯定。

七、高安陶企抱团亮相迪拜五大行业展

近年来，随着高安产区规模的不断扩大、产能的急剧增加，再加上湖南、湖北、河南等周边产区的兴起、扩张，高安产区企业的销售区域受到周边产区的冲击，开拓新市场成为高安产区各企业做大做强的新举措。

高安市为做大做强高安陶瓷产业，也出台了《关于陶瓷产业发展若干意见》，鼓励当地企业走出国门。2013 年 11 月 25 日至 28 日，中东地区最具影响力的迪拜五大行业展（Big5）在阿联酋迪拜世贸中心举办。在江西省商务厅及高安市政府的鼓励与支持下，高安陶瓷产区十二家企业 2013 年再次以抱团形式出现在迪拜五大行业展（Big5）上。

此次参展的企业有行业熟知的高安产区本土"龙头"江西太阳陶瓷、产区出口第一大户江西精诚陶瓷及素有中国建陶"新秀"之称的江西华硕陶瓷，以及华硕陶瓷、新景象、瑞源、罗斯福、瑞雪、金三角、绿岛科技、神州、金环等 12 家企业，产品涵盖仿古砖、抛光砖、瓷片、琉璃瓦、生态陶瓷透水砖，等等，其中太阳陶瓷、新景象陶瓷是第二次代表高安产区赴海外参加专业的建陶展会。

八、高安开启陶瓷废料循环利用之路

陶瓷企业在消耗资源的同时，生产中产生的废料也是惊人的。而且，目前对于陶瓷废料的处理绝大部分企业选择"填埋"方式处理，这种方式不但挤占了土地，还破坏了环境。

以陶瓷抛光泥这块为例，目前，高安产区拥有 59 条抛光砖生产线，以一条抛光线一天产生抛光泥 100 吨来计算，每年要产生近 200 万吨的抛光泥。针对这种情况，高安市政府引进了两家抛光泥处理企业：第一家江西强顺新型环保采用以采用抛光泥生产加气砖产品；第二家中泰新型材料，也是抛光泥处理企业。中泰新型材料生产项目，主要是加工处理抛光泥，生产出可以达到陶瓷生产企业所要求的原材料。而强顺新型材料则主要利用抛光泥为主要原材料，陶瓷的废砖、废瓦作为粗料进行加工，生产建筑用的墙体材料，如加气砖、盲孔砖等产品。

据了解，这两家企业完全建成投产，每年可集中处理抛光泥近 70 万吨。同时，高安建陶基地内的爱和陶、绿岛科技等企业也都可借助抛光泥、陶瓷废渣等陶瓷废料进行加工生产。爱和陶企业则主要利用抛光泥生产线透水砖、广场砖等产品。另外，正在规划建设的绿岛科技也主要以生产环保型的釉面砖为主。

九、2013 年高安陶瓷产业发展论坛举行

7 月 26 日，由中国建筑卫生陶瓷协会、高安市人民政府、陶瓷信息报社联合主办的"2013 中国建陶产业巡回论坛暨高安陶瓷产业发展论坛"在江西高安建陶会展中心顺利落下帷幕。论坛以"政企合力，推动可持续发展"为主题，集结多方智慧，深入探讨新时期高安建陶产区建筑陶瓷产业的发展现状及未来趋势，为高安建陶产业转型升级、突破当下发展瓶颈、更好实现可持续发展献策献力。

论坛由广东中窑窑业股份有限公司、广东一鼎科技有限公司、高安明珠房地产开发有限公司、佛山欧陶无机材料有限公司协办，江西省建筑陶瓷产业基地管委会、高安市陶瓷行业协会鼎力支持。

本次论坛议题是主办方全面把脉高安建陶产业发展现状，广泛征求政府、企业意见，针对如何突破产区发展瓶颈、实现可持续发展而精心制定，内容丰富详实、针对性极强。

基于此，主办方特邀高安市副市长况学成博士、知名陶瓷技术专家、广东金意陶副总经理黄惠宁、中窑窑业技术专家黄晓丹分别作了"科技创新"、"喷墨印刷技术"、"窑炉节能及创新"专题演讲。

十、人民网大篇幅报道高安陶企环保污染问题

2013 年 5 月，人民网以图文形式大篇幅报道了高安陶瓷污染问题，引起网民及业内外的广泛关注。寰宝陶瓷、新景象陶瓷等多家陶瓷企业涉及其中，问题包括废水乱排、固体废渣无序堆放等方面。

相关新闻爆出后，高安市委市政府高度重视，第一时间召开了报道中涉及企业的工作会议。会议由高安市副市长席国华主持，江西省建筑陶瓷产业基地管委会书记胡江峰及相关企业负责人出席。5 月 21 日，由建陶基地、环保局等单位成立的联合整治小组，对图片中反映的问题进行调查核实，并积极开展陶瓷污染专项整治行动，治理污染现象和源头。

在此次整治行动中，整治小组对高安陶瓷产业污染问题开展一次陶瓷污染大排查、大摸底、大整治行动，逐一进行调查核实，走访附近企业和村庄，查明问题的根源，按照"谁污染、谁治理"的原则，把责任落到实处，并要求其限期进行整改。对违法排污行为严厉打击、高限处罚；对偷排、超标排放等违法排污企业进行停产整顿；对未按要求完成整治的企业一律实行停电停产；对造成环境严重污染的企业依法追究责任。

同时，整治小组甚至还对餐饮经营店排放的生活垃圾进行打捞，防止水库和水渠的水质受到污染，切实改善陶瓷基地及周边村民的生活生产环境。

十一、投资 1.5 亿促建陶产业优化升级

2013 年，高安市为进一步淘汰落后产能，促进产业结构优化升级，在全市建筑陶瓷产业中大力开展的窑炉尾气脱硫设施建设，最大限度地减少污染物的排放。全市需要改造的陶瓷生产线有 134 条，计划分三期进行，改造资金达 1.5 亿元，其中首期 24 条生产线的改造将于今年 8 月底完成。而改造后的窑炉所排出的含硫有害物质比以前的窑炉减少 85% 以上。

总投资 1 亿元兴建的高安市强顺新型墙体砖材料有限公司，是该市首家采用全自动设备生产环保型墙体材料的陶瓷配套企业。该企业主要利用陶瓷企业产生的抛光泥和烧成之后的破损成品为原料进行生产，可以很好地解决基地企业抛光泥、烂砖、烂瓦无法处理的问题。该项目投产后，每年可消耗抛光泥 40 万吨，基本上可以解决陶瓷固废料处理问题，实现陶瓷固废废弃物的循环利用。

十二、面临环保与税收双重压力

高安 2013 年所有新投产的陶瓷生产线运行良好，并且新增产能并未对企业的销售造成明显压力。全年除了环保问题，各个企业最关注的应该还是"以电控税"的税收问题。

环保问题成为所有企业面临的最大压力。煤改气政策一直如紧箍咒一般掣肘着高安产区所有的陶瓷企业，高安市政府不断打出组合拳意对环保问题实施零容忍政策，这对于三高一低的陶瓷产业来说是一个不小的挑战，特别对于刚刚起步的高安陶瓷企业来说更是如此。

在高安市建筑陶瓷产业基地内新投产的生产线都是在煤改气政策出台之前报批的生产线，只是在此时动工建设。政策规定拥有两条或者两条以上生产线的企业如果再上新的生产线必须使用天然气，此煤改气政策使得一些意欲继续扩张的企业遇到了难题，大大抑制了高安产区 2013 年新线的扩张速度。

2013 年高安市政府还公布了关于脱硫、除尘等环保设施改造企业的名单，将陶瓷企业分两批进行环保的改造和提升。企业反映，单线环保升级改造的费用已经达到数十万元，而生产线较多的企业相关费用甚至高达数百万元。

与较为严厉的环保措施相比，税收方式的改变使得高安当地企业的生存发展面临前所未有的困境。据最新消息，高安市国税局下发高安国税发【2013】80 号文件，要求今后的税收将"以电控税"替代原来"量窑计税"，而依照"以电控税"办法计算，抛光砖、仿古砖、瓷片、西瓦等生产企业每月增值税较去年将增长 30%，有的甚至更高。

十三、高安陶瓷行业协会新一届领导班子诞生

2013 年 6 月 26 日，高安市陶瓷行业协会第二届理事会第一次会员大会隆重召开，会议的主要内容之一为进行协会的换届选举，会议表决太阳陶瓷董事长胡毅恒当选协会会长、高安市副调研罗斌当选秘书长。

7 月 18 日，高安市陶瓷行业协会新一届理事会领导第一次会议在江西省陶瓷产业基地管委会召开，当天，新一届协会领导还为协会位于中国建筑陶瓷产业基地实训中心的新办公室揭牌。

高安市陶瓷行业协会会长、江西太阳陶瓷集团董事长胡毅恒，高安市副调研员、高安市陶瓷行业协会秘书长罗斌，江西罗斯福陶瓷有限公司董事长罗友军，江西瑞源陶瓷有限公司董事长陈光辉，江西精诚陶瓷有限公司董事长罗来足，江西新景象陶瓷有限公司董事长、江西国烽陶瓷有限公司董事长喻国光等五位高安市陶瓷行业协会常务副会长等出席会议。

会议决定，设立经济与金融专门委员会、环保与质量监督专门委员会、矿产资源管理专门委员会、对外联络专门委员会、品牌建设与营销管理专门委员会及安全生产与人力资源管理专门委员会，胡毅恒、喻国光、罗友军、罗来足、叶永楷、陈光辉分别兼任各专委会负责人。

十四、"泛高安"产区品牌运作模式多元化

2008 年，随着广东佛山等地迁移企业陆续完成投产，新兴陶瓷产区主要呈现三大营运模式：一是以江西本土化企业太阳陶瓷、江西精诚陶瓷为代表的企业挺进佛山，开启了异地品牌化运作和国际贸易的新征程；二是以江西新明珠、江西新中源及江西欧雅陶瓷等"佛山籍"企业为代表，他们在新兴产区采取就地生产、就地销售的品牌化运作；三是以江西东鹏陶瓷、丰城和美陶瓷、江西正大陶瓷、江西威臣陶瓷、丰城斯米克陶瓷等佛山、华东知名陶瓷企业为代表，他们采取异地生产，在佛山、华东进行品牌化运作的模式。以上企业以不同姿态对不同营销方式进行了探索。

五年间，高安作为新兴产区，陶瓷企业的品牌化运作模式虽然不断调整，但依然难改多元化发展的趋势：进军佛山的品牌回归本土化运作，而一些佛山企业或者将品牌拉回佛山，或者按照产区本土化运作来进行。

江西太阳陶瓷的运作模式是一个值得研究的范本。作为高安产区的本土龙头企业，2008 年，公司董事长胡毅恒再次喊出"进军佛山品牌化运作"的战略调整。随后，太阳陶瓷在佛山表现活跃，通过斥巨资建设品牌营销中心、与国际知名釉料公司合作。

与江西本土品牌太阳陶瓷战略大调整相呼应的是，江西新明珠、江西欧雅陶瓷也有了自己的新主张，但是两者在战略上选择了截然不同的方式。江西新明珠在广东新明珠集团副总裁叶永楷接过管理权之后，开始了一系列大调整，最为明显的便是生产线进行由使用煤制气向使用天然气的生产模式的改变，再而便是将营销中心撤回佛山，品牌化运作回归佛山。而江西欧雅低调地加入到高安本土品牌运作模式的轨道上来，将产品档次、价格的定位平行于高安陶瓷同行，并启动了闲置已久的第二条生产线。

十五、宜春陶瓷国检中心启动

2013 年 4 月 15 日，由高安市人民政府与陶城报社主办的"高安市人民政府与景德镇陶瓷学院景德镇陶瓷学院产学研全面合作签约暨宜春陶瓷国检中心启动仪式"在江西省高安市新高安宾馆隆重举办。

中国陶瓷工业协会副秘书长侯文全，景德镇陶瓷学院党委书记冯林华、高安市委书记聂智胜、市长袁和庚等领导以及江西个陶瓷产区代表 200 余人与会。

会上，聂智胜、冯林华、侯文全、万海保、罗杰、胡毅恒等领导及企业代表就活动的举行发言，高安市人民政府与景德镇陶瓷学院进行了科研、技术、培训及科技成果转让等领域全方位、深度的合作，曾参与佛山陶瓷转移升级的佛山知名环保公司华清环保与高安市政府签订了环保领域合作协议。

宜春陶瓷国检中心启动也是此次活动的亮点所在。与此同时，"泛高安"产区陶瓷科技工作者联谊会也隆重揭牌，该联谊会是当地政府为方便企业与该国检中心联系而搭建的桥梁。

十六、7家陶瓷企业采用国际和国外标准

2013年，新中英陶瓷集团有限公司等七家陶瓷生产企业生产的陶瓷相关产品申请办理了采标备案，该备案采用国际和国外先进标准，并获批"采用国际标准产品标志证书"。

采用国际标准和国外先进标准是我国一项重要的技术经济政策。2012年以来，江西省标准化行政主管部门结合全省质监群众路线教育实践主题活动，深入有关生产企业，了解企业产品生产经营现状，在重点行业和重点领域积极鼓励和帮助企业产品采用国际标准和国外先进标准，并及时办理"采用国际标准产品标志证书"。

第五节　晋江

一、30%外墙砖企业试水内墙砖

受宏观经济调控、"煤改气"等一系列因素的影响，以生产外墙砖为主的晋江建陶业面临转型提升攻坚期。除了加大原有的外墙砖的研发投入，以差异化突围外，选择试水利润空间和市场潜力更大的内墙砖，并且大规模大手笔打品牌，成为今年晋江建陶业的一个新举措。

建陶业是晋江历史最悠久的产业之一，晋江磁灶镇被中国建筑卫生陶瓷协会授予"中国陶瓷重镇"的荣誉称号，与广东佛山、山东淄博、四川夹江并列为全国四大建筑陶瓷生产基地。

作为我国最大的外墙砖生产基地，晋江过去以工程渠道为主，因此对品牌的需求并不强烈。但这两年随着外墙砖毛利率的降低，加上环保、低碳等产业政策的压力，以及房地产不景气影响，相当一部分晋江外墙砖企业开始涉足仿古砖等内墙砖领域，期望借此转型做高附加值的产品。

万利陶瓷从2012年开始试水内墙砖，2013年加大内墙砖产量，共计3条生产线，均是在漳州产区，内墙砖产量占到万利总产量的50%，并且会逐渐提升。

而祥达陶瓷2013年底投资1500万元改造的新窑炉准备试水内墙砖，其内墙砖将主打田园风格，在超低吸水率和耐磨度上发力。晋江磁灶共有窑炉180多条，行业人士预计到2014年中涉足内墙砖的将占到30%。

相比佛山内墙砖，晋江企业先天优势不足，主要表现在品牌和人才上。但晋江企业也有自己的优势。涉足内墙砖的都是新窑炉，引进国外最新设备，性能高。万利引进国际先进的意大利内墙砖设备，能够生产佛山大部分陶瓷企业所不能的大规格产品。除了依托现有的渠道销售外，万利还依靠先进设备优势，与佛山销售强的企业相联合，做贴牌代工。

而代工生产也是晋江陶瓷企业进军内墙砖的一条重要路径，在无需耗费大量财力物力去打造品牌和布局渠道的前提下，通过代工生产，导入佛山品牌企业的规范化管理经验，专心练好基础。佛山内墙砖企业选择晋江企业做代工，其中一方面就说明晋江企业的质量已经不落后于佛山，部分产品甚至在晋江做得更加出色；另一方面，晋江内墙砖企业也开始尝试在佛山陶博会上亮相，高调展示内墙砖产品，塑造品牌。

二、海西建材城呼之欲出

一直以来，作为晋江陶瓷专业市场的主力军，天工陶瓷城与磁灶世华陶瓷商城、东山陶瓷建材市场三足鼎立，天工陶瓷城一马当先，2000年11月28日开业至今，已走过13个发展年头，这个占地面积500亩的陶瓷城，目前拥有入驻的商家352户，经营建陶品牌400多个。经营的产品以高、中档为主，

包括外墙砖、内墙砖、抛光地板砖、各类仿古砖、微晶石、马赛克、背景砖文化石、琉璃瓦等，几乎涵盖建筑陶瓷的所有品类。

因为配套有大型产品展示厅、仓储配货中心、专业物流运送，天工陶瓷城已经发展成为福建省规模最大乃至全国具有影响力的专业陶瓷市场，也成为全国各大陶瓷品牌进驻福建的首选市场。

磁灶世华陶瓷商城内则具有 100 多家商户，大多经营贴牌产品，市场主要辐射福建地区，做得好的甚至销往全国各地。

而以二级砖市场起步的东山陶瓷建材市场占地大约 150 亩，目前拥有店面 250 间。该建材市场里仍有五分之一的商家在卖二级砖，大概三分之一的商家代理一些普通品牌，而大部分商家则转型做贴牌。

"三驾马车"之所以能够同时行进，源于其市场定位与目标群体各不相同且相互补充。天工以地板砖品牌为主，世华主营外墙贴牌产品，东山产品档次相对低端。

三个分工明确定位互补的专业市场成就了晋江陶瓷市场的繁荣。而 2013 年海西建材城——福建海西建材家居装饰交易中心的启动为晋江陶瓷建材市场注入更强大的活力。

海西建材城 7 月份开始进行意向客户签约。该项目位于磁灶镇，总投资 30 亿元，规划占地面积 1000 亩，其中一期工程 639 亩，二期工程 361 亩，总建筑面积达 100 万平方米，整个工程从动工到建成预计需要 3 年时间。项目完全建成后，该交易中心将吸引 6000 ~ 8000 家企业入驻，年交易额将达 50 亿元，同时还将解决 2 万人以上的就业问题。

三、建筑陶瓷出口大幅度增加

据泉州海关统计，2013 年 1 ~ 7 月泉州市陶瓷出口 1.54 亿美元，比 2012 年同期增长 11.5%，占全市外贸出口总值的 1.8%。其中 7 月份当月出口 0.25 亿美元，同比下降 10.8%，是 4 个月来首次同比下降。

民营企业仍是出口主导力量，出口陶瓷 1.16 亿美元，增长 25.8%，占同期泉州市陶瓷出口总值的 75.3%。同期，外商投资企业出口 0.29 亿美元，下降 17.8%，占 18.8%。两大主要出口市场为欧盟和美国，其中对欧盟出口陶瓷 0.37 亿美元，下降 11.4%；对美国出口陶瓷 0.35 亿美元，增长 6.1%。出口品类方面的一个重要特点是建筑用陶瓷出口显著增长。2013 年 1 ~ 7 月，泉州市出口建筑用陶瓷 0.45 亿美元，大幅增长 57.1%。同期，出口装饰用陶瓷 0.62 亿美元，增长 8.2%；出口家用陶瓷 0.46 亿美元，下降 10.7%。

近年来，国际贸易摩擦增多，加大了陶瓷出口阻力。如欧盟 2013 年 4 月初宣布于 5 月 13 日起对陶瓷餐具征收反倾销税。另外国外不少市场还不断提出各项新技术标准，提高了陶瓷出口企业的检测及认证成本，使陶瓷出口阻力和难度加大。

四、海西建陶绿色发展高峰论坛在晋江举行

2013 年 12 月 10 日，由福建省陶瓷行业协会与晋江市人民政府主办，晋江市经济贸易局、晋江市环境保护局、晋江经济报社共同承办的"智造名城·绿色发展"海西建陶绿色发展高峰论坛在晋江宝龙酒店举行。论坛主要探讨"清洁能源时代"建陶企业的机遇与挑战。

本次论坛召开的背景是，10 月底晋江建陶行业将完成"煤改气"工程，正式步入"清洁能源时代"。但另一方面，晋江建陶产区也将面临成本压力如何化解、产品品质如何提升、如何差异化发展等一系列问题。

论坛特地邀请中国建材咸阳陶瓷研究设计院院长闫开放作"建陶新生——天然气时代的机遇与挑战"的主题演讲。此外，闫开放、陈建新等专家还与晋江建陶企业家进行了现场沙龙对话，围绕"'煤改气'的机遇与挑战"、"3D 喷墨技术的前景与局限"等议题展开探讨。

论坛上，"海西建陶绿色发展创新联盟"正式成立揭牌，福建省陶瓷行业协会会长陈建新和晋江经

济报总编辑陈煜晃为首批加入联盟的华泰、美胜、丹豪等6家企业授牌，并表彰了10家"晋江建陶行业转型升级先锋企业"。

五、陶企压力下完成天然气替代

近年来，天然气取代水煤气是晋江陶瓷产区的一次大考，晋江建陶行业纷纷在挑战中加快转型升级。截至2013年10月27日，在"煤改气"过程中，晋江建陶企业除了其中5家因天然气管道铺设尚未完成，其余均已完成天然气替代。由此，晋江建陶企业的生产和发展迈入清洁能源时代。

作为晋江的支柱产业之一，建陶产业为晋江经济发展作出了一定的贡献。然而，大量以煤炭为燃料进行生产的陶瓷企业，存在高耗能、高污染的问题，对当地生态环境造成了严重影响。2011年，晋江市委、市政府决定，用三年时间要求全市172家建陶企业在2013年年底前分批分期淘汰煤气发生炉，实现天然气生产，同时要求各部门强化协作，对逾期未完成签约和能源替代工作、环保措施落实不到位的企业，坚决给予断电、吊销相关行政许可、营业执照，直至停产、停业处罚。

经过政府的强力推进和企业的配合，第一批73家陶瓷企业中，除改造拆迁和自然倒闭的14家外，其余59家于2012年11月底切除煤气供气管道并全部使用天然气；第二批、第三批99家陶瓷企业中，除3家自然倒闭的外，另91家已切除煤气供气管道，剩下5家企业中，有一家已经停产，按照要求，这5家都将在月底前完成天然气替代。

目前，晋江建陶企业天然气实际用气量已达224.14万方/日，随着燃气公司供气能力提高及企业生产设备陆续改造完成，用气量将逐步提升。

六、福建晋江磁灶90多条生产线关闭运行

2013年11月完成煤改气工程的福建省晋江市磁灶镇，迎来了最冷寒冬。11月底，第二批、第三批共计99家陶瓷企业，除4家自然倒闭外，其余的已全切除煤气供气管道，改用天然气。两个月以来，由于许多小企业无法负担天然气的高成本，再加上订单数量减少，磁灶镇已有90多条生产线关闭运行，大量员工失业。

由于政府分时段强制企业使用天然气，加上行业整体不景气，使用天然气又增加的生产成本，对晋江陶企来说无疑是雪上加霜，也更进一步加大了一些企业的恐慌。

在此背景下，晋江市政府对陶瓷行业连续释放积极信号：政府不是一棍子打死的，同时对陶瓷行业转型升级给予厚望，鼓励更多的陶企在做好节能减排的同时加强转型升级步伐，为晋江品牌之都增光添彩，并以华泰、舒适、丹豪、协进等成功案例激励众陶企。

七、天然气缺口导致企业呼吁再用水煤气

福建省是中国建陶四大产区之一，泉州市下属的晋江和南安是福建最大建筑陶瓷和卫生陶瓷产区，天然气供气问题如不及时妥善解决，将涉及到陶瓷上下游产业链，几十万工人和几十个亿资产的生存，也关系着遍布全国各地的数十万营销大军，事关各大产区的繁荣和社会的稳定。

"十二五"以来，为响应国家节能减排的号召，福建省高度重视环境保护，坚决推进陶瓷行业LNG替代。福建省辖区内的企业为响应政府的号召，在省政府的正确领导下，在省有关部门的精心指导下，积极优化产业结构，开展节能减排，逐步实现清洁能源替代。

截至2013年底。晋江、南安陶瓷企业基本完成LNG替代工作，为顺利完成节能减排目标作出重要贡献。然而由于泉州所有的企业都实行天然气替代，供气方中海油晋江分输站最大供气量控制在346万立方/日无法满足已完成LNG替代的建陶企业的用气需求（天然气缺口量约60万立方/日），严重制约了已完成窑炉改造的建陶企业正常生产，部分建陶企业主反响很大，要求允许晋江、南安陶瓷行业重新启用经过折算相当用天然气缺口部分供热量的水煤气，以确保企业正常生产的燃料需求。

第六节 夹江

一、华宸收购奥斯堡（广东）

2013年3月份，夹江华宸陶瓷有限公司以3400万的价格收购了位于新场陶瓷工业园区内的奥斯堡广东陶瓷企业。而华宸在收购奥斯堡后，在原厂地上新建了一条日产能35000～40000平方米的内墙砖生产线，并于今年9月26日上午点火投产。

对华宸而言，收购奥斯堡后不仅可以得到其土地、厂房以及部分生产设备，而且可以节约大量的资金和时间，现成的厂房和平整的土地，只要换上新设备就能生产，而对奥斯堡而言，则是切掉了一个毒瘤。

业内人士普遍认为，此次陶瓷企业之间的收购重组意义重大，它不仅加快推进了夹江陶瓷产业转型升级的步伐，同时为淘汰落后陶瓷产能提供了宝贵经验。

二、夹江高端陶瓷产业园区佛山招商

2013年6月20日，"美丽乐山·瓷都夹江"——四川省乐山市夹江县高端建陶产业园区招商推介会在广东省佛山市举行，乐山市市长张彤率乐山市招商代表团和乐山市企业代表团出席招商会，四川、广东、福建等地的100余家陶瓷产业知名企业应邀参加了招商推介会。

本次招商会详细介绍了乐山良好的投资环境，重点向嘉宾推介了乐山市夹江县高端建陶产业园区项目。夹江高端陶瓷产业园区是承载乐山市千亿冶金建材产业转型升级的重要平台，是该市重点发展的陶瓷及配套产业特色园区。该产业园区规划总面积6.5平方公里，主要引进高端陶瓷企业及配套产业。园区规划分三期建设，力争到2020年，累计实现产值500亿元。此次推介会，夹江县跟踪在谈企业29户，在谈项目投资金额约40亿元。

三、夹江一年内新增四大陶瓷市场

夹江作为西部最大的陶瓷生产基地，过去一直没有一家像样的专业陶瓷卖场。但2013年这样的空白已被填补，如今，夹江已涌现出瓷都万象城、广博家园、瓷都国际市场等四家专业集陶瓷销售、展示于一体的大型陶瓷市场。

据不完全统计，这些新增的建材市场将为夹江产区提供约50万平方米的陶瓷商铺，远超出夹江及周边产区的实际需求。本报记者经多方调查了解到，夹江及周边产区陶瓷企业所需的容量大致在20万平方米左右，加之贴牌商所需的10万平方米，总需求在30万平方米左右。

一年同时上四个陶瓷市场，这意味着夹江新兴建材卖场建成后将上演激烈的争夺战。竞争实力较弱的卖场今后在招商上将会很困难。而突然涌现的四家陶瓷建材市场,对产区陶瓷企业而言显然是"重大利好"。

四、13条陶瓷生产线技改完成后创收17.6亿

截至2013年10月，夹江共有奥斯堡陶瓷生产线技改、东方陶瓷生产线技改、方正陶瓷生产线技改等13个项目竣工投产，累计完成投资6.09亿元。其中陶瓷技改项目共9个，完成13条陶瓷生产线的技改任务，已有12条陶瓷生产线投产，为夹江陶瓷产业新增产能3360万平方米。

据统计，技改后单条陶瓷生产线能耗下降约30%，用工缩减近50%，陶瓷成品单位综合成本下降约27%。这批项目的建成投产，将大大地促进该县全县经济社会的发展，预计将新增年销售收入17.6亿元，新增利润2.65亿元。

五、西部瓷都夹江陶瓷协会成功换届

2013年11月29日，西部瓷都夹江陶瓷协会举行换届大会，推选出新一届理事会成员 。经过推选，

夹江县人大常委会副主任吕德平当选为新任会长，夹江县委副书记袁月，县委常委、常务副县长朱璋，原会长李学如被聘为顾问。

会议对原来的协会章程进行了修改，协会今后不再规定具体工作内容，协会组织任期由四年改为三年；将理事会设置调整为，设理事长一名、会长一名、常务副会长一名、副会长若干名、秘书长一名、副秘书长若干名，不再设名誉会长，聘请顾问若干名。

六、2013首届陶瓷产业发展高峰论坛举行

11月29日，"2013中国建陶产区大型巡回论坛暨夹江陶瓷产业发展高峰论坛"在夹江县举行，中国建筑卫生陶瓷协会专家、省内外陶瓷企业家代表齐聚一堂，围绕"创新突破、转型升级"主题，深入探讨夹江陶瓷产业发展之路。

高峰论坛上，来自陶瓷行业不同领域的专家，从不同角度就夹江陶瓷如何解决和突破发展瓶颈问题进行深入探讨，为夹江陶瓷转型发展建言献策。提出："夹江需要进一步探索道路，打造区域强势品牌"、"注重产品质量、提升附加值"、"建立一个专业陶瓷品牌集散地"、"陶瓷产业技改升级是必然趋势"等精彩观点。

近两年来，夹江陶瓷企业转型升级意愿强烈，接近40条落后生产线通过技改实现了规模化、高端化生产，一些低端低质产品被逐步淘汰。而首届陶瓷产业发展高峰论坛的隆重举行正好给处于转型升级关键时期的夹江陶瓷企业以强烈的思维碰撞，同时也有助于推动夹江陶瓷产业转型升级。

七、四季度签约陶瓷项目5个总金额33亿

2013年12月10日，夹江县在县委常委会议室举行"2013年第4季度"项目集中签约仪式，现场共签订投资协议12个，投资金额达90.46亿元，其中陶瓷项目5个，投资金额达33.66亿元。

此次集中签约的陶瓷相关项目分别有：投资15亿元的西部陶瓷学院项目，投资3.6亿元的新万兴瓷业高端陶瓷生产线项目，投资3.6亿元的美惠实业高端陶瓷生产线项目，投资3.7亿元的威尼陶瓷高端陶瓷生产线项目，投资5.76亿元的科达陶瓷高端陶瓷生产线项目等。

八、"旧线"改"新线"掀高潮

与往年泛夹江陶瓷产区沉闷气氛不同的是，2013年无论是生产、销售，还是企业新建生产线的势头都显得异常活跃。据不完全统计，全年泛夹江产区陶瓷企业拟新建生产线逾10条，其中旧线改新线6条，占今年新上生产线总量的30%。业内人士对此指出，这将有利于促进夹江陶瓷产业转型升级。

近年来，江西高安、河南内黄、湖北当阳、广西藤县等新兴陶瓷产区不断兴起，给山东淄博、福建晋江、四川夹江等传统陶瓷产区带来了巨大冲击。相对而言，传统产区的陶瓷生产线在节能降耗、提升产能、降低成本等方面远不如新兴产区的新建生产线。

据了解，自去年夹江政府制定《西部瓷都产业转型升级保障行动计划》的相关规定以来，政府就一直非常重视产区陶瓷产业的转型升级，并积极鼓励生产企业淘汰传统落后的生产线，新建现代化的大型陶瓷生产线。目前，产区内建辉、远大、华宸（原奥斯堡）、金辉、天承等企业都在积极筹划"旧线"改"新线"。

在当前日益激烈的市场竞争中，陶瓷企业老板们也开始意识到，传统生产线和新兴生产线之间的差距，如果不及时更换生产线，不出5年时间传统生产线都将被击垮。

据远大瓷业副总经理杨勇利介绍，以"旧线"改"新线"将是未来传统陶瓷企业转型升级的必然趋势。目前远大瓷业正准备在二分厂外墙砖生产线的厂房内新建一条仿古砖生产线，企业已经跟中窑、中瓷、摩德纳等多个窑炉公司在接触。对此，公司总经理马建明也表示，现在远大只能在夹缝中求得生存，无论是企业的产能，还是品质、花色，与大型陶瓷生产企业竞争均无优势可言，"所以我们也希望通过

新建生产线来缩短彼此之间的差距"。

说到"旧线"改"新线",就不得不提产区内最具代表性的企业四川建辉陶瓷有限公司。据该企业设备供应经理周洪军透露,企业计划把旗下两条传统的抛光砖生产线改造成一条现代化抛光砖生产线,预计在今年下半年开始动工。这一举动,也将成为加快推进夹江陶瓷产业转型升级的一个重要典范。

业内人士则认为,"旧线"改"新线"对于夹江产区和企业而言,既是企业一次新的蜕变,也是一次实力提升的表现,更是实施产业转型升级的重要步骤。

近日,记者与中瓷窑炉西南区负责人金新凯交流获悉,夹江产区内华宸、东方两家企业计划新建一条日产能为40000平方米的大产量瓷片生产线。据了解,目前国内最大的瓷片生产线窑炉一般是走8片砖,而如今夹江企业新建的生产线将开始尝试走9片,在单线产能上取得了极大突破。

上述人士分析,"旧线"改"新线"为企业带来的回报非常丰厚。首先有利于降低产品的生产成本,使其在激烈的市场竞争中占据主动;其次有利于降低能耗,先进的生产设备和生产技术,将大大降低能耗损失,为企业生产节约生产成本;最后有利于促进夹江陶瓷产业的转型升级。

九、雅安地震对陶企生产影响不大

2013年4月20日8时02分,雅安市芦山县发生7级地震,而相距约91公里(直径距离)的夹江县在地震发生当天也出现了多次余震。由于夹江距离地震地带较远,所以企业正常生产未受影响。新中源、威尼、东方、天际、广乐等陶瓷企业生产线都在正常运作,窑炉均未出现移位现象。夹江电力、天然、交通,以及其他陶瓷配套行业都未受到影响。

雅安市芦山县级地震发生后,夹江陶瓷企业在行业内自发组织为灾区捐款捐物献爱心行动。华益、科达等陶瓷企业组织全体员工为受灾群众抗灾自救和灾后重建捐款捐物。其中,华益陶瓷全体员工一期捐款1万多万元人民币;科达全体员工一期捐款1.6万元人民币。

与此同时,夹江县税收、公安局等有关部门以及夹江各界群众怀着对灾区群众的关切之情,纷纷伸出援手,踊跃为雅安芦山地震灾区捐献爱心款。据了解,这些爱心捐款将会通过省慈善总会捐赠地震灾区。

此外,米兰诺、新中源、新万兴、建辉等几家大型陶瓷生产企业也分别表示会通过捐款、捐物的方式为灾区人民献出爱心。

十、品牌意识长期缺失导致抗风险能力差

如今,夹江已经发展成为"中国西部瓷都",拥有陶企100多家,品牌1000多个,但这么多的企业与品牌却没有一个真正的强势品牌。因此,往往每逢销售淡季,都会出现仓库爆满的现象。品牌抗风险能力差已经成为夹江产区陶瓷企业们心中最大的"痛"。

夹江陶瓷品牌的销售区域主要集中在川渝两地,极少数品牌在云南、贵州、陕西、甘肃等地销售。然而,根据瓷砖500公里的销售半径划分,夹江陶瓷的销售范围则应该可以覆盖西南、西北市场。但事实上这些市场却一直被山东、广东等陶瓷品牌所占据。

2013年是整个陶瓷行业销售最为低迷的一年,也是考验品牌硬实力最关键的一年,但是对于大部分夹江陶瓷品牌而言则是非常难熬的一年。在成都、绵阳、宜宾等一些地级市瓷砖市场上,高端市场一般被佛山品牌占据,本土品牌只能在中低端市场上有所变现,而且大部分都是以批发走量为主,零售、家装渠基础的薄弱造成品牌抗风险能力非常差。

十一、采用水煤气生产导致环保压力巨大

夹江陶瓷产业的发展是从一根根的煤烧窑黑烟囱发展起来的,后来慢慢过渡到天然气和水煤气生产,但是煤烧窑直到2012年,当地政府为了保障净空行动顺利开展,才对煤烧窑企业进一步整治。但2013年底,水煤气则是企业生产的主要能源之一。

与烧煤为企业提供能源相比，使用水煤气将更环保、更实惠。然而，在陶瓷行业发展到今天，人们对环境质量要求越来越高。当下水煤气也已经开始被不少产区当地政府列为禁止能源。

水煤气在煤转气的过程也会排放大量固体废气、废水、废渣，对环境还是存在很大的危害。截至目前，佛山、淄博、高安等产区都相继出现过大规模环保整顿行动，要求企业采用清洁的天然气生产，禁止再使用污染物超标的水煤气。未来不久，夹江产区或也要引来新一轮的环保大整治。

十二、产业转型升级任重道远

近年来，夹江产区政府制订并落实《西部瓷都陶瓷产业升级行动计划》、《西部瓷都经济开发区建设保障行动计划》等一系列相关政策，并设立5000万元的"西部瓷都陶瓷产业转型升级发展基金"支持夹江陶瓷产业"脱胎换骨"，成为四川产区转型升级的新典范。

为此，县委县政府有关部门曾多次组织本地企业奔赴佛山、山东、晋江等产业转型升级先进地区进行学习考察。积累全国各地产区陶瓷产业转型升级的宝贵经验，并结合产区自身实际情况，先后鼓励了新万兴、建辉、新中源、奥斯堡、明珠等一大批企业对落后的产能进行技改升级。其中不少企业通过技改"瘦身"的办法，摆脱了原来"三高一低"（高能耗、高污染、高消耗、低产出）的传统生产模式，实现了"高效、节能、环保"的生产模式。

在加快推进陶瓷产业转型升级，淘汰落后产能的过程中，淘汰的不仅是落后的生产线，还有经营不善的陶瓷生产企业，比如，金海（夹江）、米兰、荣华、天承、华泰、美乐等。在产业转型升级中也诞生了盛世东方、中恒（建辉分厂）、英伦、瑞丰（在建）、华富（在建）等一批新兴的陶瓷企业。

目前，夹江陶瓷生产企业中有相当多的一部分生产线依然是十几年前建线时候的设备，现在均已陈旧老化，在生产过程中容易出现故障，影响企业正常生产，同时也严重制约了整个夹江陶瓷产区的转型升级。

然而，也应该看到，在喷墨印刷技术上，夹江陶瓷企业还算跟上了形势，整个产区内有喷墨打印机177台，涵盖瓷片、微晶石、全抛釉、仿古砖、外墙、脚线、花片、拼花等所有覆盖的领域。

十三、资源枯竭引发生产成本持续上升

近年来，夹江以及周边陶瓷生产所需的原料、燃料资源越来越紧缺，而新建的陶瓷生产线数量却在不断地增加，以至于现如今原材料价格飞涨，瓷砖生产成本居高不下，企业生存空间不断被压缩。对此，业内人士认为，陶瓷资源未来将是制约陶瓷产业发展的重要原因。

陶瓷原料等资源的枯竭导致夹江企业瓷砖生产成本居高不下。大量原料需要从外地购买所致。初步估计，在瓷砖的生产成本中原料要占48.5%，几乎占了总成本的一半，而佛山地区占20%，潮州占25%，淄博占32%。由此可见，夹江瓷砖在生产成本上跟外产区相比根本无任何优势可言。

除原料资源短缺外，能源不足也是制约产区企业发展一大重要障碍。据了解，四川的天然气自2006年10月以来开始出现供应缺口，给企业的生产造成一定的影响。当地95%左右的陶瓷生产企业都自主修建了水煤气发生炉，用水煤气做补充能源来解决天然气短缺的问题。

第七节　法库

一、法库荣膺"中国瓷谷"荣誉称号

2013年8月，法库荣膺"中国瓷谷"荣誉称号。法库经济开发区始建于2001年12月31日，位于法库县城南部，园区规划面积30平方公里，已建设20平方公里。12年间，法库累计引进陶瓷生产及配套企业212户，到目前陶瓷年产量已达6.8亿平方米，年公共财政年预算收入8.1亿元，年产值550亿元，安排就业7.5万人。法库全县总人口为53万，而陶瓷就使人均年产值增加了一万多元，陶瓷产

业已成为挺起区域发展的坚硬脊梁。

2013 年法库已形成了以建筑陶瓷为主，涵盖日用陶瓷、艺术陶瓷、工业陶瓷、电瓷、卫生洁具等 12 大类 27 个品种的现代陶瓷生产体系，市场覆盖中国东北地区及俄罗斯、美国、蒙古、韩国等多个国家和中国台湾、香港等地区，产销率一直是 100%，成为全国五大陶瓷产地之一，东北亚地区最大的领军型陶瓷生产、研发、销售基地。

随着陶瓷产业的高速发展，法库周边交通设施日益完善。国道 101 线、203 线和铁朝、沈康、沈大、环沈阳经济区高速公路交织贯穿，并有铁路站点、货场和营口内陆港。法包陶瓷公路专用线已建成通车，区域内陶瓷产业年物流量达 3550 万吨。

二、推动技术改造　提升品牌意识

2013 年，法库陶瓷园区生产能力进一步提升。目前，已有 30 多家企业全面完成技术升级，技改资金达 7560 万元。7 户陶瓷企业新上生产线 11 条，增产 8000 多万平方米，其中高端企业苏泊尔陶瓷有限公司产品已下线，山东金美佳陶瓷将 2014 年 6 月投产，生产高档内墙砖，当年可实现产值超 10 亿元。

面对全国陶瓷行业产品同质化趋势，法库引导和帮助企业科技兴企，加快陶瓷产品升级，30 余家企业进行了技术改造，投资 8000 余万元引进先进设备 28 台。

同时，大力塑造品牌，告别贴牌时代。新入驻企业一律注册法库商标，已入驻企业也不断提升品牌意识，创建自主品牌。目前法库陶瓷企业被评为全国建材行业"调结构、练内功、增效益"百家优秀企业 1 个（王者陶瓷），辽宁省著名商标 3 个，沈阳市著名商标 4 个，辽宁省名牌产品 4 个、沈阳市名牌产品 8 个，环渤海地区建材行业"知名品牌"和辽宁省"知名品牌"19 个，环渤海地区"诚信企业"11 个，沈阳十大绿色装饰材料 4 个，沈阳十大绿色陶瓷品牌 20 个。

近年来，法库陶瓷企业积极发展高端品牌。其中，隆盛泰一集团推出迪士尼、波菲利、诗轩尼三个品牌，生产高档全抛釉、微晶石瓷砖；苏泊尔陶瓷工业有限公司推"苏泊尔"品牌，主打瓷质节水型卫生洁具；仁友公司推出"仁友"品牌，生产西班牙瓦；博士盖有限公司（兴辉陶瓷）推出四大品牌——"华夏明珠"、"皇家骑士"、"弗朗名戈"、"贝拉卡萨"，生产抛光砖、全抛釉、内墙砖；王者陶瓷有限公司推出三个高端品牌——"凯蒂莱""新王者""金特地"，采用金镉白熔块进行无铁化处理，产品质量更加精细高端；浩松陶瓷有限公司，推出新品超平釉系列，打造伊波尔、圣诺地奥等品牌。

此外，法库陶瓷工程技术研究中心开发的呼吸砖具有智能调节空气湿度、彻底分解有害气体和异味、释放负离子、隔热保温、消除噪声的作用。

三、发展艺术陶瓷　夯实产业基础

2013 年，法库县政府继续努力搭建平台，筑牢陶瓷产业根基。筹资 6000 万元建设的法库陶瓷文化创意中心正式启用，标志着法库艺术陶瓷在中国艺术陶瓷领域占据了重要地位。创意中心占地近 3.5 万平方米，分为创作展示馆、标准化厂房两部分。

目前，创作展示馆中已有美国陶瓷大师 PHILIP·READ 先生、香港陶瓷艺术大师何善影女士、中国陶瓷工艺大师李尚哲先生进驻。标准化厂房已有台湾新永德陶瓷刀、辽金源日用瓷、台湾台华窑、沈阳鸿蒙艺术品加工等项目纷纷落户。创意中心将成为一个大师云集、陶瓷艺术氛围浓厚、商机无限的高水准艺术陶瓷创作、生产、销售基地。

在办好陶博会的同时，法库县政府同时搭建 12 个一流陶瓷产业服务平台，其中包括医院、东湖中学、陶瓷学院、研发中心、会展中心、物流中心、融资平台等。

四、沈阳博士盖重组进军国际市场

2013 年 9 月 17 日，沈阳博士盖陶瓷有限公司举行资产重组仪式，来自福建的企业家决定一期注资

2 亿元，对陶瓷生产线进行改造升级。先期投入 1.3 亿元，对两条生产线进行彻底改造升级，2014 年 5 月份将相继投入生产，产品是目前最高档的抛釉砖和微晶石。

作为 2007 年辽宁省引进的重点项目，陶瓷世界强国西班牙博士盖集团当年落户法库，一期占地即达 500 亩（约 33.3 公顷），注册资金 1000 万美元。新的博士盖（兴辉陶瓷）组成之后，重点发展"皇家骑士""沃克斯""弗朗明戈""博普"四大品牌。在满足国内市场的同时，他们将依托西班牙博士盖集团成熟的市场网络优势，以欧洲和北美为突破口，全力进军国际市场，让法库陶瓷扬名世界。

五、陶瓷市场销售收入已突破百亿

依托陶瓷产业发展优势，2006 年，法库开始建设中国陶瓷谷大市场，目前已建成占地面积 2600 亩（约 173.3 公顷）、建筑面积 135 万平方米，建有店面 1580 个、库房 1456 个。法库陶瓷大市场是集陶瓷建材产品贸易批发、零售、仓储、展示、配送等功能于一身，博览、会议、办公、餐饮、娱乐、电子商务等配套综合服务设施完善，东北地区最大的集群式、现代化专业陶瓷市场。据统计，2013 年，大市场销售收入已突破 100 亿元。

目前，沈阳"中国陶瓷谷"大市场包括大东北陶瓷市场、中冠市场、恒大国际陶瓷市场、海特曼综合市场、中畅建筑材料市场、潮州陶瓷建材市场、天鸿基陶瓷市场七个分市场。共入驻商户 715 家，汇集了全国几百家建筑陶瓷、卫生洁具的名优产品。

六、CPT 商贸物流园入驻集聚海陆优势

法库在园区产能持续扩张，陶瓷市场已然成型的大背景下，大力发展物流业，CPT• 中国陶瓷谷商贸物流园由此应运而生。

2013 年 6 月 16 日，辽宁省重点招商项目和沈阳市、法库县二级重点项目——中国陶瓷谷商贸物流园在法库县中国陶瓷谷大市场开工建设。中国陶瓷谷商贸物流园占地 600 亩（40 公顷），由沈阳海特曼置业有限公司投资 6 亿元建设，今年 9 月份投入使用。"一站式集群、商贸一体化展销平台"的全新模式绽放法库。

中国陶瓷谷商贸物流园坐落于辽宁法库经济开发区中国陶瓷谷区域核心位置，园区内仓储总规划面积 22 万平方米，物流办公总规划近 4 万平方米，物流配套商业总规划近 4 万平方米，物流停车场总规划近 5 万平方米。

此外，园区与营口港、烟台港和丹东港强强联合，启动"集装箱运输"，设立中国陶瓷谷园区陶瓷内陆港，建立了高效完备的疏运网络；由此打通通往国内外各地的完整回路，真正实现集约式物流的巨大作用。

园区引进物流货代公司，启动中国陶瓷谷首家"零担物流配送"，辅以先进的智能信息管理系统，24 小时全方位提供优质物流配送服务。打造中国陶瓷谷最高效的物流装卸模式，让厂商业主真正的"零等待""零破损"，毫无后顾之忧。

七、陶瓷生产企业全部实现"清洁生产"

2013 年 7 月 15 日，法库县政府召开的实施煤改气陶瓷企业家座谈会，要求全县陶瓷产业在年底前将取缔煤气发生炉，全部实现"清洁生产"。

法库陶瓷开发区内 90% 的陶瓷企业通过了清洁生产审核，2013 年底将全部达到清洁生产审核标准。目前，全国最大的清洁煤制气生产厂——沈阳法库科达洁能燃气公司一期工程已在法库经济开发区正式投产，该项目可日产煤气 500 万标准化立方米，全部达产后，年产量可达 60 亿标准化立方米，能够满足法库陶瓷开发区企业的生产需求。

八、连续 3 年国家抽查产品 100% 合格

2013 年 11 月 26 日，辽宁省玻璃陶瓷协会代表中国建筑材料联合会为沈阳王者陶瓷有限公司颁发"'调结构、练内功、增效益'百家优秀企业"奖牌，沈阳王者陶瓷成为全省唯一获此殊荣的企业。

近年来，随着陶瓷产业的不断发展壮大，法库县以技术改造为核心强化产业升级，以高端项目引进实现产品结构优化，加强产品原料的采购质量，严格控制生产工艺，严把产品出厂检验关，陶瓷产品连续 3 年在国家监督抽查中合格率为 100%。

九、"法库瓷"远销欧美出口额突破 1.5 亿美元

法库陶瓷产品出口额占陶瓷产品销售额的近 10%。2013 年以来，法库陶瓷产品销售额闯过百亿关口，出口额突破 1.5 亿美元。目前，园区内有企业 152 户，从业人员逾 5 万人，产品出口销往美国、俄罗斯、西班牙、日本、韩国等国家和地区。

由于缺乏相关的外销渠道和外贸知识，2007 年前开发区有产品出口的企业仅 5 家，并且都是由外贸代理出口到俄罗斯等国家的低档地砖，出口量小且产品附加值低。经过沈阳出入境检验检疫局对企业进行培训和指导，如今，已有沈阳新大地陶瓷有限公司、沈阳天成陶瓷有限公司、沈阳环球高压电瓷电器有限公司、沈阳浩松陶瓷有限公司、沈阳骊住建材有限公司 5 家企业拥有了自理出口权，实现了利润最大化。其中，沈阳浩松陶瓷 2013 年仿古砖卖到了欧洲、美洲、亚洲、非洲的部分国家和地区，销量达到近万吨，出口额 666 万美元。

十、法库瓷博会每年办两次

"2013 沈阳法库国际陶瓷博览交易会"9 月 5 日～7 日在法库举行。法库县委书记冯守权宣布：根据市场需求和商家意愿，法库瓷博会从明年起将分春、秋两季各举办一次。

历时 3 天的法库瓷博会盛况空前，10 万平方米的 6 个展区吸引了来自中国台湾、广东、福建及日本等知名陶瓷企业 80 余家，世界各地的 5 万多名经销商到会洽谈，达成交易总额 45 亿元，其中现场交易额 22 亿元，意向交易额 23 亿元。本届展会首次增设了艺术瓷展区，展出了 1000 多件（套）宜兴、德化、景德镇等全国知名生产区的艺术瓷，淋漓尽致地体现了陶瓷的独特魅力。

十一、法库开建五个陶瓷特色产业园

2013 年 9 月 6 日，第七届沈阳法库国际陶瓷博览交易会招商项目推介会发布消息，2013 年法库县将全面建设"中国陶瓷谷"，推进现代建材、卫生洁具、陶瓷市场、艺术陶瓷和科技成果转化等 5 个特色产业园建设，打造千亿产业集群。

根据陶瓷产业发展规划，法库县在现有产业基础上，规划建设 5 个特色产业园，包括占地 3 平方公里的现代建材产业园、占地 2 平方公里的卫生洁具、占地 2 平方公里的商业仓储基地、占地 1 平方公里的艺术陶瓷园、占地 1 平方公里的陶瓷科技成果转化园。

五个特色产业园区的建设，目标是将法库开发区打造成东北亚新型建材产业基地、会展与采购中心、高新技术产业创业园，以及集科技研发、市场销售、会展交流、物流集散等功能于一区的循环经济示范园区。

十二、辽宁唯一国家级循环化改造示范园区

法库发展陶瓷产业，一直大力倡导发展循环经济、低碳经济及节约集约利用土地，走低污染、低排放、低消耗的绿色发展之路。法库经济开发区是辽宁省唯一的国家级"循环化改造示范园区"。

针对"中国陶瓷谷"这一反映本地区域特征和产业特点的品牌，法库与沈阳工业大学联办了陶瓷学

院，兴建了陶瓷博物馆，邀请到中央美院、鲁美、景德镇的陶艺大师，组建了院士专家工作站、国家级陶瓷产品研发中心、检测中心，孵化一批高新技术成果，研发先进陶瓷项目20个，申报发明专利15项。

十三、亿胜达每年"吃掉"15万吨陶瓷碎片垃圾

目前，法库陶瓷经济开发区已入驻陶瓷企业171户，建设生产线426条，竣工投产252条，每年产生的陶瓷碎片、陶瓷白泥浆、陶瓷碎片角磨废粉等垃圾就达20余万吨。如何让陶瓷废料"变废为宝"？法库县把目光瞄向了引进绿色环保企业，尝试以全新办法处理陶瓷废料。2008年，美资企业沈阳亿胜达陶瓷建材有限公司在法库陶瓷经济开发区研发出免烧砖，并实现量产，向市场销售。

用陶瓷废料生产的"环保砖"主要原料是陶瓷碎片，再配以炉灰渣、水泥、白粉或白泥浆制成，因其原料含有陶瓷，大大提高了砖的强度和品质。多孔砖、彩釉瓦、砌砖、墙地砖，这些五颜六色的"环保砖"可以用于铺路、修建围墙等。

为进一步做到废料循环再用，亿胜达陶瓷还将上马先进的陶瓷废料破碎技术和墙体材料生产设备，来处理大量陶瓷废料碎片、消化陶瓷白泥浆，使其变废为宝。这些设备每年能"吃掉"15万吨陶瓷碎片垃圾，同时利用科学的混合搅拌技术，还能综合利用处理掉5万吨的陶瓷白泥浆、陶瓷碎片角磨废粉等垃圾。

第八节　内黄

一、河南陶瓷产区一张名片

内黄县位于冀、鲁、豫三省交界处，人口76万，县域面积1161平方公里，是河南安阳一个典型的平原农业县。据记载，内黄地处黄河故道，因黄河而得名，公元前198年置县，至今已有两千多年的历史。华夏人文始祖"三皇五帝"中的颛顼和帝喾均建都、建业、建陵于此。然而，丰厚的历史文化底蕴并没有给内黄带来经济上的发展。

内黄的陶瓷梦始于2009年底，当时恰逢国内沿海地区陶瓷产业转移之际，内黄县正是紧紧抓住这一机遇，出台相关政策积极承接陶瓷产业转移，山东、福建、浙江等地陶瓷企业蜂拥而至，由一家到两家，由一条线到两条线，实现了陶瓷产业的集群集聚发展。

从2009年到2013年，短短五年时间，内黄快速集聚陶瓷企业30多家，建成投产陶瓷生产线40条，建成了中原地区最大的陶瓷生产基地，成为中原陶瓷产业发展的引领者和风向标。

陶瓷的发展，也改变了内黄的整体发展方向，改变了内黄人的生活方式。如今，仅在陶瓷企业打工的农民就达2万多人，同时还带动物流、餐饮、住宿等第三产业发展，解决了近10万人的就业问题，陶瓷，已成为内黄名副其实的主导产业。陶瓷也为内黄赢得了"中原陶瓷产业基地"、"中原瓷都"等荣誉称号。2013年10月，安阳市日日升陶瓷有限公司入选安阳市2013年度五十强企业，成为河南陶瓷产区的一张名片。

全国陶瓷市场陷入低谷、行业形势异常严峻的大背景下，2013年内黄没有一条生产线停产，全部满负荷生产，实现了逆势而上，持续快速发展。从2010年12条生产线，发展到2011年的20条生产线，2012年的30条生产线，2013年的40条生产线，每年都保持近10条生产线的规模。

二、四个重点发展方向

2013年年初，在中共安阳市委十届八次全体会议暨经济工作会议上，内黄县委提出，内黄陶瓷产业发展将围绕扩大产业规模、提升产品档次、推动产业转型、完善配套体系四个重点来发展。

扩大产业规模。现已引进了总投资100多亿元的陶瓷项目，建成投产35条建筑陶瓷生产线，占河南建筑陶瓷的近三分之一，成为全省最大的新型陶瓷生产基地，2012年11月6日，被中国建筑卫生陶

瓷协会授予"中原陶瓷产业基地"。2013 年，内黄将进一步加大陶瓷招商力度，吸引更多的陶瓷项目落户内黄，同时，强力推进现有陶瓷企业二期工程及在建项目建设，着力打造立足河南、辐射中西部地区的"中原瓷都"。

提升产品档次。2012 年以来，内黄围绕陶瓷产业优化升级，研发生产了全抛釉、喷墨砖等行业新品，在陶瓷产业优化升级上走在了行业前列，接下来成为河南陶瓷产业发展引领者。下步将进一步加大国内大型陶瓷企业和知名品牌的引进力度，鼓励支持现有企业改造升级，组建陶瓷研发中心，积极发展产品更加环保、生产更加节能、市场更加广阔的陶瓷薄板、微晶陶瓷等新型产品，叫响"内黄陶瓷"区域品牌。

推动产业转型。在扩大建筑陶瓷规模的同时，致力于引进产品更加环保、科技含量更高、市场前景更好的卫生陶瓷、日用陶瓷、艺术陶瓷，上市公司广东长城集团、香港唯一集团、天津宏辉、黄源艺术黑陶等一批行业龙头落地建设，成为全省唯一一个涵盖建筑陶瓷、卫生陶瓷、艺术陶瓷、日用陶瓷的综合性陶瓷生产基地。下步将瞄准国际国内陶瓷产业发展趋势，加大"高、精、尖"陶瓷项目的引进力度，进一步丰富陶瓷产品种类，优化产业结构，推动产业转型。

完善配套体系。加快圣泉制釉、黑泥加工、北京浩驰等项目建设，强力推进顾家•欧亚达国际建材商贸城项目，打造北方规模最大、档次最高、功能最齐全、辐射力最强的陶瓷集散商贸中心，形成涵盖原料加工、机械配件、化工釉料、包装装饰、产品研发、质量检测、展示交易、物流配送完善的产业体系和产业链条。

三、新一轮上线潮推动产品升级

内黄陶瓷产业 2009 年起步，三年内赶超鹤壁、汝阳、息县、内乡等其他产区，成为中原陶瓷产业发展的"领头雁"。

2013 年以来，内黄陶瓷企业继续扩建生产线，同时一批新上项目也在加紧建设，掀起了新一轮生产线建设高潮。据了解，仅上半年，内黄就有 6 条生产线建成投产，14 条生产线正在建设。

而在陶瓷生产数字化浪潮的大背景下，新上生产线喷墨微晶成主攻方向。据初步统计，仅 2013 年，内黄陶瓷产区新建的内墙砖项目就有 4 个，在建的喷墨生产线有 10 余条，这些生产线都将在 2014 年初投入生产。

年初，随着安阳新明珠二期工程建成运行，正式拉开了内黄陶瓷企业生产线扩建的序幕。随后，新南亚陶瓷、日日升陶瓷、嘉德陶瓷、东成陶瓷、新喜润陶瓷等企业纷纷将新线建设计划提上了日程。目前，扩建的生产线有 2 条已经建成投产，6 条正在建设。

陶瓷企业扩建的生产线不仅仅是产能的扩大，更是一次技术上的提升。新明珠陶瓷新建成的生产线窑炉宽 4.2m，是国内目前最宽的陶瓷烧制窑炉，日产能 3 万平方米，不但降低了生产成本和能耗，也增强了抵御市场风险的能力。

技术上的提升还表现在，2013 年扩建的生产线主要集中在喷墨、微晶等新型产品方面。作为河南省首家使用喷墨技术的新南亚陶瓷，新建生产线于 6 月 30 日建成点火，喷墨打印机总数已达 8 台，成为河南拥有喷墨印刷机最多的陶瓷企业。

日日升陶瓷在建的 3 条生产线主要生产喷墨产品。投产后，日日升生产线将达到 7 条，成为河南规模最大的陶瓷生产企业。

另外，2013 年成功转产全抛釉产品的福惠陶瓷，以及新落地建设的新顺成陶瓷则正在建设微晶石生产线。据初步统计，内黄 2013 年已建成和在建的生产线中，喷墨、微晶生产线占 10 条，全抛釉的生产线大概占总量的 1/5。

四、产业结构更趋互补合理

除陶瓷企业扩产建线外，一批新上项目的开工建设也是内黄掀起建线浪潮的主要推动力。近年来，内黄县陶瓷招商持续加大，产业集群的集聚力和吸引力不断增强，使内黄成为国内大型陶瓷项目占领中原陶瓷市场的主阵地。据了解，仅去年以来，内黄就落地陶瓷企业 10 余家，而这些项目都在年内建成投产。

2013 年新建的项目除洁雅卫浴、新时代陶瓷已经建成投产外，还有如意利陶瓷、浩驰陶瓷、贝利泰陶瓷、新顺成陶瓷、黄源艺术黑陶、新锐龙等。

这些新上项目具有明显的特点，一方面，规模都比较大、规划生产线比较多，如新顺成陶瓷规划建设 6 条生产线，今年将建成 2 条生产线，2014 年将建成 2 条生产线。另一方面产品种类多，包括全抛釉、微晶砖、马赛克、多孔陶瓷保温板、日用陶瓷、艺术陶瓷等多个品类。第三，技术含量比较高，如贝利泰陶瓷在建的自洁釉艺术瓷砖、马赛克生产线，均采用国内首创的光触镁技术。同时，内黄正在建设的项目还包括龙翔物流、圣泉制釉等一批产业配套项目。第四，首条卫浴生产线成功点火运行。2013 年 6 月 30 日，位于内黄县陶瓷产业园区的安阳洁雅卫浴点火运行，7 月上旬产品正式下线。安阳洁雅卫浴总投资 1.2 亿元，计划建设 3 条陶瓷洁具生产线，主要生产陶瓷面盆、浴盆、抽水马桶等陶瓷卫生洁具。新线可年产陶瓷洁具 60 万件，3 条生产线全部建成后，可年产中高档陶瓷洁具 180 万件，年产值 3 亿。

对于部分业内人士对新建生产线可能带来产能过剩的担忧，内黄县政府表示，新上项目定位产品涵盖多个种类，基本上不存在相互竞争，不但不会造成产能过剩，而且能够推进生产线更新换代，进一步优化陶瓷产业结构，加速内黄陶瓷产业的转型升级。

五、创造可持续的"内黄速度"

从 2009 年下半年开始，内黄就迎来了一股陶瓷发展热潮，陶瓷业发展呈井喷之势。福建、广东、山东、辽宁等陶瓷客商纷纷汇集内黄投资建厂，日日升陶瓷、福惠陶瓷、安阳新明珠陶瓷 3 家企业同时开工建设，场面蔚为壮观。

内黄的陶瓷项目建设速度确实人惊叹：3 家陶瓷企业从签订合同到完成土地勘界、附属物清点、补偿兑付、围墙建成，仅用了 20 天时间；从围墙建设到主体厂房基本竣工仅用了 2 个月时间；从合同签订到企业投入生产仅用了 5 个月时间，创造了国内陶瓷项目建设史上的"内黄速度"。

至 2010 年底，仅仅一年时间就建成投产 12 条高规格的现代化陶瓷生产线，内黄在中国陶瓷产业发展版图上开始崭露头角。

在随后的几年间，内黄陶瓷产业始终保持强劲发展态势，每年都有一批项目落地建设，每年也都有一批生产线建成投产，就是在行业遭遇"寒冬"的情况下，依然没能阻挡内黄陶瓷发展的脚步。从发展轨迹来看，也能充分证明内黄在陶瓷产业发展上所具有的超强集聚力和吸引力。

2009 年日日升陶瓷、新明珠陶瓷、福惠陶瓷入驻，2010 年新南亚陶瓷、嘉德陶瓷、欧米兰陶瓷入驻，2011 年东成陶瓷、洁雅卫浴入驻，2012 年长城集团、顾家集团、新喜润陶瓷、如意利陶瓷、新时代陶瓷、浩池再生资源、黄源艺术黑陶入驻，2013 年贝利泰陶瓷、新顺成陶瓷、日日顺陶瓷、朗格陶瓷、安陶卫浴入驻……内黄在两三年之内就脱颖而出，成为国内陶瓷企业布局中原的首选之地。

六、产业升级效果明显

近年来，内黄围绕"扩大规模、提升档次、丰富品种、延伸链条、完善配套"重点，推动陶瓷产业转型升级，取得了非常明显的实际效果。

从生产线来看，作为新兴产业基地，内黄陶瓷企业的生产线规模都是比较大的，设备也是比较先进的。内黄开展陶瓷产业招商不是简单的承接转移，更不是简单的设备搬迁，而是工艺的改进、技术的提高和产业的升级。入驻内黄陶瓷产业园区的陶瓷企业总投资均在 3 亿元以上，生产车间达到一公里，窑炉长度都在 380m 以上，日均产能在 2 万平方米以上。

尽管如此，内黄陶瓷企业力争做到与行业先进看齐，做发展先锋。安阳新明珠陶瓷今年新投产的生产线窑炉宽 4.2m，是国内目前最宽的陶瓷烧制窑炉之一，每天产能可达 3 万平方米以上，产能增加不但有效降低了生产成本，也增强了抵御市场风险的能力。

从产品种类来看，随着全抛釉生产的盛行，内黄陶瓷企业也在积极谋划转型转产，2013年初，福惠陶瓷、中福陶瓷、欧米兰陶瓷等企业成功转产，成为河南率先生产全抛釉产品的产区，也成为最大的全抛釉产品生产的集聚地。

不仅如此，内黄在喷墨产品发展上也走在中部地区陶瓷产区的前列。新南亚陶瓷是河南省第一个使用喷墨打印机的企业，也是河南省拥有喷墨打印机数量最多的企业。据统计，目前内黄喷墨打印机数量已近20台。

喷墨产品的风行也让更多的陶瓷企业开始投身这一领域。据初步统计，目前内黄在建的生产线中，有80%的企业都着眼生产喷墨产品。

从产业结构来看，内黄不仅仅关注建筑陶瓷，在卫浴、艺术陶瓷、日用陶瓷发展上也取得了不俗的成绩。

目前，内黄已引进了专注酒瓶生产的上市公司广东长城集团，生产出口日用瓷的新时代陶瓷、如意利陶瓷，生产卫浴产品的洁雅卫浴、安陶卫浴，生产艺术陶瓷的黄源艺术黑陶、成为河南省唯一一个涵盖建筑陶瓷、卫生陶瓷、艺术陶瓷、日用陶瓷的综合性陶瓷生产基地。

七、陶瓷产业发展基础设施进一步完善

内黄陶瓷产业的强势崛起，带动了与陶瓷相关配套产业的蜂拥而至。特别是当地政府有针对性的引进陶瓷机械化工、原料加工、装饰包装、模具配件等配套企业，完善了人才培训、科技开发、信息物流、产品展示、产品检测、融资担保平台建设，电力、物流快速发展，园区功能进一步完善，基本上形成了一个产业配套体系。

目前，内黄已入驻安琦物流、龙翔物流、盈和科技、日日升磨具、同新矿业、伟峰包装、鑫达包装、黑泥加工、丰源新型材料等30多家配套企业，40多家门店。现在的内黄，陶瓷生产线中所需要的配件几乎都能采购到。

陶瓷产业的集群集聚发展，激活了内黄物流业的顺势跟进。内黄目前已拥有38家物流企业，5家大型物流园，大中型营运货车2万辆、从业人员5万余人。与中铁集团郑州分公司签定了战略合作协议，能够优先保证集装箱供应，确保陶瓷企业产品调运。

2013年，河南省唯一一家省级陶瓷砖产品质量监督检验重点在内黄挂牌开检，该中心具有质量检验、仲裁检验、标准制定、科学研究、技术服务的等功能，能够对陶瓷砖的吸水率、破坏强度、断裂模数等30余项参数进行检测，为陶瓷企业搭建了公共检测技术服务平台，能够加速陶瓷企业由资源消耗型向质量效益型转变。

2013年，内黄县又投资4亿元对陶瓷产业园区10余条道路进行集中建设，将进一步改善陶瓷企业发展环境和交通环境，为产品顺畅外运奠定基础。

八、日用艺术陶瓷趁势发展

2013年国内首家上市创意艺术陶瓷企业长城集团落户内黄。广东长城集团股份有限公司酒水包装创意产业基地项目落户内黄，广东长城集团股份有限公司成立于1996年，主要从事中高档创意工艺、日用陶瓷的研发、制造和销售，是国内首家在创业板上市的创意艺术陶瓷企业。

酒水包装创意产业基地项目建在内黄陶瓷产业园区，以年产5000万只陶瓷酒瓶生产为核心规划，分别建设相应的酒水外包装生产区、生产配套区、文化创意办公区和商务配套区，建成后将成为全国最大的陶瓷酒瓶生产基地。

6月，内黄县新时代陶瓷产品顺利出口澳大利亚，这是内黄陶瓷产品首次走出国门。内黄县新时代陶瓷有限公司是专业生产高档日用陶瓷的现代化企业，总投资1.6亿元，主要生产餐筷、餐盘、刀叉、

茶具等中高档陶瓷系列餐具，产品主要出口到美、日、韩、俄、德、澳、英等国家。

九、通过一二级批发商将渠道渗透到县乡

近两年，受多种因素的影响，国内陶瓷市场疲软低迷，在其他产区陶瓷企业停窑、停线，甚至关门歇业的形势下，内黄陶瓷园区内日日升陶瓷、新明珠陶瓷等门口依然车水马龙、机声隆隆，到处都是开足马力、生产繁忙的景象。拉货的车辆来自郑州、焦作、石家庄、西安等地。

内黄陶瓷一开始就扎根中原腹地。投资内黄，就是瞄准中原地区广大乡镇和农村市场。大力发展地市级经销商，通过一、二级批发商将经销渠道发展到县、乡，坚决做好区域市场保护、坚决执行品牌保护、不轻易更换经销商，目前我们的实际发货经销商已经有300多人，形成了完善的销售网络。

同时，坚持把服务客户作为最重要的销售理念，在服务中让经销商感觉自己在增值，经销商只负责把产品销售出去，其他的事情全部由公司来完善，包括售前、售中、售后等环节，赢得经销商的充分肯定，解除了经销商的后顾之忧，增加其对品牌的忠诚度。

由于老企业运转正常，并且陆续有新企业投产，内黄陶瓷产业园区企业用工不仅没有减少反而在增加。不但内黄县城周边甚至一些稍远的农村剩余劳动力都到园区就业，而且也吸引内黄周边县市的人员前来务工，直接就业人数已超过2万人，另外还带动6万人就业。

十、8.5亿元陶瓷资源再利用项目开工建设

2013年2月27日上午，河南浩驰再生资源科技发展有限公司开工奠基仪式在内黄县陶瓷产业园区隆重举行。内黄县委书记、县长王永志出席奠基仪式。

河南浩驰是以陶瓷抛光粉废渣为生产原料的环保建陶企业，投资8.5个亿，拟建10条多孔陶瓷保温板生产线，一期工程投资2亿元建设2条生产线，预计今年年底建成，10条生产线全部投产后，年产将达35万立方米、产值13亿元。

近年来，能源短缺和环境污染问题成为世界关注的焦点问题，发展循环经济成为当今世界的潮流和趋势。浩驰公司主要采用先进的生产工艺进行陶瓷废弃资源的循环运用，减少陶瓷固体废料的排放污染，项目建成后，年可消耗陶瓷固体废料20万吨。同时，孔陶瓷保温板产品具有增强抗震减灾、防火保温、舒适环保等新功能，市场需求量大，发展前景广阔，将产生良好的经济效益和社会效益。

浩驰再生资源项目的开工建设，对于促进陶瓷废料的再利用，进一步延长陶瓷产业链条，完善产业体系，加快打造生态节能、低碳环保的"中原瓷都"具有重要意义。

第九节 高邑

一、依托本土资本打造的产区

自20世纪90年代以来，河北建陶产业得到迅猛发展，成为北方建陶产业的重要产区之一。近年来，受多种因素影响，河北建陶产区结构发生变化，形成了高邑、赞皇、永年等多个建陶产业基地，共同推动着河北建陶产业的发展。

河北建陶产业分布于高邑、赞皇、永年、沙河、唐山、行唐、曲阳、顺平、永清、丰南、盐山、峰峰矿区等11个县（市），除高邑、赞皇、永年、沙河产业布局相对集中外，其余产区各地仅有1～2家建陶企业。

河北建陶产业主要呈现以下几个特点：从时间上来看，高邑、永年、沙河等为传统的建陶产业基地，赞皇建陶产业基地的多数企业为近两年新建；从产品结构而言，河北建陶产品结构逐渐完善，全抛釉、仿古砖等新品生产线逐渐增多；从建陶企业来看，企业数量有所增加，且企业生产规模相对扩大；从资

本构成上来看，高邑、赞皇以本地为最，永年、沙河则有相当数量来自外地。

二、省级中小企业产业集群范例

高邑，西倚巍巍太行，东踞滹沱河冲积平原。位于河北省省会石家庄最南端，面积 222 平方公里，辖五乡一镇一个街道办事处。

高邑建陶产业具有悠久的历史，唐朝时成为"邢窑"的一个重要分支。高邑县西部的太行山中段拥有大量高岭土、长石、黏土等矿产资源，品位高、储量可观。20 世纪 80 年代之前，高邑主要以生产缸、盆、耐火材料和低档日用瓷为主。20 世纪 90 年代以来，逐步转向建筑陶瓷，并经历了土窑燃煤、辊道窑燃油和煤气、加长辊道窑燃煤气三个发展阶段，规模不断壮大。

高邑县建陶产业的萌芽产生于 1995 年，当时县里富村乡政府投资建设了一条推板窑生产线，生产小红坯体地砖，后由几位农民承包经营，利润可观。受此影响，高邑县建陶业迅速崛起，尤其是那些分布在各个村落投资少、规模小的企业开始批量出现，产能则主要分布在富村镇和万城乡。

20 世纪 90 年代中期，当时的高邑县委、县政府认为，高邑县发展建陶产业具有资源、成本、区位、市场等比较优势，只要充分发挥优势，高邑县建陶产业必将大有可为。由此，拉开了高邑县发展建陶产业的序幕。

从 1995 年开始，高邑县委、县政府就把发展建陶产业确定为高邑县的主导产业，并且集中财力、物力、人力并在用电、占地、信贷和税费征收上制定了一系列优惠政策。到 2005 年前后，高邑县建陶产业发展状况风生水起。2006 年，高邑县建陶产业集群就被公认为为石家庄市重点产业集群。2007 年，被省评为重点特色产业基地。2008 年，高邑县建陶产业集群研发中心，被确认为"河北省中小企业产业集群技术服务中心"。2009 年，高邑县被确认为河北省省级中小企业产业集群。已有四个品牌被评为河北省中小企业名牌产品，三个品牌被评为河北省中小企业质量信得过产品。2010 年，圣泽瓷业有限公司、力马建陶有限公司、福隆陶瓷有限责任公司 3 家企业被评为河北省产业集群龙头企业。

目前，高邑县力马建陶公司和恒泰建陶公司分别获得了"河北省名牌产品"称号与"河北省优质产品"称号，力马建陶的"骏岭"牌地板砖和圣泽陶瓷的"圣泽"牌地板砖正在积极申报省级著名商标。

三、借用外脑助力产业结构优化提升

为破解建陶产业耗能困局，实现可持续发展，高邑县谋划了总投资 123 亿元的建陶——煤化工循环产业项目，目前，一期工程已建成。该项目全部建成后每年将向建陶企业供应 18 亿立方米的优质煤气，可极大降低建陶企业的生产成本。充足的能源供应、循环经济的发展模式，必将引领高邑建陶产业掀起新一轮发展浪潮。

高邑县把推进建陶工业聚集区建设作为产业调结构、转方式、上水平的突破口，聘请天津大学等设计院所，高标准完成了凤凰工业园区总体规划、控制性详规、产业发展规划。投资 1.3 亿元建成了全长33 公里的"三纵三横"路网工程，启动了 2 座 11 万伏电站和力马燃气直供双回线路工程，园区承载能力明显提升。同时，该县积极引导和帮助本地企业与先进地区开展对标活动，促进本地建陶产业与佛山、晋江等建陶产区知名企业开展全方位合作，全面提升技术工艺装备水平，向高端要效益。

与此同时，高邑产区产品结构也在悄然变化。宽体窑、喷墨打印等新设备、新技术得到广泛应用，提升了产品生产效率与产品品质。此外，抛光砖、瓷片虽然依旧是当地建陶产业的主导产品，但全抛釉、微晶石、仿古砖等品类已逐渐为企业所接受，并有大规模生产。据了解，除河北鑫祥陶瓷已建成的一条日产 2 万平方米的全抛釉生产线外，河北力鑫陶瓷待建的 8 条生产线中，有 2 条将分别用于微晶石和仿古砖的生产。

四、重大项目建设取得历史性突破

近年来，高邑建陶产业重大项目建设实现历史性突破，天佑高档地板砖、莱特陶瓷等一批重点项目全面开工建设，特别是全市仅有的 3 个投资超百亿元项目之一的总投资 123 亿元的力马燃气项目一期工程建成投产，有效提升了整个产业能源质量，为产品的提档升级提供了有力保障。

自 2012 年以来，该县建陶产业新增高档墙地砖生产线 25 条，被认定为"河北省建筑陶瓷产业集群"、"河北省建筑陶瓷特色生产基地"，成为全国五大建陶基地之一。

目前，高邑县陶瓷企业已由原来的 50 多家并至现在的 22 家，生产线由 60 多条减至 38 条，但随着产品逐渐升级换代，产量却有增无减。而且，现在，高邑县已有 17 条陶瓷生产线开工建设，这些生产线不仅投资大、产能高，并且采用了国内最先进的设备和工艺，单位产品能耗、电耗较以往降低 20% 以上。

截至目前，高邑县年生产各种陶瓷制品 1.6 亿平方米，年销售收入 40 亿元。产品种类包括内墙砖、外墙砖、地板砖三大系列，形成了较为完整的产品体系。

近年来，高邑县以打造"中国北方重要建陶基地"为战略目标，加快陶瓷产业优化升级、资源整合，已关停 20 余家产能落后的企业，十余家企业投资 1.5 亿元对生产设备进行了升级改造。计划到 2015 年底，全县建陶产业年生产能力实现翻番，产值实现翻两番，达到 200 亿元以上。

五、生产线新开工 17 条总数减至 38 条

2013 年，河北省高邑县大力解决制约建陶产业发展的瓶颈问题，提出争取利用两年时间，淘汰全部落后产能，全面实现零排放。

汇德陶瓷是在拆除四家小企业基础上建成的，其设备"旋风除尘机"是目前全国最先进的设备，生产过程中产生的粉尘在这里经过沉淀形成粉料，不仅有效解决了粉尘污染，而且粉料还能循环利用，废水零排放，真正实现了循环化清洁生产。

目前，高邑县陶瓷企业已由原来的 50 多家并至现在的 22 家，生产线由 60 多条减至 38 条，但随着产品逐渐升级换代，产量却有增无减。2013 年，高邑县有 17 条陶瓷生产线开工建设，这些生产线不仅投资大、产能高，并且采用了国内最先进的设备和工艺，单位产品能耗、电耗较以往降低 20% 以上。

2013 年高邑县新上生产线的企业有：鑫祥陶瓷有限公司，主要产品为全抛釉，新建生产线 1 条；浩龙陶瓷有限公司，主要产品为普拉提，新建生产线 1 条；莱特陶瓷有限公司，主要产品为内墙砖，新建生产线 1 条；汇力陶瓷有限公司，主要产品为木纹抛光砖，扩建生产线 1 条。这些生产线都在 2014 年上半年相继投产。

六、市场不景气导致一批老旧生产线停产

河北产区主要产品为聚晶微粉、普拉提、木纹石、郁金香、冰河世纪等抛光砖；全抛釉产品主要以 800mm×800mm 规格为主；内墙砖产品主要以 300mm×450mm、300mm×600mm、250mm×330mm、240mm×600mm 规格喷墨系列为主；耐磨砖主要以 600mm×600mm 和 800mm×800mm 规格为主。

抛光砖和内墙砖是河北产区的销售主力军，市场以河北、河南、内蒙古、西北、新疆等区域为主，低价格是本产区的最大优势之一。2013 年以来，产区内墙砖和耐磨砖产品销售受阻。大部分企业进入 6 月份已经开始搞促销活动或大打"价格战"，如河北高邑龙头企业——力马陶瓷企业，因为产量较大，导致库存压力和资金压力，所以要经常性地推出促销活动，以缓解销售压力。

由于市场不景气，导致全年高邑产区停窑、停产不断。停产企业主要以耐磨砖生产企业和低端产品及生产线老旧的企业为主，如禾成陶瓷、恒盛陶瓷、福俊陶瓷 3 家生产耐磨砖的企业，分别拥有 1 条耐磨砖生产线。聚祥泰陶瓷一线 5 月份开始进行技改。

七、重拳整治陶瓷粉尘污染企业

2013 年，河北省高邑县针对建陶产业产能落后、污染严重的现状，重拳出击，严厉治理陶瓷粉尘污染，并提出争取利用两年时间，淘汰全部落后产能、实现零排放，打造"华北绿色瓷都"。

6月份高邑县就召开了陶瓷行业粉尘污染综合整治工作会，并下发了《高邑县人民政府关于陶瓷企业交纳粉尘治理保证金的通知》，强制陶瓷企业对粉尘污染进行治理。

高邑县对陶瓷行业粉尘污染的综合整治措施主要有：所涉20家陶瓷厂要把治理的工序按照高标准治理，实现优化达标治理；各陶瓷企业要落实资金和人员，紧盯工期，确保粉尘治理项目按期完成；环保局所分包企业者，要不折不扣按照《陶瓷行业粉尘治理方案》抓落实、抓治理，凡是在时限内完不成的，一律解聘劳动合同；凡是企业在8月15日前，不按照最后时限治理的，对其企业"零容忍"、"零放纵"，将拉闸断电，促使企业停产。

八．招商引资活力再现

2013年，高邑加大招商引资力度，从融资占地、技术服务、审批立项等环节入手，为企业提供全方位、多层次、立体化服务。与此同时，广泛动员企业家与知名大企业大集团合资合作，同大专院校、科研机构联姻嫁接，围绕上下游项目招大商，通过引来项目做大自己的企业，做强高邑的产业，形成规模效应。目前，河北昊龙陶瓷、鼎吉建材、博广窑炉设备等项目签约落地。兴龙包装、力马技改、昊龙陶瓷等项目已开工建设。

落户在高邑建陶生产基地的河北昊龙陶瓷高档地板砖项目，厂房主体已基本完工，窑炉正在建设中。该项目总投资5亿元，上两条先进生产线，第一条生产线为高档抛光砖，10月份投产后，800mm×800mm的砖原来能生产2片，现在可以到3片，提高产品性能的同时，产量增加了50%。而且，该项目生产设备、技术不但处于先进水平，而且整个生产过程中不会污染环境，绿色环保。

高邑县在大招商行动中并没有单纯追求项目数量，而是采取"有中生新、无中生有"、"腾笼换鸟"的做法，调整产业结构，引进一个新项目带动整个产业的提档升级，通过一个项目延伸产业链发展一个产业园。总投资50亿元的中国建陶之都项目将紧紧围绕建陶这一主导产业升级，将建设国际性知名建陶生产基地和陶瓷产品集散地。

2013年8月20日，河北省高邑县召开中国建陶之都项目研究会。会议听取了中国建陶之都项目情况汇报。据了解，中国建陶之都项目计划总投资100亿元，总占地面积1400亩（约93.3公顷）。中国建陶之都项目作为生产性服务业项目，是高邑县招商重点，该项目落户高邑，对推动建陶产业发展意义重大。

高邑省级经济开发区按照"一区三园"发展规划，划分为东区、西区、南区三部分，总规划面积31.4平方公里。其中西区已形成规模宏大的建陶生产基地。其中，河北昊龙陶瓷高档地板砖项目，2条高档大规格地板砖生产线已初具规模，2014年初可竣工投产，年生产能力可达900万平方米，年销售收入5.2亿元，实现利税5000万元。

九、"质量提升行动"助力陶企转型发展

高邑县建筑陶瓷产业虽然有着较长的历史和产业基础，但一直处于低端发展阶段，大部分陶企技术水平较低，产品以中、低档次为主，市场竞争力较弱。为此，当地质监部门强力实施名牌战略，形成了全县关注名牌、企业争创名牌、部门培育名牌、政府激励名牌的良好局面。

2013年，高邑县质监局定期组织人员深入企业调研，制定名牌培育计划，帮助列入培育计划的企业做好申报名牌工作；督促企业积极采用国内外先进标准，建立完善的质量保证体系等，为企业提供一切可能的服务。目前，已培育了力马建陶、圣泽瓷业等多个拥有省名牌产品的企业。

针对高邑市场上存在的假冒名品、"贴牌"混乱、标识不规范等现象，石家庄市质监局下大力气对当地陶瓷行业进行专项整治。通过集中整治，违法企业被关闭重组，高邑县陶企由原来的30多家变为目前的21家，产品质量水平明显提高，陶瓷生产经营秩序得到规范。

为了给陶瓷业发展提供技术支撑，石家庄市质监局经多方筹措先后投资200余万元，建成了河北省陶瓷砖产品质量监督检验站，为企业提供检验、检测、科研等技术服务。

目前，陶瓷砖产品质量监督检验站能够对瓷砖的18项参数进行检验。每年承担陶瓷砖产品质量省

级监督抽检 30 余批次，委托检验 150 余批次。

近两年，高邑陶瓷业通过"质量提升行动"，实现了迅猛发展，涌现出力马建陶、圣泽瓷业等一批有市场竞争力的陶瓷企业。2013 年产高邑生产陶瓷砖 3.2 亿平方米，销售收入达到 50 亿元。

十、高邑建材城盛装开业

2013 年 7 月 13 日，高邑建材城开业典礼在高邑县举行。此次活动由河北省住宅与房地产协会和高邑县人民政府联合主办，省消费者协会房地产行业分会、老科技工作者协会建设分会倾情协办。

开业后的高邑建材城将倾力打造成辐射全国的陶瓷建材交易中心和省市重点工程，更为有理想有抱负的年轻人们提供一个广阔发展平台，凡是有才华的近年毕业生可享受城内商铺三年的免租承诺，共有 10 个名额。

高邑建材城位于河北省石家庄市高邑县高新技术开发区，占地 326 亩，总投资 11.2 亿，由亿博基业集团河北物流有限公司投资建设。作为河北省和石家庄市重点项目，该建材城依托北方重要建陶生产基地区位优势，提供区域生产厂家与国内外先进企业的一流对接平台，集展销、批发、零售、仓储于一体，陶瓷、建材及附属产品一应俱全，可满足消费者一站式多层次需求。

十一、转型升级中的老建陶产业基地

高邑建陶产业一直以来饱受企业规模小、生产设备落后、产品层次低档等问题的困扰。针对这种现状，自 2013 年以来，高邑县政府一方面加大招商力度，吸引佛山、淄博等地的一线品牌、知名企业和大型企业落户，如佛山璟盛陶瓷，提高了本地区建陶产业的知名度，另一方面通过对现有建陶企业进行淘汰落户、兼并重组，如对 6 家建陶企业实施了改造升级，形成一批规模大、竞争力强的当地龙头企业。

与此同时，高邑产区产品结构也在悄然变化。宽体窑、喷墨打印等新设备、新技术得到广泛应用，提升了产品生产效率与产品品质。此外，抛光砖、瓷片虽然依旧是当地建陶产业的主导产品，但全抛釉、微晶石、仿古砖等品类已逐渐为企业所接受，并有大规模生产。

目前除河北鑫祥陶瓷已建成的一条日产 2 万平方米的全抛釉生产线外，河北力鑫陶瓷待建的 8 条生产线中，有 2 条将分别用于微晶石和仿古砖的生产。

第十节 当阳

一、迅速崛起的"三峡瓷都"

湖北是陶瓷砖生产和需求大省，总产量连续多年位居全国第七。自 2007 年以来，湖北当阳、南漳、蕲春、浠水、通城等多个县（市、区）积极承接沿海产业转移，并相继喊出打造"瓷都"的口号，一时间湖北建陶产业遍地开花，蓬勃发展。

湖北建陶产业散布于 16 个县（市、区），除当阳、蕲春、黄梅产业布局相对较为集中，集聚效应明显之外，余下大部分地区仅有 1 ～ 3 家陶瓷企业。而从资本构成来看，以福建资本为最，如当阳、蕲春，大部分企业源自福建晋江、闽清等地，另有相当数量资本来自广东、浙江、山东、四川等传统建陶大省或经济大省，而土生土长的本土陶企则并不多见。

当阳是湖北省最大陶瓷产业集聚地。当阳高岭土的各项性能指标，最适合生产建筑陶瓷。发展建筑陶瓷，当阳的资源优势得天独厚。

当阳市大力发展陶瓷产业的时间最早可以追溯到 2007 年 10 月。大地陶瓷与市政府签订协议，投资 3.3 亿元，拟建设 7 条中高档陶瓷生产线。同年 11 月，新中源集团决定在当阳市建设生产基地，组建宝加利陶瓷有限公司。

2008 年，湖北省委、省政府确定重点培育 52 个产业集群，当阳陶瓷产业集群名列其中。但那一年的当阳，只有 3 家陶瓷企业。经过细分析、作规划、走长线，当阳一举申报成"省重点成长型产业集群"。

此后 4 年，当阳陶瓷产业集群连年被认定为"省重点成长型产业集群"。2009 年 6 月，省发改委正式批准设立"湖北当阳建筑陶瓷工业园"。

当阳在争取大政策的同时，迅速谋划，强化基础积极"筑巢"。当阳陶瓷工业园区规划面积 12 平方公里。目前，园区基础设施投入及企业固定资产投入 40 多亿元。

目前当阳市建筑卫生陶瓷产业集群内企业（含在建）达 67 家，陶瓷砖（瓦）生产企业 13 家，全市拟建陶瓷生产线总计 99 条（含卫生洁具、腰线配套），已建成陶瓷砖（瓦）生产线 46 条，加之临近的远安县、枝江市，泛当阳产区共建成陶瓷砖（瓦）生产线 61 条。

2013 年，当阳共生产瓷砖 2.95 亿平方米，占湖北省陶瓷砖生产产能的 70% 以上。集群内采矿、陶瓷原料加工、陶瓷产品二次加工、机械模具、物流运输、印刷包装等配套企业达 51 家。67 家陶瓷及配套生产企业，在册职工达 14222 人，2013 年共实现营业收入 107 亿元，占当阳工业比重的 17.4%。

二、严控总量 提档升级

出于对环保的考虑，未来当阳将进一步出台和完善相关政策，按照陶瓷行业准入标准，严格控制陶瓷生产线不超过 100 条总量限制，择优汰劣，对工艺落后、质量不高、附加值低的生产线坚决抵制，鼓励现有企业加强与高校的科研合作或自建企业研发中心，加快产品结构调整，提高产品质量档次。按此思路，当阳未来或不再引进陶瓷企业，只有国际、国内知名品牌，才会考虑引进。

三、抓好自主品牌 树立标杆企业

鼓励企业打造自主品牌，是当阳政府部门未来的重点工作。一直以来，当阳大多数陶企都打着"福建品牌"或"佛山品牌"，极少打本土自主品牌。

现在，打造自主品牌的重要性已被越来越多的陶企认可，但当阳陶瓷产业尚处于发展的初级阶段，没有龙头和标杆企业做参照，让企业在品牌建设的道路上很迷茫。

近些年当阳在品牌建设上略有成效：已获"湖北省名牌产品"10 个。政府对于获湖北省著名商标的企业奖励 8 ~ 10 万元，对于获中国驰名商标的企业热奖励 80 ~ 100 万元。凯旋陶瓷正在申请"中国驰名商标"。

2013 年 9 月 13 日，在武汉陶石展陶瓷展区，当阳陶瓷以区域形象亮相，"当阳市陶瓷产业协会、湖北当阳建筑陶瓷工业园"的招牌，虽然没有占据最中央的位置，但一直不乏人们关注与问津。

四、弃"大而全"做"小而精"

在产区早期规划的时候，当阳行业协会通过调研，指导陶瓷企业在产业市场细分中放弃"大而全"，走"小而精"的产业集群之路。于是，在陶瓷产业市场细分中，当阳专攻建筑陶瓷。通过错位竞争，当阳陶瓷产业在激烈的市场中得到快速发展。

当阳产区的产品具有互补性。13 家陶瓷企业建陶产品很齐全，有各种规格和材质的外墙砖，包括彩码，有仿古砖、抛光砖，有瓷片，有西瓦，还有地脚线，而且还有卫生陶瓷，企业之间的产品基本互补，企业销售人员乐意相互介绍客户。

如此，资源、市场与产业的良性互动，促成了当阳陶瓷产业集群的快速崛起。短短几年，抛光砖、釉面砖、外墙砖等全系列产品一应俱全，"当阳陶瓷"也逐步成长为西北区域品牌。

五、绿色园区蔚然成型

由于政府高度重视绿色环保，当阳陶瓷工业园绿树成荫，工厂被隐藏于树林之中。当阳市经济商务局介绍，近几年当阳市政府每年投入3000余万元资金用于园区绿化工程，效果显著，车行园区主干道，很难看到工厂。

工厂的办公楼、宿舍楼、生产车间都是新的，布局大气合理。工厂外围，整个产区乃至市区都一派绿色。厂区周围大小水塘星罗棋布，没有出现用垃圾、废陶瓷去填平的现象。当阳陶企由于产品互补，废陶瓷可以粉碎后回收用于外墙、仿古砖、内墙砖生产，因此，不像一些产区专做抛光砖或卫生陶瓷，废陶瓷只好到处乱倒。

第十一节　藤县

一、上半年陶瓷产业完成生产总值43亿元

位于广西东南部的藤县，距有"百年商埠"的梧州市仅48公里，是广西最重要的新兴陶瓷产区。2013年，广西藤县围绕中和集中区"经济发展核心区、招商引资先导区、主导产业聚集区"的发展定位，以延长产业链为抓手，以拓展园区完善基础为依托，以做大做强企业为着力点，加大招商引资和项目建设力度，项目建设如火如荼。

截至2013年6月底，16个陶瓷建设项目已完成投资16.17亿元，占全年计划投资任务22.78亿元的71%，其中两个项目超额完成年度投资任务。14家陶瓷企业87条生产线投产，完成生产总值43亿元，同比增长11.8%。

为提升园区的承载能力，该县利用国家低丘缓坡政策，加快园区土地的平整，为新入园企业提供建设用地；对园区的整体布局、基础设施、产业布局等进行科学规划设计，保障园区的可持续发展；做好路网建设，供水、排污管道的铺设，道路、厂区等的绿化等。

上半年园区建设完成投资2.96亿元，占年度投资任务3.25亿元的91%，基础设施建设完成投资0.86亿元，占年度建设任务的57.1%，基础设施逐步完善，园区扩大近一倍。

二、拉长产业链　促进集群发展

在构建产业链、推动形成产业集群的过程中，该县紧紧抓住"园区建设（招商）年"这一主旋律，以现有的新中陶、瑞远、新舵、宇豪等重点骨干企业为依托，抓好一期项目工程的投产和发展，促进二期工程的开工建设，着力做大做强这些骨干企业；引进泰和丰、德龙、碳歌、佳和利等上下游配套项目，拉长陶瓷产业链，促进产业集群发展。泰和丰与德龙两企业主要按照陶瓷企业的生产要求，直接为企业提供生产陶瓷的原材料，使陶瓷企业一步到位开展生产，碳歌企业则利用陶瓷企业打磨所产生的废料、碎瓷片生产发泡保温材料，佳和利等企业生产包装陶瓷所需的纸板、塑料。

2013上半年，泰和丰陶瓷原料生产项目完成投资2.15亿元，占全年投资任务2亿元的107%，德龙原料生产项目完成投资3050万元，占全年投资任务3000万元的101%，两企业均提前竣工，开始调配、试产，碳歌发泡陶瓷保温材料项目完成投资2.5亿元，8月份试产。

三、再投2.53亿完善工业园区基础设施

2013年，进驻藤县陶瓷园、工业园、钛白园三大工业园区新开工的企业有煤焦油深加工、陶瓷模具、陶瓷机械、钛白技改、权森木业等，达到10多家。随着工业企业的不断增多、园区的不断扩大，原来的基础设施满足不了需要，为此，该县计划投资2.53亿元，用于完善园区道路、供水、排水、排污、绿化等设施，以及水厂、商业街、物流园等配套设施。

为了加强工作的推进，该县成立基建组，负责基础设施建设的推进和协调等工作。截至2月底，该县基础设施建设已完成投资5520万元，占年度投资的22%。

四、新引进两家陶企建 12 条线

2013 年 9 月 28 日，广西梧州陶瓷产业园藤县中和集中区成功引进盛汉皇朝、酷士得两家大型陶瓷生产企业落户，两家企业将投资 12.5 亿元，建设 12 条生产线，达产后预计年生产总值 18 亿元。

来自来宾市的盛汉皇朝陶瓷有限公司投资 2 亿元，建设以生产高档陶瓷仿古砖为主的生产线两条，项目将于 2014 年 1 月动工，建设期为两年。来自广东佛山市的酷士得陶瓷有限公司投资 10.5 亿元，建设十条陶瓷生产线，总建设期为 30 个月，其中一期将于 10 月份动工建设四条生产线，2014 年 6 月前完成两条生产线建设并投产，以生产高档瓷砖和瓷片为主。

至此，藤县中和集中区已引进陶瓷企业 16 家，总投资 115.9 亿元，建成生产线 91 条，今年前八个月完成生产总值 61.2 亿元。

五、陶瓷园区总产值突破 95 亿元

2013 年，广西壮族自治区梧州陶瓷产业园区藤县中和集中区新引进陶瓷企业 4 个，已达到 18 家，园区面积达到 8500 亩，比年初扩大了 50%，总产值突破 95 亿元。

藤县共组织开展了 5 次陶瓷项目招商活动，专程赴广东省佛山、深圳、江门、肇庆，以及福建省厦门、福州、晋江等地，上门对接陶瓷生产、陶瓷模具、陶瓷釉料、纸箱包装、陶瓷机械、五金加工等企业，重点推介陶瓷园招商服务平台，成效显著。共签约陶瓷项目 4 个，签约总投资 21.1 亿元，洽谈达成投资意向项目 6 个。

藤县在壮大陶瓷园区时，着力构建上下游产业互相对接的园区，着力延长产业链。为做好上游原料供给问题，该县去年引进德龙、泰和丰两家陶瓷原料生产企业，项目投资 7 亿多元，于年中提前建成投产。

六、中和集中区成功打造 37 个品牌

藤县积极引导陶瓷企业，提高陶瓷质量，树立陶瓷品牌。截至 2013 年底，梧州陶瓷产业园藤县中和集中区已经成功注册 37 个陶瓷品牌，这些富有特色的品牌，成为"南国新陶都"一张张靓丽的名片。

走品牌发展战略是建设陶瓷园区的一项突出举措。2013 年，广西新舵企业旗下的新舵、卓德两个陶瓷品牌，已销往海内外。像广西新舵陶瓷公司一样，新中陶、瑞远等陶瓷公司也纷纷在广西注册了品牌商标。在短短一年时间内，藤县陶瓷企业成功推出"新舵"、"卓德"、"乔士"、"力拓"、"顺境"及"朝晖"等十多个陶瓷品牌。

为强力推进陶瓷品牌建设，藤县设立专项资金，利用广西、广东主流媒体及网络等平台，大力宣传该县陶瓷产业及品牌；同时协调企业围绕各自特色展开宣传，形成既有整体又有重点的品牌宣传格局，营造宣传强势，逐渐打响了藤县陶瓷品牌的名气，也促进了陶瓷产品的销售。

七、闽清两大陶企同日入驻陶瓷园区

2013 年 12 月 3 日，广西藤县陶瓷园区喜传捷报，又有两个企业签约入驻，签约投资额 8.6 亿元。签约入驻陶瓷分别是闽清佳美陶瓷有限公司和福建闽清金城陶瓷有限公司。

佳美陶瓷生产项目由福建省佳美陶瓷有限公司投资建设，项目选址在陶瓷园区 B-6 地块，计划用地 300 亩，拟投资人民币 5 亿元，计划建设 3 组陶瓷生产线，主要生产各种规格、新型喷墨 3D 内墙砖、抛釉地砖等。该项目建成投产后，年产值达 5 亿元，年可创税收 1500 万元以上。

金城陶瓷生产项目由福建省闽清金城陶瓷有限公司投资建设，项目选址在陶瓷园区 B7 地块，计划用地 300 亩，拟投资人民币 3.6 亿元，建设 3 组陶瓷生产线，主要生产各种规格高级内墙砖等。该项目建成投产后，年产值达 4.8 亿元，年可创税收 1500 万元以上。

截至目前，藤县陶瓷园区已有 18 家陶瓷企业签约入驻，总投资 124.5 亿元，计划建设 172 条生产线。

如今，已有 10 家陶瓷企业共 95 条生产线建成。

八、继续招商引资壮大"南国新陶都"

2013 年以来，藤县陶瓷园区紧紧围绕做大做强产业，主攻陶瓷项目，拉长产业链，园区频频传来捷报，取得了可喜成绩。

藤县全年共组织了 5 次陶瓷项目招商活动，专程赴广东省佛山市、深圳市、江门市、肇庆市，福建省厦门市、福州市、晋江市等地，上门对接陶瓷生产、陶瓷模具、陶瓷釉料、纸箱包装、陶瓷机械、五金加工等企业，重点推介陶瓷园招商服务平台，取得了显著成效。共签约陶瓷项目 4 个，签约总投资 21.1 亿元，同时还有跟踪洽谈项目 6 个。下一阶段，藤县将继续抓好招商，促进产业不断集聚，壮大"南国新陶都"。

第十章　卫生陶瓷产区

第一节　佛山

一、东鹏洁具、心海伽蓝逆势发展

行业经过上半年的寒冬，在 2013 年 9 月份开始回暖，乍暖还寒的市场大经济环境让不少企业加紧步伐展开产业的整合升级，企业对产品产业链的整合延伸给专业性较强的企业带来了压力。2013 年 3 月，作为中国浴室柜第一品牌的心海伽蓝正式成立了整木家居分厂，进军家居行业。

2013 年是心海伽蓝五年规划的第一年，是战略布局年。3 月份，心海伽蓝成立整木家居分厂，为的是迎接定制家居时代的到来。接着又成立淋浴房分厂，原因是淋浴房市场份额大，之前心海伽蓝将淋浴房当配角，往后淋浴房可以作为企业新的增长点。再就是于佛山智慧新城新办公楼成立外贸公司，关注外贸、设计、市场。

同样，面对"严冬"，当大多数企业选择静观其变。东鹏控股却反其道而行，2013 年 8 月，东鹏洁具位于江西丰州的生产基地一期工程竣工投产。东鹏洁具江西基地集生产、仓储、物流、办公于一体，占地面积约 25 万平方米。首期工程的主体厂区面积高达 42636.7 平方米，共 3 层。

经过 2012 年的高速发展，东鹏洁具年均销量达到近 30% 的增长，其市场需求已经全面超过原有厂区的供应情况，而根据终端反应，在多数卫浴品牌销售不济之时，东鹏洁具的零售店面依然能取得不俗的业绩。销售网点的广布和深化也需要产品的支持。

同时，建新基地也是东鹏进行品牌新形象战略的需要。2013 年，作为东鹏洁具品牌新形象的建基年，东鹏洁具制定出了在 2017 年实现销值超过 15 亿、成为标杆性卫浴企业的发展目标。

二、开展陶瓷卫浴洁具企业职业卫生专项整治

2012 年，佛山市报告职业病 76 例，尘肺病新发病例有 40 例，占全市所有诊断职业病病例的 52.63%，而这些新发病例主要集中在陶瓷卫浴洁具行业。为有效遏制该行业职业病危害，2013 年下半年佛山对陶瓷卫浴洁具企业开展职业卫生专项整治行动，将持续到 11 月底结束。

佛山是陶瓷卫浴洁具产业较集中的地区，因该行业存在高危粉尘、化学毒物、高温、强噪声等职业病危害因素，加上职业病防护设施薄弱，积累了职业病发病的高风险。

据初步统计，佛山陶瓷卫浴洁具行业接触有毒有害因素职工 23181 人。因部分企业没有进行申报，所以实际数字还可能远大于上述数字。近年来，企业连续发生了多起群体尘肺病事件、职业中毒及职业性噪声聋等也时有发生，如 2005 年的皓昕尘肺病事件等在当时都引起了广泛的关注。

三、佛山市卫浴洁具行业协会成立

2013 年 6 月 21 日上午，刚刚获批的成立的佛山市卫浴洁具行业协会第一次秘书处会议在佛山禅城意美家协会办公室召开。协会拟任会长朱云锋（歌纳洁具董事长）、名誉会长邦平（箭牌总经理）、秘书长刘文贵（奥尔氏淋浴房总经理）以及多位副秘书参加了会议。

经过长达 7 个月时间的精心筹备，佛山卫浴洁具行业协会成立大会于 2013 年 12 月 19 日下午在中国陶瓷产业总部基地陶瓷剧场隆重举行。佛山市政府部门领导、兄弟产区协会代表、各企业代表和媒体

代表共计 500 余人同聚一堂，共同庆祝佛山卫浴洁具行业协会成立。

本次成立大会得到佛山政府的大力支持，佛山市民政局领导在大会上宣读批准"佛山市卫浴洁具行业协会"成立文件，并为协会举行了隆重揭牌仪式。本次协会的成立仪式也得到了中国建筑卫生陶瓷协会的大力支持，秘书长缪斌亲临活动现场，并为大会致辞。

佛山卫浴洁具协会会长朱云峰在会议上带领佛山卫浴企业代表宣读自律宣言，并详细地介绍了协会的组织架构与发展情况。协会秘书长刘文贵作佛山卫浴洁具协会工作汇报。

四、佛山卫浴品牌产品质量抽查上黑榜

广东省质量技术监督局 10 月 29 日公布 2013 年广东省卫浴产品质量专项监督抽查结果，不合格产品发现率为 11.7%。

本次共抽查了广州、佛山、中山、江门、顺德等 5 个地区 58 家企业生产的 60 批次卫浴产品。依据 QB 2584—2007《淋浴房 QB 2585—2007（喷水按摩浴缸）》及经备案现行有效的企业标准或产品明示质量要求，对喷水按摩浴缸的外观、耐日用化学药品性、耐污染性、巴氏硬度、耐荷重性、耐冲击性、耐热水性、满水变形、金属配件表面处理、水流喷射水平距离、密封性、滞留水、对触及带电部件的防护、输入功率与电流、工作温度下的泄漏电流和电气强度、接地措施、噪声、回流装置、标志等 19 个项目进行了检验。

另外，这次抽检还对蒸汽淋浴房的钢化玻璃碎片状态、外观、结构和装配质量、荷重要求、房体结构强度、蒸汽的发生与控制功能、水力按摩、配管检漏、对触及带电部件的防护、输入功率与电流、工作温度下的泄漏电流和电气强度、接地措施、表面处理、标志、使用说明书等 15 个项目进行了检验。同时，对淋浴屏产品的钢化玻璃碎片状态、外观、结构和装配质量、房体结构强度、表面处理、使用说明书等 5 个项目进行了检验。

本次抽查发现 7 批次产品不合格，涉及佛山的"万斯敦"喷水按摩浴缸、"百丽"喷水按摩缸、"地中海"喷水按摩浴缸等品牌产品。不合格项目主要在表面处理、巴氏硬度、标志、使用说明书等几个方面。

五、联塑集团全资收购益高卫浴

2013 年 11 月 3 日，联塑集团宣布全资收购益高。当天在佛山举行的联塑益高战略峰会透露，联塑集团全资收购益高卫浴，双方将在内部管理、外部市场等方面进行资源和信息共享。收购完成后，联塑对益高厂房和设备进行全面改造，为消费者提供一站式家居服务。

今年 9 月，佛山卫浴界就传出"联塑集团要收购益高卫浴"的消息，成为业内聚焦的话题。联塑集团创建于 1986 年，历经 27 年发展，已经成一家管道生产商转型成为大型建材家居产业集团。2010 年，中国联塑在香港联交所成功上市。益高卫浴建于 1996 年，是一家专业生产整体卫浴产品的大型制造企业，主要以休闲卫浴、陶瓷洁具、浴室柜、五金龙头及配件产品为主，生产基地设在佛山。

联塑集团在前几年已经开始涉足卫浴行业。尽管联塑作为国内领先的建材家居产业集团，拥有雄厚的资金实力，但此前它在终端市场还未形成较大的反响。与此同时，定位高端的益高卫浴，在品牌推广上拥有较强的实力。从 2009 年开始，益高卫浴选择把国家游泳队作为合作伙伴，去年国家游泳队的成功出征，令益高卫浴的品牌价值又上升了一层。从这个角度看，双方确实是优势互补，强强联合。

六、欧盟反倾销研讨会在佛山举行

德国唯宝等欧盟厂家，于 2013 年 11 月已向欧委会提交起诉书，申请对从中国进口的卫浴洁具产品立案反倾销。广东省共有 120 多家卫浴出口企业或被欧盟立案调查，立案企业必须在 45 天内提出应诉，如败诉，将被欧盟重罚关税。

2013 年 12 月 26 日，佛山政府领导与企业召开反倾销预警会。而在此前，广东省外贸厅下发《关

于召开欧盟对我卫浴洁具反倾销预警会的通知》了特急公函。

2013 年，巴西等国对我国陶瓷卫浴也进行了反倾销调查，让一些企业的出口举步维艰。面对反倾销调查，很多陶瓷企业采取灵活的办法减少损失，比如有的企业跟进口商洽谈，更改合同，用比较新的产品替代传统产品，避免合同毁约。企业尽量开发一些与其他国家和地区不同的花色品种，多生产环保低碳的产品。

七、法恩莎和箭牌互换"掌舵人"

原箭牌卫浴事业部总经理方春自 2013 年 4 月 1 日起接管法恩莎卫浴，原法恩莎卫浴事业部总经理严邦平 4 月 1 日起掌舵箭牌卫浴，双方互换品牌，其职位不变。

乐华集团旗下箭牌卫浴、法恩莎卫浴两大品牌卫浴掌舵人对调，有业内人士认为，事件对其核心团队、经销渠道等影响并不会太大，毕竟同属一个集团旗下，多年来相互之间都有了解、学习，两位掌舵者又均为卫浴行业里经验丰富的管理者，这样的"换帅"显示了乐华集团董事长谢岳荣的经营智慧。对于两个品牌而言，也是一个新的开始。

箭牌卫浴成立于 1994 年，经过 19 年的持续稳定发展，箭牌的市场占有率连续九年位居全国卫浴行业销售第一。截止到 2012 年十二月，箭牌在全国设立了超过 3000 个经销网点，并且即将突破 20 亿元的销售额。而方春自 1998 年开始负责箭牌的工作，到现在已经有 15 年的时间了。

法恩莎卫浴创立 1999 年，截止到去年已经在全国拓展到了 2000 多家经销网点，销售额达到 9 亿多元。作为法恩莎品牌创始人之一，严邦平已经在法恩莎工作长达 14 年之久。

八、卫浴家具产品抽检合格率超 9 成

根据广东省质监局 11 月 25 日通报的《2013 年广东省卫浴家具产品质量省级定期监督检验结果》显示，广东卫浴家具质量稳定，合格率超过 9 成。而媒体从近 3 年的广东卫浴家具产品的抽检结果，发现产品抽检合格率连续三年超过 90%，而且不合格企业对产品质量问题及时整改，未发现连续两年出现不合格的企业。

本次检验依据 GB 24977-2010《卫浴家具》、经备案现行有效的企业标准及产品明示质量指标和要求，对卫浴家具的台盘及台面、木质部件、金属支架及配件、玻璃门、台盆柜台面理化性能、木制部件表面漆膜理化性能、软硬质覆面理化性能、金属电镀层理化性能、产品外表木质部件 24h 吸水厚度膨胀率、单板贴面及软硬质覆面浸渍剥离、产品耐水性、落地式台面强度、搁板支承件强度、抽屉和滑道强度、门强度、悬挂式柜（架）极限强度、甲醛、重金属、放射性、可能接触到的部件或配件 20 个项目进行了检验。

本次卫浴家具产品定期监督检验范围涉及广州、深圳、佛山、江门、肇庆、顺德 6 个地区 16 家企业生产的 21 批次卫浴家具产品。抽检发现有 2 批次不合格，不合格产品率仅为 9.5%。

九、卫浴行业首个国产喷釉机器人在箭牌卫浴投入使用

2013 年 10 月，箭牌卫浴与佛山新鹏机器人技术有限公司合作研发的首批 20 套国产喷釉机器人投入使用，预计将会每年为企业节省 3600 万元的劳动力成本。

陶瓷卫浴是劳动密集型行业，近年来，在春节过后都会出现"用工荒"现象。而喷釉机器人的使用可以从根本上解决卫浴行业用工难的问题，也可以最大限度解决职业病对工人身体的危害，杜绝职业病的产生，降低企业经营风险。

过去，工人在喷釉的时候一方面需要用眼观察釉料的分布情况，另一方面需要手移动，均匀地把釉料喷上，这是一个手眼协调的过程。针对这一特点，新鹏机器人技术开发了一种叫"关节臂教导机"的装置，只要把"教导机"装到喷枪上，工人按照平时的操作习惯进行喷釉作业，喷的过程中，装置就能

把人移动的轨迹、力度、速度完全记录下来。然后，通过软件把这些记录下来的资料生产一个喷釉的程序，后期再根据原料耗损把程序优化。

箭牌卫浴首套喷釉机器人经过了近一年调试，目前技术已经成熟，而经过国产化的喷釉机器人就如同傻瓜相机，操作十分简便。另外，机器人的操作都是标准化的，所以喷釉更加均匀，产品合格率更高。按照箭牌卫浴前期的应用核算，机器人上岗后，每条喷釉线可节省2/3的人员，一年能节约人工花费1440万元。

喷釉机器人的智能化体现在两个方面，一是机器人的自由度很高，能够走很复杂的空间曲线，实现釉料的均匀喷洒。另一方面，喷釉是一个很复杂的工序，要熟练的工人才能做，箭牌培训一个喷釉工需要几个月的时间。喷釉机器人的使用可以提高整个生产效率，降低生产成本。

智能化将成为卫浴行业生产线的发展趋势。新鹏机器人作为首个国产喷釉机器人获得了国家863项目和国家发改委、省科技重大专项支持，并已申请多项专利。

十、唯一卫浴倒闭事件引发业内深度反思

2013年8月30日起，营销中心位于佛山中国陶瓷总部基地的唯一卫浴传出经营危机，拖欠员工巨额工资，其后，佛山市公安局禅城分局透露，由于涉嫌经济犯罪，苏丹晓目前已被警方刑事拘留。但案件会按刑事案件进行处理。

公开信息显示，唯一卫浴隶属香港唯一集团。该集团旗下包括斯特丹陶瓷化工实业有限公司、南国陶瓷洁具实业有限公司、开平市唯一卫浴有限公司等，产品种类涉及陶瓷色料、卫浴、洁具以及水龙头、五金水暖。

唯一卫浴"倒闭事件"引发了业内对其超前经营模式的深度反思。作为一家新锐的卫浴企业，唯一卫浴有不少新的尝试。成立不久后的唯一卫浴提出了"一个新模式、三倍盈利"的口号，即在B2C的营销模式下，通过总部、合作商和加盟商的互动，实现线上电子商务和线下实体店结合的O2O模式，共同构建整体的产品、物流、仓储、销售和售后的体系。

唯一卫浴新型模式的亮点在于与电子商务的结合。而唯一卫浴也称得上是较早一批开始实践的企业代表。但自建电商平台的做法，首先遇到的就是引流量的问题。引流量需要投入巨大的资金，这是一般企业很难承受的。更重要的是，由于实行业内最时兴的"整体家居"概念，唯一卫浴的产品结构存在产品线过长、过窄的问题。

另外，在品牌推广上，唯一卫浴一掷千金的做法也备受争议。在2011年下半年签下著名歌手王力宏为企业代言人，一年的代言费近1000万元，2012年上海厨卫展中，唯一卫浴以郎咸平和王力宏同时为企业站台的方式，获得了极大关注，虽然大大推进了企业的招商进程，但也过早透支了企业的实力。

从行业的角度看，唯一卫浴的许多创新做法，业内普遍认为有一定的借鉴意义。但毕竟在陶卫这个传统行业中，如何嫁接电商环节，还需要谨慎实验。因此，唯一卫浴事件总体上说是一次深刻的负面教训。

十一、浪鲸卫浴举办"寻找中国好设计"工业大赛

2013年8月6日，佛山市首届"市长杯"工业设计大赛在佛山新闻中心举行启动仪式。浪鲸卫浴市场部总监杨红代表企业出席了此次活动。同时，浪鲸卫浴与"市长杯"工业设计大赛同主题"寻找中国好设计"的企业专项赛"第二届'浪鲸杯'卫浴产品设计大赛"也正式开启。浪鲸卫浴企业专项赛总奖金5万元，从即日起到2014年3月，企业、团队、个人都可通过网站、邮件等方式寄送作品参赛。

本次"市长杯"工业设计大赛由市政府主办，是佛山首个以市政府首长名义命名的工业设计大型综合性赛事。市经信局希望通过比赛，在激励本地企业和人才的同时，也为企业汇聚国内外优质工业设计资源和人才，推动佛山制造业转型升级。

浪鲸卫浴一方面希望通过竞赛，可以征集到好的设计，直接转化为效益；另一方面，也可寻找人才

和可以长期合作的工业设计公司。

十二、东鹏洁具智能马桶发生自燃事件

2013 年 8 月 4 日，东莞市万江共联村一栋别墅内发生令人惊吓的一幕：别墅卫生间内的智能马桶突然发生自燃，最后马桶烧得只剩一小部分的底座黑色框架。而由于事发时卫生间的门敞开，所以这座五六百平方米豪华别墅内的大小物件上覆盖了一层马桶烧焦后产生的黑色灰尘，别墅的主人初步估算损失超过了 30 万。这次发生事故的马桶被证实是由佛山市东鹏洁具股份有限公司生产的智能马桶。

该事件经过报道后，有业内传言"出事马桶"由佛山东鹏洁具股份有限公司生产。据东鹏洁具相关负责人也证实，该出事马桶的确是由东鹏洁具生产的。但他同时也表示：实际情况并没有"爆炸"那么严重，只是马桶盖的塑料部分因为发热而燃烧起来。加上高温，水和灰尘这些因素，才会令马桶周围变黑。

8 月 12 日，东鹏已经与东莞事发客户刘先生签订了和解协议，刘先生对东鹏的处理态度比较满意，继续使用东鹏洁具、瓷砖等一系列产品。

十三、佛山淋浴房占据中国总量半壁江山

淋浴房起源于欧洲，为舶来品，20 世纪 90 年代引入国内，成熟于 21 世纪初期。据考证，中国最早专业生产淋浴房的企业是中山的加枫卫浴，或者佛山的理想卫浴、塞维尔卫浴。而整个行业呈现爆发式增长是在 2005 年之后。

据不完全统计，目前国内具有一定规模的淋浴房企业已达 2000 多家。佛山淋浴房产区企业有 1000 多家，正式注册挂牌的企业有 300 多家，产能产量占据中国淋浴房总量的半壁江山。

在佛山，目前理想卫浴已经是全世界最大的淋浴房生产企业，也是佛山纳税较多的企业之一。佛山知名度较高的淋浴房企业除了理想，还有贝特、登宇、朗司、歌纳、格林斯顿等。

佛山淋浴房在 20 世纪 90 年代初已经在行业内有一定的影响力，并随着中国家庭对淋浴房的逐步了解和接受，市场需求也不断增加。尤其是近几年，在相关的卫浴协会组织的推动下，佛山淋浴房迎来了又一次大的发展高潮。目前，全国淋浴房产业形成佛山、中山、萧山"三山鼎立"的格局。

十四、法恩莎、安华自建商城挑战电商难题

传统的市场经营情况表明，家居商品属于大宗货物，很难像服装、快消品等给物流和网购人群提供便利，网购似乎不顺心。但是，在 2013 年第二个购物节"双十二"到来之际，乐华集团旗下的法恩莎卫浴、安华卫浴偏偏不信这个"邪"，推动自己的官方电子商城上线。

法恩莎、安华卫浴网站设计突出了其产品的设计风格，区别于传统展示功能，实现了购买到门店送货、服务的全过程，将来还将与移动互联网结合，实现消费者购买的无缝链接。

法恩莎、安华卫浴认为，电商作为一个平台，对于建材行业来说，是一种新的渠道与模式，越来越多人关注电商。特别是目前的 80 后、90 后都比较倾向于网络购物，销售比重越来越大，为了适合这部分人群，作为品牌来说，必须要打造这样一个平台服务这个部分的消费者。

对于建材家居行业，物流成本较高是一个不得不面临的问题。一个马桶，如果单一从工厂这边发过去，成本会高很多。但如果从当地经销商发货，物流成本可以得到有效控制，另外，售后服务也可以很到位。

法恩莎、安华卫浴认为，现在的电商是主流销售渠道之一，但像家居和家电这些以经销商为主力军的行业，因各地营销成本和配送成本的差异，电商将解决价格、服务和物流等问题。在 Online Offline 一体化过程中，重心放在基础工作上，预计 2014 年下半年或 2015 年初会有一个爆发点。

第二节　潮州

广东潮州是中国卫生陶瓷主产区之一，以古巷镇、枫溪区、凤塘镇及登塘镇为核心的潮州卫生陶瓷生产基地，经过十多年的发展，2009年以来，卫生陶瓷（主要是瓷质卫生洁具）年产量约占全国的三成，出口量居全国第一，占据行业龙头地位。2012年卫生陶瓷出口1.95万批，共计2.93亿美元。

十多年来，潮州卫生陶瓷产业发展迅猛，产品种类齐全，质量逐步提高且较稳定。企业多，规模持续壮大，已拥有恒洁、梦佳、欧美尔、四通、安彼、金厦、唯雅妮等一批有知名度的规模企业。市场覆盖面广，产品销售遍布世界各大洲一百多个国家和地区，主要销往美国、韩国、欧洲、俄罗斯、墨西哥、中东、非洲等国家地区。发展后劲足，形成了区域性产业集群，有工业基础、较丰富的瓷泥原料，熟练的劳工等优势。有一定经验素质的管理、技术、生产和营销队伍。有较好的投资政策环境。

另一方面，企业有效地利用"中国瓷都"、"中国卫生陶瓷第一镇"、"中国陶瓷重镇"和"中国卫浴第一村"等国字号区域品牌，通过各种媒体、各类展销会、交易会等，大力宣传和推介，提高潮州卫生陶瓷的知名度，提高在国际市场如美国、韩国、欧盟、中东、东南亚、南美洲等的占有率，从而带动潮州卫生陶瓷出口，促进潮州经济发展。

一、专业化生产分工体系成熟

潮州是中国陶瓷卫浴产业发展最早地区之一，产品销售遍及海内外，甚至深入国内西藏、新疆、内蒙古等偏远地区。

这几年，众多潮州卫浴企业开始将产品作为企业的核心，从唐山、佛山等地聘请大量的生产技术人员，投入产品生产研发，促进了企业技术水平和产品质量的提升。潮州卫浴企业也越来越专注于产品设计和质量管控，陆续获得各项产品荣誉及认证，而且与高仪、科勒、和成、卡特雷诺等国内外顶级卫浴品牌形成了合作。

二、潮州市成立建筑卫生陶瓷行业协会

2013年10月28日上午，潮州市建筑卫生陶瓷行业协会成立大会在潮州迎宾馆盛大举行，潮州卫浴企业正式拥有了一个属于卫浴自己的组织。此次成立大会通过不记名选举产生了潮州市建筑卫生陶瓷行业协会第一届理事会成员单位，包括51名理事成员单位、3名监事、3名财务监督组、32名副会长单位、14名常务会长、4名常务执行副会长、1名会长。广东省梦佳陶瓷实业有限公司总经理苏锡波当选为首届会长，广东非凡实业有限公司总经理黄礼辉、广东金厦瓷业有限公司苏维深、广东恒洁卫浴有限公司董事长谢伟藩、广东安彼科技有限公司总经理苏瑶广当选本届常务执行副会长。

潮州市委常委、常务副市长卢淳杰，中国五矿化工进出口商会会长陈锋，中国建筑卫生陶瓷行业协会常务副会长兼秘书长缪斌，副秘书长夏高生、宫卫，咸阳陶瓷研究设计院院长闫开放，潮州市民政局副局长尤晓俊，国家建筑卫生陶瓷质量监督检验中心总经理、教授级高工苑克兴，卫浴营销专家林津，潮州市建筑卫生陶瓷行业协会发起单位负责人苏瑶广、苏锡波、谢伟藩、黄礼辉、苏维深、邱贵忠、苏培明、陈克平等出席，会议由张扬主持。

三、潮州古巷陶瓷协会第二届领导班子产生

2013年12月21日上午，潮州市潮安区古巷陶瓷协会换届选举大会在古巷镇政府六楼会议厅隆重举行。会议采用提名举手表决的方式，选举出了古巷陶瓷行业协会第二届领导班子，其中牧野卫浴董事长陈克平获得全体成员一致同意，当选新一届协会会长，首届会长、梦佳卫浴董事长苏锡波被授予永远

名誉会长称号。会议由协会秘书长陈定鹏主持。

第一届协会会长苏锡波首先代表理事会向大会汇报了协会成立五年来的工作报告。苏锡波担任协会会长期间，古巷陶瓷协会依法办会、规范运作、能力建设、发挥作用和社会评价五个方面综合考察中，通过了广东省社会组织评估中心专家组实地考察初评、潮州市社会组织评估委员会审核终评，得到潮州市民政局批准，评为"5A"级协会。

此次选举是协会成立 5 年以来的第二次正式选举，依照古巷陶瓷协会章程及选举办法，通过不记名举手表决，潮州市牧野陶瓷制造有限公司董事长陈克平通过全体会员的一致同意，当选为新一届协会会长，苏锡波被授予永远名誉会长称号。

四、古巷镇建设大型综合性陶瓷卫浴市场

潮州卫浴"有产业无市场"的格局一直被认为是影响未来发展的瓶颈。"中国卫生陶瓷第一镇"——古巷镇有 400 多家，约占整个潮州卫生陶瓷企业的半壁江山。因此，在古巷镇建设综合性陶瓷卫浴市场势在必行。为了解决潮州卫浴"有产业无市场"的问题，潮安县规划在古巷建设一个集展示、商贸、仓储、集散、酒店饮食等功能为一体的大型综合性陶瓷卫浴市场——中国潮瓷国际博览交易城。届时，将为潮州市的陶瓷卫浴企业提供一个全方位的产品交易、展销市场平台，为潮州陶瓷卫浴产业的跨越式发展注入强劲动力。

该项目位于潮惠高速公路出入口附近，市交通主干道环城北路从旁经过，区位优势明显，物流运输便利。该项目规划占地面积 1700 亩，总投资 30 亿元，将分三期进行投建，其中第一期工程计划投资 10 亿元，占地 300 亩（20 公顷），建筑面积 25.6 万平方米，预计用 3 年时间完成。

该项目 2013 年 7 月份完成了控制性详细规划，并在网上进行成果公示。下半年该项目启动招商引资，按计划年底完成招投标工作，2014 年开工建设。

五、潮州陶卫业着力创新驱动和转型升级

潮州卫浴产业业要保持持续、健康发展，唯有走创新驱动和转型升级之路。尤其是要注重产品设计，赋予产品艺术、文化和科技含量，开发生产具有自主知识产权的拳头产品，以及高档高附加值的产品。要逐步摆脱对仿制、模仿、OEM 加工路径的依赖，坚持"两条腿"走路，以"创"为主，仿创结合。不断研究和采用新材料、新技术、新工艺、新装备，降低生产成本，提高劳动生产效率，减少人工使用；同时，采用先进操作技法和先进管理方法，精修细做，严格把关，不断提高产品质量档次水平。

潮州产区以前主要使用梭式窑，梭式窑的能耗比隧道窑高。隧道窑能耗是 1300Kcal/Kg 瓷左右，梭式窑是 2100Kcal/Kg 瓷左右，差了 1.6 倍。而经过十几年的聚集发展，潮州陶瓷产区已全面进行三轮窑炉升级换代，从燃气梭式窑向大型的燃气隧道窑转化，从常规燃烧控制向微机燃烧控制转化。

近年来，潮州卫生瓷企业还普遍采用机械化组合立式浇注成型工艺，大尺寸薄沿柜盆高压注浆成型大批量生产，产品制造水平得到很大的提高，产品质量档次水平也得到提升。

六、电商尚处初级阶段

随着网购不断贴近消费者，近年卫浴行业进入电子商务领域的模式普及。潮州目前已有 400 多家企业在做电商，但在天猫方面企业还存在投入较大，收益较慢的情况。

潮州卫浴发展新兴电商从 2011 年开始初步实行，2012 年双十一促销活动使得潮州卫浴企业在电商方面取得了成功，从而带动了潮州卫浴电商的发展。一些企业现阶段已经将电商运营作为打通终端市场的重要手段。如希尔曼卫浴、泰旗卫浴、亚陶卫浴、宾克斯卫浴、欧贝尔卫浴等开始入驻淘宝商城，尝试发展电子商务。但是，在整体上目前都尚处于刚起步的初级阶段。

但是，对于参与做电商的企业来说，如何处理与经销商的关系、完善线下物流体系，仍是亟须解决的重要难题。

七、出口受阻转战国内市场

一季度，我国建筑卫生陶瓷出口 407 万吨，同比增长 7%；出口金额为 19 亿美元，同比增长 63.8%；出口金额增速高于出口数量增速 57 个百分点，出口商品结构优化。截至 3 月 25 日，潮州市陶瓷出口 8184 万美元，同比下降 4.1%。

从数据上来看，2013 年潮州的出口肯定有下滑，但是这并不代表潮州卫浴总体出现了下滑，潮州卫浴今年很多企业都开始了转战国内市场，因此，在国内市场的占有率上，潮州卫浴企业今年的销量肯定会相比以往有所上升。

由于以往大量进行出口的潮州卫浴大量转入国内市场，加上同样原因回归国内市场的福建卫浴企业，如此一来，使得 2013 年国内市场一时间陷入乱军厮杀状态，市场竞争激烈空前。

潮州很多卫浴常年是做出口的，出口国外的产品质量和工艺都有基本的保证，潮州卫浴企业经过多年国外市场的历练，在产品生产方面已经具备了完善的设施和流程，从原材料的输送到生产加工都已经形成了成熟的生产流程体系，整个原材料生产到生产终端的整套完美设施已经初具规模，这些优势，是国内一些卫浴企业所不具备的，同时也将是潮州卫浴企业竞争国内市场的优势所在。

八、对国内区域市场实施重点突破

2013 年潮州卫浴企业在渠道建设和品牌建设上都更加区域化。2012 年，潮州卫浴企业国内市场开拓步伐明显放慢，新客户难开发，老客户销售遇冷。特别是一些在渠道建设上战线拉得太长的企业，有限的人力难以给客户提供完善的服务，结果导致客户流失。

经过 2012 年卫浴市场低迷的考验，潮州卫浴企业开始反思过去的发展模式，调整经营思路。因此，不少企业将 2013 年定为企业的"调整年"，希望通过在 2013 年的调整，找到适合自己企业发展的模式。

潮州卫浴企业大部分都是小企业，即使是规模稍大的企业，实力也有限，目前只适合做区域市场，因为做全国品牌要同时具备丰富的产品品类、稳定的产品质量、完善的人员配备和充实的资金等条件。所以，仅是人员配备，很多企业就满足不了在渠道布局上全国铺开，遍地开花的发展模式。2013 年潮州企业更加懂得了"量体裁衣"的道理，不少企业表示 2013 年市场开拓将以区域市场为主，逐步推进。比如，安彼卫浴、罗芬卫浴、九好卫浴等就以西南市场为主，实施重点突破。

应该说，潮州卫浴企业在内销的发展上都还没有很成功的模式，都还在探索和调整阶段，区域化发展能让企业摸索出合适的发展模式。操作全国市场，以潮州卫浴企业现有的实力难以服务到位，而打造区域市场，企业能够将有限的实力全部投入，集中发力，更适合目前潮州卫浴企业。

九、组团参加西部陶瓷卫浴展

2013（首届）中国西部国际陶瓷卫浴展览会上，潮州卫浴 12 家企业组团参展，载誉而归，除现场销售产品外，部分企业还成功接洽到意向客户。本届展会正式开幕之前，由工信部建筑卫生陶瓷及卫浴产品质量控制技术评价实验室评选的 2013 年"质量突出贡献奖"、"创新产品奖"、"绿色陶瓷"、"绿色卫生陶瓷"几项大奖，组团参展的潮州企业一共获得 16 项大奖。其中获得"质量突出贡献奖"的潮州企业有恒洁、梦佳、欧美尔、康纳，获得"创新产品奖"的有安彼、舒曼、梦佳、欧美尔、惠泉、美隆、恒通达，获得"绿色陶瓷"的潮州企业有恒洁、海博、舒曼等

在这次展会上，西部地区已经有成熟网点的潮州企业是以形象展示、提升品牌形象为主，而没有成熟网点的企业则以开拓市场为主。仅民洁卫浴一家企业，本次参展即找到三十多家意向客户。

十、加大对国外新兴市场开拓力度

2012 年潮州卫浴的内销之路虽然依然受阻，但整体上要比 2011 年好。于是，2013 年一些同时发展内销和外贸的企业，纷纷加大了对外贸市场的开发力度，甚至内销企业也在寻找机会切入外销市场。

2012 年来自欧洲和美国的订单明显减少，但潮州卫浴外贸之所以能够稳定，只要是来自巴西、印度和南非这些新兴国外市场的订单在增加。为了寻找新的订单，部分出口企业逐渐将重心从欧美转移到开拓中东和南非等地区的市场，特别是南非建材市场潜力大，能够辐射整个非洲市场，对于出口企业来说，很有可能是下一个销售的增长地。

为了开拓南非的业务，古巷陶瓷协会 2012 年组织古巷卫浴企业到南非参展，来自古巷的梦佳卫浴、欧美尔卫浴、欧乐家卫浴、欧陆卫浴和尼尔斯卫浴等 6 家卫浴企业参加了展会，而报名随团去南非参观考察的人数有 30 多人。

跟随着卫浴企业将重心转向出口外，卫浴配件企业也开始加速开发国外市场，如 DTO 盖板、贝斯特卫浴和樱井卫浴等，这些卫浴企业上游的配件企业，都纷纷加大了对开拓国外市场的投入。

为了开拓国外业务，一些卫浴配件企业在厦门成立了外贸部。同时开始考察国外的卫浴展会或者直接参展，了解国外市场。比如樱井卫浴 2013 年 3 月份就安排人到巴西的展会考察，推广产品和品牌。

十一、检验检疫部门大力扶持卫浴企业出口

2013 年潮州检验检疫部门继续加大对卫浴企业外贸出口的服务力度。首先是实施分类管理，简化手续，提高办事效率。至 2012 年末，潮州检验检疫局业务辖区内，实施分类管理的出口卫生陶瓷生产企业有 95 家，其中一类 1 家，二类 12 家，其余 82 家为三类，另有 1 家免验。实施分类管理，极大地降低了抽批检验批次，如一类企业，一年内抽批检验 1 次，有效地提高了办事效率。

其次是坚决执行免收法定检验检疫费政策，降低企业成本。根据国务院会议的决定，财政部、国家发改委相关精神，2012 年共免收涉及卫生陶瓷的费用达 125.65 万元，降低了企业的生产和出口成本。

再次是及时有效地提供贸易政策措施信息。潮州检验检疫局利用公开网站、公告栏、信息专报、政策宣贯会、专题讲座等等方式，及时有效地提供国内外的贸易政策措施信息，使企业掌握主动，及时调整产品市场和经营策略。

同时提供技术支持，帮助企业提高产品质量。如为企业提供卫生陶瓷产品型式试验检测服务，合格后才批量生产，为企业避免大量不必要的浪费和损失提供了基础性的产品质量保障。

另外，引导企业主动利用关税优惠制度。提高与客户洽谈价格的筹码，而不只是应客户的要求而申请签证。潮州检验检疫局多年来一直为此努力，举办了多次培训班和推广会，还专门印制了潮州主要的受惠产品目录，其中就包含了卫生陶瓷。

十二、创建出口陶瓷产品质量安全示范区

2013 年 12 月 17 至 18 日，广东检验检疫局副局长詹少彤带领考核验收组到潮州市考核验收出口陶瓷产品质量安全示范区建设工作。在潮期间，考核验收组一行通过听取汇报、查询相关文件资料、现场提问、抽查验证等方式，对潮州出口陶瓷质量安全示范区进行现场评审考核。

验收组认为：潮州市出口陶瓷质量安全示范区在地方政府的主导下，富有成效地构建了"地方政府负总责、企业负主体责任、检验检疫部门监管、相关部门齐抓、行业协会协调、社会力量积极参与"的质量安全管理机制，示范区产业特色鲜明，支柱地位明显，集聚效应良好；示范区不但能结合自身的特点，建立涵盖产品设计、原料进厂、生产加工、产品检测、出口售后服务等各环节的产品质量安全控制体系，还充分地发挥了行业协会和公共技术服务平台的作用，在风险防范、应急处置、科研创新、提升产品美誉度、确保出口产品质量安全等方面成效显著，因此同意通过潮州市关于出口陶瓷产品质量安全示范区

的验收申请。

示范区建成后，出口陶瓷企业在检验检疫方面将可享受更多的优惠和便利政策：区域内骨干企业优先培育为出口免验企业，企业出口时免收检验费；示范区内企业可以按程序实施共同检验方式，检验费用减免一半；对示范区内企业在行政许可、备案注册、通关放行等方面提供更加快捷便利的服务；根据示范区产业特点，可以专门研究出台促进其发展的政策措施，改革创新检验监管模式，先行先试。

十三、中国建筑卫生陶瓷出口基地落户潮州

潮州是全国出口量最大的卫生陶瓷生产基地之一，现有较具规模的建筑卫生陶瓷企业近600家，年产量近4000多万件，产品以外销为主，外销量占幅接近70%，年出口达10亿美元。

近年来，随着国际贸易保护主义的抬头和人民币汇率持续走高，潮州建筑卫生陶瓷出口面临着严峻的挑战，部分欧美市场的订单正逐步流向越南、印尼、泰国等新兴陶瓷产区。

面对出口困境，潮州陶瓷企业加强了抱团的力度与步伐，在市委、市政府和市外经贸部门的支持下，积极向中国五矿化工进出口商会申报共建"中国建筑卫生陶瓷出口基地"。经实地考察和多方认证，中国五矿化工进出口商会认为我市具备与其共建出口基地的条件，同意共同建设"中国建筑卫生陶瓷出口基地"。在12月17日召开的2013外贸竞争新优势促进会上，中国五矿化工进出口商会授予潮州市"中国建筑卫生陶瓷出口基地"荣誉称号，并在近200家企业的共同见证下，与潮州市对外贸易经济合作局签署了相关合作协议。

十四、低价出口格局亟需扭转

受2008年爆发全球金融危机的影响，近几年来世界经济特别是欧洲经济持续低迷、衰退，导致国外购买力下降，成为影响潮州卫浴出口最主要、最直接的因素。

但潮州卫浴出口也存在自身的短板。最关键的是价格问题。潮州卫生陶瓷总体上走的是中低档的线路，出口价格低廉，有的仅及欧美市场价的十分之一，在国际市场上几乎是价格最低的代名词。

统计数字显示，近六年来，潮州出口卫生陶瓷的平均单价在8.9～12.8美元间徘徊。2007年达到相对高位，12.8美元，2008年起呈下降趋势，2009年降至8.9美元低位，2012年回升到11.71美元。

但另一方面，潮州卫浴的生产成本近年来一直在增长。燃料、瓷泥、劳动力等大幅上升。石油气价格波动大，一吨从2005年初的4000元上升至2012年的7050元，最高时曾达到7500元。瓷泥价格上升主要是因为本地可供开采利用的已较少，基本上都到外地购买，增加了运输成本。用工难使劳动力成本至少上涨了20%，一名熟练的卫生陶瓷操作工的工资是其他工厂工人的二至三倍，有时还招不到。

第三节　江门

一、开平水暖卫浴去年总产值占国内市场"半壁江山"

开平水口水暖卫浴产业作为开平市三大经济支柱产业之一，历经30年的发展，目前集聚了1100多家水暖卫浴生产企业及销售企业，从业人员7万多人，2013年水口水暖卫浴总产值达93.6亿元，国内市场占有率达48%，出口额11.87亿美元，占全国水龙头产品出口额的28.8%，是国内三大水暖卫浴产业集群外销比例中最高的。产品远销欧洲、南美洲及中国香港等多个国家和地区。

二、华南地区最大的亚洲厨卫城项目奠基开工

2013年3月18日，总投资23.8亿元，规划建筑面积780亩的亚洲厨卫商城项目在广东省鹤山市址山镇举行了奠基开工典礼。

亚洲厨卫商城项目是位于福建南安的中宇卫浴 2013 年最大最重要的投资项目，计划投资 23.8 亿元，规划总建筑面积 50 万平方米，总建设用地面积约 60 万平方米，计划通过 5 年时间，分三期全部建成。功能定位为集水暖卫浴五金产品及配材的商贸、仓储物流、产品展示展览、新产品的科研及信息发布中心等，多功能、多业态于一体的城市综合体。

该项目建成后每年可实现销售额超过 100 亿元，为地方带来税收 3 亿元以上。不仅能带动江门地区 600 多家卫浴企业的加快转型升级发展，还将带动整个江门大五金产区的发展壮大，为粤西产业发展起到标杆带动的作用。

江门地区是我国重要的卫浴产品生产基地，但是多年来一直处于各家企业分散经营的局面，没有充分发挥本地区的区位集群优势。地处 325 国道与佛山高速交汇处的亚洲厨卫商城，联通四市，交通便利，非常适合物流运输；而珠三角地区多年以来的经济优势，也给了商城强大的依托。

三、址山镇荣获"中国水暖卫浴五金出口基地"称号

2013 年 3 月 18，在亚洲厨卫商城项目奠基开工典礼上，中国五矿化工商会授予广东省鹤山市址山镇"中国水暖卫浴五金出口基地"称号。在现场嘉宾的共同见证下，址山镇人民政府和中国五矿化工进出口商会共同签署了《关于共建中国水暖卫浴五金出口基地（广东址山）的合作协议》。国家级商会的大力支持，将为址山镇的发展搭建了良好的平台并奠定了坚实的基础，促进址山乃至鹤山水暖卫浴五金产业的集聚发展，进一步提升址山水暖卫浴五金产业的品牌效应和国际竞争力。

作为江门地区最重要的水暖卫浴五金产业集群，鹤山市址山镇拥有水暖卫浴及相关配套企业 600 多家，投资总规模超过 50 亿元，从业人员近两万人，形成了"原材料供应—核心部件生产—卫浴机械制造—龙头企业引领—名牌产品产销"产业链，是址山镇重要的经济产业之一。在 2012 年，址山镇水暖卫浴五金产业实现产值 45 亿元，出口额超过 5 亿美元。

四、广东省质量监督水暖卫浴产品检验站（江门）在水口揭牌成立

2013 年 5 月 29 日上午，广东省首个省级水暖卫浴产品检验站（江门）在开平市水口镇揭牌成立。广东省质监局总工程师林璨、江门市副市长吴国杰、江门市质监局局长李健实、开平市市长文彦出席活动，并为检验站成立揭牌。

广东省质量监督水暖卫浴产品检验站（江门）是全省第一个设在镇的省级水暖卫浴检验站。该站实验室面积 4000 多平方米，具备了水暖卫浴产品检测必备的实验场地和环境条件，配备了水嘴综合性能试验机、水嘴寿命试验机、直读光谱仪等 60 多台（套）水暖卫浴产品相关专业领域的高、精、尖仪器设备；取得实验室资质认定的产品 49 个，项目（参数）407 项，检验能力覆盖其名称对应产品涉及全部项目的 86%，覆盖其名称对应的重要产品和关键项目（参数）达 100%。

五、中国建筑卫生陶瓷协会卫浴分会理事会在开平举行

2013 年 7 月 31 日，中国建筑卫生陶瓷协会卫浴分会、淋浴房分会 2013 年理事长会议在开平市召开，来自协会的领导和各理事长，以及国内水暖卫浴行业的企业代表齐聚开平，开展信息技术交流，共商水暖卫浴产业发展大计。

中国建筑卫生陶瓷协会秘书长缪斌，开平市领导文彦、梁和平出席了会议。中国建筑卫生陶瓷协会秘书长缪斌主持会议，开平市市长文彦致欢迎词，开平市水口水暖卫浴行业商会会长冯松展致辞，卫浴分会秘书长王巍作该协会 2013 年上半年工作报告及下半年工作计划。

水暖卫浴是开平市的支柱产业之一，目前，水口镇有 600 多家卫浴产销企业，同时具备商贸物流于一体的中国卫浴城、专业的水暖卫浴工业集中地、省级的水暖卫浴检测站等完善的配套设施。自 2000 年以来，开平市在中国建筑卫生陶瓷协会的支持和指导下，先后举办了八届中国（水口）水暖卫浴展销

洽谈会。2012 年,广东水暖卫浴国际采购中心被省政府认定为首批广东商品国际采购中心重点培育对象。

来自全国各地产区的企业代表共一百余人出席了此次会议,除了常规的工作报告与计划,大家就“铅事件”进行了严肃讨论。

六、开平水口展第九届中国（水口）卫浴设备展销会举行

2013 年 10 月 19 日上午,为期四天的“第九届中国（水口）水暖卫浴设备展销洽谈会”在中国卫浴城隆重开幕。

本届卫展会由中国五金制品协会、中国建筑卫生陶瓷协会、中国五矿化工进出口商会和开平市人民政府联合主办。中国五矿化工进出口商会会长陈锋,中国五金制品协会常务副理事长石僧兰,中国建筑卫生陶瓷协会常务副会长兼秘书长缪斌,全联房地产商会常务副秘书长赵正挺,广东省中小企业局副局长蔡锦洲,江门市领导邹家军以及我市四套班子领导黄耀雄、文彦、吴平超、张星杰等出席了开幕式。

出席卫展会的还有来自美国、德国、意大利、西班牙等多个国家和港澳台地区、国内工商界企业家代表、知名人士,国内外 360 多家水暖卫浴生产企业的代表。

10 月 19 日下午,“第九届中国（水口）水暖卫浴展销洽谈会”举办水暖新品推介会,邀请了 8 家专业生产龙头品牌的企业来到现场,通过模特走秀的形式展示他们的新产品和特点,吸引众多市民参与。

来自开平市上华卫浴有限公司、克莱帝卫浴实业有限公司、洁士卫浴实业有限公司,以及鹤山市好莱兴卫浴实业有限公司、康立源卫浴实业有限公司、赛朗卫浴实业有限公司、安洁洁具有限公司和佛山市金威卡丹卫浴实业有限公司等八家公司的新产品轮番登场。

本届展会邀请国内外水暖卫浴行业著名企业前来采购,如申鹭达、辉煌、九牧等国内企业,俄罗斯、西班牙、英国、以色列和土耳其等国家的企业代表,参展企业 360 多家,已达成的投资项目 91 个,投资总额 120.2 亿元;贸易项目 72 个,贸易成交额 41.1 亿元人民币。上台签约项目 10 个,其中投资项目 7 个,投资总额 14.4 亿元;贸易项目 3 个,成交金额折合人民币 9.8 亿元。

七、设电子商务发展专项资金支持企业触“电”

2013 年江门市印发了《江门市加快电子商务发展实施意见》（以下简称《意见》）,欲加快电子商务应用推广进程。其中明确提出江门“十二五”期末电商发展目标:要建成 5 个电子商务公共服务平台、网上商城,认定 30 个以上的电子商务应用示范企业,扶持 1000 家以上小微企业开展电子商务,使企业电子商务应用普及率高于珠三角平均水平,电子商务零售额占社会消费品零售总额的 10% 以上。

与此同时,政府将组织和引导大型电子商务龙头企业与本市企业进行各种形式的业务对接,在已有一定电子商务基础水暖卫浴等行业中,鼓励生产企业以供应链为基础,实现采购、生产、销售全流程电子商务化,通过政策和资金扶持培育壮大一批电子商务龙头企业,形成带动效应。

开平市水口卫浴文化传播有限公司 2013 年建立广东水暖卫浴国际采购中心电商平台——奥凯卫浴商（www.okweiyu.com）,一期总投资 250 万元,内容包括电商平台研发设计规划、电商平台系统开发设计及软硬件购置、宣传推广等,目前商城已具备产品展示、行业动态、信息交流、价格指数发布等功能,并与国内知名企业电子商务平台进行链接合作,开通网上交易和电子支付功能。

八、唐明卫浴入驻江门创新创意工业园

2013 年 7 月,江门市首个文化创意产业基地——蓬江区创新创意产业园正式开园,这是该区为推动新型企业与经济发展,着力打造的三大创新平台之一。据悉,目前蓬江区创新创意产业园已有 8 家企业签约入驻,其中包括香港工业设计协会前任主席张彪先生的贝尔设计公司和江门市唐明卫浴科技有限公司。

蓬江区创新创意产业园将重点吸引工业设计、文化艺术、动漫游戏、影视传媒制作、软件开发、休

闲旅游、广告装潢、咨询策划等具有特色的企业入驻，并专门制定了《江门市蓬江区创新创意产业扶持办法》，提出从今年起，蓬江区财政每年投入不少于 300 万元设立创新创意产业发展专项资金，并根据实际需要逐年递增。

唐明卫浴是一家以艺术化产品而著称的企业，在产品同质化盛行的风气下，唐明始终以消费者价值及品位为导向，坚持走差异化的发展模式，凭借先进的制造技术和与生俱来的无限创意，全球首创"金油彩手工整体卫浴"工艺，突破传统陶瓷产品的局限，开创了卫浴洁具的新领域，打造卫浴新概念，唐明卫浴入驻创意园后将在这平台为消费者提供更多个性化的产品。

九、江门 15 企业水嘴产品抽检不合格

在广东省质量监督局日前公布了 2013 年广东省水嘴产品质量专项监督抽查结果，江门 15 家企业水嘴产品抽检不合格。据介绍，此次共抽查了广州、深圳、珠海、佛山、东莞、江门、顺德共 7 个地区 78 家企业生产的水嘴 100 批次，检验不合格 33 批次，不合格产品发现率为 33.0%。

此次抽查依据 GB 18145-2003《陶瓷片密封水嘴》及经备案现行有效的企业标准或产品明示质量要求，对水嘴产品的 8 个项目进行了检验，发现 33 批次产品不合格，涉及管螺纹精度、冷热水标志、盐雾试验、阀体强度、流量（带附件）、流量（不带附件）、冷热疲劳试验项目。

据抽检结果显示，33 批不合格产品均来自佛山和江门，其中江门 15 家企业 15 批次产品不合格。如乔登卫浴（江门）有限公司，2013 年 6 月 24 日生产的型号为 100K 2055C 的双把单孔面盆龙头，管螺纹精度项目不合格；鹤山市佳好家卫浴实业有限公司，2013 年 6 月 5 日生产的商标为家家乐，型号为 G 11059-3 的水嘴（单柄面盆龙头），管螺纹精度和酸性盐雾试验两项不合格；开平市永真卫浴实业有限公司，2013 年 6 月生产的型号为 E 605 的永真商标水龙头，管螺纹精度和酸性盐雾试验两项不合格。

十、华艺卫浴七大系列创新产品闪耀广交会

10 月 15 日，第 114 届中国进出口商品交易会（简称"广交会"）正式开幕。商务部部长助理、广交会副主任王受文，江门副市长吴国杰等参观华艺卫浴展位

华艺卫浴以全新七大系列卫浴新品闪耀亮相广交会，成为本届广交会参展企业中展出最多新系列产品的卫浴企业，吸引大批海内外客户青睐。其中 I-smart 系列、帕特农系列、伊娃系列等 2013 年新品悉数亮相，充分展示了世界级精工卫浴"智造"专家先进的研发技术和精湛的制造工艺。

广交会自 2013 年起，每年举办一次广交会出口产品设计奖评选活动（简称 CF 奖），评选具有突出设计价值的中国出口产品，引导中国出口企业走创新发展之路，同时促进广交会的品质提升。

凭借先进的研发技术和精湛的制造工艺，华艺卫浴智尚系列面盆龙头、伊娃系列面盆龙头分别晋级复选赛，再次彰显了华艺卫浴作为水暖卫浴五金行业龙头企业的领导地位，这不仅是对华艺卫浴多年来注重产品创新的肯定，更是对华艺卫浴在研发设计和技术创新方面的激励。

第四节　中山

一、打造中国最大淋浴房制造基地

中山淋浴房业在我国起步较早，20 世纪 80 年代末和 90 年代初，随着人民群众生活水平的不断提高，陶瓷、卫浴产业在珠三角一带迅速崛起，中山市淋浴房、坐便器等卫浴产品企业亦迅速发展起来。涌现出洁百士卫浴厂、丹丽陶瓷洁具有限公司、加枫淋浴房制造有限公司、洁美洁具有限公司等中、小规模的企业，主要生产淋浴房、浴缸、洁具等卫浴产品，初步形成了国内较具规模的淋浴房、洁具生产集散地。

2000 年后，中山淋浴房企业不断提升产品质量，提高生产效率，降低成本，开发新产品，增强国

内外市场的竞争力。涌现出雅立洁具有限公司、莎丽卫浴有限公司、联成盛卫浴设备制造有限公司等一批知名的淋浴房生产企业，其产品占据着国内中、高档70%左右的市场份额，逐步发展成为中国最大的淋浴房制造基地。

2007年，中山注册成立了"中山市淋浴房行业协会"，并在该协会成立后起草制定了《中山淋浴房产品标准》，目前该标准已正式实施。

中山淋浴房产品的品质与价格在国际及国内市场上具有较强的竞争力，国际名牌企业对中山优质产品OEM采购具有强烈的兴趣。这些企业集设计、制造、销售、服务、贸易于一体，是我国淋浴房行业的佼佼者。

中山一直致力于打造国内最大的淋浴房制造基地之一。中国淋浴房产业呈现出中山、佛山、萧山"三山鼎立"的大格局，但"好浴房·中山造"的口碑享誉国内外。正是因为慕名于中山淋浴房这块金字招牌，江浙厂家也纷纷进驻中山阜沙"中国淋浴房基地"。2013年，欧贝特、斯卡漫等10多家江浙企业进驻中山，进一步壮大了中山淋浴房产业。

二、引领行业向智能化与设计美学融合方向发展

2013年，中山淋浴房企业引领行业向智能化、设计美学融合提升的方向发展，产品更具人性化、智能化和数字化。

比如，雅立、福瑞、圣莉亚重点发展智能淋浴房，圣莉亚联手韩国设计公司共同设计横跨IT电子与淋浴两个行业的新产品。该产品配有IPad触摸控制和WiFi上网等智能化应用，有暖风、室温、水温提示、安全保护功能等人性化设计。

中山淋浴房坚信，智能化已成为淋浴房产业发展的必然趋势，无论手机、电脑还是淋浴房，跨界功能赋予淋浴行业更多创意和灵感、更多的进步、更大的生命。随着科技飞速发展，卫浴产品已经融合越来越多的科技含量，国内智能化卫浴产品的市场潜力非常大，中山淋浴房产业必须向智能化不断创新升级。

虽然目前智能化卫浴产品在市场上的普及率仍不高，除了价格太高使消费者却步之外，市民也存在很多认识误区，比如有些中老年消费者担心智能化卫浴产品的操作太复杂等。随着智能化卫浴产品的大批量生产，其价格也将越来越便宜，使用操作方式也越来越简便。

三、居然之家总裁汪林朋莅临中山产区考察

4月17日，家居建材行业零售巨头居然之家总裁汪林朋及团队一行到中山产区考察，参观了中山淋浴房的领军企业。

随着生活水平的提高，淋浴房已经变成了对生活品质追求，需求推动了淋浴房市场的发展。淋浴房占市场的比例越大，在大卖场中的份额也越来越重，淋浴房这一分块已不容小看。

居然之家经过15年的发展，从原来一个3万平方米的单店，发展到北京7家分店，全国有90多家连锁分店，销售额超过300亿元的大型家居零售连锁企业，15年来，居然之家一直保持着强劲发展、快速扩张的势头。

四、中山淋浴房惊艳第18届上海厨卫展

2013年5月底，在第18届上海厨卫展上，来自中山的福瑞卫浴成功举办一场智能淋浴房新品发布会，三款智能淋浴房同期发布惊艳亮相，成为本届展会全场主要亮点之一。

中山市福瑞卫浴设备有限公司成立于2001年，长期专注于高端智能卫浴产品的研发生产和服务，被行业公认为智能淋浴房领导者。

在本次展会上展出的爱茉尔系列是意大利设计底蕴与东方人文精神的完美结合；金贝尔整体设计采用极具时尚设计感的流线型一体化设计元素，结合现代高科技理念，复古、高贵又不失时尚潮流；

Mystical 麦斯迪克（神秘空间，智慧的力量），在设计上得到了意大利名车首席设计师马里奥先生的亲自指导。麦斯迪克打破传统玻璃间隔模式，采用极简的前卫设计理念，简约中蕴藏先进的高科技力量。

而玫瑰岛淋浴房一口气推出"维多利亚"、"凯撒"、"水舞天下"、"魔镜"、"魅惑"、"陀飞轮"、"惊叹号"、"名匠"、"海蓝之谜"、"两级"等十二个系列。玫瑰岛淋浴房还在此次上海厨卫展组建了业界首个"高级定制中心"，消费者可以根据家庭环境在定制属于自己的玫瑰岛淋浴房。

五、"好浴房·中山造"集体亮相第三届国际酒店用品展

8 月 30 日——9 月 1 日，为期三天的"2013 中国（广东）国际旅游产业博览会暨第三届中国（广东）国际酒店用品展览会"在广州中国进出口商品交易会琶洲展馆 A 区拉开帷幕。

为了给中山家居产品搭建展示、展销、推介平台，中山市政府首次以"中山美居"的名义组织全市 24 个镇区的家居用品生产企业参展。在 4.1 展馆，中山市淋浴房行业协会组织了 9 家淋浴房企业集体亮相。他们分别是：朗斯卫浴、圣莉亚洁具、玛莎洁具、洁百士电器卫浴、德莉玛洁具、梦洁卫浴、朗俊卫浴、玫瑰岛、法兰卫浴。

各企业负责人都纷纷表示，他们非常感谢政府、协会能够提供这么一个平台。

中山市淋浴房产业的制造基地，有完整的产业链，而且有"好浴房 中山造"的品牌区域优势，希望能够借助这一区域优势，进一步提高品牌的美誉度与知名度。

六、淋浴房协会组团参加喜盈门莆田和遂宁招商会

12 月 17 日、27 日，受喜盈门招商团队邀请，中山市淋浴房行业协会会长向伟昌与秘书长李炳新带领协会成员参加了喜盈门在莆田、遂宁的两场招商会。

而早在 10 月中旬，受中山市淋浴房行业协会会长、中山市朗斯卫浴有限公司董事长的邀请，喜盈门建材家具广场招商总监冷继勇先生带领各分店负责人林溪泉、黄进炳、邓小虎、龚淦文等人一同前来中山朗斯公司，与中山市淋浴房行业协会第三届理事会成员进行座谈会。

喜盈门成立于 1999 年，经过 14 年的迅速发展壮大，先后在上海、福州、南昌、厦门、长沙等地成立超大型商场，为各种建材装饰材料企业搭建了一个同场竞技的平台。与建材超市做"量"不同，喜盈门侧重做好产品的品质。喜盈门表示，公司走精品路线的定位是清晰而不变的，但也并不存在所谓的门槛之说。

七、圣莉亚淋浴房签约影视明星陈建斌

2013 年，圣莉亚邀请著名影星陈建斌为品牌代言，同时全面升级品牌形象和 VI 系统，开启了淋浴房领军品牌的新时代。明星代言品牌，在卫浴行业已经屡见不鲜。然而，对中山淋浴房行业来说，"明星代言"这一品牌推广模式，目前只有圣莉亚淋浴房敢为天下先，成为第一家签约名人代言的中山淋浴房企业。

走过十年征程的圣莉亚目前已是中山淋浴房协会的副会长单位。在选择名人代言时，圣莉亚圈定了两个标准，一个是领袖气质，另一个是理性睿智，这两个标准既符合圣莉亚一直以来的理性发展思维，也符合圣莉亚作为领导品牌的身份。而陈建斌在《新三国》中饰演的曹操为三国霸主，自然有着威严的领袖气质，在《乔家大院》中，陈建斌则扮演出身商贾世家的乔致庸，是一位睿智的商人。对于消费者而言，他们会潜移默化地将影视中的角色性格映射到演员的印象中，所以陈建斌留给大众的印象就是领袖、理性和睿智，这与圣莉亚淋浴房的战略定位不谋而合。

八、中山市淋浴房协会第三届领导班子成立

7 月 1 日下午，在阜沙镇国贸逸豪酒店，中山市淋浴房行业协会隆重举行了第三届换届选举大会和

第三届一次理事会。阜沙镇民政局相关领导、同行业协会领导、上届协会理事会员单位和企业代表近80人参加了此次会议，并采用不记名投票方式，选举出第三届协会领导班子，其中朗斯卫浴向伟昌当选会长、雅立洁具郑建初成为名誉会长。

大会选举出了17名理事会成员和1名监事的领导班子，其中会长由中山市朗斯卫浴有限公司董事长向伟昌担任。授予了第二届协会会长、中山市雅立洁具有限公司总经理郑建初为荣誉会长。副会长分别由中山市伟莎卫浴设备有限公司董事长徐伟、中山市圣莉亚洁具有限公司总经理邓国兴、中山市莱博顿卫浴有限公司总经理段军会、中山市德莉玛洁具有限公司总经理陈胜华、中山市华尔门洁具有限公司总经理刘毅、中山市梦洁卫浴设备有限公司总经理陈耀堂等6位不同单位的领导担任。监事则由中山市凯立洁具有限公司总经理列潮新担任。零点公司总经理李炳新担任协会秘书长，负责协助协会的日常工作。

第五节　南安

一、学习家电行业 全面升级服务

5月28日～31日，被视为业界风向标的第18届中国国际厨卫展在上海举行。在本次的展会上，除了延续厨卫一体化、智能卫浴和绿色环保的趋势外，提升渠道服务水平成为卫浴企业重点突出的理念。

面对产品趋向同质化的事实，提升售后服务，用更细微周到的服务吸引消费者，已经是南安卫浴行业从2012年以来一直在倡导的口号。而在本次上海展会上，中宇卫浴则第一次提出了向家电行业学习，建立系统服务体系的发展规划。

2013年，中宇卫浴展会的主题根据品牌战略规划升级为"服务全球爱在身边"。根据这个规划，中宇将致力于打造一整个系统服务的团队。在整个服务体系的建立中，人才培养是一个重要的方面，中宇将从经销商、分公司、总公司等各个层面对服务人才进行系统的培训，同时与当地的一些职业学院合作，培训专门的厨卫安装人才。但包括售后服务中的安装、用户回访制度的建立都需要一个大的体系去支撑，中宇希望花大概三年的时间，完成四千个服务网点，遍布国内大部分城市，包括三、四线城市。

二、引进欧洲团队 提升设计等级

在第18届中国国际厨卫展上，由九牧厨卫携手意大利知名设计师乔治·亚罗团队倾情设计的智能马桶、面盆和水龙头在九牧展馆揭幕。九牧此次在设计上的创新体现在"跨界"上，三款九牧的跨界产品融合了汽车设计理念，如马桶融入了汽车的前卫造型和智慧领航的高科技。

九牧等卫浴企业认为，国内的卫浴产品在品质、功能、性质方面跟国际相比没有什么差距，某一方面可能会更好。但是国内企业欠缺了一点，就是设计，即产品美学意义的建构等和国际水准的设计之间有一些差距。九牧厨卫引进乔治·亚罗公司合作，就是希望能把室内卫浴的静与汽车的动融合在一起。

除了九牧外，另一家南安卫浴企业华盛集团公司，也在本届展会上发布了最新研发的"私享家"3个系列的高端形象产品——利托、卡拉莉莉及安托妮特。实际上，从2011年开始，华盛每年都派遣设计人员到全球各地观展，激发灵感，同时与英国知名的设计师强强联手，进行产品的研发及原创设计。而此次发布的新系列，就是希望通过新的形象、新的产品，再次提高旗下华盛·汉舍卫浴的知名度。

三、南安6家水暖企业亮相上海厨卫展

在5月28日～31日召开的上海厨卫展中，南安卫浴企业普遍携新品亮相，再次刷新了品牌形象。素有中国"卫浴奥斯卡"之称的上海厨卫展，是继法兰克福展、米兰展之后，亚洲规模最大、影响力最强的国际性厨卫展会。据统计，南安有九牧、中宇、华盛、上水明珠等6家卫浴企业参展，这一数据与

2012 年参展企业大致持平。

此次上海厨卫展，南安各大品牌争奇斗艳，各有千秋。以展馆面积大小和场馆设计来讲，南安籍企业中尤以中宇、九牧、华盛最为抢眼。中宇砸重金布下 1000 多平方米的展馆，重拳出击。九牧展馆面积略小于中宇，共有 620 平方米。但在展厅设计上，九牧着实下了一番功夫，登陆艇的造型别出心裁。

南安卫浴企业的组合营销策略也备受关注。中宇卫浴以工程套间为主打，展示了总统卫浴套间、白金五星级卫浴套间、四星级酒店卫浴套间、精装房卫浴套间、公共卫浴套间等 7 种不同层次、不同类别的套间，意在展示中宇卫浴"工程时代"重要的战略成果。

2012 年初中宇迈开了全面进军工程市场的步伐，携手中国酒店联盟，建立高端酒店产品的采购考察基地，打造高端产品设计体验中心，推广中宇的高端子品牌 X-TIME，研发了多款适用于超五星级酒店的卫浴套间以及高端项目的零售产品。

到 2013 年，中宇已经成功与厦门凯宾斯基、威斯汀酒店以及北京部分酒店等达成合作伙伴关系，与众多一二级城市的五星级酒店、度假酒店、战略房地产商精装房的合作订单也已经陆陆续续启动。

九牧卫浴也致力于打造多种风格的卫浴空间解决方案，推出"盘古云尊"、"罗兰云雅"、"智臻云境"、"方睿"等套间系列。华盛汉舍卫浴在展会上推出的"私享家"系列新品"托利"、"卡拉莉莉"、"安托妮特"也以样板间的形式与观展者见面，深受好评。

四、涉足泛家居项目 推进"厨卫一体化"

随着"厨卫一体化"几乎成为所有卫浴企业的"标配"后，一些理念超前的企业便开始尝试走出浴室、厨房，向之外更大的家居空间进发。作为福建卫浴行业的领军企业之一，辉煌水暖集团便是其中的佼佼者。

辉煌水暖不仅在厨卫、阀门上都实现了产业覆盖，更是南安卫浴企业中率先实践泛家居理念的企业。作为辉煌水暖集团的全资子公司，恒实家居主要生产中高档浴室柜、整体橱柜、整体衣柜，并进一步将产品线拓展到现代木门、办公家具、生活家具等现代化家居。项目投资 4 亿元，拟建设一条浴室柜生产线，一条橱柜、衣柜生产线，将引进世界一流的家具生产加工设备和在线订单管理系统，实现产品制造过程自动化、信息化、精细化。

"恒实家居项目"弥补了辉煌水暖集团在橱柜市场的空白。据介绍，恒实家居拟建总建筑面积 13 万平方米，共 11 栋厂房，目前已基本完成 1、2、3、5 号厂房建设。这也标志着南安卫浴企业将新增一个庞大的家居产业链。该项目投产后可年产浴室柜 25 万套，橱柜、衣柜 10 万套，预计年产值 15 亿元。

"厨卫一体化"概念在福建产区已经提了快十年，在这十年中，南安水暖卫浴企业以小件（水龙头）带大件（卫生陶瓷），并逐渐向橱柜、衣柜、浴室柜等家居环节渗透，最终成为不可阻挡的潮流。

在泛家居领域，辉煌水暖将产业链延伸至整个家居产品。而在单个领域，也涌现出了不少的企业在进行尝试。在橱柜领域，厦门路达和北美家居巨头 MASCO 合作，成立了美睿橱柜子公司，在国内打造高端橱柜品牌。美睿橱柜不仅仅局限于浴室柜和橱柜，未来还将进军衣柜、书柜等家居用品。

五、"动漫营销"取代"明星代言"

近年来，卫浴行业已经进入微利时代，导致企业调整品牌战略。而南安卫浴行业竞相聘请明星代言人的热潮有所减退，四家卫浴采用动漫形象的方式让人耳目一新。

南安一些卫浴品牌认为，明星代言容易让消费者产生视觉疲劳，尤其是这几年卫浴行业各类明星轮番上阵，代言效果已大不如前。与其选择知名度不高的明星，还不如自己打造有特色的动漫形象。

早年，找明星代言效果比较显著。但明星效应具有不可持续性，而自己开发的动漫形象经历史沉淀，能成为企业独特的标志。

据不完全统计，目前南安仍有 50 家卫浴企业请明星代言，但这种宣传方式越来越成为鸡肋，频遭企业弃用。例如，今年华盛集团放弃与范冰冰的合作，特瓷卫浴也从寻找明星的常规做法中脱离，改为寻找最美学生，让学生为产品代言。

2013 年，辉煌卫浴斥资 3000 万元，开始打造业内首部 3D 动漫广告大片《卫浴也疯狂》。《卫浴也疯狂》动画片，由泉州市功夫动漫设计有限公司运营，是一部 30 集、每集 6 分钟的广告片，预计 2014 年暑假完成，是泉州动漫产业与非儿童品牌产业的首度合作。

另一部动画片《特步》，共 52 集、每集 14 分钟，讲述小步和阿特解除梦魇恶作剧，为小朋友造梦也为自己圆梦的故事。该片由特步集团投资 1500 万元，由中、美、韩等动漫专家制作，预计 2015 年寒假推出。

辉煌卫浴等之所以敢于第一个吃"螃蟹"拍摄动漫电影，主要是基于对未来市场的把握。如今的卫浴主要消费人群日渐年轻化，可以预见未来谁先占领 80 后、90 后的刚需市场，谁就可以在卫浴品牌洗牌大潮中生存下来。

事实上，动漫形象的使用在南安卫浴行业已存在多年。早在 2009 年春，南安卫浴品牌乐谷卫浴节水形象大使——"点点"、"滴滴"横空出世，打破了一如常态的明星代言惯例。两年后，宏浪卫浴总经理洪德钦远赴重洋，从美国请来重量级卡通人物——功夫熊猫阿宝为企业宣传助阵，成为第二家使用动漫形象的卫浴企业。从 2012 年起，阿宝就成为宏浪卫浴的代言人。这个跨界合作将持续到 2015 年。2012 年，九牧厨卫股份有限公司也自主推出了动漫形象"牛牛"，作为其客服的品牌标签，应用于客服人员的服装上，跟随企业客服展示车到全国巡演。

六、引领卫浴风尚南安精品卫浴评选结果出炉

6 月，经过读者在媒体投票和专家评审团评议之后，"2013 引领卫浴风尚及最具营销力的南安精品卫浴"评选结果正式出炉。

其中，获得"中国建材之乡风尚卫浴领军品牌"称号的分别是辉煌水暖集团有限公司"HHSN 辉煌"、九牧厨卫股份有限公司"九牧 JOMOO"、中宇建材集团有限公司"JOYOU 中宇"、申鹭达股份有限公司"SUNLOT 申鹭达"、欧丽雅（福建）卫浴有限公司"LOVROM 乐浪卫浴"、福建省特瓷卫浴实业有限公司"TECL 特瓷"。南安市利达五金工业有限公司"利达五金"、泉州安科卫浴有限公司"安科卫浴"、南安市星晨洁具卫浴有限公司"星晨卫浴"、牧野（福建）集成卫浴发展有限公司"MUYE 牧野卫浴"4 个品牌则荣获"中国建材之乡最具营销力卫浴品牌"称号。

此次活动由中共南安市委宣传部、第十届中国（南安）水暖泵阀交易会组委会办公室、福建省水暖卫浴阀门行业协会、南安商报社联合主办，仑苍镇人民政府、英都镇人民政府、溪美街道办事处、柳城街道办事处、美林街道办事处、省新镇人民政府等单位共同协办，旨在集中推广南安优秀卫浴品牌，共同打造千亿产业集群。

七、出口额同比增长 153.06%

2012 年，南安卫浴行业经历了市场的起起落落，仍然保持了比较平稳的增长态势。与此同时，在经历了出口转内销的浪潮后，卫浴行业又开始征战国外市场，不少企业开始了国际业务的洽谈。

南安市外经局的数据显示，2013 年南安卫浴外贸出口额达 7931 万美元，同比增长 153.06%，成为外贸出口新亮点。

在年出口额达 7931 万美元的 14 家企业中，中宇卫浴、西河卫浴、上水明珠等 3 家企业的总出口额占半壁江山，超过 4000 万美元。仅中宇卫浴一家企业出口额就达到 2079 万美元，占南安卫浴行业出口额比重的 26%。中宇旗下进出口公司——南安市同顺益进出口有限公司去年外贸出口更是可观，出口额

达到 3432 万美元。因此，中宇可谓撑起了南安卫浴行业出口半边天。而九牧旗下子公司——西河卫浴表现也颇为不俗，出口额达到 1425 万美元。

近年来，中宇卫浴、九牧厨卫、申鹭达等龙头企业积极进行品牌国际化运营，从产品输出加速向品牌输出迈进。

特别是中宇与国际品牌德国高仪实现强强联手，借助其全球 130 多个国家和地区的渠道，快速进入国际市场。中宇自主品牌产品已经远销 30 多个国家和地区，除了欧洲大陆、北美等地，在英国、墨西哥、东南亚、中东等地已经有了中宇的体验专卖店，这种趋势还在加快。

2012 年底中宇拿下 1 亿欧元的国际订单，全部以中宇自有品牌出口。2013 年中宇还将在法兰克福、米兰、伦敦等国际一线城市里开设专卖店，并计划在墨西哥开设超过 150 家的专卖店。

八、东盟成卫浴出口"新战场"

由于国内卫浴出口形势的严峻化，迫使南安卫浴企业加大了出口力度，再加上国内卫浴市场表现并不明朗，对外贸易依赖度更加明显。

近年来，九牧厨卫、中宇卫浴等龙头水暖企业积极进行国际品牌化运营，不断加码国外市场；其他卫浴企业也在开拓海外市场，以求能够国内国外"两条腿"走路。

在辉煌水暖的国际品牌化战略中，发达国家将以正常贸易合作为主，同时辅以为当地品牌贴牌的方式快速进入市场，而发展中国家将主要采用品牌推广和代理商制度继续在国外打造"辉煌"品牌。

目前，泉州出口的卫浴陶瓷产品仍以欧美市场为主，但海外拓展的新阵地放在东盟、俄罗斯市场。近年来，俄罗斯经济增速明显，对卫浴陶瓷产品的需求旺盛，俄罗斯市场出口量出现明显的增长态势。2013 年，中宇的出口区域就从原本的欧美市场，拓展到了中东和东南亚地区。

因为，东南亚、非洲、中东、东欧等地区没有严格的市场准入门槛，有利于企业快速地切入市场。自 2009 年辉煌水暖外贸部成立以来，也是最先对这些地区进行"包围"。

九、南安卫浴在"红星奖"放异彩

继金勾奖、红棉奖之后，国内卫浴行业设计又一盛典、被誉为中国工业设计奥斯卡的"中国设计红星奖"不久前落幕，全国共有 8 家卫浴企业、14 款产品获奖。其中，九牧、欧联、中宇、申鹭达 4 家南企共有 10 款产品获奖，企业数量、产品数量均遥遥领先其他省市，在颁奖典礼上大放异彩。

2012 年的红星奖，全国入选卫浴企业共获 21 个奖项，南安军团以 10 个奖项的佳绩"衣锦还乡"。而 2013 年，在获奖数量降低的情况下，南企仍有 10 款产品获奖，获奖比例同比增长 23.83%。

近年来，红星奖已成为卫浴行业产品设计风向标。九牧、中宇、申鹭达是红星奖的"常客"。欧联卫浴则是首次登上该奖项领奖台，共有 4 款产品获奖，与九牧持平，成为获奖最多的企业，一跃成为业内"黑马"。

本届红星奖产品基本上以智能和环保为主题。欧联卫浴此次获奖的阿曼达（Amanda）系列智能面盆龙头采用微微向上倾斜 30° 的把手，符合人机操作，独特的旋钮操作方式更具科技感。

同样的，九牧获奖产品也将人性化纳入设计重点。2013 年九牧自主研发设计的 4 款产品将创新设计与健康厨卫生活进行完美演绎。其中一款名为"卵石"的带化妆镜水龙头更是集创新性、经济性、实用性、美观性于一体。"卵石"将化妆镜集合到水龙头上，在造型和功能上有较大突破，解决了传统浴室中洗脸时必须凑近浴室柜镜子的问题。

十、3 个国字号实验室落户南安

2013 年，欧联先后斩获两个金勾奖、两个红棉提名奖，在红星奖中又一举突围，成为业内最大赢家之一，企业研发部功不可没。

2013年下半年，欧联进行了品牌战略调整，开始塑造"新家新主张"的品牌理念。这一品牌战略升级直接带动企业整体产品设计理念的更新，产品更加注重年轻化和个性化的创意组合。

目前，欧联每年用于研发的经费占到公司销售额的5%左右，而产品设计人员也从2008年的三四名跃升至40多名，整个研发部人员达到100多名。

视研发为企业发展核心竞争力的九牧还专门成立了科牧智能有限公司。九牧厨卫旗下的科牧智能以从事电脑马桶盖研究开发为主导，系统研究厨卫智能化的设计及生产。此外，九牧还在欧洲设立了"中欧设计中心"，在日本成立了"创新研究院"。

2011年，九牧就与世界汽车界顶级设计公司——乔治亚罗达成战略合作伙伴关系，共同开发设计整体厨卫解决方案。同年，中宇也与意大利设计师团队建立了合作关系。而申鹭达则于多年前就在巴厘岛设立海外设计中心，承担申鹭达品牌设计及产品研发方面的需求。

不仅如此，近年来，南安卫浴企业不断加大产品研发投入，建立国家标准实验室便是重点之一。自2005年辉煌水暖集团实验室正式通过中国合格评定认可委员会（CNAS）实验室认证以来，截至目前，南安卫浴行业还有九牧、申鹭达两家企业通过该项认证。目前，中宇也在积极申请该认证。

国字号实验室出具的检验报告具有法律效应，在国际上都是相互认可的，有利于品牌走向国际化。

十一、第四届金勾奖在南安举办

8月27日，来自清华大学、中国美术学院以及企业、行业协会的17名专家评委齐聚南安，经过多轮投票，评选出"'金勾奖'中国五金制品工业设计创新大赛——2013海峡南安'成功杯'卫浴五金"获奖作品。即日起，27件获奖作品将在南安中国水暖卫浴城会展中心展示15天，其中专业组11件，非专业组16件。

中国五金制品协会在2010年首次创建并主办了中国卫浴五金（水龙头类）"金勾奖"工业设计创新大赛。2013年大赛由中国五金制品协会、中国工业设计协会、泉州市人民政府联合主办，中国五金制品协会建筑五金分会、南安市人民政府、泉州市经济贸易委员会联合承办。

本届"金勾奖"评选共收到29家卫浴五金行业企业、4家卫浴五金产业基地设计公司递交的专业组作品204件，以及中国大陆和台湾地区98所院校、7家设计公司、20名自由设计师递交的非专业组作品1690件，参赛作品总数同比上届（第三届）大赛增幅达65%。经过初评、复评和终评，最终有11件专业组作品和16件非专业组作品脱颖而出，获得金勾殊荣。

十二、全国主流媒体福建探秘水龙头生产

自上海电视台《七分之一》栏目在《水龙头的"铅"阴影》的节目报道了众多国际国内一线卫浴品牌水龙头铅析出严重超标以来，国内主流媒体对铜质水龙头含铅话题进行了大量报道，引发了国内卫浴行业的不小震动，也在消费者群体中造成了不小恐慌。

为消除消费者疑虑，引导卫浴产业健康发展，应全国工商联家具业商会卫浴专委会邀请中央电视台、中国家居主流媒体矩阵以及国内具有影响力的主流媒体于2013年9月3日~9月5日，开展以"走进中国水龙头，走进真相"为主题的中国水暖五金行业企业（福建地区）实地大走访活动。了解中国水龙头发展现状，真实、客观报道国内一线卫浴企业生产及来料加工、生产工艺及检测检验技术水平等实际运作情况。以期还原事件真相、消除社会各界的疑虑，维护行业的正常发展。

十三、中宇与高仪股权置换

2013年9月26日，高仪集团87.5%股权将以约40亿美元出售给日本骊住集团，引起行业震动。据高仪集团官方通告显示，此次收购包括高仪债务在内，该项交易对高仪公司的估值约为30.6亿欧元（约合41.3亿美元），而骊住和DBJ将在卢森堡持有高仪集团发行股本的控股公司监事会席位，并各拥

有 50 % 的投票权。作为国内首家在德国上市且与高仪有着密切合作关系的中宇在这场收购中的角色也备受关注。

据悉，在过往的三年时间里，蔡氏家族通过有效的资本运作，利用中宇股权置换高仪股权，财富增值速度令人惊叹。根据骊住的公告，本次收购不影响蔡氏持有的 12.5% 高仪股权。蔡氏将与骊住和 DBJ 一道加强对高仪和中宇卫浴的管理。日本骊住集团收购高仪 87.5% 股权对于关联方而言或许是一个多赢的局面。

十四、九牧、中宇双十一销量进卫浴三强

"双十一"网购狂欢节当天卫浴类产品销量惊人,福建品牌九牧、中宇名列卫浴行业热销排榜前三位。其中，九牧在双十一当天的成交金额约为 7400 万，这一成绩同时也占据"双十一"家装主材类销量冠军的宝座。据悉，九牧在双十一档期间（10.11 ~ 11.11）销售总额突破 1.2 亿，较去年同期销售额翻了三番。中宇是 2013 年"双十一"中的一匹黑马，以 2200 万的销售业绩排名卫浴类第三名，在家装主材品类热销排行榜位列第七。

十五、辉煌水暖赞助拍摄《鸳鸯村的故事》在央视首播

由中央电视台电影频道等出品，中共泉州市委宣传部、泉州广播电视台、北京伯乐聚星文化传播有限公司联合摄制，辉煌水暖集团赞助拍摄的公益电影《鸳鸯村的故事》于 9 月 16 日上午在中央电视台电影频道首播。

据悉，《鸳鸯村的故事》主要描述两个大学生将自己所学的知识运用到基层实践，在当大学生村官期间，通过不懈努力，改变村民干部的守旧观念，在保护自然环境的同时，充分运用科学知识、网络知识，帮助乡村走上科学致富的道路。影片以南安水暖卫浴产业和惠安石雕产业为背景，在泉州、南安、惠安等地取景拍摄，呈现浓厚的闽南文化及风土人情，通过影片展示一张产业名片，一种人文情怀。

2012 年 11 月 6 日，公益电影《鸳鸯村的故事》开机仪式在辉煌水暖集团举行，随后影片在南安拍摄期间，辉煌水暖集团全程协助拍摄，影片更是多处在辉煌工业园区内取景。

十六、中宇卫浴掀起卫浴 3D 打印技术革命

3D 打印技术是一项当今非常热门的技术。2013 年初，中宇建材集团研发中心就从以色列进口了这样一台专用于中宇卫浴产品打样制作的 3D 打印机。

OBJET 3D 打印机运用累积制造技术，通过电脑将设计好的 3D 效果图传输给打印机，使用特殊感光材料和辅助材料，打印出的粘合物，制造出卫浴产品的三维效果。OBJET 3D 打印机与传统 CNC 打样设备相比具有很多无可比拟的优势。第一，传统 CNC 打样设备体型庞大，使用过程中也会产生一定的噪声和废物，运作功率较大，而 3D 打印机运作期间非常安静，性能稳定，不会产生任何有害气体或物质；第二，OBJET 3D 打印机是一种特殊材料累积过程，原料利用率 100%，只需简单操作电脑即可，制作过程中无需其他人工辅助；第三，传统 CNC 打样设备只能实现样品的外观效果，只能打样实心体，且某些较为复杂的造型无法实现，具有一定的局限性。但是对于 3D 打印机来说，只要电脑能设计出来的造型，它都能完成，国外已在汽车等行业得以实现。

目前，OBJET 3D 打印机已在中宇建材集团正常运作半年多，制样效果稳定且出色，为中宇卫浴产品打样做出重要贡献，为产品研发和营销部门快速提供 3D 效果产品缩短宝贵时间，有效节约生产成本。

十七、王建业当选南安市质量技术监督协会会长

7 月 26 日，南安市质量技术监督协会第二次全体成员大会在辉煌水暖集团会议中心召开。会议听取了南安市质量技术监督协会第二次会员代表大会工作报告、财务报告、章程修改报告，选举并通过了

第二届理事会理事、常务理事、副会长、会长等人员，辉煌水暖集团董事长王建业当选新一届南安市质量技术监督协会会长。

王建业表示，新一届协会一是重视品牌的培育和提升，构建有竞争力的产业品牌集群；二是为会员企业提供全面服务；三是继续办好《南安质量技术监督简讯》；四是积极组织会员单位开展活动；五是要加强协会自身建设和规范管理。

辉煌水暖集团是29项国家和行业标准的起草和制定单位，在业内率先通过ISO9001、ISO14001、OSHAS18001三合一认证，建立业界第一个国家级产品质量检测中心，检测能力水平在同行业中占据领先地位。

据了解，南安市质量技术监督协会成立于2009年3月20日，该协会是由南安市致力于质量技术监督事业的单位和人士自愿参加组成，是具有法人资格的专业性、学术性、公益性、非营利性的社会团体。

十八、王建业荣膺福建省"闽商建设海西突出贡献奖"等殊荣

6月17日，第四届世界闽商大会在福州举行。会上，福建省人民政府为多位非公有制经济人士颁发了"闽商建设海西突出贡献奖"。此次表彰的"闽商建设海西突出贡献奖"是第三届世界闽商大会以来在福建投资实体经济项目投资到款额超5亿元的闽商，辉煌水暖集团董事长王建业也在其列。

王建业还被授予"福建省非公有制经济人士捐赠公益事业突出贡献奖"。该奖项是福建省政府为表彰改革开放以来为我省公益事业捐赠1000万元以上的广大非公有制经济人士而设的，以此表彰他们捐赠公益、报效桑梓的高尚行为，以及对经济社会发展所做的积极贡献。

王建业于1988年创办辉煌水暖集团，2012年，辉煌纳税高达1.4476亿，位列南安民营企业纳税首位。王建业每年将自己三分之一的时间倾注在各类社会公益事业上。多年来，他带领企业积极投身于公益慈善事业，让"辉煌"这个品牌放射出富有社会责任感的光芒：先后向南安市慈善总会、泉州师范学院、南安实验小学、南安体育馆、南安市青少年发展基金会等单位捐资累积数千万元。

2013年11月14日，辉煌水暖集团董事长王建业向南安市慈善总会捐款500万元，并专门设立南安慈善总会辉煌基金。这是王建业继2011年向南安市青少年发展基金会捐款500万元后的又一次重金支持社会公益事业，以实际行动践行了"恋祖爱乡、回馈桑梓、豪爽义气、乐善好施、敢拼会赢"的新泉商精神。

十九、卫生陶瓷产能继续扩张

近年来，南安水暖卫浴龙头企业纷纷斥巨资，涉足卫生陶瓷生产领域，成为一个特有的现象。

2012年初，福建省泉州市召开民营企业"二次创业"大会，围绕转变提升，打造民营经济乐园的目标，千名企业家齐聚一堂，共同探讨"二次创业"的方案。

泉州的卫浴企业家是这次"二次创业"的主力军，延伸产品线、完善产业链，向整体卫浴发展，实现厨卫一体化，打造千亿产业集群是福建卫浴企业"二次创业"的主要方向。

在"二次创业"的热潮之下，除了"四大家族"纷纷响应，很多福建的卫浴企业也看准市场顺势而为，所以不少从事五金卫浴单一产品生产企业也开始尝试自建卫生陶瓷生产线，向整体卫浴发展。

2013年1月12日，华盛集团第三号窑炉生产线点火仪式在华盛集团南安基底隆重举行。这条线的正式开工，意味着2013年华盛卫浴将以翻倍的陶瓷产能应对市场竞争。华盛卫浴的三条窑炉点火投产后，年总产能达300万件以上。

而作为福建卫浴的二线品牌，恒通卫浴也在2013年上马卫生陶瓷项目。目前恒通五金龙头、挂件、浴室柜均为自主生产，卫生陶瓷产品主要为OEM。即便如此，去年恒通的陶瓷产品销量同比增长了40%左右。

从2007年，申鹭达集团有限公司和华辉玻璃（中国）有限公司共同出资兴建的华辉科技（中国）

有限公司的梭式窑,并正式点火投入试生产算起,短短的 6 年间,福建产区的陶瓷项目直追以佛山为代表的广东产区,发展迅猛。据估算,到 2015 年,包括九牧、中宇、申鹭达、辉煌水暖、华盛等品牌在内,南安卫生陶瓷年产能将超 1000 万件,而广东产区 2013 年卫生陶瓷产量突破 4000 多件。

可见,福建的卫生陶瓷无论是在产业规模,还是产能规模都在不断扩大,大有赶超广东产区之势,成为我国卫生陶瓷产区的后起之秀。

二十、高起点建设卫生陶瓷生产线

当前我国有 3 大卫生陶瓷产区,北方有河北唐山、河南长葛,南方有广东潮州、汕头、佛山,它们都是老产区,有产业基础。而位于东南沿海的福建产区,则是后起之秀。

漳州市的航标控股有限公司,创建于 2002 年,十年磨剑,创造了一跃成为全国第二大卫生陶瓷制造企业的奇迹,年卫生陶瓷生产能力可超过 590 万件。此前,该公司已有 5 条生产线投产,年生产能力 490 万件。而南安现有的 8 条卫生陶瓷生产线,分别由华盛、九牧、中宇、申鹭达、辉煌 5 家企业投建。

福建产区的卫生陶瓷企业,起步较晚,起点却很高。在环保、节能等成为企业的一道严峻考题时,许多老陶瓷企业都面临着能耗高、污染严重、产能偏低等问题,亟须进行技术改造。而福建卫生陶瓷企业凭借科技发展的东风,以大气魄的投入创建了全新的产业。

申鹭达陶瓷厂的自动生产线上,自动送料、一次浇注成型、自动喷釉以至入窑完全一气呵成,长长的隧道就是"窑",把他们传统思维中的立窑形象完全颠覆了。变频脉冲点火,热能变换回应等技术,节能效果明显,生产用水循环利用等一系列先进技术,整个生产过程真正地实现了"零排放",无污染。

二十一、国内市场开拓稳步推进

由福建省水暖卫浴阀门行业协会、福建省橱柜业商会、厦门大学联合发布的福建省厨卫未来发展规划中指出,要从全省大视角打造千亿厨卫产业集群,实施"四六二十四战略",打造一批具有国际竞争力的厨卫品牌。扶持 4 家百亿厨卫企业苗子,中宇集团、辉煌水暖、路达集团、九牧集团;打造 6 个具有国际竞争力品牌,如 JOYOU、JOMOO、HHSN、申鹭达等。

与潮州等产区代加工为主的生产模式不同的是,福建卫浴企业在从五金卫浴到整体卫浴的扩张道路上一直高举品牌的大旗。走品牌发展之路是福建水暖卫浴立足之本,也是卫生陶瓷发展之基。

南安作为中国著名的水暖卫浴之乡,有近 20 万水暖营销大军遍布全国各地,甚至深入到了许多县城、乡镇,控制着全国 70% 以上的水暖销售份额。这一得天独厚的渠道优势使福建在与其他产区的竞争中脱颖而出。

以中宇为例,目前在国内建有 70 多家旗舰店、1000 多家专卖店、2000 多个专营点、3000 多个销售网点,其中在一线城市、省会城市拥有 500 多家经销商。而九牧仅在中国大陆市场就拥有含旗舰店、品牌专卖店、专列区近万个销售终端。辉煌水暖在全国开设了近 3000 家专卖店。

另外,以特瓷、宏浪、乐谷、恒通、申旺等为代表的二线品牌渠道建设也比较完善。

第六节 厦门

一、水嘴新国标解读研讨会在厦门举行

2013 年 10 月 20 日下午,陶瓷片密封水嘴新标准 GB18145 研讨会在厦门佰翔酒店举行,新国标主要起草人、国家建筑材料工业建筑五金水暖产品质量监督测试中心副主任史红卫权威解读,著名材料专家陈永禄博士分享无铅铜研究成果。

本次水嘴新国标解读研讨会汇集了中国建筑卫生陶瓷行业协会、中国建筑装饰协会厨卫委、全国工商联卫浴专委会等六大行业协会秘书长以及路达、九牧、中宇、辉煌、申鹭达等卫浴五金行业大佬，以及来自广东、浙江、福建等地的卫浴企业代表，纷纷就新国标发表看法或提出问题，研讨气氛热烈。

二、首个"国家认定企业技术中心"落户路达

12月27日，厦门路达集团"国家认定企业技术中心"和"中国厨卫新材料研究设计中心"的揭牌仪式在厦门市集美区优达国际展厅三楼隆重举行。

厦门市政府徐文东副秘书长，集美区政府连坤明副区长，中国五金制品协会常务副理事长石僧兰，集美区经贸发展局陈新民局长，中国工业设计协会赵卫国常务副会长，厦门工业设计协会陈全志会长，厦门市经济发展局的张世照副局长、路达集团总经理许传凯，路达集团董事长吴材攀，路达集团总裁陈雅雅等领导及媒体朋友和路达集团的供应商们参加了揭牌仪式。

会后，徐文东副秘书长、中国五金制品协会常务副理事长石僧兰、路达集团董事长吴材攀为"国家认定企业技术中心"揭牌，中国建材工业经济研究会会长刘长发和路达集团总裁陈雅雅为"中国厨卫新材料研究设计中心"揭牌。

路达荣获国内卫浴行业首家"国家认定企业技术中心"，标志着路达在自主创新及管理方面成为行业领军企业。

三、中国卫浴行业年会在厦门召开

由全国工商联家具装饰业商会卫浴专委会主办、以"众志成城，铸造中国制造的良心"为主题的2013年中国卫浴行业年会，12月10日在福建省厦门市举行，来自全国各地卫浴行业优秀企业的代表以及数十家主流新闻媒体代表出席了本次年会。

年会上，全国工商联家具装饰业商会卫浴专委会会长谢岳荣总结了卫浴专委会在过去一年的工作，重点谈到了2013年商会在应对铜水龙头舆论危机事件及公益事业等问题上所发挥的积极作用。全国工商联家具装饰业协会卫浴专委会执行会长蔡吉林，则在其2014年卫浴专委会工作计划报告中透露，新的一年里，中国卫浴行业将围绕"众志成城，铸造中国制造的良心"这一主题，加强中国卫浴行业各产区之间的横向交流，促进"中国卫浴行业诚信企业库"的建设与推广，并推动卫浴行业与主流媒体之间的高效沟通，引领卫浴行业健康发展。

四、红点卫浴设计国际交流论坛在厦门举办

2013年11月11日下午，"厦门国际设计营商周——卫厨产业设计沙龙"在厦门文化艺术中心如期举行，来自世界各地的11位国际设计师与国内机构设计师及卫厨企业设计师等近百人共享设计此次盛宴。本次沙龙主题为"商业成功的设计与创新"，旨在搭建卫厨企业与国际设计师交流的平台，开拓并完善设计师与企业对卫厨产品的设计理念。

五、百亿厨卫产业园集群效应初步显现

百亿厨卫产业园的规划正在使厦门橱柜业发生着剧变。在第二届中国厦门国际厨卫展、第二届厦门国际门窗木业展上，厦门被确定为"海西卫浴中心"，这标志着厦门橱柜产业也已跻身全国三甲。目前，厦门拥有各种橱柜生产、销售企业百余家，店面上千个，连续多年销售总额位居全国前列。

近年来，包括金牌橱柜在内的各大橱柜品牌巨头，纷纷通过不同的方式和渠道，在同安工业区建设生产基地。金牌橱柜、百路达、好兆头、好来屋、德尔曼、鑫顶品等品牌公司，已入驻厦门同安橱柜工业园区。五金、柜业等橱柜产业链上下游企业的纷纷入驻，进一步促进了厦门橱柜产业链的完善。

目前，橱柜工业园区的产业集群效应已初步显现。与此同时，入驻园区的企业也在产业集群的效应

下，节约了成本，在企业的盈利上实现了大幅度的提高。预计 3 到 5 年内，同安工业区将成为厦门橱柜产业最集中的地区，单橱柜年产值就有望达到 30 亿至 50 亿元。

此前，厦门在全国率先成立橱柜行业组织，率先举办橱柜专业展览会，在国内第一个建立橱柜工业园区，成立了国内第一个橱柜学院，为橱柜产业的可持续发展积蓄动力，在未来的 5 至 10 年中，福建厨卫产业将打造成千亿规模的产业集群。

六、中国厨房设备厦门分会举行成立大会

2013 年 4 月 12 日中国厨房设备厦门分会举行成立大会。中国五金制品协会常务副理事长石僧兰在会上宣读了民政部同意成立厨房设备厦门分会的函件，同时作了指导 2013 年分会工作思路的报告。孟凡波副秘书长主持成立厨房设备分会的各项议程。张东立理事长了大会总结。

会议选举厦门金牌厨柜股份有限公司总裁潘孝贞为首届会长。孟凡波副秘书长当选为厨房设备分会秘书长。会议还选举产生了 7 家执行会长单位，48 家副会长单位和 100 家分会理事单位。其中，7 家执行会长单位包括：厦门好兆头家居有限公司、宁波欧琳厨具有限公司、河南省大信整体厨房科贸有限公司、志邦橱柜股份有限公司、成都百威凯诚科技有限公司、中山市新山川实业有限公司、上海合兆家居用品有限公司等。

第七节 长葛

一、卫生陶瓷产量位居国内各产区之首

起步于 1974 年的长葛卫浴，经过 30 多年的发展，已成为中原最大的卫生洁具产区。2009 年，长葛市被中国建筑卫生陶瓷协会授予"中国中部卫浴产业基地"称号。

2012 年，长葛地区卫生陶瓷总产量首次突破 5000 万件，成为国内建陶产业的重要一极，长葛 5 年卫浴产业转型升级工作初见成效。

2013 年，河南卫生陶瓷年产量为 6425 万件，位居国内各省份之首。更重要的是，伴随着企业实力的提升，更多的企业开始注重先进设备的引进与生产技术的改进，为产品质量的提升提供了有力保障，进一步巩固长葛卫浴的市场地位。

3 年前，长葛卫浴产区首次提出"打造大众消费者信得过、买得起的中档卫浴品牌"战略，精准定位于中档消费群体，3 年来，长葛卫浴以高性价比迅速占领各地市场，迈上了产业发展提升的快车道。

当前，薄利多销的生存法在长葛早已根深蒂固。能够做出合格的产品、以优惠的价格向市场推广，惠及的是千万普通百姓，这或许也是长葛这个新兴产区能够在近几年快速崛起的市场源动力。

二、长葛卫浴凸显成本优势

河南长葛卫浴近几年的发展速度，已经让潮州等卫浴产区有了危机感。潮州面临前有佛山、南安卫浴的堵截，后有长葛追击的态势。

长葛卫生陶瓷的产量虽与潮州卫生陶瓷的产量接近，但后者目前在产品质量、功能、工艺和细节上仍占优势，潮州企业在渠道建设和品牌建设、中端市场上也占上风。而相比较，长葛卫浴整体在中低端市场更有性价比的优势。

2008 年以来，潮州卫浴逐渐暴露出外销受阻、内销下降、生产成本上涨、用工荒等严重问题。而长葛相较于潮州在生产成本方面更具有优势。比如，同样的一条生产线，河南长葛仅年工资和天然气就能比潮州省下 600 万。长葛和潮州虽然同是使用隧道窑，但是在同样的产能上，潮州企业要比长葛多30% 的成本，这意味着潮州的生产成本一年要比长葛多 300 万。

三、许昌经济联合会调研长葛卫生陶瓷

8月23日上午，许昌市经济联合会会长雷全兴、原许昌市政协副主席孟德善、原许昌市工业和信息化局局长王鲁生、原工信局调研员田文进、市工信局原材料科科长刘保增、许昌市食品工业办公室主任许锐等人，在长葛市市长刘胜利、副市长范耀江、长葛市工信局局长胡民生、长葛市科技局局长胡群成等相关领导的陪同下，通过实地走访长葛市金惠达陶瓷、远东陶瓷、蓝鲸卫浴、浪迪卫浴等企业，调研当前长葛市卫生陶瓷产业发展情况。

长葛卫浴的传统市场是中原地区，郑州周边800公里半径范围。而现在，长葛卫浴开始面向全国各地布局销售网络。比如，蓝鲸卫浴的产品目前在全国很多地方都有销售。长葛卫浴销售网络过去以批发走量为主，这必然束缚企业自主品牌的发展。长葛卫浴的升级不仅是产品的升级，也要改变原有的销售模式，走品牌化，代理制或分公司制的发展之路。

毕竟，日益增长的原料价格、用工成本，也在将长葛卫浴企业的利润不断削薄，导致陶瓷卫浴企业不得不向品牌化方向靠拢。目前，长葛卫浴产品，打自己的LOGO，出厂价也就四五十元，但如果是OEM合作伙伴的LOGO，他们的入库价格就超过八十元。所以，长葛卫浴以自主品牌发展才是长久之路。

四、回归本土打造自主品牌

当前，先进技术设备的引进，导致长葛卫浴产品无论是款式、包装，还是功能都没有什么问题，仅每年的国家产品质量抽检给了我们最好的肯定，经销商在市场上为此逐步增强了对长葛卫浴产品的认可。

但即便如此，绝大多数长葛卫浴企业还是不敢注明产品的河南产地，因为当时只要在产品上打上"佛山制造"、"上海制造"就能卖个好价钱，销售渠道更顺畅些。

但是，在河南地区，多数之前有注册佛山品牌的企业已经将品牌回归本土，在产品的包装、品牌注册地、宣传广告等方面都已经注明真实产地，而且自主品牌在经营中，企业更能大刀阔斧的开展市场宣传和营销策划，富田卫浴的市场推广就是一个典型的例子。

五、专卖店走出长葛布局全国

随着国家对中西部地区的发展支持，有越来越多的中小城市规范、扩建、聚拢建材市场。以前只在建材批发市场做批发的河南卫浴代理商也在随之改变，除了负责整个地区批发外，也开始进驻专卖市场，以专卖店的形式展示品牌、产品、服务的优势。

6月22日，位于驻马店市的浙江国际商城（建材市场）开业，作为豫东南首席五金家居建材市场采购总部，该市场吸引了来自国际、国内知名品牌进驻，但在这个市场内看到了越来越多的中部卫浴的身影，如中陶卫浴（CTO）、闻洲卫浴、浪迪卫浴等，都以专营店的形象立足市场，与知名品牌同台竞技。

在合肥的华东建材市场也有以中部卫浴运营中心进驻，该代理商是安徽省省级代理，将店面选址于新建的专业建材市场就是为了捍卫品牌的市场形象和信心。河南郑州南三环的建材市场内也先后有好亿家、蓝鲸、蓝健、浪迪、白特等企业的专卖店进驻。在天津建材市场，蓝鲸、浪迪、蓝健等也与知名品牌一道开拓市场。

六、参加上海厨卫展推广自主品牌

2013年的上海卫浴展会上，来自河南美迪雅、禹州富田陶瓷都以自主卫浴品牌形象在W2馆布展，两家河南卫浴同时亮相上海卫浴展会，这也是对河南卫浴品牌的宣传和支持。

会展上，来自国内各地的代理商竞相询问品牌及产品的相关情况，不仅为富田在国内市场做了品牌的展示和宣传，也取得了较多代理商的支持拥戴、合作加盟。

长葛市副市长范耀江在带队参观上海卫浴展会后，对企业提出了品牌化发展的要求，并与企业老板

一道观摩品牌企业的展会宣传，要求高质低价的无品牌发展一定要提高、转变，求创新。

七、打击假冒侵权—净化市场环境

7月2日，河南省政府召开打击侵犯知识产权和假冒伪劣商品工作领导小组会议，会议要求各有关部门坚持集中打击与制度建设并重，确保打击侵权、假冒工作取得新成效。

长葛市政府卫生陶瓷提升领导组随即召开工作会议，指出下一步合工商、税务、技术监督、公安等部门将联合执法，清查市域内的卫浴生产企业及相关配套企业，从而为当地营造一个发展自主卫浴品牌的良好市场氛围。

圣好是明泰公司旗下的一个新品牌，在投入市场不足一年的时间，就发现市场上有假冒的产品流通。该企业为了维权，一直在寻找造假的窝点。

早在6月22日，长葛市技术监督局将一家陶瓷加工企业查封。据悉，该企业为一家卫浴加工厂，没有任何营业执照类资质，由于涉嫌假冒而被查封。

在长葛市葛天路西段，密集了大大小小数十家卫浴相关企业，其中有卫浴生产企业六家，浴室柜、玻璃盆、龙头、修补厂等数家，这些小厂顺应市场而生，如雨后春笋般的招商广告遍布了整条街道。而依赖于长葛遍布全国各地的陶瓷销售网络，这些小工作坊式的企业不仅数量在增加，规模也在不断扩大。

但是，由于这些配套企业的野蛮生长，没有既定的客户群体和市场，很多订单都是客户随机性的，或是找上门来的，缺少质量、款式、服务等，更谈不上设计，产品多是看着流行什么，依葫芦画瓢做什么，只重视新鲜、奇特，没有考虑到质量和实用功能。

八、省级卫生陶瓷质检中心项目通过可行性论证

4月9日，河南省质量技术监督局组织有关专家，对在长葛市筹建河南省卫生陶瓷产品质量监督检验中心进行了可行性论证，并顺利通过专家组评审。

专家组实地考察了正在建设的长葛质检大厦，听取了长葛市政府对省卫生陶瓷质检中心建设的支持措施以及长葛市质监局关于筹建省卫生陶瓷质检中心的可行性情况汇报，审查了相关资料，详细询问了建设资金、技术人才、检验检测设施等事项，对长葛市成立省级卫生陶瓷质检中心给予了严格的要求和厚望。

通过现场考察和质询论证，与会专家一致认为，长葛市政府高度重视发展卫生陶瓷产业，出台了一系列优惠政策和帮扶措施，并高度重视卫生陶瓷质检中心的建设。在长葛新区主要位置筹建了建筑面积达2.2万平方米的长葛质检大厦，为省级卫生陶瓷质检中心建设奠定了坚实的基础。

九、河南省商检局李国村一行调研长葛市卫生陶瓷

5月上旬，河南省商检局进出口检疫局轻纺处处长李国村一行3人在许昌市商务局副局长李清治陪同下抵达长葛，对长葛市卫生陶瓷产业发展情况进行调研。调研汇报会由王清民主持，科技局副局长张建民详细向调研组一行汇报了当前长葛市卫生陶瓷产业发展情况。

长葛目前有企业79家，生产线98条，年产卫生陶瓷5000万件，从业人员5万余人（全国各地从事陶瓷销售的长葛人有1万余人）。长葛市委市政府高度重视传统产业升级改造工作，成立了卫生陶瓷产业整合提升工作领导小组，每年财政拨专款进行产业提升。

长葛产区年产量达5000万件，出口占总产量的不足7%，发展空间很大，如何引导企业转变经营思路，发展对外经济，提高出口市场份额，也是近年来政府产业提升的一个工作重点。

长葛卫生陶瓷出口发展迅速，2012年长葛出口170多批次，创汇1000多万美元。由于长葛卫浴出口发展潜力巨大，加上大多数企业，没有自主经营进出口权，而是利用外贸中介进行出口销售。省局因此决定在许昌设立进出口检验检疫局，此次是专程到长葛调研卫生陶瓷产业发展情况，目的是寄望今后

更好地服务许昌地区企业，尤其出口企业，简化产品出口手续，享受国家各类出口优惠政策。

李国村表示，希望经过若干年的努力能打造出长葛出口质量安全示范区，全面提升产区区域品牌影响力，让企业享受更直接便捷的检验检疫服务。

2013年的新标准研讨中，作为标委会委员的河南企业代表也都积极地参与，在行业的各项工作推进中，河南卫浴逐渐增强了品牌的自信、发展的自信。

这其中，企业间的相互交流、抱团发展起到了很好的推动作用，作为中部卫浴企业家，每个老板都希望能够扛起区域品牌发展的大旗，同舟共济、共赢市场是中部卫浴企业家共同的心愿。

十、产品线不断拓宽使区内产业链日益完善

长葛卫浴产区过去产品线比较单一，基本都是陶瓷卫生洁具，在整体卫浴流行的今天，产业链的不完善将严重影响区域竞争力的提升。经过6年的探索，长葛卫浴产区产品多元化发展已经取得显著成效。

在后河镇、石固镇的主干道两旁，各种各样的橱柜广告随处可见，其中也不乏玻璃盆类、龙头、毛巾架、淋浴房等围绕着卫生陶瓷产品延伸出来的相关配套产品的身影。

绿梦缘浴室柜创办于6年前，初期以模仿广东为主，借助长葛原有的销售客户渠道销售，得以迅速发展。绿梦缘浴室柜由此趁势扩大规模，而且沿着企业密集的主干道旁竖起了招商广告。

尚典卫浴位于长葛市产业聚集区，该公司今年也开始了浴室柜的生产，该企业要求浴室柜进行自我设计、配套和渠道销售，以确保对自主设计产品的形象维护和市场保护。

席尔美卫浴也在年初进行了整体卫浴的配套，并指定签约厂家供应浴室柜，在设计、品质、服务等方面都进行了约束，五金类的龙头、花洒等配件都进行了合作升级，这样也为客户提供有保障的整体卫浴产品和服务。

到2013年，长葛产区不仅出现了浴室柜产品，陶瓷面盆、淋浴房等产品也纷纷上线生产，多样化的卫浴产品不仅改变了原来的单一陶瓷产业格局，也为遍布全国的卫浴经销商提供了更大的选择空间。不少代理长葛品牌的经销商开始对自己销售店面、配套产品种类进行升级，并以此有效增强了其在当地市场的竞争力。

配套产品种类的丰富，也促进了长葛卫浴产业链条的整体完善，一些企业从2013年开始向着整体卫浴的目标发展。2013年5月，长葛市尚典卫浴荣获许昌市市长质量奖，该企业就是将多元化产品以整体卫浴空间的形式在终端销售。

十一、通过渠道变革实施品牌化经营

近年来，长葛卫浴产区掀起引进先进生产设备的热潮，良好的设备有利于规范企业管理，提升产品质量，也为企业实施品牌化运作打下了良好的基础。

长葛卫浴产区有遍布全国各地的卫生陶瓷销售大军，但这个庞大的销售网络一直以来只会卖中低端产品。2013年，已有越来越多的长葛卫浴企业开始感受到品牌化经营的迫切性，并开始对终端销售渠道进行改造和提升，并且成效显著。这其中的代表性企业有尚典、席尔美、浪迪、贝路佳、白特、贝浪、高帝等。

长葛卫浴企业突破原有销售模式的主要措施包括：重新定位市场，调整产品结构，优化工程类产品、零售家装类产品；筛选、重整市场客户，剔除阻碍企业品牌化发展、销售模式固化客户；升级品牌形象，将专卖店面的选址、大小、辐射范围等进行综合考量，鼓励并扶持专卖店销售的客户。

通过对销售渠道进行了调整和升级，尚典、席尔美、浪迪、贝路佳、白特、贝浪、高帝等卫浴品牌在市场上的影响力和美誉度大增。这些企业产品的配件提高了几个档次，包装做了很大改进、市场推广渠道多样化，其软实力的提高直接带动企业在市场上的竞争力，而经销商也逐步跟上企业发展的步调。

十二、引进先进机械设备改造升级卫浴产业

近年来，长葛陶瓷洁具的形象有了较大变化，不少企业开始在产品包装上标明产地长葛。

在 2013 年首届西安陶瓷卫浴展会上，河南卫浴企业不约而同的将产地"长葛"、"河南"等在展位、产品标识上面突显出来，对于在行业内积极寻求品牌化发展突围的河南卫浴界来说，这既是对企业的一种宣传，也展示了河南卫浴品牌化发展的决心和实力。

河南卫浴企业在滚动式发展中，不断提高企业的工艺水平、机械化水平，一个个新建卫浴企业都在不断刷新着河南卫浴产业的新地标。2013 年，东宏陶瓷以高投入、机械化、标准化的生产工艺引来行业的关注，循环施釉线的引进、高压注浆线的投入等在硬件方面逐步缩小与知名品牌企业之间的差距。

东宏陶瓷宽 4.06 米、长 156 米的全自动天然气隧道窑准备开建，再一次将产能、窑炉性能控制、半自动化工艺设备等硬件投入，列为新建企业的标杆，河南卫浴产业由此将开始新一轮的企业升级转型探索。

十三、高压注浆生产线成热点

2011 年底，长葛市成功举办中部卫浴先进生产力高峰论坛，首次为行业企业搭建设备、工艺、技术交流的平台。三年来，政府努力带领企业走出去，开阔老板们的视野，扩展他们的发展思路，卫浴企业，尤其是新建企业的起点拉高，大胆采用高压注浆线、自动循环施釉线、自动检测线等关键性的生产设备。

自动化高压注浆生产线能够快速、高效、稳定、连续的生产出优质的产品，金惠达卫浴、嘉陶卫浴就以技术合作为的方式整线引进，并取得了成功。其他企业看到这两家企业新技术引进后的成果。一时间高压注浆线成为各企业缓解人工、土地成本压力，提升洁具产品质量的新希望。老企业改建升级、新企业在建，都将自动化设备列为首选。

河南东宏、汇迎、飞达、美霖等企业在新一轮的工艺改进中对先进的高压注浆成型设备，以及机械化的施釉包装线都进行了全面的考察，并从贺祥陶机等企业订购了高压注浆、自动检测等设备。

高压注浆的模具可以试用 2 ~ 6 万次，每半小时出一次产品，仅产品合格率和效率提高这两项，就可为企业节约大量的成本，尤其是员工这方面，能够大大缓解企业的用工需求，半年到八个月仅依靠这两项的提高就能够把投入新线的成本收回。

2011 年，河南金惠达陶瓷率先引进高压注浆生产线，该生产线顺利运转后，为河南企业对高压生产设备去除了技术、原料配方不可实现的顾虑，先后有尚典卫浴、利雅德陶瓷、蓝鲸卫浴、蓝健陶瓷、美霖卫浴、飞达瓷业、汇迎陶瓷等企业开始了对先进生产设备的合作探索。2013 年，河南嘉陶卫浴在原泥釉浆配方不变的情况下，使用高压注浆线，引发产区企业对先进生产设备的高度关注。

十四、长葛开展卫生陶瓷专项整治活动

10 月 18 日，长葛市卫生陶瓷假冒伪劣专项整治动员大会在市科技局召开，长葛市卫生陶瓷企业代表四十余人参加本次会议。会议首先宣读了《长葛市整顿卫生陶瓷假冒伪劣专项行动实施方案》，区域整治分四个阶段进行，从 10 月份开始，到 12 月底结束，分为宣传发动阶段、自查阶段、执法检查阶段和总结验收阶段。

经过 6 年的产业提升发展，长葛市卫生陶瓷企业在品质提升、规模化发展方面成效显著，但是仍面临自主品牌发展窘迫的现实，突出表现为产品附加值提升遇阻，区域品牌和企业自主品牌市场影响力有待提高，高性价比一直是推动整个产区发展的主因。伴随着长葛卫浴产区整体质量、产量提升的过程中，四级瓷、假冒广东陶瓷、打品牌擦边球等现象，大大影响了整个产区的发展形象，甚至阻碍区域品牌的发展。

本次专项行动，以提升区域品牌影响力和推动产业结构优化升级为重点，通过对质量、品牌、污染、

包装、无照经营等问题较为突出的乡镇进行集中整治，打击假冒侵权行为，整顿或关停不合格产品流入市场，保证区域内产品符合国家标准、行业标准。力争在 2013 年底，区域内企业生产实现标准化、产品商标本土化，杜绝不合格产品流入市场。

第八节　萧山

浙江地区是中国卫浴行业最主要的产区之一。当前已经形成了杭州萧山浴室柜基地、嘉兴平湖淋浴房生产基地、温州水暖器材生产基地、台州水暖卫浴基地、宁波水暖器材和卫浴配件生产基地、绍兴、金华、舟山、湖州一带产业基地六个具有特色的经济发展板块。

浙江产区主要是以外贸出口型为主，而且大量的代工生产小作坊的存在，直接导致了产品质量的参差不齐。

一、南阳镇

南阳位于萧山区东北部钱塘江口杭州湾南岸，面积仅 32.84 平方公里，本地人口近 4 万人，外来人口 2.8 万人，下属 13 个行政村、2 个社区。经过二十多年的打拼，南阳镇从最初的一个蓬头、一个台盆，发展成为今天全国的淋浴房之乡，拥有淋浴房及配套企业 60 余家，年产各类淋浴房 80 万套以上，约占全国总产量的 20%。

在南阳的淋浴房配套产业众多，如生产台盆、坐便器、系列水咀、双壁波纹管等企业，一些大型淋浴房生产企业所需的钢化玻璃自动化流水线、ABS 复合板加工流水线、氧化生产线、玻璃配件生产线等也一应俱全，专业化协作配套企业也不少，有着"不出南阳门，制成淋浴房"的说法。

南阳早在清代就是南沙重镇（赭山集镇），人杰地灵，千百年来南阳人凭着"勇与潮共舞,敢与强争辉"的弄潮儿，创造了一个又一个令人瞩目的成绩。20 世纪 80 年代南阳涌现出了一大批萧山最早的个体户。90 年代初，浙江省唯一由镇一级开发的省级经济开发区落户南阳。2007 年，"中国淋浴房之乡"又花落南阳,实现了工业超百亿。2013 年,南阳启动向中国轻工业联合会提交申报"中国卫浴之都"的申报报告。

20 世纪 90 年代初，南阳就有几家较大的美容镜生产企业。经过十多年的摸爬滚打，随着技术的不断成熟和原始资本的不断积累，这几家美容镜生产企业已经成立门户，从事整体淋浴房产品生产，随之也带动了南阳全镇卫浴业的蓬勃兴起。

目前，南阳街道各类卫浴企业及相关配套厂家共有 40 余家，年产各类淋浴房 60 余万套，产值已突破 8 亿元，占到了全镇工业经济的 13%。其中规模以上企业 15 家，产值达 6 亿元，占了全行业的 75%。从业人员超过 3000 人。卫浴产业已成为南阳第二大特色产业。

南阳卫浴产品品种齐全,从产品档次来分,有简易式、整体式、豪华式等淋浴产品;从产品的门类来分,有淋浴房、蒸汽淋浴房、淋浴屏、喷水按摩浴缸等科技含量高的产品，满足了不同消费群体的需要。

南阳卫浴企业注重品牌建设，目前，南阳镇有淋浴房品牌近 30 只，其中杭州福莱特塑料开发有限公司的"舒奇蒙"商标，已初步通过杭州市著名商标和省名牌产品的评审。杭州水晶卫浴有限公司的"水晶鸟"、杭州天美卫浴有限公司的"舒乐奇"等商标，也很注重对品牌的培育，都已申请了杭州著名商标，在国内和欧美、中东市场上有较大的消费群体。

南阳目前已经拥有"舒奇蒙"一个中国驰名商标。在南阳专业生产淋浴房的企业中，有 80% 以上通过了 ISO 质量体系认证、"3C"中国强制认证制度和欧盟 CE 认证(此认证被视为进入欧洲市场的"护照")。

为了从整体上包装南阳卫浴产业,进一步提升其知名度、信任度和美誉度,2013 年,南阳镇出台了《关于鼓励南阳特色产业发展的若干政策意见》,对卫浴企业的出口创汇、技术、管理创新等予以引导和鼓励,让企业发展有方向、有动力。在此政策的引导下，去年，杭州福莱特塑料开发有限公司收购兼并了一家已经停业的化工企业，不仅扩大了企业规模，还盘活了土地存量。

二、党山镇

党山镇位于萧山东部农村，最开始是做美容镜起家的，20世纪80年代就开始有企业从事这方面的生产，党山的金迪集团就是那个时候最早一批做美容镜的企业。

党山镇有三大支柱产业，一个是装饰卫浴、一个是化纤纺织、一个是机械五金及其他。其中装饰卫浴行业在整体的销售额和出口数量上占据了重要的位置。经过近三十年的发展，已从过去的单一制镜业发展到现在镜艺加工、卫生洁具、装饰门业、玻璃生产相结合的产业。

20世纪80年代，在国内还没有浴室柜的概念，具有收纳、装饰功能的美容镜曾经是浴室里的必备产品。这也是后来萧山浴室柜、淋浴房等卫浴产品发展的源头。

2000年以后，党山镇的制镜产业不断升级，从过去简单的塑料框美容镜到现在多品种、高档次的磨边、刻花工艺镜，从过去单一的制镜到现在与卫生洁具、玻璃生产融合。

而党山镇浴室柜产业于20世纪90年代后期萌芽。当时，杭州金迪家私装饰有限公司是党山的镇属企业，企业开展了对PVC板材和中密度板材为浴室柜基材的研究与开发。1999年起，党山镇的浴柜企业如雨后春笋般的涌现。

党山镇装饰卫浴行业经过了30年的发展，走出了一条以点带面的集群发展之路。先后荣获"中国制镜之乡"、"中国卫浴配件基地"、"中国门业之乡"、"中国浴柜之乡"等诸多国字号招牌。

党山镇目前已经有一批比较知名的卫浴品牌。其中，和合科技集团的"和合"商标、浙江金迪控股集团的"金迪"商标、杭州桑莱特公司的"桑莱特"商标、康利达的"康利达"商标先后成功被认定为中国驰名商标；和合科技集团的"和合"商标、浙江金迪控股集团的"金迪"商标荣获"浙江省著名商标"、"浙江省知名商号"；和合科技集团的"和合牌"浴柜钢化玻璃、杭州金迪家私的"金迪牌"整体浴室家具被评定为浙江省名牌产品和杭州市级名牌产品。

目前，党山镇装饰卫浴企业达到297家，仅加工淋浴房的企业就多达七十多家，美容镜生产企业九十多家，其中亿元产值以上企业15家。2013年全镇装饰卫浴企业实现工业产值75亿元，直接出口企业有110余家，出口额2亿美元。

党山镇的卫浴企业主要集中在群益村。2011年5月，中国轻工业联合会、中国日用杂品工业协会向萧山区党山镇群益村授予"中国装饰卫浴村"牌匾。群益村也由此成为我国首个装饰卫浴特色品牌村。

党山镇群益村在20世纪80年代后期，创办了卫浴、制镜等装饰卫浴及相关配套企业，是党山镇装饰卫浴产业最早的产业集聚村之一。群益村目前已有工业企业62家，其中有装饰门、淋浴房、装饰镜、浴柜等卫浴企业及五金、塑料、印刷、包装等配套企业52家，基本形成了装饰门、装饰镜、装饰卫浴等多品种、多规格、多款式系列产品。年产各类淋浴房90万套、装饰镜2400万套、浴柜350万套等，形成了以装饰卫浴为主体的产业链。

2013年，群益村从事装饰卫浴的人员有3000多人，年生产销售额达到16亿以上，全村有出口企业30家，年出口额突破5亿美元，产品出口遍及欧、美、东南亚等20多个国家和地区。

党山镇的卫浴企业走的是单一产品生产的模式，企业规模小、档次偏低，创造力不足，OEM成为了这里中小企业的生存常态。党山地区整个卫浴产业链不够完整，原材料的供应、配件的供应，相对比较松散，不如广东、福建集中。党山卫浴装饰企业的生产工艺大部分是以组装为主，原材料和配件基本靠外购。如陶瓷洁具在本地没有生产，全靠外购满足需求。整个卫浴装饰产业链，党山卫浴装饰企业仅仅是做了个组装的过程，陶瓷洁具、玻璃原料、高档五金件、高档水龙头、各类板材等卫浴装饰产品产业链的上游产品均未涉足，这就容易使企业生产在原料和配件方面受制于人。

为推动卫浴行业转型升级，党山镇成立了专业的行业协会，并由行业协会指导企业分步骤、有条理地共同塑造区域品牌。2011年协会成功注册了"萧浴"集体商标。

2013 年初，浙江名牌战略推进委员会公布了 2012 年浙江名牌产品，由萧山区党山镇装饰卫浴行业协会申报的"萧浴"牌"党山装饰卫浴"获得浙江区域名牌。这是萧山区工业产品首个浙江区域名牌。

"萧浴"成为浙江区域名牌以后，协会的工作重点集中在"萧浴"品牌的推广、使用及监督管理上。为了培育、创建和经营区域名牌，党山镇装饰卫浴行业协会特别制订了党山装饰卫浴"萧浴"牌浙江区域名牌推广使用和监督管理办法。

2013 年 6 月 5 日，党山镇装饰卫浴行业协会首届三次理事会议在党山镇装饰卫浴行业协会展示厅会议室召开。会议要求对"萧浴"牌集体商标和萧浴党山装饰卫浴浙江区域名牌的推广使用必须严格执行国家标准和联盟标准，防止粗制滥造，影响"萧浴"牌集体商标和萧浴党山装饰卫浴浙江区域名牌的声誉，建议按照"二个使用规则"的要求逐个推出，每使用一个每家单位收取保护费 1 万元。同时建议使用萧浴品牌网站，进行推广使用。

党山因为位于阿里巴巴集团的根据地，因此早就受到了电商的辐射，电商销售的产业链已经相当成熟，因此是不少小型卫浴企业发展的出路。

党山有很多小微企业就在网上做销售，把采购回来的卫浴产品通过电商平台销售，每年也能做 1 ～ 2 千万的产值。

党山卫浴企业这几年电子商务平台的销售情况都非常不错，有不少企业在全国开设了直营店，逐渐创出了自己的品牌，有的品牌在绍兴的几家大型的装饰市场都设有专卖店。

第九节　温州

温州水暖卫浴行业于 20 世纪 80 年代中期兴起，主要分布在经济技术开发区的海城、天河等地。温州现有五金卫浴企业 680 家，其中上规模企业 45 家，注册商标 283 枚，中国卫浴名牌产品 15 个，产品主要有普通洗涤水嘴、洗面器水嘴、厨房水嘴、浴缸和淋浴水嘴、净身器水嘴、洗衣机水嘴等各种水嘴和五金卫浴挂件，是全国水暖卫浴生产基地之一。2013 年，全市水暖行业实现工业产值超 100 亿元。

1995 年前后温州五金挂件、水龙头、水槽等单一卫浴产品的销售旺期，当时海城街道正好生产各种单一产品，各家企业在全国的销售布点较全，因此争得了较大的市场份额。

2005 年以后，全国各市场的水暖洁具店开始风行组合式销售，即单店经营不同品牌不同类型的产品，包含毛巾架、水龙头、水槽、浴室柜、淋浴房等全套产品。

2008 年后，单个品牌整体卫浴的销售开始盛行，但海城街道仍延续以往的单一产品生产，使得品牌影响力下降，企业逐步走上贴牌生产的道路，造成温州水暖洁具生产力较强，但品牌在市场上却难觅踪迹。

2013 年上半年，随着中央政府加强对影子银行的监管，商业银行纷纷开始收缩对民营中小企业的贷款，温州实体经济备受冲击。温州企业之间的联保互保曾经被认为是具有很高价值的市场自发创新，它有助于帮助中小企业获得银行融资。然而一旦发生系统性危机，联保互保就很快沦为惩罚企业的恶性机制。

到下半年，温州水暖基地，因融资和互保及企业决策失误等因素出现部分水暖企业家跑路，整个新工业区近 2/3 企业资金断裂，经营维艰，已有部分申请破产或正在申请破产。

在"楼市阴影"的影响下，2013 年温州水暖卫浴市场走下坡路，销量难以提升，增长率连续下降，即使是"限购令松绑"，当地水暖企业和建材商家依然步履维艰。

事实上，近年来，随着内销、外贸市场的竞争白热化，以生产加工型企业和家庭作坊为主的温州水暖洁具行业一直在走下坡路，"中国五金洁具之都"金字招牌光芒暗淡不少：市场占有率从 60% 下降到 20%，行业陷入了小、散、乱、恶性竞争的困局。加上受货币紧缩政策及原材料价格调整等诸多要素影响，该行业更是雪上加霜。

温州的水暖卫浴主要在海城街道。海城现有水暖洁具生产企业460多家，其中2/3以上是家庭作坊，规模以上企业仅27家。以海城为主的温州水暖洁具行业主要为生产加工型企业，除电镀业拥有100亩(约6.7公顷)电镀中心外，产业配套行业如翻砂业和抛光业都散落在各个村，研发、检测及售后服务等几乎没有。

而同为水暖基地之一的福建南安已建成占地7446亩（约498.9公顷），全国规模最大、专业化程度最高的水暖工业区，形成从研发、铸造、加工、电镀、组装到市场销售的产业链。广东、台州等省、市的水暖洁具行业也发展迅速，在企业规模、产品品种、产品质量及价格方面优势凸显。可以说，温州无论在规模、产品档次还是行业年产值等方面，温州与广东开平、福建南安、台州玉环这三大水暖基地都有着较大距离。

2004年，温州龙湾区海城街道正式被中国建筑卫生陶瓷协会命名为"中国五金洁具之都"。2006年，温州水暖洁具行业的市场份额占到全国52%。在发展高峰期，甚至达到60%以上，但从2012年开始已经滑到了20%左右，"中国五金洁具之都"的金字招牌日显暗淡。

一、内忧外患

温州水暖卫浴首先碰到的问题是，出口订单大幅减少，企业间价格恶性竞争。比如，海城水暖洁具主要以出口为主，近年来，由于欧美经济下滑，国际贸易形势不稳定，企业的出口订单大幅减少、订单品种也趋向单一化，以低价为主要卖点的出口型水暖洁具企业优势不再，企业生存越来越难。

再次，温州水暖卫浴在外患之余，亦有内忧。一些企业由于外贸市场萎缩，转而将部分精力转到内销市场。为了抢占"内需蛋糕"，水暖洁具企业打起了激烈的价格战。小五金产品，外观和价格是批发商首要看重的，其次才是功能性。而为了揽住客源，一些企业偷工减料、减少工艺流程以压低成本价，其他企业见状也压价抢夺客源，于是企业间价格的恶性竞争，导致发展陷入死循环。同时，在企业内部，来自原材料成本、工人工资、厂房租金上涨的声音不绝于耳，人员管理难、流动性大也成了影响企业进一步发展的因素。

再次，温州水暖卫浴在本地几乎无配套产业链，外地产品优势凸显。由于水暖洁具行业属于劳动密集型的低附加值产业，行业门槛较低，一些不具备专业知识，生产设备、资金不足的企业或个人纷纷加入这一行业，不计其数的"前店后厂"的"杂牌军"登陆温州，造成"抢单"、"恶意攻击"、"相互压价"等不良竞争现象此起彼伏，对整个行业的产品品质、品牌信誉等造成了较大的负面影响。

二、转型升级

面对重重危机，温州水暖洁具企业开始反思。于是，危机倒逼企业转型升级。温州精艺洁具斥资1亿多元建成六万多平方米的新厂房，促使企业向大规模、高水平、高档次转变。

亚伯兰卫浴没有不停地开拓新的业务，而是把精力放在了整合企业内部资源和开发自有产品上。从韩国引进技术，结合企业自身制造优势，设计出一款市面上没有的五金挂件，并在下半年推向市场。虽然该款挂件蕴含科技含量，同行模仿的成本较高。

在政府、行业协会的支持下，水暖洁具企业也开始积极实施差异化竞争战略。

温州市帆航洁具有限公司在沈阳的中国家具城新开了一家品牌专卖店，经营自有品牌"德尔泰"系列卫浴产品。此外，在北京的第二家专卖店也在规划设计阶段，预计2014年1月份开业。今年以来，帆航洁具抛弃市场竞争激烈的低档产品，转而设计研发以铜为原材料的高端产品，并走上自有品牌专卖店销售道路。

目前"德尔泰"系列产品在北京、上海、深圳等地已开出6家品牌专卖店。2013年公司只接了2个OEM贴牌的单子，已下定决心要做自主品牌，在国外也发展了2家以销售"德尔泰"产品为主的客商。

鸿升集团除加大自有品牌"劳达斯"在国内国际市场上的占比外，还大力投入引进设备，进行产品技术升级和企业精细化管理。鸿升集团引进的近30台数控机床，缓解了招工难及产品精细化程度不高的难题，企业的人员也由原来的1200多人减少到目前的300多人。浙江海欣五金制品有限公司实施了机器换人策略，将高新技术产业推向新的发展方向。

与此同时，也有部分企业决定放开销售这条路，专心埋头做配套生产。市场需要什么货源，企业就生产什么。以水龙头起家的浙江凯泰洁具有限公司2008年前靠自有品牌打天下，"凯泰"品牌水龙头国内客户群最多时达到100多个。由于未跟上市场转型步伐，2008年以后则走上贴牌的道路。对于该品牌来说，再回头去做自有品牌投入成本太高，风险太大，专注做配套生产，也是一种选择。

2013年以来，一些温州卫浴企业通过投入研发新卫浴配件、走电子商务道路、开发国外空白市场等举措积极筹备转型。越来越多的卫浴企业已经意识到，同行业内的恶性竞争是互相残杀，有序竞争才能使行业健康成长、可持续发展。

下半年以来，海城水暖卫浴企业着手寻找最适合自身的差异化竞争道路，行业协会组织会员单位赴广东参观考察，鼓励企业进行质量提升、技术改造。政府也加大企业成长所需的发展空间培育，助力水暖洁具行业迈开"回暖"步伐。

开发区管委会也会同海城街道，制定了水暖卫浴行业集群提升的初步方案。根据方案的总体目标，海城将通过3至5年努力，完善现有的660亩（约44.2公顷）水暖基地建设，并建成新的水暖卫浴专业市场以及水暖卫浴创新产业园，使水暖卫浴产业成为集技术研发、生产制造、市场交易、会展物流等功能于一体的现代化产业集群。

三、打造发展平台

海城街道现有水暖洁具生产企业460多家，其中三分之二以上是家庭作坊，规模以上企业仅27家。以中小微企业为主的海城水暖洁具企业多散落在各个村，由于土地、资金、人才等诸多问题，虽然仍旧具备生存能力，但发展潜力多被扼制。

2013年，占地272亩（约18.2公顷），总建筑面积27万平方米的中小企业创业园建成并投入使用，给了中小微企业更好更大的发展空间，这个可容纳七八十家企业的创业园目前已吸引温州土豆卫浴有限公司等30多家企业入驻，部分企业开始投入使用。

此外，海城街道水暖洁具市级特色产业科技园的发展规划顺利通过论证，为进一步培育发展海城特色优势产业，加快水暖洁具产业的创新发展和转型升级，提供了坚实基础。园区通过腾笼换鸟、机器换人、空间换地等多项做法给予高科技企业和龙头企业更多发展空间。其中，浙江海欣五金制品有限公司和温州鸿升集团有限公司通过土地二次开发，向空间要地，提高了土地利用率。

通过加强土地利用，优化发展空间，吸引本土企业安家和温商回归，对海城水暖洁具行业的发展至关重要。目前，温州鸿升集团有限公司已有意将上海劳达斯洁具有限公司迁回温州，预计迁回后公司年销售额将增加2亿元，新增利税额1800万元。

第十节 台州

据悉，玉环县是我国水暖阀门主要生产基地之一，聚集了众多阀门及其零配件生产厂家，素有"中国阀门之都"称号。

玉环是全国14个海岛县之一，有近43万人口。水暖阀门产业只是玉环的第二大产业。提到玉环工业，首先想到了水龙头，全县共有水暖阀门生产及加工企业超过1300家。2013年，玉环县阀门产业实现产值296亿多元，占了全国同类产品市场份额的一半以上。

2013 年 6 月 18 日，中国玉环国际阀门城项目落户玉环新城。集产品展示、电子商务、技术研发、信息整合、仓储物流、国际会展、金融服务、生活配套于一体的中国玉环国际阀门城，定位是全国规模最大、功能最全的专业市场综合体，计划于 2014 年 1 月 16 日开工建设阀门城项目由在外温商严立淼创立的亿联控股集团开发建设。十七年来，亿联控股集团一直以大型专业市场、城市综合地产、休闲地产、工业地产的投资开发经营管理作为企业发展的主要方向，成功开发、运营了包括中国·玉环国际阀门城在内的 43 个大型专业市场和商业地产项目。

玉环位于浙江东南沿海黄金海岸线中段，毗邻温州、宁波，改革开放以来，玉环人凭着勤劳、勇敢和智慧，创造了一个又一个经济奇迹，十度跻身中国综合实力百强县，成为享誉海内外的中国阀门之都。但是，随着近年来国内外水暖阀门行业竞争的日益激烈，以及其他地区同类行业的迅速崛起，玉环水暖阀门行业存在的不足也暴露得更加明显，尤其是长期以来只有产品生产、没有专业销售市场的单一发展模式已严重制约产业的发展壮大。

而"阀门城"的落成，会使阀门行业将更多资源投入到产品的生产、研发环节中，客户需求的任何新动向又会在第一时间集中到市场，市场对这些信息进行处理后传递给企业，使新的市场需求在最短时间内就可得到满足。

中国·玉环国际阀门城项目总用地约 200 亩（约 13.4 公顷），总建筑面积约 25 万平方米，总投资约 15 亿元人民币，亿联集团将以高起点规划、高标准设计、高水平建设、高品位经营的要求，依据"扎根玉环、面向全国、辐射国际"的定位，采取"统一规划、统一招商、统一推广、统一经营、统一管理"的五大统一措施，建设"产品展示交易中心、国际商务中心、研发中心、创意中心、电子商务中心、仓储物流中心、金融服务中心"七大功能平台，项目建成和培育成功后，将引进国内外 1500 多家企业进驻经营，年交易额将达 60 亿元人民币以上

台州是中国水暖阀门卫浴生产出口基地，拥有近 2000 家企业，年产值超 300 多亿元，年产量占世界总量的 30%，配件生产量占世界总量的近 35%，先后被评为"中国水龙头生产基地"、"中国阀门之都"、"中国五金建材（阀门）出口基地"、"中国水暖卫浴产品出口基地"等荣誉称号，同时也涌现出了很多行业内的知名度高、竞争力强的企业，例如，ORANS 欧路莎卫浴等。

本次博览会依托台州发达的水暖、卫浴、阀门基础，参展商主要以台州本土企业为主，展品涵盖了产业链的各个环节，包括卫浴、阀门、水暖五金及配件配套、原材料、生产加工设计及相关技术等。

2013 年浙江检验检疫局正式批准设立省级玉环出口阀门质量安全示范区。相关工作 1 月正式启动。一年来，浙江台州检验检疫局按照示范区建设要求，从组织保障、工作宣传、基础平台建设、协作机制、政策奖励等方面着手，不断推进示范区创建工作。2013 年 12 月，玉环县出口阀门质量安全示范区（创建）以高分通过浙江局出口工业产品质量安全示范区考核组现场考核。

第十一章　2013年世界陶瓷砖生产消费发展报告

正如人们所见到的，2013年全球陶瓷砖的生产、消费，分别增长6.4%与5.9%，陶瓷砖全球进出口增长5.5%，略低于2012年的7%的增长。

第一节　世界陶瓷砖生产制造

2013年世界陶瓷砖产量达119.13亿平方米，相对2012年111.94亿平方米增长6.41%。数据显示在全球几乎所有陶瓷砖生产制造地区都保持了增长。

世界各地区陶瓷砖生产制造状况　　　　　　　　　　　　　　　表11-1

地区	2013年（亿平方米）	占世界总量（%）	相对%（13/12）
欧盟（28国）	11.86	10.0	0.7
欧洲其他区域（含土耳其）	5.90	5.0	13.0
北美（含墨西哥）	3.00	2.5	0.0
中南美洲地区	11.58	9.7	1.8
亚洲	83.15	69.8	8.0
非洲	3.59	3.0	2.9
大洋洲	0.05	0.0	0.0
总量	119.13	100.0	6.4

2013年全球陶瓷砖产量中，亚洲83.15亿平方米[1]（较2012年增长6亿平方米，8%），占全球产量的69.8%。欧洲的陶瓷砖产量也小有增长，从17.00亿平方米增长到17.76亿平方米，增长4.5%，占全球总额的15%。具体地说，欧盟28国产量11.86亿平方米，较2012年增长0.7%。欧盟以外的欧洲地区的陶瓷砖产量从5.22亿平方米增长到5.90亿平方米，增长13%，主要由于土耳其与俄罗斯的增长。美洲大陆的陶瓷砖总产量达到14.58亿平方米，占全球产量的12.2%，中南美洲地区，增长2000万平方米。产量达到11.58亿平方米，增长1.8%。而北美地区，总产量继续保持在3亿平方米的水平。非洲地区陶瓷砖产量从3.49亿平方米增长到359亿平方米，相对2012年增长2.9%。

---

[1]　这是认为2013年中国陶瓷砖的产量只有57亿平方米的结果，事实上中国建筑卫生陶瓷协会的统计数据是2013年96.90亿平方米，2012年89.93亿平方米，增长7.8%。

2009～2013年世界陶瓷砖生产制造国（地区）前10强　单位：百万平方米　表11-2

国家（地区）	2009	2010	2011	2012	2013	占世界总量（%）	相对%（13/12）
中国[1]	3600	4200	4800	5200	5700	47.8	9.6
巴西	715	754	844	866	871	7.3	0.6
印度	490	550	617	691	750	6.3	8.5
伊朗	350	400	475	500	500	4.2	0.0
西班牙	324	366	392	404	420	3.5	4.0
印尼	278	287	320	360	390	3.3	8.3
意大利	368	387	400	367	363	3.0	−1.1
土耳其	205	245	260	280	340	2.9	21.4
越南	295	375	380	290	300	2.5	3.4
墨西哥	204	210	219	229	228	1.9	−0.4
总量	6829	7774	8707	9187	9862	82.8	7.3
世界总量	8581	9619	10599	11194	11913	100.0	6.4

第二节　世界陶瓷砖消费

世界各地区陶瓷砖消费状况　表11-3

地区	2013年（亿平方米）	占世界消费（%）	相对%（13/12）
欧盟（28）	8.54	7.4	−4.1
欧洲其他区域（含土耳其）	5.67	4.9	10.3
北美（含墨西哥）	4.49	3.9	5.4
中南美洲地区	12.72	11.0	4.2
亚洲	76.82	66.5	6.4
非洲	6.92	6.0	13.4
大洋洲	0.48	0.4	20.0
总量	115.74	100.0	5.9

[1] 表中统计数据出自于 Paola Giacomini, World Production and Consumption of Ceramic Tiles, Ceramic World Review, 2014,（8-10）, 46-61. 表中关于中国的数据与中国实际情况差别很大，此处将中国建筑卫生陶瓷协会的统计数据与原文的数据对比列出如下：

国家	2009年	2010年	2011年	2012年	2013年
中国（建筑卫生陶瓷协会）	6427	7576	8701	8993	96.90
中国（Paola Giacomini）	3600	4200	4800	5200	5700

2013 年世界陶瓷砖消费从 2012 年的 109.32 亿平方米上升到 115.74 亿平方米，增长 5.9%。亚洲地区保持全球 66.5% 的市场需求，瓷砖消费从 2012 年的 72.31 亿平方米到 2013 年的 76.92 亿平方米，增长 6.4%，低于产量的增长。中国、印度是这一瓷砖消费增长最大的贡献着，其他还有印度尼西亚、伊拉克、马来西亚与菲律宾。与 2012 年一样，唯一陶瓷砖消费持续下降的是欧盟地区，由 8.9 亿平方米下降到 8.54 亿平方米，下降 4%(2012 年下降 5.8%)。几乎整个欧盟国家的需求都在下降。与之相反的是非欧盟地区，瓷砖消费从 5.14 亿平方米上升到 5.67 亿平方米，增长 10.3%。主要由于俄罗斯与土耳其的陶瓷砖消费增长；像 2012 年一样，2013 年增长幅度最大是非洲，增长 13.4%，从 6.1 亿平方米增长到 6.92 亿平方米。非洲主要瓷砖消费国（埃及、尼日利亚、摩洛哥、阿尔及利亚、利比亚、南非、加纳、突尼斯、坦桑尼亚、肯尼亚）的消费都保持着增长。中南美洲瓷砖消费增长 4.2%，从 12.21 亿平方米增长到 12.72 亿平方米。主要来自于巴西与阿根廷的瓷砖消费增长。北美地区瓷砖消费增长 5.4%，达 4.49 亿平方米。

2009～2013年世界陶瓷砖消费国前10强　单位：百万平方米　　　　　　　　表11-4

国家	2009	2010	2011	2012	2013	占世界总量（%）	相对%（13/12）
中国[1]	3030	3500	4000	4250	4556	38.9	6.3
巴西	645	700	775	803	837	7.4	3.6
印度	494	557	625	681	748	6.2	9.0
印尼	297	277	312	340	340	3.1	9.0
伊朗	295	335	395	375	375	3.4	−5.1
越南	240	330	360	247	247	2.3	−31.4
沙特	166	182	203	230	230	2.1	13.3
俄罗斯	139	158	181	213	213	2.0	17.7
美国	173	186	194	204	204	1.9	5.2
土耳其	138	155	169	184	184	1.7	8.9
总量	7327	8220	9119	9490	9490	87.0	4.1
世界总量	8525	9468	10432	10912	10912	100.0	4.6

第三节　世界陶瓷砖出口

2013 年世界陶瓷砖出口相对 2012 年增长 5.5%，出口量从 25.39 亿平方米增长到 26.78 亿平方米。相对此前三年，2013 年增长速率较低。仅非洲地区出口下降 29%，下降到 4.4 亿平方米。2013 年亚洲地区陶瓷砖出口 14.90 亿平方米，相对 2012 年 13.93 亿平方米，增长 7%，是全球出口总额的 55.6%；欧盟地区，由于西班牙、意大利瓷砖出口的进一步复苏，欧盟 2013 年出口瓷砖 7.89 亿平方米，

---

[1] 表中统计数据出自于 Paola Giacomini, World Production and Consumption of Ceramic Tiles, Ceramic World Review, 2014, (8-10), 46-61. 表中关于中国的数据与中国实际情况差别很大，此处将中国建筑卫生陶瓷协会的统计数据与原文的数据对比列出如下：

国家	2009 年	2010 年	2011 年	2012 年	2013 年
中国（建筑卫生陶瓷协会）	5504	6708	7686	7906	
中国（Paola Giacomini）	3030	3500	4000	4250	4556

增长 5.2%；欧盟以外的欧洲地区出口从 1.47 亿平方米增加到 1.53 亿平方米，增长 4.1%；中南美洲地区出口保持稳定的 1.16 亿平方米，增长 0.9%；北美地区出口 0.86 亿平方米，增长 19.4%，主要是由于墨西哥的出口增长。

世界各地区陶瓷砖出口状况　　　　　　　　　　　　　　　　　　表11-5

地区	2013年（亿平方米）	占世界出口（%）	相对%（13/12）
欧盟（27国）	7.89	29.5	5.2
欧洲其他区域（含土耳其）	1.53	5.7	4.1
北美（含墨西哥）	0.86	3.2	19.4
中南美洲地区	1.16	4.3	0.9
亚洲	14.80	55.6	7.0
非洲	0.44	1.6	−29.0
大洋洲	0	0	—
总量	26.78	100.6	5.5

2010～2013年世界陶瓷砖出口国前10强　单位：百万平方米　　　　　表11-6

国家	2010	2011	2012	2013	占国内产量%	占世界出口总量%	相对%（13/12）	出口额百万欧元	平均单价欧元/m²
中国[1]	867	1015	1086	1148	20.1	42.9	5.7	5943	5.2
西班牙	248	263	296	318	75.7	11.9	7.4	2240	7.0
意大利	289	298	289	303	83.5	11.3	4.8	3870	12.8
伊朗	54	65	93	114	22.8	4.3	22.6		
土耳其	84	87	92	88	25.9	3.3	−4.3	455	5.2
墨西哥	57	63	68	80	35.1	3.0	17.6	264	3.3
巴西	57	60	59	63	7.2	2.4	6.8	203	3.2
阿联酋	44	48	50	51	54.3.0	1.9	2.0		
越南	28	42	41	50	16.7	1.9	22.0	159	3.2
波兰	33	36	41	48	38.1	1.8	17.1	220	3.2
总量	1761	1977	2115	2263	25.3	84.5	7.0		
世界总量	2141	2374	2539	2678	22.5	100.0	5.5		

近年来，瓷砖进出口贸易稳定增长，与我们长期坚信的瓷砖作为一种材料生产越来越趋向靠近消费区域的观点并不矛盾。尽管瓷砖出口占了全球生产制造的 22.5%、全球消费的 23.1%，这其中超过一半的出口是船运与生产制造处于同一个地理区域，如：80% 的南美瓷砖出口到南美；75% 的北美瓷砖出口保留在北美自由贸易区；60% 的亚洲瓷砖出口船运到亚洲其他国家。欧盟是一个小小的例外，

[1]　表中统计数据出自于 Paola Giacomini，World Production and Consumption of Ceramic Tiles，Ceramic World Review，2014，(8-10)，46-61 此文开始使用中国的出口数据，但没有使用中国的制造数据，所以有我国瓷砖出口占总产量的 20.1%。

50% 的瓷砖出口是在非欧盟国家。各大洲的生产制造数据与消费数据（见表1与表3的数据）比较接近地从侧面证实了这一分析。换句话说，亚洲生产了全球 69.8% 的瓷砖，消费了全球 66.5% 的瓷砖消费；对应的数据是，欧洲（欧盟＋非欧盟）是 15% 与 12.3%；美洲是 12.2% 与 14.9%；非洲是 3% 与 6%。

第四节　世界生产消费、出口陶瓷砖的主要国家

一、中国

中国是世界最大的陶瓷砖生产制造国、消费国及出口国。15 年以来中国陶瓷砖的生产制造、消费、出口推动全球陶瓷砖的发展。由于不同途径来源的数据差别很大，准确的中国陶瓷砖产量总是一个问题，但这里根据估计，2013 年中国陶瓷砖生产增长 9.6%，达到 57 亿平方米，相当于全球产量的 47.8%。中国官方的产能数据是，大约 1400 家陶企、3500 条生产线、100 亿平方米瓷砖的生产能力。中国国内陶瓷砖消费估计是 45.56 亿平方米，占全球陶瓷砖消费的 39.4%，相当于人均消费 3.34 平方米。尽管 2013 年中国的瓷砖出口达到 11.48 亿平方米，占全球瓷砖出口贸易总量的 42%。但是中国的瓷砖出口增长一直在下降，2013 年增长 5.7%，而 2010 年增长是 26.6%，2011 年是 17%，2012 年是 7.2%。沙特继续保持了中国瓷砖出口最大市场的地位（8300 万平方米，-4.8%），尼日利亚市场增长 23.5%，6000 万平方米，位居中国瓷砖第二大出口目的国，美国、泰国、巴西、韩国、菲律宾紧随其后。相反的，中国瓷砖产品的出口值一直保持着强劲的增长，2013 年瓷砖出口总额达到 78.9 亿美元，相对 2012 年 63.5 亿美元增长 24.3%。平均单价由每平方米 5.85 美元提高到 6.88 美元，增长 17.6%。

二、西班牙

2013 年西班牙瓷砖出口 3.18 亿平方米，增长 7.4%，巩固了世界瓷砖第二大出口国的地位。西班牙瓷砖行业整体进一步复苏，203 年产量增长 4%，达到 4.2 亿平方米，是全球第五大瓷砖生产制造国。国内需求进一步下滑，由 1.09 亿平方米下降到 1.02 亿平方米，下降 6.4%。西班牙瓷砖的主要出口市场，仅法国出现下滑，但仍是西班牙瓷砖出口的第二大海外市场。其他如：阿联酋、伊拉克、葡萄牙、希腊及科威特等主要出口市场都保持着销售增长。沙特市场 3660 万平方米为西班牙瓷砖第一大市场。增幅最大的市场是利比亚（目前是第三大市场），在 2013 年由 830 万平方米增长到 1890 万平方米。2013 年西班牙瓷砖出口各地比例：欧洲：35% 的量、47% 的值；亚洲：32% 的量、26% 的值；非洲：24% 的量、17% 的值；美洲：9% 的量、10% 的值。

2013 年西班牙瓷砖出口增长达到 22.4 亿欧元，增长 7.6%，平均单价基本保持在 7 欧元／平方米，2013 年西班牙瓷砖工业国内外整体达到 27.97 亿欧元，增长 5.3%。

生产制造与出口相对前一年分别增长 7.1% 与 6.3%，生产制造从 3.66 亿平方米上升至 3.92 亿平方米，出口从 2.48 亿平方米上升至 2.63 亿平方米，达到 18.92 亿欧元（较 2010 年上升 8.3%），平均单价达每平方米 7.2 欧元。西班牙陶瓷砖的海外三大市场法国增长 6.6%、沙特增长 17.5%、以色列增长 20.8%，尽管在其他很多国家都保持着强劲增长，俄罗斯增长 11.8%、阿尔及利亚 60%、以及其他的中东国家约旦 28.3%、科威特 32.4% 及伊拉克 45.9% 及黎巴嫩 3.8%。2011 年西班牙陶瓷砖对欧洲非欧盟地区的出口份额进一步增长，出口量增长 56%，出口值增长 44.9%。

2011 年西班牙陶瓷砖的国内销售进一步下滑，销售量下降到 1.19 亿平方米，下降 10.5%；销售额下降到 7.05 亿欧元，下降 12%。国内的陶瓷砖消费下降到 1.29 亿平方米，较 2010 年下降 11%；较 2007 年（全球金融危机前一年）下降 59%。西班牙 2011 年陶瓷砖在出口量与出口值方面强劲地增长，使得整体的销售水平达到 3.823 亿平方米，增长 0.4%；25.97 亿欧元，增长 1.9%。

三、意大利

2013 年意大利瓷砖生产制造小幅度下滑，下降 1%，产量达 3.63 亿平方米，但整个销售达到 3.893 亿平方米，增长 1.9%。国内市场持续下滑，瓷砖销量由 9300 万平方米下降到 8650 万平方米，下降 7.2%，销值下降 6.8%，达 8.56 亿欧元；出口方面是量价齐升，出口量增长 4.8%，从 2.89 亿平方米增长到 3.027 亿平方米，出口金额增长 5.7%，从 36.62 亿欧元增长到 38.70 亿欧元。总值达到 47.3 亿欧元，增长 3.2%。西欧地区是意大利瓷砖出口的最大市场，占整个出口量的 48.8%，2013 年维持了 1.48 亿平方米（下降 0.8%）。其他地区的瓷砖出口都有增长：在北美自由贸易区（NAFTA）增长 11.7%（4100 万平方米，占意大利瓷砖出口的 13.5%）；中东欧地区增长 3.9%（3800 万平方米）；巴尔干地区增长 1.5%（1500 万平方米）；远东地区增长 17.6%（1500 万平方米）；海湾地区增长 15.2%（1200 万平方米）；北美与中东地区 29.8%（1200 万平方米）；拉丁美洲地区增长 19.8%（600 万平方米）。

中国、西班牙与意大利，世界上三个最大的瓷砖出口国，2013 年三国的出口总量占全球瓷砖出口的 66.1%。意大利瓷砖出口在两大方面保持领先地位：出口比例与出口单价，意大利瓷砖产品的 83.5% 出口，西班牙这个比例是 75.7%，中国是 20%；意大利瓷砖产品出口的平均单价是每平方米 12.8 欧元，西班牙是 7 欧元，中国与土耳其是 5.2 欧元，波兰是 4.6 欧元。

四、巴西

巴西 2013 年继续保持着世界第二大陶瓷砖生产国、第二大陶瓷砖消费国。巴西的陶瓷砖生产制造保持连续 20 多年的稳定增长，2013 年的陶瓷产量达到 8.71 亿平方米，较 2012 年增长 0.6%，增速低于近年的平均。国内消费增长到 8.37 亿平方米，增长 4.2%。另一方面出口基本都集中在拉丁美洲与美国市场，数据显示，巴西瓷砖出口略有恢复，达到 6300 万平方米；而进口又增加到 5000 万平方米，几乎都来自中国。巴西瓷砖制造商协会预测 2014 年的增长在 4%~6%。估计瓷砖产量将达到 9.17 亿平方米，消费将达到 8.37 亿平方米及出口 6700 万平方米。预计到 2014 年年底设备安装的生产能力达到 10.38 亿平方米。

五、印度

2013 年，印度再次继续保持着世界第三大陶瓷砖生产制造国与消费国的地位。印度陶瓷砖产量增长到 7.5 亿平方米，增长 8.5%；印度国内陶瓷砖消费上升到 7.48 亿平方米，增长 9.8%，出口稳定增长，达 4000 万平方米，印度现在已经成为世界第 11 大瓷砖出口国。同样印度瓷砖进口也有所增加，主要来自中国，达 4500 万平方米。

六、伊朗

5 亿平方米的瓷砖产量、1.14 亿平方米的出口（增长 22.6%）、3.5 亿平方米的国内瓷砖消费（下降 6.7%），伊朗继续保持着第四大瓷砖生产制造国、第四大瓷砖出口国（79% 的出口到伊拉克，其余的也都是周边市场）。2013 年，由于印度尼西亚的超越，伊朗瓷砖已经由第四大消费国下降到第五大消费国，印度尼西亚 2013 年瓷砖产量增长 8.3%，达 3.9 亿平方米，国内消费增长 5.9%，达 3.6 亿平方米。

七、土耳其

2013 年，在全球四大瓷砖生产制造、消费与出口国中，土耳其是一个在生产制造与消费方面高速增长的国家，瓷砖产量从 2.8 亿平方米增长到 3.4 亿平方米，增长 21.4%，消费从 1.84 亿平方米增长到 2.26 亿平方米，增长 22.8%，本地制造完全满足了消费需求的增加。在土耳其瓷砖工业发展过程中，这两方面数据都是创纪录的。另一方面，土耳其瓷砖出口，在连续三年的增长之后，出现下降，2013 年从9200万平方米下降到8800万平方米，下降4.3%，但是出口金额却创了新的纪录，增长3.1%，达到6.05亿美元（4.55亿欧元），土耳其瓷砖的主要出口市场（以出口金额计）分别是：德国（6100万美元，–7.2%）、以色列（594万美元，2.1%）、伊拉克（477万美元，–21.4%）、英国（4740万美元，12.4%）。如果以出口量计，出口以色列瓷砖已达1070万平方米，增长0.5%，是2013年土耳其最大的出口市场。

第五节　世界陶瓷砖进口与消费

一、世界陶瓷砖进口

2009～2013年世界陶瓷砖进口国前10强　单位：百万平方米　　　　　表11-7

国家	2009	2010	2011	2012	2013	占国内总消费%	占世界进口总量%	相对%（13/12）
美国	124	130	131	139	160	69.6	6.0	15.1
沙特	116	117	129	150	150	63.8	5.6	0.0
伊拉克	40	66	80	105	121	100.0	4.5	15.2
法国	101	103	107	105	96	82.8	3.6	–8.6
尼日利亚	30	33	44	60	84	100.0	3.1	40.0
德国	78	80	90	87	83	75.5	3.1	–4.6
俄罗斯	30	41	56	70	80	34.6	3.0	14.3
泰国	28	33	42	52	68	37.8	2.5	30.8
韩国	55	59	63	61	65	61.3	2.4	6.6
阿联酋	45	48	48	51	53	55.2	2.0	3.9
总量	652	710	790	880	969	63.6	35.8	9.1
世界总量	1880	2141	2374	2539	2678	23.1	100.0	5.5

二、美国陶瓷砖消费与进口

2013年世界瓷砖十大进口国的瓷砖进口总量达到9.6亿平方米，占全球进出口总量的35.8%。如表7的数据所示，十大瓷砖进口国，除泰国。俄罗斯外，其他国家的瓷砖消费一半以上都是来自于进口，而伊拉克、尼日利亚的瓷砖消费是100%依赖进口。2013年瓷砖进口排名的最大变化，是美国再次回到全球瓷砖进口最大国家，2013年美国进口1.6亿平方米瓷砖，增长15.1%。美国的进口瓷砖占整个国内消费的69.6%，2013年国内消费已经上升到2.3亿平方米（增长12.7%）。美国国内需求的增长对进口的促进大过对国内瓷砖生产制造（其中大约7000万平方米的产量部分由意大利集团掌控）的促进。对美国四大瓷砖出口国：中国（+17%）、墨西哥（+9%）、意大利（+15%）、西班牙（+26%）都有明显增长，如果以进口金额来记，这个排序就不一样了，意大利占绝对的引导地位。CIF值：意大利5.84亿美元；中国4.48亿美元；墨西哥2.99亿美元、西班牙1.43亿美元。土耳其对美国瓷砖出口量增长29%，出口额增长32%；哥伦比亚对美增长10%；巴西对美保持稳定，增长0.3%；而来自秘鲁、泰国的瓷砖量下降。

三、沙特陶瓷砖消费与进口

沙特是世界上第二大瓷砖进口国，2013年进口瓷砖1.5亿平方米，占国内消费的63.8%，国内需求持续快速增长，2013年达到2.35亿平方米，这也鼓励了当地投资、发展生产，扩大产能。2013年，产能扩大到8500～9000万平方米（其中5700万平方米有沙特陶瓷 [Saudi Ceramics] 生产），沙特瓷砖还将进一步发展扩大。

四、法国、德国、俄罗斯陶瓷砖消费与进口

法国、德国都属于最大的瓷砖进口国与消费国，在2013年两国显示了类似的趋势，国内需求进一步微弱下滑（法国，1.16亿平方米；德国，1.1亿平方米）。国内需求的下滑迫使瓷砖进口下行（法国进口瓷砖9600万平方米；德国进口8300万平方米）。相反，俄罗斯国内需求进一步增长，达到2.31亿平方米（+8.5%），同时导致国内生产制造与进口的增长，国内生产从1.54亿平方米增长到1.66亿平方米，增长7.8%；进口从7000万增长到8000万平方米，增长14.3%。

【注】全文根据 Paola Giacomini, World Production and Consumption of Ceramic Tiles, Ceramic World Review, 2014，(8-10)，46-61 一文编译而成，文中的标题由译者根据内容而编排。文中关于中国的数据与中国的相关统计出入太大，必要处作了相关说明，由于上下文的数据计算问题，文章保持了原作者关于中国的数据。原文中有些明显的笔误，译者根据其他相应的文章作了相应的修正，没有一一说明。

附　录

附录 1　中国建筑卫生陶瓷协会组织架构

中国建筑卫生陶瓷协会第六届理事会

会长：
叶向阳，中国建筑材料联合会副会长
名誉会长：
丁卫东，中国建筑卫生陶瓷协会
副会长：
王兴农，山东耿瓷集团总公司，董事长
王彦庆，唐山惠达陶瓷集团股份有限公司，总裁
卢伟坚，上海福祥陶瓷有限公司，董事长
叶荣恒，广东博德精工建材有限公司，董事长
叶德林，广东新明珠陶瓷有限公司，董事长
边　程，广东科达机电股份有限公司，总经理
刘纪明，四川省新万兴瓷业有限公司，董事长
刘爱林，佛山大宇新型材料有限公司，董事长
孙守年，山东淄博城东企业集团有限公司，董事长
许传凯，路达（厦门）工业有限公司，总经理
闫开放，咸阳陶瓷研究设计院，院长
何　乾，佛山金意陶陶瓷有限公司，董事长
何新明，广东东鹏陶瓷股份有限公司，董事长
吴声团，福建晋江市矿建釉面砖厂，董事长
吴国良，福建省华泰集团公司，董事长
张剑光，山东地王集团，董事长
杨宝贵，福建南安协进建材有限公司，总经理
苏国川，福建晋江豪山建材公司，董事长
苏锡波，广东梦佳陶瓷实业有限公司，总经理
陈　环，广东陶瓷协会，常务副会长
陈克俭，上海斯米克建筑陶瓷股份有限公司，总经理
孟令来，唐山梦牌瓷业有限公司，董事长
肖智勇，漳州万佳陶瓷工业有限公司，董事长兼总经理
林　伟，佛山鹰牌陶瓷有限公司，总裁
林孝发，九牧集团有限公司，董事长

武庆涛，北京国建联信认证中心有限公司，总经理
骆水根，杭州诺贝尔集团有限公司，董事长
徐胜昔，华窑中亚窑炉责任有限公司，董事长
贾　锋，华耐集团公司，董事长
梁桐灿，广东宏陶陶瓷有限公司，董事长
萧　华，广东蒙娜丽莎陶瓷有限公司，董事长
黄建平，广东唯美陶瓷工业有限公司，董事长
黄英明，珠海市斗门区旭日陶瓷有限公司，董事长
温建德，四川白塔新联兴陶瓷有限责任公司，董事长
谢伟藩，广东恒洁卫浴有限公司，总经理
鲍杰军，佛山欧神诺陶瓷有限公司，董事长
缪　斌，中国建筑卫生陶瓷协会，秘书长
霍镰泉，广东新中源（集团）有限公司，总裁

中国建筑卫生陶瓷协会各办事机构及分支机构负责人

秘 书 长：缪　斌（兼）
副秘书长：何　峰、夏高生、王　巍、尹　虹、宫　卫、徐熙武

行业工作部：何　峰（兼）
联　络　部：夏高生（兼）
信　息　部：宫　卫（兼）
市场展贸部：宫　卫（兼）
财　务　部：何　峰（兼）
培　训　部：缪　斌（兼）
外商企业联谊会：陈丁荣、夏高生
职业经理人俱乐部：张旗康（兼）、余　敏（兼）
青年企业家俱乐部：林　津（兼）
《中国建筑卫生陶瓷》杂志编辑部：陶马龙
《中国建筑卫生陶瓷年鉴》编辑部：尹　虹（兼）、刘小明

卫 浴 配 件 分 会：王　巍（兼）
建筑琉璃制品分会：徐　波
色釉料原辅材料分会：刘爱林（兼）
淋 浴 房 分 会：邓贵智
装饰艺术陶瓷专业委员会：夏高生（兼）
精细陶瓷制品专业委员会：缪　斌（兼）
流 通 分 会：刘　勇（兼）
窑炉暨节能技术装备分会：管火金（兼）
陶 瓷 板 分 会：徐　波、刘继武
高 级 顾 问：陈丁荣、陈　帆、史哲民

附录2 2013年全国各省市建筑卫生陶瓷产量统计

地区名称	卫生陶瓷		陶瓷砖	
	产量（万件）	增长(%)	产量（万平方米）	增长(%)
总 计	20621	3.3	968979	7.8
北 京	167	−6.0	0	0.0
天 津	61	30.3	9	−75.3
河 北	2502	−7.9	21101	9.0
山 西	0	0.0	1066	−16.9
内蒙古	0	0.0	848	−25.7
辽 宁	0	0.0	69791	24.2
吉 林	0	0.0	0	0.0
黑龙江	0	0.0	32	−24.4
上 海	183	−46.1	894	−22.3
江 苏	53	−45.6	577	−5.3
浙 江	0	0.0	11594	24.0
安 徽	38	0.0	3078	−44.2
福 建	492	−19.2	229196	5.6
江 西	0	0.0	76684	19.9
山 东	330	275.0	83961	−9.9
河 南	6425	−0.6	34464	27.8
湖 北	1688	−4.8	38176	5.8
湖 南	975	34.5	12854	5.6
广 东	6222	3.8	234049	5.1
广 西	424	67.8	28356	30.5
海 南	0	0.0	0	0.0
重 庆	349	−38.2	11677	−5.1
四 川	713	693.4	64538	10.9
贵 州	0	0.0	7241	4.2
云 南	0	0.0	4180	14.6
西 藏	0	0.0	0	0.0
陕 西	0	0.0	25594	21.7
甘 肃	0	0.0	3270	37.9
青 海	0	0.0	0	0.0
宁 夏	0	0.0	2778	12.5
新 疆	0	0.0	2970	−8.0

附录3　2013年1月～12月建筑卫生陶瓷进出口商品数量及金额

单位：万美元

商品名称	数量单位	出口商品数量				出口商品金额			
		本月实际	本月增长率%	本年累计	累计增长率%	本月实际	本月增长率%	本年累计	累计增长率%
出　口									
卫生陶瓷	万件	641.2	32.3	6093.0	10.5	33539.3	248.2	198843.2	113.0
1.瓷制固定卫生设备	万件	632.0	31.7	6023.4	10.4	32993.3	247.3	195874.9	113.4
2.陶制固定卫生设备	万件	9.2	96.5	69.6	23.1	545.9	314.8	2968.3	88.8
陶瓷砖	万平方米	11025.1	0.9	114778.3	5.3	86894.9	0.3	789256.4	24.3
1.上釉的陶瓷砖	万平方米	6686.2	-2.1	71671.1	7.9	54174.2	2.2	476221.9	31.9
①上釉的陶瓷砖、瓦、块等	万平方米	72.6	77.4	541.3	-13.1	1077.3	241.0	4825.2	32.7
②其他上釉的陶瓷砖、瓦、块等	万平方米	6613.6	-2.4	71129.8	8.0	53096.9	0.8	471396.7	31.9
2.未上釉的陶瓷砖	万平方米	4338.9	4.6	43107.2	2.3	32720.7	-2.7	313034.5	14.2
①未上釉的陶瓷砖、瓦、块等	万平方米	7.9	4.2	73.9	-3.3	389.4	260.7	1095.6	38.7
②其他未上釉的陶瓷砖、瓦、块等	万平方米	4331.0	4.6	43033.4	2.3	32331.4	-3.6	311938.9	14.1
其他建筑陶瓷	吨	54571	33.2	507576	-3.9	10237.9	68.3	58655.9	71.2
1.陶瓷制建筑用砖	吨	44983	24.7	448463	-8.3	9549.5	71.4	54131.4	69.5
①陶瓷制建筑用砖	吨	17050	78.2	207982	-17.8	156.6	30.1	2025.5	3.2
②陶瓷制铺地砖、支撑或填充等用砖	吨	27933	5.4	240481	1.9	9392.9	72.3	52105.9	73.9
2.陶瓷瓦	吨	8693	83.4	54420	53.7	576.7	23.2	3754.3	89.8
3.其他建筑用陶瓷制品	吨	896	485.1	4693	29.0	111.7	155.8	770.1	121.2
进　口									
卫生陶瓷	万件	4.5	2.9	62.0	-11.2	361.0	16.2	4720.3	-7.2
1.瓷制固定卫生设备	万件	4.1	-0.5	56.4	-13.1	336.3	13.4	4366.6	-6.7
2.陶制固定卫生设备	万件	0.4	58.7	5.5	15.0	24.8	74.0	353.7	-13.3
陶瓷砖	万平方米	40.6	-0.7	503.7	-4.2	604.3	-0.5	8067.2	4.7
1.上釉的陶瓷砖	万平方米	34.2	-3.9	424.2	3.7	486.7	-2.3	6397.4	15.7
①上釉的陶瓷砖、瓦、块等	万平方米	0.3	-39.9	1.7	-74.9	3.8	-19.7	65.2	-21.9
②其他上釉的陶瓷砖、瓦、块等	万平方米	33.9	-3.6	422.5	4.4	482.9	-2.1	6332.2	16.3
2.未上釉的陶瓷砖	万平方米	6.4	14.4	79.5	-25.7	117.6	7.6	1669.9	-23.2
①未上釉的陶瓷砖、瓦、块等	万平方米	0.3	156.8	1.0	-29.5	3.9	3.5	59.1	9.8
②其他未上釉的陶瓷砖、瓦、块等	万平方米	6.1	12.9	78.6	-25.7	113.7	7.7	1610.7	-24.1
其他建筑陶瓷	吨	1518	116.9	26250	30.6	57.8	77.4	1177.3	19.8
1.陶瓷制建筑用瓷	吨	652	568.3	10077	94.5	18.8	306.6	456.2	50.6
①陶瓷制建筑用砖	吨	649	581.2	9591	101.5	17.9	359.2	279.9	50.7
②陶瓷制铺地砖、支撑或填充等用砖	吨	3	34.8	486	15.5	0.9	23.8	176.3	50.3
2.陶瓷瓦	吨	867	43.9	16058	10.0	38.9	39.5	714.9	15.6
3.其他建筑用陶瓷制品	吨	0	0.0	115	-63.5	0.0	0.0	6.1	-90.0

附录4 2013年中国大陆水龙头进出口

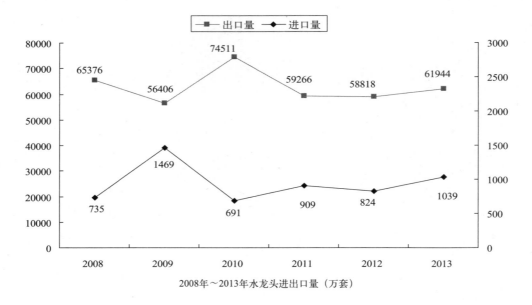

2008年～2013年水龙头进出口量（万套）

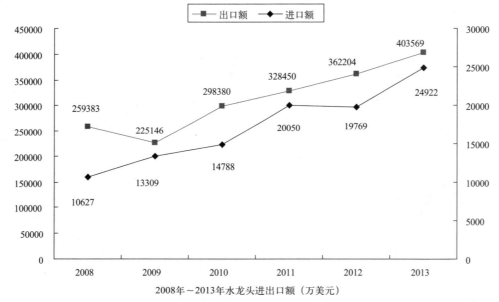

2008年～2013年水龙头进出口额（万美元）

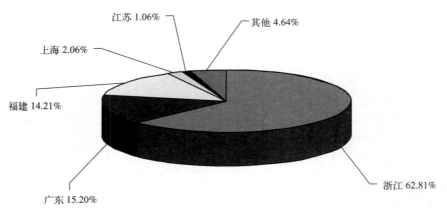

2013年各省市水龙头（出口量）所占比例（%）

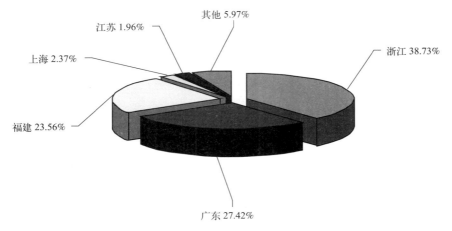

2013年各省市水龙头（出口额）所占比例（%）

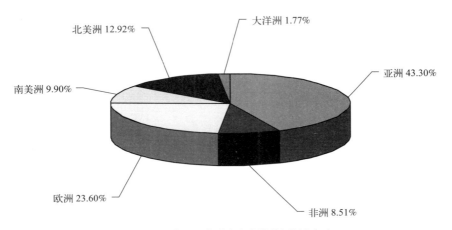

2013年水龙头（出口量）流向各大洲所占比例（%）

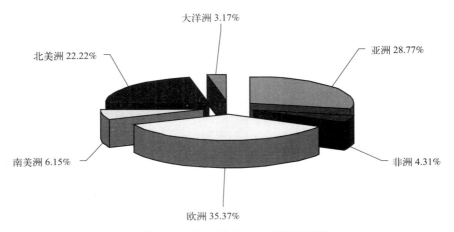

2013年水龙头（出口额）流向各大洲所占比例%

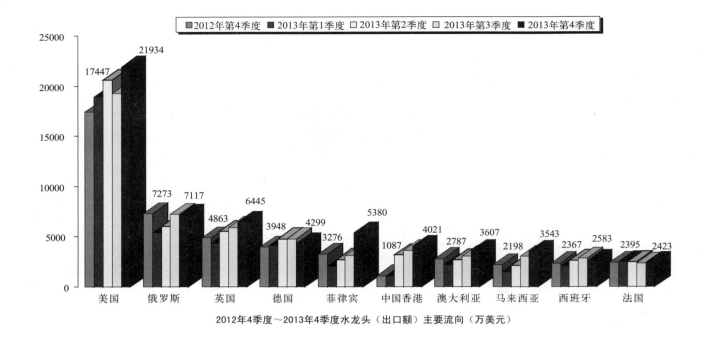

2012年4季度～2013年4季度水龙头（出口额）主要流向（万美元）

附录5 2013年中国塑料浴缸进出口

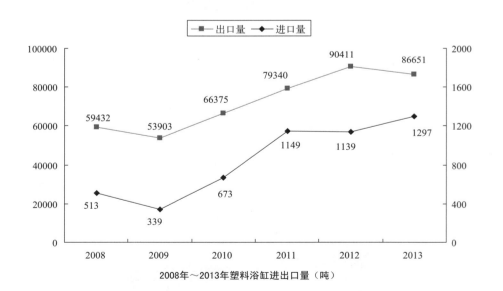

2008年～2013年塑料浴缸进出口量（吨）

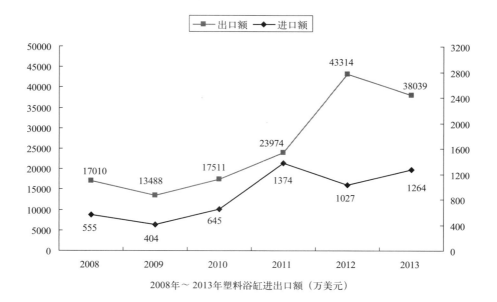

2008年～2013年塑料浴缸进出口额（万美元）

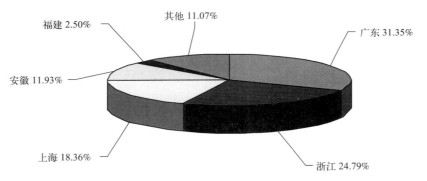

2013年各省市塑料浴缸（出口量）所占比例（%）

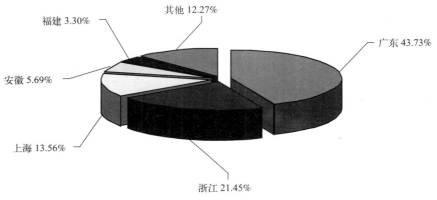

2013年各省市塑料浴缸（出口额）所占比例（%）

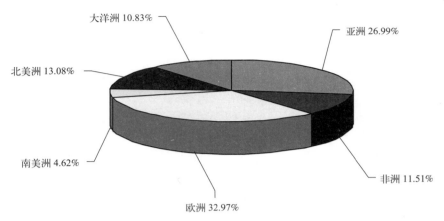

2013年1月～12月塑料浴缸出口量流向各大洲所占比例%

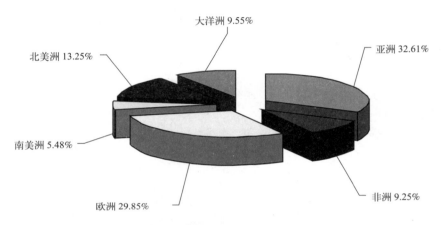

2013年塑料浴缸（出口额）流向各大洲所占比例（%）

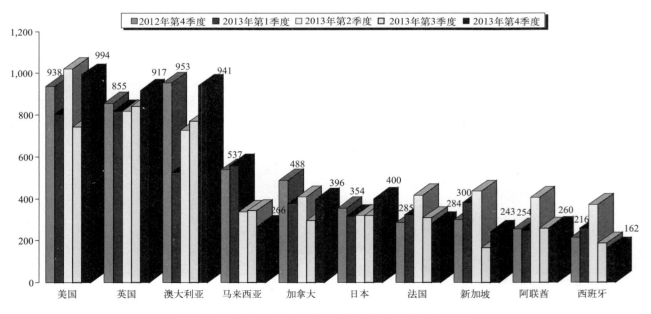

2012年4季度～2013年4季度塑料浴缸（出口额）主要流向（万美元）

附录 6　2013 年中国淋浴房进出口

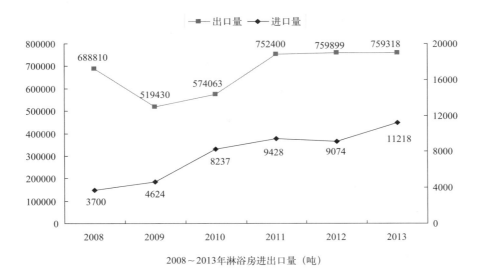

2008~2013年淋浴房进出口量（吨）

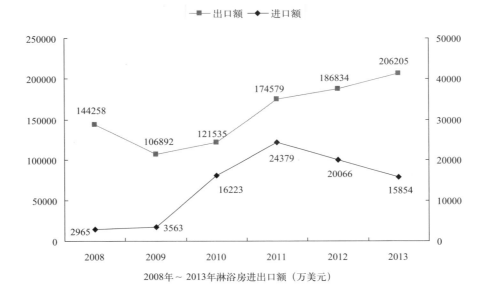

2008年~2013年淋浴房进出口额（万美元）

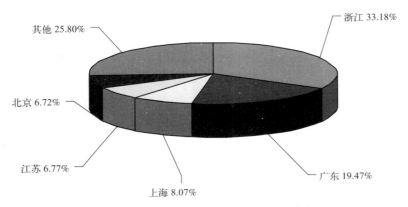

2013年各省市淋浴房（出口量）所占比例（%）

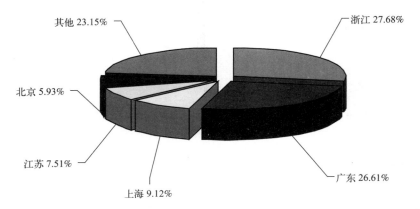

2013年各省市淋浴房（出口额）所占比例（%）

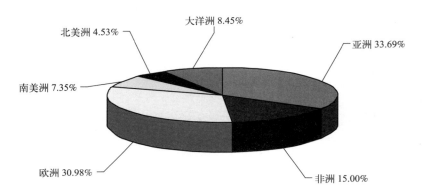

2013年淋浴房（出口量）流向各大洲所占比例（%）

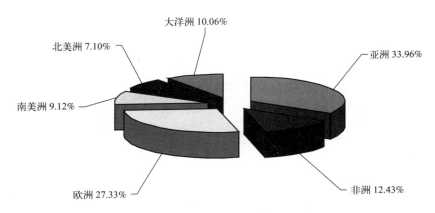

2013年淋浴房（出口额）流向各大洲所占比例（%）

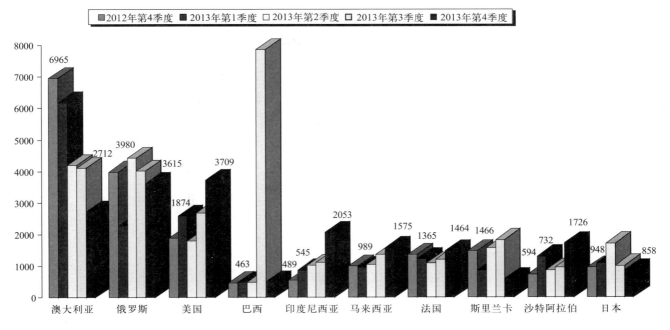

2012年4季度～2013年4季度淋浴房（出口额）主要流向（万美元）

附录7 2013年中国坐便器盖、坐便器盖圈进出口量

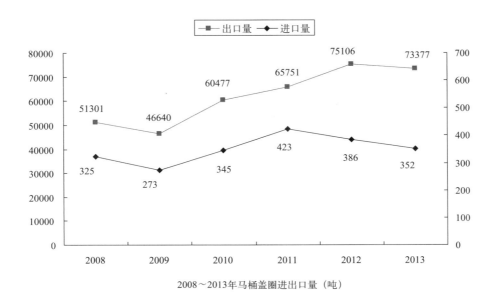

2008～2013年马桶盖圈进出口量（吨）

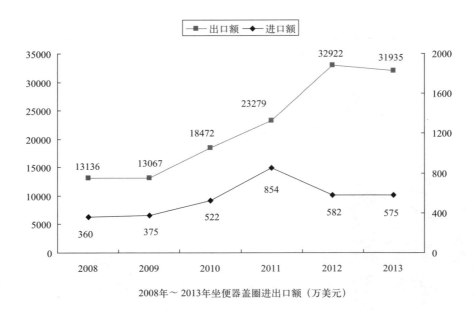

2008年～2013年坐便器盖圈进出口额（万美元）

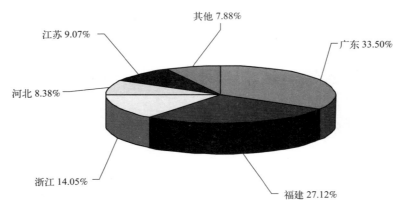

2013年各省市坐便器盖圈（出口量）所占比例（%）

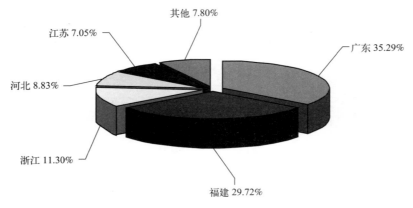

2013年各省市坐便器盖圈（出口额）所占比例（%）

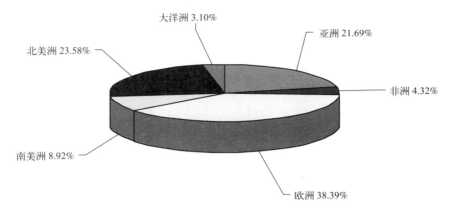

2013年坐便器盖圈（出口量）流向各大洲所占比例（%）

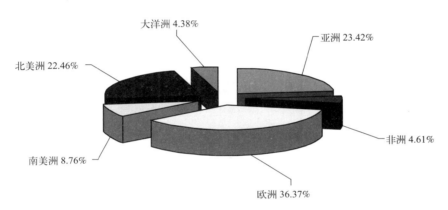

2013年1月～12月马桶盖圈出口额流向各大洲所占比例（%）

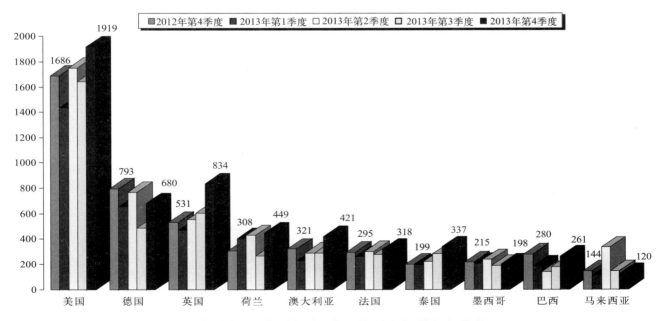

2012年4季度～2013年4季度坐便器盖圈（出口额）主要流向（万美元）

附录 8　2013 年中国水箱配件进出口

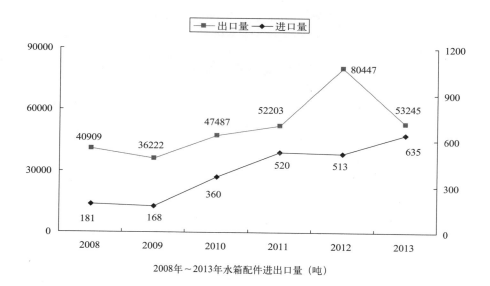

2008年～2013年水箱配件进出口量（吨）

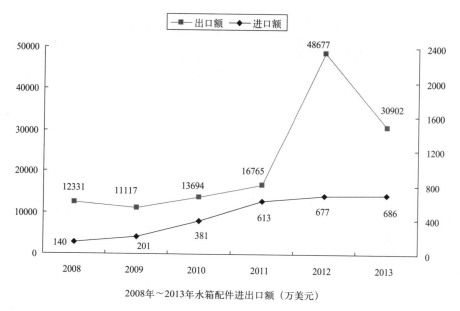

2008年～2013年水箱配件进出口额（万美元）

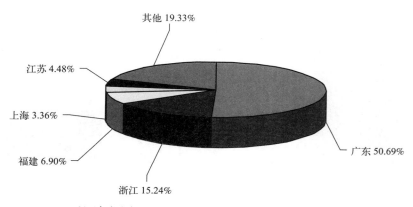

2013年各省市水箱配件（出口量）所占比例（%）

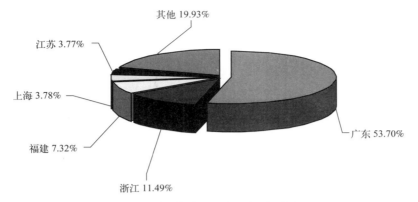

其他 19.93%

江苏 3.77%

上海 3.78%

福建 7.32%

浙江 11.49%

广东 53.70%

2013年各省市水箱配件（出口额）所占比例（%）

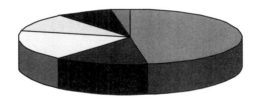

大洋洲 2.91%

北美洲 8.03%

南美洲 10.48%

欧洲 17.55%

亚洲 47.48%

非洲 13.55%

2013年水箱配件（出口量）流向各大洲所占比例（%）

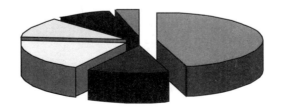

北美洲 8.42%

大洋洲 3.62%

南美洲 11.38%

欧洲 18.45%

亚洲 45.69%

非洲 12.43%

2013年水箱配件（出口额）流向各大洲所占比例（%）

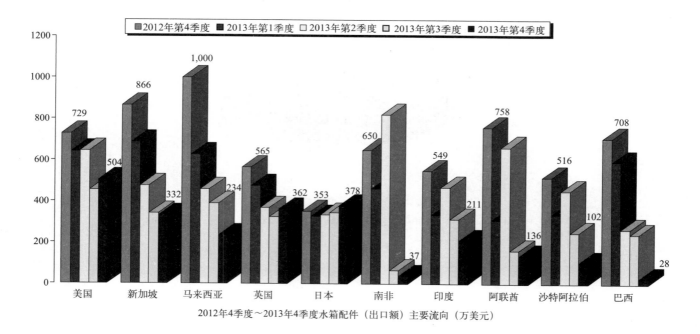

2012年4季度～2013年4季度水箱配件（出口额）主要流向（万美元）

附录9　2013年中国大陆色釉料进出口

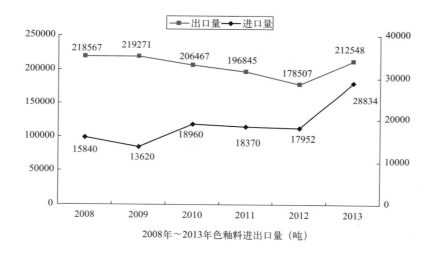

2008年～2013年色釉料进出口量（吨）

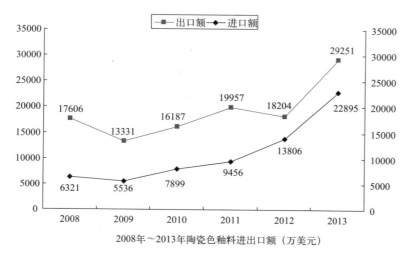

2008年～2013年陶瓷色釉料进出口额（万美元）

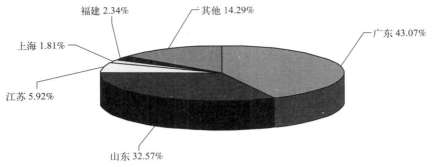

2013年各省市陶瓷色釉料（出口量）所占比例（%）

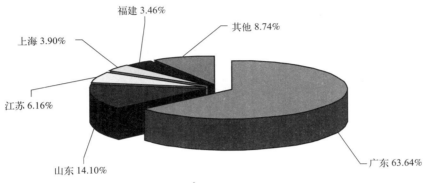

2013年各省市陶瓷色釉料（出口额）所占比例（%）

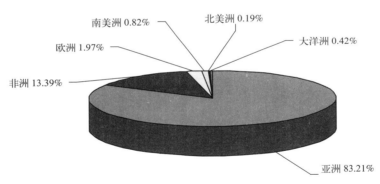

2013年陶瓷色釉料（出口量）流向各大洲所占比例（%）

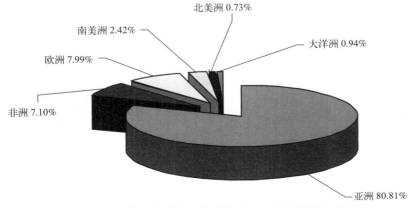

2013年陶瓷色釉料（出口额）流向各大洲所占比例（%）

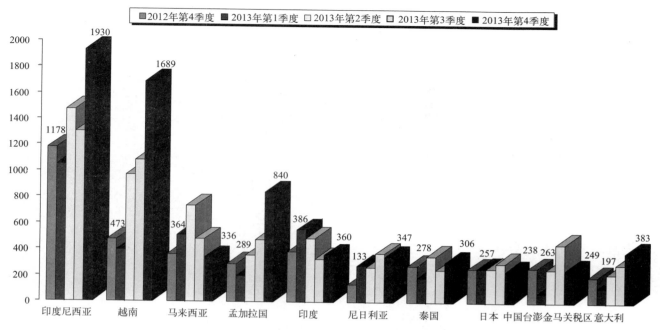

2012年4季度～2013年4季度陶瓷色釉料（出口额）主要流向（万美元）

附录10 2013年中国大陆其他建筑陶瓷制品出口

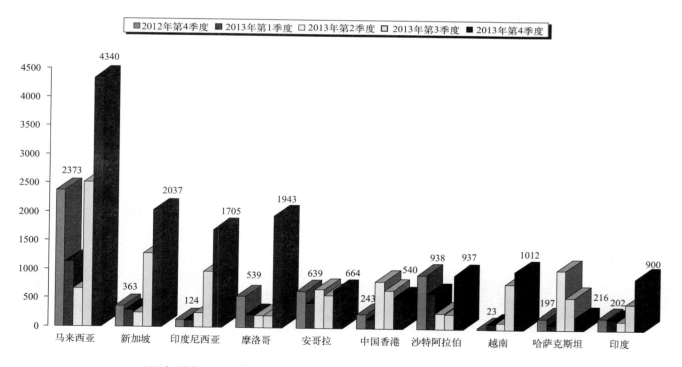

2012年4季度～2013年4季度其他建筑陶瓷制品（出口额）主要流向（万美元）

后 记

《中国建筑卫生陶瓷年鉴》(建筑陶瓷·卫生洁具 2013)是继《中国建筑卫生陶瓷年鉴（2008 首卷）》的连续第六部建筑卫生陶瓷行业的综合性年鉴。

《中国建筑卫生陶瓷年鉴》(建筑陶瓷·卫生洁具 2013)的编纂准备工作得到了各级协会、相关政府部门、编委会成员、各个产区、相关媒体以及众多企业的大力支持，他们提供了大量信息和稿件，使年鉴的资料不断得到补充和完善，提高了年鉴中所收录信息的准确性及权威性，从而使年鉴更贴近行业、贴近企业、贴近实际。

中国建筑卫生陶瓷协会领导高度重视年鉴的编纂出版工作，协会领导多次亲临年鉴编辑部，并提供国家、协会的相关统计数据，关心指导年鉴的编写工作。

《中国建筑卫生陶瓷年鉴》(建筑陶瓷·卫生洁具 2013)采用分类编排法，主要内容包括行业综述、大事记、政策与法规、技术进步、产品、产区等，全书共分十一章，约 50 万字，全面、系统地记述了过去一年中，中国建筑卫生陶瓷行业发展的新举措、新发展、新成就和新情况，是集资料、数据、情报、文献为一体的多元化信息载体和大型工具书，具有重要的史料价值、实用价值和收藏价值。

《中国建筑卫生陶瓷年鉴》(建筑陶瓷·卫生洁具 2013)在总目录的编排上基本延续了《中国建筑卫生陶瓷年鉴》(建筑陶瓷·卫生洁具 2008 首卷)至今的目录编排，在个别章节略作调整。第一章 2013年全国建筑卫生陶瓷发展综述由尹虹负责，黄宾、胡飞参加部分撰写；第二章大事记由尹虹负责，尹虹、吴春梅、陈冰雪、张扬等参加编写，其中第六节协会工作大事记，由中国建筑卫生陶瓷协会编写提供；第三章政策与法规由尹虹、刘小明、吴春梅负责；第四章建筑卫生陶瓷生产制造由尹虹负责，尹虹、黄宾、黄惠宁、胡飞编写；第五章建筑卫生陶瓷专利由鄢春根指导，鄢春根、尹虹、吴春梅编写，今年的年鉴仅收录了 2013 年与建筑卫生陶瓷相关的发明专利；第六章建筑卫生陶瓷产品由刘小明负责并编写；第七章卫浴产品与第八章营销与卖场由刘小明负责并编写；第九章建筑陶瓷产区与第十章卫浴产区由刘小明、孙春云负责并编写；第十一章 2012 年世界陶瓷砖生产消费发展报告由尹虹负责，根据相关资料由尹虹、胡飞编译完成；附录由尹虹负责，附录 1—8 的资料由中国建筑卫生陶瓷协会提供，尹虹、吴春梅整理；目录的英文翻译由胡飞负责；《中国建筑卫生陶瓷年鉴》中的彩页图片由中国建筑卫生陶瓷协会及相关企业提供，尹虹、刘小明、陈冰雪、吴春梅整理。

在《中国建筑卫生陶瓷年鉴》编纂资料收集过程中，具体得到中国陶瓷产业信息中心、中国陶瓷知识产权信息中心、国家建筑卫生陶瓷质量监督检验中心、全国建筑卫生陶瓷标准化技术委员会、咸阳陶瓷研究设计院、华南理工大学材料学院、景德镇陶瓷学院、佛山市禅城区科技局、各地陶瓷协会及各产瓷区政府等有关单位的鼎力协助，特别感谢《陶瓷信息》、《陶城报》、《创新陶业》等专业平面媒体及"中国建筑卫生陶瓷网"、"华夏陶瓷网"、"中国陶瓷网"、"中洁网"等网站提供的资料记录。编辑部在此衷心感谢为年鉴编纂、出版付出辛勤劳动的各级领导和参编人员，衷心感谢所有关心、支持《中国建筑卫生陶瓷年鉴》编纂、出版的行业人士。

《中国建筑卫生陶瓷年鉴》（2008 首卷）出版以来，得到行业大众的普遍支持，《中国建筑卫生陶瓷年鉴》(建筑陶瓷·卫生洁具 2013)问世，希望能得到大家一如既往的支持。同时编者由于经验、水平所限，文中数据采集难免挂一漏万，错漏之处在所难免，敬请读者批评、指正，以便《中国建筑卫生陶瓷年鉴》编写工作不断改进提高。

《中国建筑卫生陶瓷年鉴》编辑部

2014 年 10 月 8 日

MTX隧道窑
MTX Tunnel Kiln

由摩德娜和ASTC TECHNOLOGY共同研发的Saturn系列新型MTX节能隧道窑已经成功运用于巴西陶瓷洁具工厂。实际结果表明，与传统隧道窑1100Kcal/kg的气耗相比，MTX隧道窑仅需消耗605Kcal。
节省能耗45%的MTX将是个超级明星。

The brand new Saturn series MTX tunnel kiln jointly-developed by Modena and ASTC Technology has been successfully put into production in a Brazilian sanitary ware factory. The fuel consumption comes at 605 Kcal/kg which used to be 1100 Kcal/kg in the traditional tunnel kiln for sanitary wares.
With this proved 45% fuel consumption saving, a super star MTX is born.

45%
Energy Saving
节能

CONNECTING THE WORLD OF CERAMICS

陶瓷世界共享

止 滑 釉 Anti-slip Glaze
绿色环保系列

根據相关研究調查：

有众多的摔伤事件皆因地面湿滑造成的，其中超过五成的人曾在家里发生跌倒或意外滑倒。此类意外却造成病患本身及家属之痛苦及健保每年数十亿元的支出。目前一些一些先進國家針對各場所，已有相關規定與標準。

为配合市场需求，大鸿已潜心研發出一系列符合国际规范的特殊防污耐磨止滑釉产品，依精湛的专业技术为行业提供全套服务。

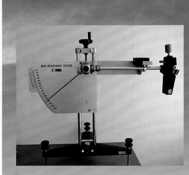

Pendulum 钟摆测试仪 (ISO 10545-17)

Ramp Slipperiness Tester
(DIN 51130) 斜坡防滑测试器

XL VIT 可变角度防滑测试仪

ASTM C 1028 ISO 10545-17 Value	<0.3	0.3~0.4	0.4~0.5	0.5~0.6	0.6~0.8	0.8~1.0	>1.0
DIN 51130 R class	R9	R10		R11	R12		R13
等级 Grade	极度危险 Extremely Dangerous	非常危险 Very Dangerous	危险 Dangerous	相对安全 Relatively Safe	安全 Safe	非常安全 Very Safe	极度安全 Exeremely Safe

® 中國制釉集團
大鴻制釉

诚信 卓越 创新 共享
Sincerity Excellence Innovation Sharing

中國制釉股份有限公司
CHINA GLAZE CO.,LTD.
TEL:+886-3-5824128
VIP@mail.china-glaze.com.tw

廣東三水大鴻制釉有限公司
GUANGDONG SANSHUI T&H GLAZE CO.,LTD.
TEL:+86-757-87279999 87293010

上海大鴻制釉有限公司
SHANGHAI T&H GLAZE CO.,LTD.
TEL：+86-21-64975566

山東大鴻制釉有限公司
SHANDONG T&H GLAZE CO.,LTD.
TEL：+86-533-6258888

印尼中國制釉股份有限公司
PT CHINA GLAZE INDONESIA
TEL:+62-267-440938
E-Mail:LowenTing@china-glaze.co.id

廣東大鴻佛山營業部
TEL:+86-757-83386999

廣東大鴻夾江分公司
TEL:+86-833-5654177
http://www.china-glaze.com.cn

廣東大鴻廈門分公司
TEL:+86-592-7271751
E-mail:service@china-glaze.com.cn

陶瓷与家居商业的开发、服务运营商

Developer and Operator Specializing in Ceramic and Home Furnishing Businessz

公司及项目简介 / Company and Projects Introduction

远见改变人居

佛山中国陶瓷城集团有限公司
Foshan China Ceramics City Group Co.,Ltd.

佛山中国陶瓷城集团有限公司——陶瓷与家居商业的开发、服务运营商。

佛山中国陶瓷城集团有限公司成立于2001年8月23日，是由广东东鹏陶瓷股份有限公司、广东星星投资控股有限公司共同投资组建，位于有"中国陶瓷之都"与"中国陶瓷商贸之都"之称的广东省佛山市，是集产业地产开发与运营、物业管理、商业管理、资产管理、广告经营、展览组织、电子商务于一体的投资开发与运营管理集团公司。

集团致力于打造以陶瓷为核心业态的家居文化综合服务平台，旗下项目先后被认定为"中国建筑卫生陶瓷出口基地"、"国家级诚信市场"及"广东省建筑卫生陶瓷国际采购中心"。

集团旗下现有中国陶瓷城、中国陶瓷产业总部基地、华夏中央广场、常德东星家居广场、中国（淄博）陶瓷产业总部基地等项目，同时积极投资开发新项目。

地址：广东省佛山市季华西路68号

网址：www.eccc.com.cn

中国陶瓷城集团旗下项目

中国陶瓷城
—— 中国陶瓷卫浴精尖的交易窗口

中国陶瓷产业总部基地
—— 陶瓷卫浴·高端品牌·总部聚集

华夏中央广场
—— 中国陶瓷产业的中央商务区

东星家居广场（常德国际陶瓷交易中心）
—— 家居文化新体验基地

中国（淄博）陶瓷产业总部基地
—— 中国陶瓷产业的北方腹地

佛山中国陶瓷城集团有限公司
FOSHAN CHINA CERAMICS CITY GROUP CO., LTD.

Tel：0757-8252 5666
Fax：0757-8252 5996

佛山市季华西路68号中区中国陶瓷剧场5楼
5/F,China Ceramics Theater,Central Area,CCIH,No.68,West Jihua Road, Chancheng District,Foshan,Guangdong,China

懋隆·皇木

MAGNIFICENT TREASURES OF NATURE

大自然的瑰丽珍宝

两大核心　十大优势

TWO CORE　TEN ADVANTAGES

懋隆皇木系列，以世界珍稀木材为创意蓝本，超1米大规格原边木纹完美呈现世界级珍稀木材的纹理，更适合大面积空间应用，营造高端、大气的装饰效果，成为名流雅士的尊贵之选。

高效低碳 成型系统 — 瓷砖成型技术 的革命性突破

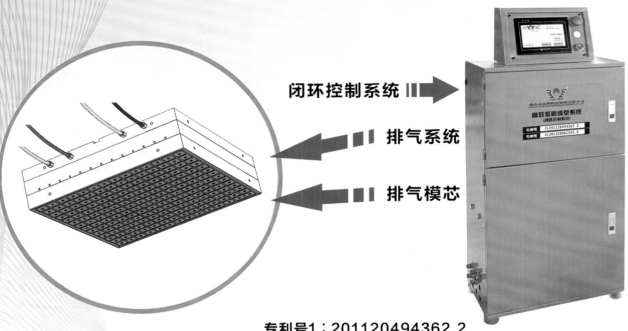

闭环控制系统 ⟹

排气系统 ⟸

排气模芯 ⟸

专利号1：201120494362.2
专利号2：201320061592.9

👍 **快：** 提高压机效率（每分钟冲压次数平均提高30%）

👍 **好：** 优等率平均提高3%

👍 **省：** 节能（单位面积瓷砖平均节省压机用电30%）

佛山市新鹏工业服务有限公司

网址：www.tiles-mould.com　邮箱：18029390168@189.cn

联系电话：0757-85323963　传真：0757-85323989　联系人：胡小姐